U1017742

高等职业教育专业教材

有机化学

王玉珍 主编

中国轻工业出版社

图书在版编目（CIP）数据

有机化学/王玉珍主编．—北京：中国轻工业出版社，2024.8
高等职业教育“十二五”规划教材
ISBN 978－7－5019－8318－6

Ⅰ.①有…　Ⅱ.①王…　Ⅲ.①有机化学－高等职业教育－教材
Ⅳ.①062

中国版本图书馆 CIP 数据核字（2011）第 126049 号

责任编辑：江　娟　张　靓　贺　娜
策划编辑：江　娟　　责任终审：张乃柬　　封面设计：锋尚设计
版式设计：宋振全　　责任校对：吴大鹏　　责任监印：张　可

出版发行：中国轻工业出版社（北京鲁谷东街 5 号，邮编：100040）
印　　刷：三河市万龙印装有限公司
经　　销：各地新华书店
版　　次：2024 年 8 月第 1 版第 8 次印刷
开　　本：720×1000　1/16　印张：22.75
字　　数：458 千字
书　　号：ISBN 978-7-5019-8318-6　定价：45.00 元
邮购电话：010－85119873
发行电话：010－85119832　010－85119912
网　　址：http://www.chlip.com.cn
Email：club@chlip.com.cn

版权所有　侵权必究
如发现图书残缺请与我社邮购联系调换

241621J2C108ZBW

本系列教材编委会

（按姓氏笔画排列）

主　任　张家国

副主任　巩　健　毕德成　孙玉江　李　侠　陈献礼

委　员　王　玢　王玉珍　方　丽　石文山　苏传东
李公斌　李志香　张　峰　张咏梅　何敬文
陈红霞　郑法新　郑雪凌　赵　春　赵晓华
胡本高　耿艳红　翟　江

顾　问　王树庆　亓俊忠　孙连富

《有机化学》编写人员

主　编　王玉珍（东营职业学院）

副主编　刘建伟（烟台职业学院）
韩　娟（山东省农业管理干部学院）
丁　新（日照职业技术学院）

参　编　刘惠萍（烟台职业学院）
赵　春（东营职业学院）
巴新红（东营职业学院）
缪金伟（东营职业学院）
张庆娜（日照职业技术学院）
张新锋（东营职业学院）
孙清荣（山东科技职业学院）
韩德红（山东科技职业学院）
张秀娟（烟台职业学院）
葛文娜（日照职业技术学院）

前言

近年来，随着高职高专教育的迅猛发展，以培养生产、管理、服务第一线，具备综合职业能力和全面素质的高级技术应用型人才的目标越来越受到重视，《有机化学》是高职高专农、林、牧、生物、食品和化工类等专业的重要的基础课程之一。

目前已经出版的《有机化学》书籍很多，但是适合高职高专人才培养目标的却很少，编者在参考多本有机化学教材基础上，结合教学实践中的经验，编写本书。

本书坚持以能力为本位，以高职高专类生物、食品、化工等专业学生对有机化学的知识的要求、以培养学生能力和素质要求为目标，注重理论联系实际，力求做到理论知识方面以“必需”和“够用”为度，体现应用性和实用性的特色。

全书由绪论、基础知识和拓展知识及实验实训组成。基础知识包括烷烃、烯烃和二烯烃、炔烃、脂环烃、芳香烃、卤代烃、醇酚醚、醛酮醌、羧酸、取代羧酸；拓展知识包括含氮有机化合物、含硫和含磷有机化合物、杂环化合物、旋光异构、碳水化合物、脂类化合物、氨基酸蛋白质、核酸、绿色化学。基础知识部分为核心知识，是生物、食品、化工专业学生必须掌握的基本内容，拓展知识部分是为提高层次和专业的需要设定的，教师和学生可根据自己的需要进行选择。在每一章中都阐述了有机化合物的结构、命名、物理性质、化学性质和拓展知识。每一章都配有习题和实验，加深学生对所学知识的掌握和理解程度，加强学生实践操作能力。实验部分为验证性实验，主要为各种有机物的性质鉴定和合成。

本着“实用、实际、实践”的原则，本书的编写体现以下几个方面的特点：

1. 以能力培养为主线。注重以应用、鉴别有机化合物的能力训练为目的，突出理论联系实际原则，淡化理论知识的系统性，强调理论知识的针对性。根据生物食品和化工领域发展的需要精选有机化学内容，注重对各类有机化合物的分类、命名、基本结构特征、性质的认识和应用，不要求对复杂的有机反应机理和结构理论做深入的探究。

2. 贴近生产、生活，激发学生的学习兴趣和求知欲望。教材的编写均以有机化合物在生产或生活中的实际应用为引导，在每章的开篇都编排有知识目标和能力目标，使学生有目的地进入新知识的学习。通过学习、鉴别和应用有机化合物，循序渐进地让学习者达到学习和应用有机化学知识的目的。

3. 注重学生实验能力的培养。每一章都附有相应的实验操作，课堂授课和实验课时各占50%，突出基于工作过程的“教学做”一体化的职业教育理念，强调基于工作任务的有机化学实验开发的基本程序及开发全过程的多种能力和素养的培养，培养学生查阅文献资料获取信息的能力、解决实际问题的能力、独立进行科学研究的能力和创新能力，为今后走上工作岗位奠定基础。

4. 注重对学习者创新能力的培养，扩展学生的知识面，适当地反映有机化学的新知识、成就。通过在章节中插入“知识窗”，介绍有机化学界名人、典故、新知识、新技术以及环保方面的知识，拓宽学生视野，激发学生学习本门课程的兴趣。

5. 本教材添加了绿色化学内容，目的在于让学生在学习有机化学的过程中树立绿色环保意识。

本书由东营职业学院王玉珍主编，烟台职业学院刘建伟、山东省农业管理干部学院韩娟、日照职业技术学院丁新任副主编，参加编写的还有东营职业学院赵春、缪金伟、巴新红、张新峰，烟台职业学院刘惠萍、张秀娟，日照职业技术学院葛文娜、张庆娜，山东科技职业学院孙清荣、韩德红，本书由王玉珍、刘建伟、韩娟对部分章节进行了修改和补充，由王玉珍最后统稿。

在编写教材过程中，得到了各编者所在单位的大力支持，参阅了有关研究人员的研究成果和文献资料，在此表示衷心感谢。

由于编写人员水平有限，教材难免会存在一些缺点和遗漏之处，恳请读者提出宝贵意见和建议，以便修正。

编　者

2011 年 6 月

目 录

第一部分　基础知识

绪　论

知识目标

(1)了解有机化合物与有机化学的含义。
(2)掌握有机化合物的特性。
(3)理解共价键的形成、键的参数、键的断裂方式。
(4)了解有机物分子结构的书写方法和有机化合物的分类。

能力目标

能够根据官能团的结构判断有机物的类别。

化合物通常分为两大类,包括无机化合物和有机化合物,无机化合物如 H_2O、H_2SO_4、HCl、NaOH 等,有机化合物如甲烷(CH_4)、乙烷(C_2H_6)、乙烯(C_2H_4)、葡萄糖($C_6H_{12}O_6$)等。有机化合物简称有机物,与生命科学及人民生活密切相关。有机化学是化学中最大的分科之一。

第一节　有机化合物及有机化学的含义

有机化合物大量存在于自然界,如粮食、肉蛋奶、棉麻、药材、天然气、石油等,与人们的衣食住行密切相关。我国古代就有关于酿酒、制醋、制糖等的记载。

"有机化学"这一名词于 1806 年首次由贝采利乌斯(Berzelius J. J. ,1779—1848)提出。贝采利乌斯,瑞典化学家,斯德哥尔摩学院院士,19 世纪上半叶化学权威,他提出"从有生命的动植物体内得到的化合物为有机化合物,研究这些化合物的化学称为有机化学","在动植物体内的生命力影响下,才能形成有机物,在实验室是无法合成有机物的"。有机化学当时是作为"无机化学"的对立物而命名的。法国杰出化学家、现代化学创始人拉瓦锡(Lavoisier A. L. ,1743—1794)首先将从动植物体内来源的化合物定义为“有机化合物”。19世纪初，许多化学家相信，在生物体内由于存在所谓“生命力”，才能产生有机化合物，而在实验室里是不能由无机化合物合成的。

1828年，德国化学家魏勒(Wöhler F.，1800—1882)28岁时在实验中由无机物氰酸铵合成了有机物尿素，发表论文《论尿素的人工合成》，震撼了有机物只能由有生命力的动植物合成的看法，打破了无机化合物和有机化合物之间的绝对界限。1845年，德国化学家柯尔柏又利用木炭、硫磺、氯及水为原料合成了醋酸，这是一个从单质出发实现的完全的有机合成。随后，化学家又合成了葡萄糖、柠檬酸、琥珀酸、苹果酸等一系列的有机酸。1854年，法国的贝罗特(Berthelot)合成油脂。1861年，俄国的有机化学家布特列洛夫用多聚甲醛与石灰水合成了属于糖类的物质。油脂和糖类在生命过程中是起着非常重要作用的物质。1860年，贝特罗写了《合成有机化学》，指出各种有机化合物完全可能从碳、氢、氧、氮合成，从此，生命力论才逐步被人们摒弃，关于有机物神秘的“生命力”之说被彻底否定。

通过对有机物的分析，发现组成有机物的主要元素是碳，所以现代有机化学的定义是“含碳化合物的化学”，但是一氧化碳、二氧化碳、碳酸盐以及金属氰化物等含碳化合物是无机物，不属于有机物。随着研究的深入，发现有机物分子中除含碳元素之外，绝大多数还含有氢，而且有些还含有氧、氮、硫以及卤族元素等，所以把有机化学定义为“碳氢化合物及其衍生物的化学”。

有机化合物主要具有以下特点。

1. 有机化合物数目繁多，且自成系统

组成有机化合物的元素甚少，除碳以外，还有氢、氧、硫、氮、磷及卤素等为数不多的元素。但有机化合物的数目却极为庞大，迄今已逾1000万种，而且新合成或被新分离和鉴定的有机化合物还在与日俱增。由碳以外的其他100多种元素组成的无机化合物的总数，还不到有机化合物的1/10。有机化合物数目繁多，也是我们把有机化学作为一门独立的学科进行研究的理由之一。

有机化合物之所以数目众多，主要原因有两个：①碳原子彼此之间能够进行多种方式的结合，生成稳定的、长短不同的直链、支链或环状化合物；②碳是元素周期表中第二周期第四主族的元素，不仅能与电负性较小的氢原子结合，也能与电负性较大的氧、硫、卤素等元素形成化学键。有机化合物的数目虽然很多，但根据它们之间的相互关系，可以统一在一个完整的体系中。

2. 热稳定性差，容易燃烧

绝大多数有机化合物都能燃烧，如汽油、酒精等，燃烧时放出大量的热，最后产物是二氧化碳和水，若含有其他元素，则还有这些元素的氧化物。大多数无机化合物则不易燃烧，也不能燃尽。我们常利用这个性质来区别有机化合物和无机化合物。例如，把样品放在一小块白瓷片上，在火焰上慢慢加热，假若是有机物，立刻着火或炭化变黑，最终完全烧掉，白瓷片上不遗留残余物。而大多数无机物，如氯化钠、硫酸钙等则不能燃烧，也不能燃尽。当然这一性质的区别不是绝对的，有的有机物不易燃烧，甚至可以作灭火剂，例如，灭火剂 CCl_4 等。

3. 熔点较低

有机化合物的熔点通常比无机化合物要低，一般在 300℃以下就熔化。而无机物很多是固体，其熔点高得多，例如氯化钠的熔点为 808℃。

4. 难溶于水，易溶于有机溶剂

有机化合物分子中的化学键多为共价键，极性小或没有极性，因此一般难溶于极性强的水中，而易溶于苯、乙醚等极性很弱的有机溶剂中，这就是所谓的“相似相溶”的经验规则。当然，极性较大的有机化合物，如乙醇、乙酸等则易溶于水，甚至可以与水以任何比例互溶。

5. 反应速度慢，常有副反应发生

无机物之间起反应很快，往往瞬时完成。而有机物间的反应则比较慢，需要较长时间，如几十分钟、几小时或更多的时间才能完成。这是由于无机反应为离子反应，反应速度快，而有机化合物的反应一般为分子之间的反应，反应速度决定于分子之间的有效碰撞，所以比较慢。为了加速有机物反应，往往需要采取加热、加压、振摇或搅拌，以及使用催化剂等方法来加快反应速度。有机物的分解或取代反应都是在分子中的某一部位发生，且在大多数情况下，反应分阶段进行，往往有副产物生成或能够分离出多种反应中间产物。但是有机物 TNT 是炸药，引燃瞬间爆炸，反应极快。

有机物和无机物的区别见表 0－1。

表 0－1　有机物和无机物的区别

类型	熔点	燃烧情况	溶解情况	反应情况	化学键	种类
无机物	高	难	水	快，无副反应	离子键 共价键	5 万种左右
有机物	低	易	有机溶剂	慢，有副反应	共价键	1000 万种以上

有机化学是生物、食品、农业及化工类专业重要的专业基础课之一，通过学习有机化学可以分离提取自然界中存在的各种有机物，测定它们的结构、性质，便于加以利用。例如，将自然界存在的茜草、靛蓝做成染料，从中草药中提取其有效成分，从昆虫中提取昆虫信息素，从植物中提取天然色素等。

第二节　有机化合物中的共价键

化学键有两种基本类型即离子键和共价键，离子键是由原子间电子的转移形成的，共价键则是原子间共用电子形成的。无机物大部分是由离子键形成的化合物，有机物主要是以共价键结合，一般来说，原子核外未成对的电子数目就是该原子形成共价键的数目。例如，氢原子只有一个未成对的电子，所以它只能和另外一个一价的原子结合成双原子分子，而不可能再与第二个原子结合，这就是共价键的饱和性；共价键是由参与成键原子的电子云重叠而形成，电子云重叠越多，形成的共价键越稳定，因此电子云必须在各自密度最大的方向上重叠，这就是共价键的方向性；相同元素的原子之间形成的共价键没有极性，因为两者吸引电子的能力相似，不同元素的原子间形成的共价键，由于电负性较强的元素吸引电子能力较强从而使共用电子偏向于它，从而导致共价键存在极性。

一、共价键的形成

碳原子位于元素周期表中第二周期第四主族元素。基态时，核外电子排布为：$1s^2 2s^2 2px^1 2py^1$。碳在周期表中的位置决定了它既不容易得到四个电子形成 C^{4-} 型化合物，也不容易失去四个电子形成 C^{4+} 型化合物。因此，碳原子之间相互结合或与其他原子结合时，都是通过共用电子对而结合成共价键。碳原子是四价的，它可以与其他原子或自身形成单键，也可以形成双键或叁键。

碳原子在基态时，只有两个未成对电子。根据价键理论和分子轨道理论，碳原子应是两价的。但大量事实都证实，在有机化合物中碳原子都是四价的，而且在饱和化合物中，碳的四价都是等同的。1931 年，Pauling L. 和 Slater J. C. 提出了杂化轨道理论。

杂化轨道理论认为：碳原子在成键的过程中首先要吸收一定的能量，使 2*s* 轨道的一个电子跃迁到 2*p* 空轨道中，形成碳原子的激发态。激发态的碳原子具有四个单电子，因此碳原子为四价。

杂化轨道理论又认为：碳原子在成键时，四个原子轨道可以“混合起来”进行“重新组合”形成四个能量等同的新轨道，称为杂化轨道。杂化轨道的能量稍高于 2*s* 轨道的能量，稍低于 2*p* 轨道的能量。这种由不同类型的轨道混合起来重新组合成新轨道的过程，称为“轨道的杂化”。杂化轨道的数目等于参加组合的原子轨道的数目。

碳原子轨道的杂化有三种形式：

1. sp^3 杂化

由一个 2*s* 轨道和三个 2*p* 轨道杂化形成四个能量相等的新轨道，称为 sp^3 杂化轨道，这种杂化方式称为 sp^3 杂化，如图 0－1 所示。

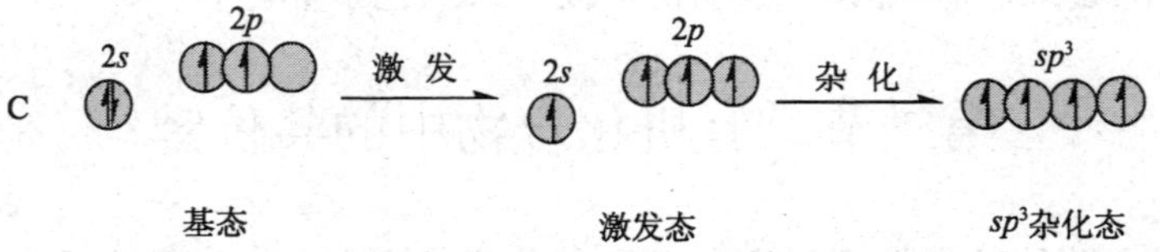

图 0－1　sp^3 杂化示意图

sp^3 杂化轨道含有 1/4 的 s 成分和 3/4 的 p 成分。sp^3 杂化轨道是有方向性的，即在对称轴的一个方向上集中，四个 sp^3 杂化轨道呈四面体分布，轨道对称轴之间的夹角均为 109°28′。

甲烷分子中碳原子的 sp^3 杂化见图 0－2。

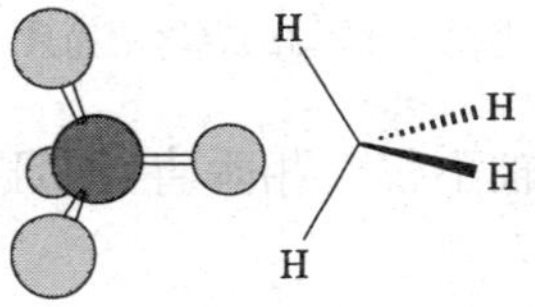

图 0－2 甲烷分子中碳原子的 sp^3 杂化

2. sp^2 杂化

由一个 2s 轨道和两个 2p 轨道重新组合成三个能量等同的杂化轨道，称为 sp^2 杂化，如图 0－3 所示。

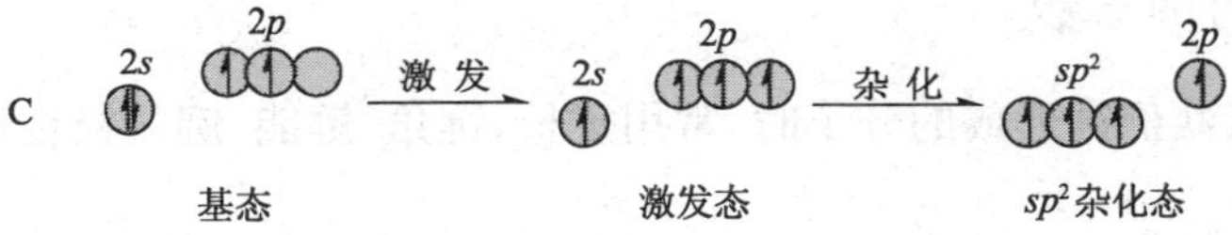

图 0－3 sp^2 杂化示意图

三个 sp^2 杂化轨道的对称轴分别指向等边三角形的三个顶点，对称轴间的夹角为 120°，因此在空间取向上三个 sp^2 杂化轨道呈现一个平面三角形。而未参与杂化的一个 p 轨道与此平面处于垂直取向。

乙烯分子中碳原子的 sp^2 杂化见图 0－4。

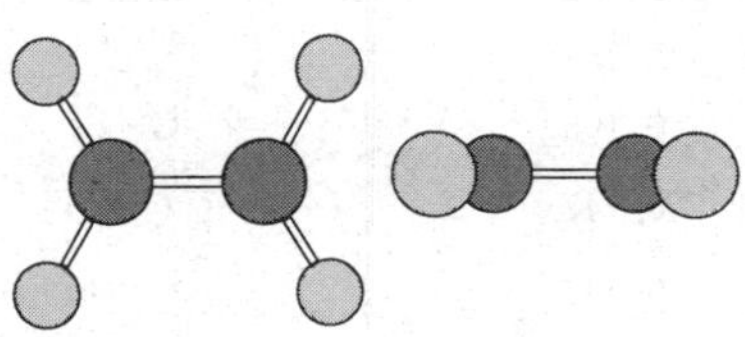

图 0－4 乙烯分子中碳原子的 sp^2 杂化

3. sp 杂化

由一个 2s 轨道和一个 2p 轨道重新组合成两个能量等同、方向相反的杂化轨道，称为 sp 杂化，如图 0－5 所示。

sp 杂化轨道的形状与 sp^3、sp^2 杂化轨道的形状相似，sp 杂化轨道含有 1/2 的 s 成分和 1/2 的 p 成分，两个 sp 杂化轨道伸向碳原子核的两边，它们的对称轴在一条直线上，互呈 180°夹角。碳原子还余下两个未参与杂化的 2p 轨道，这两个 2p 轨

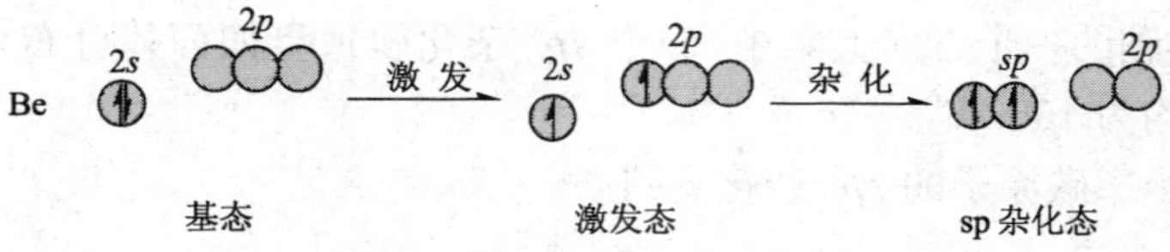

图 0－5　*sp* 杂化示意图

道仍保持原来的形状，其对称轴不仅互相垂直，而且都垂直于 *sp* 杂化轨道对称轴所在的直线。

乙炔分子中碳原子的 *sp* 杂化见图 0－6。

图 0－6　乙炔分子中碳原子的 *sp* 杂化

二、共价键的键参数

在描述以共价键形成的分子时，常用键长、键角、键能、键的极性等来表述共价键的性质。

1. 键长

两个原子形成共价键，由共价键结合的两个原子核之间的平均距离称为键长。例如氢分子中两个氢原子的核间距为 76pm，H—H 的键长为 76pm。

一些共价键的键长见表 0－2。

表 0－2　　一些共价键的键长

共价键	键长/nm	共价键	键长/nm
C—C	0.154	C—Cl	0.177
C—H	0.109	C—Br	0.191
C—N	0.147	C—I	0.212
C—O	0.143	C═C	0.134
C—F	0.141	C≡C	0.120

一般键长越长，原子核间距离越大，键的强度越弱，键能越小。如 H—F，H—Cl，H—Br，H—I 键长依次递增，键能依次递减，分子的热稳定性依次递减。

2. 键角

分子中某一原子与另外两个原子形成的两个共价键之间在空间形成的夹角。例如 H_2O 有两个 H—O 键，这两个 H—O 键之间的夹角称为 H_2O 分子的键角，实验测得，H_2O 分子的键角是 104.5°。

某些分子中的键角见图 0－7。

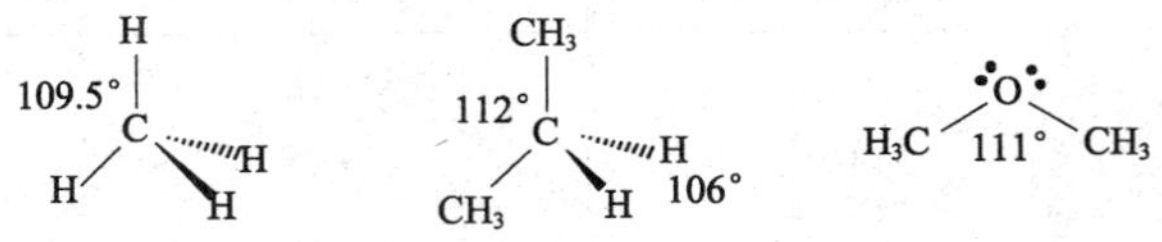

甲烷　　丙烷　　甲醚

图 0－7　某些分子中的键角

在有机化合物分子中，碳原子与其他原子所形成的键角大致分为以下三种情况：①C 原子以 4 个单键分别与其他原子相连接，如 CH_4，键角接近 109.5°；②C 原子以一个双键（C═C）和两个单键分别与其他原子相连接，如 $CH_2═CH_2$，键角接近 120°；③C 原子以一个三键（C≡C）和一个单键分别与其他原子相连接，如 CH≡CH，键角是 180°。键长和键角决定着分子的立体形状。

3. 键能

在气态条件下，形成 1mol 共价键的过程中体系所释放的能量，或 1mol 共价键断裂过程中体系所吸收的能量，单位为 kJ/mol。键能越大，化学键越牢固，含有该键的分子越稳定。双原子分子的键能就是 1mol 气态双原子分子解离成气态原子时所吸收的能量。而多原子分子键能与键的解离能是不同的。以甲烷为例，实验测得 1mol 甲烷分子分解为 4 个氢原子及一个碳原子，需要打开 4 个 C—H，需要吸收 1657kJ 热量，那么打开一个 C—H 所需要的热量为 414kJ。实际每打开一个 C—H 所需要的热量是不完全相同的，其各键的解离能见表 0－3。

表 0－3　　**部分键的解离能**

反应式	解离能/（kJ/mol）	反应式	解离能/（kJ/mol）
$CH_4 \longrightarrow \cdot CH_3 + H\cdot$	435	$\cdot \dot{C}H_2 \longrightarrow \cdot \underset{\cdot}{\dot{C}}H + H\cdot$	443
$\cdot CH_3 \longrightarrow \cdot \dot{C}H_2 + H\cdot$	443	$\cdot \underset{\cdot}{\dot{C}}H \longrightarrow \cdot \underset{\cdot}{\dot{C}} \cdot + H\cdot$	339

因此甲烷四个键解离的平均键能就称为 C—H 键的键能。

常见的共价键的平均键能见表 0－4。

表 0－4　　**常见共价键的平均键能**

键的种类	键能/（kJ/mol）	键的种类	键能/（kJ/mol）
C—H	413	C—C	346
N—H	389	C═C	610
O—H	464	C≡C	835

续表

键的种类	键能/(kJ/mol)	键的种类	键能/(kJ/mol)
S—H	347	C—O	356
F—C	460	C═O	745
Cl—C	335	C—N	335
Br—C	289	C═N	615

三、共价键的断裂方式

有机分子之间发生化学反应,包含这些分子中某些化学键的断裂和新的化学键的形成,从而形成新的分子。

共价键的断裂方式有两种:均裂和异裂。

1. 均裂

当共价键发生断裂时,组成共价键的一对电子,被两个键和原子各留一个。也就是说,成键的一对电子平均分给两个成键原子或基团。

$$X:Y \longrightarrow X\cdot + Y\cdot$$

均裂产生的具有未成对电子的原子或基团(X·或Y·),称为自由基。这种发生键均裂的反应称为均裂反应,也称为自由基反应。

2. 异裂

当共价键发生断裂时,组成共价键的一对电子全部留在两个键和原子中的一个原子或基团上,也就是说成键的一对电子完全为成键原子中的一个原子或基团所有,形成正、负离子。

$$X:Y \longrightarrow X^{+} + Y:^{-}$$
$$X:Y \longrightarrow X:^{-} + Y^{+}$$

这种发生键异裂的反应称为异裂反应,也称为离子型反应。

第三节 有机化合物的分子结构

表示有机物组成和结构的方法主要有电子式、结构式、结构简式、键线式等。

(1)电子式 用元素符号和电子符号表示化合物的化学式称为电子式,也称为路易斯式。

(2)结构式 用元素符号和价键符号表示化合物构造的化学式称为价键式。

(3)结构简式 把有机物分子中的碳碳单键或碳氢键等短线省略。结构简式书写不能用碳干结构表示,碳原子连接的氢原子个数要正确,官能团不能略写,要注意官能团中各原子的结合顺序不能随意颠倒。

(4)键线式 把碳、氢元素符号省略,只写出碳原子的锯齿形骨架的表示式,称为键线式。每个交点、端点代表一个碳原子,每一条线段代表一个共价键,每个碳原子有四条线段，用四减去线段数所得个数即是氢原子个数。一般，对于较长的碳链或环状结构用键线式表示。

正戊烷的组成和结构的表示方法见图 0－8。

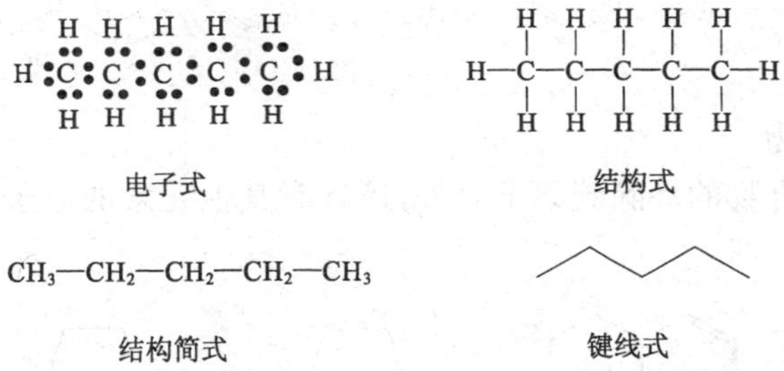

图 0－8　正戊烷的组成和结构的表示方法

第四节　有机化合物的分类

有机化合物的分类方法主要有两种，即根据分子中碳原子的连接方式或者按照决定分子主要化学性质的特殊原子或官能团进行分类。

一、按碳骨架分类

根据分子中碳原子连接方式分为链状化合物、碳环化合物和杂环化合物。

1. 链状化合物

碳原子之间相互连接成链状，碳架成直链（正链）或带有支链的开链。例如：

$CH_3CH_2CH_2CH_2CH_3$　　$CH_3CH(CH_3)CH_2CH_3$　　$CH_2{=}CH_2$

戊烷　　2－甲基丁烷　　乙烯

由于长链状化合物最初是在脂肪中发现的，所以开链化合物又称脂肪族化合物。

2. 碳环化合物

碳原子之间相互连接成闭合的环状结构。根据碳环的特点又分为两类：

（1）脂环族化合物　是一类性质和脂肪族化合物相似的碳环化合物，组成环的原子全部是碳原子。如：

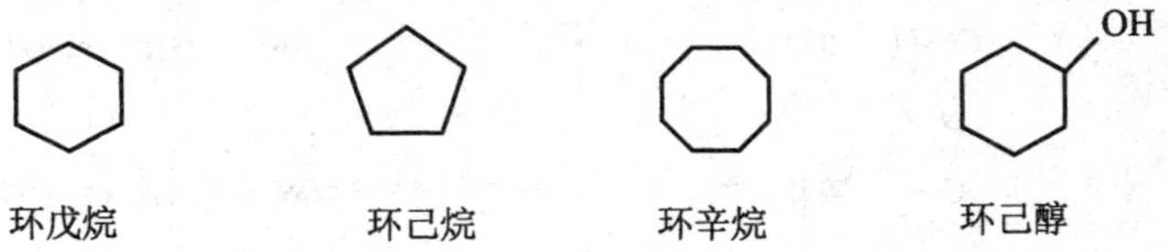

(2)芳香族化合物　是分子中含有苯环或稠苯体系的化合物。如：

苯

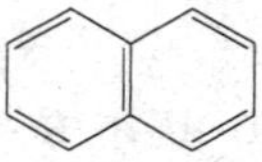
萘

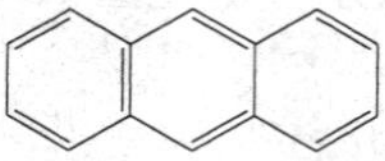
蒽

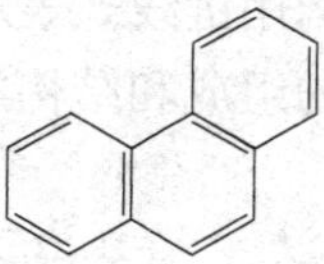
菲

3. 杂环化合物

组成这类化合物的环除碳原子以外，还含有其他元素的原子(如，O、S、N 等)，称为杂环化合物。

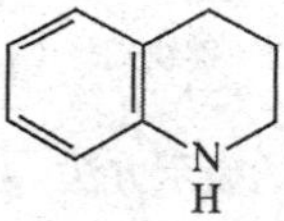

1,2,3,4－四氢喹啉

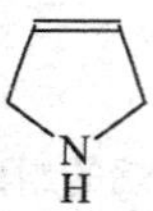

2,5－二氢吡咯

四氢呋喃

二、按官能团分类

将含有同样官能团的化合物归为一类，因为一般来说，含有同样官能团的化合物在化学性质上基本相同。有机物中主要的官能团见表 0－5。

表 0－5　　有机物中主要的官能团

类别	官能团	典型代表物的名称和结构简式
烷烃	—	甲烷　CH_4
烯烃	$>C=C<$　双键	乙烯　$CH_2=CH_2$
炔烃	$—C\equiv C—$　叁键	乙炔　$CH\equiv CH$
芳香烃	—	苯 
氯代烃	—X(X 表示卤素原子)	溴乙烷　CH_3CH_2Br
醇	—OH 羟基	乙醇　CH_3CH_2OH
酚	—OH 羟基	苯酚 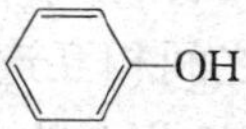
醚	—O—醚键	乙醚　$CH_3CH_2—O—CH_2CH_3$
醛	$—\overset{O}{\overset{\Vert}{C}}—H$　醛基	乙醛　$H_3C—\overset{O}{\overset{\Vert}{C}}—H$
酮	$—\overset{O}{\overset{\Vert}{C}}—$　羰基	丙酮　$CH_3—\overset{O}{\overset{\Vert}{C}}—CH_3$

续表

类别	官能团	典型代表物的名称和结构简式
羧酸	$-\overset{O}{\overset{\|}{C}}-OH$ 羧基	乙酸　$CH_3-\overset{O}{\overset{\|}{C}}-OH$
酯	$CH_3-\overset{O}{\overset{\|}{C}}-O-R$	乙酸乙酯　$CH_3-\overset{O}{\overset{\|}{C}}-O-C_2H_5$

本章小结

绪论
- 有机化合物和有机化学的概念，有机化学的发展简史，有机化合物的特点
- 共价键的形成，特点
- 共价键的参数——键长、键角、键能
- 共价键的断裂方式——均裂和异裂
- 有机物组成和结构的表示方法——电子式、结构式、结构简式、键线式
- 有机化合物的分类
  - 按碳骨架分类
  - 按官能团分类

练 习 题

1. 下列物质中不属于有机物的是(　　)。

A. 氰化钠($NaCN$)　　B. 醋酸(CH_3COOH)

C. 乙炔($CH\equiv CH$)　　D. 碳化硅(SiC)

2. 下列物质中，不属于卤代烃的是(　　)。

A. 氯乙烯　　B. 溴苯　　C. 四氯化碳　　D. 硝基苯

3. 按官能团的不同，可以对有机物进行分类，请指出下列有机物的种类。

$CH_3CH_2CH_2COOH$　　

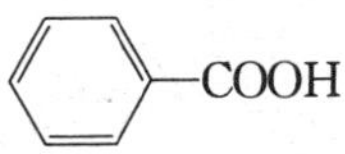　　$H-\overset{O}{\overset{\|}{C}}-O-C_2H_5$

4. 据报道1991—1996年人类发现和创造的化合物已有1000多万种，这正好相当于到1990年以前人类在1000多年来已知物质的总量；此外，关于物质的信息量也剧增。请你推断：新发现和新创制的物质主要是(　　)。

A. 放射性同位素　　B. 无机物　　C. 有机化合物　　D. 烃类物质

5. 将下列有机物的结构式改为键线式或将键线式改为结构式。

A. 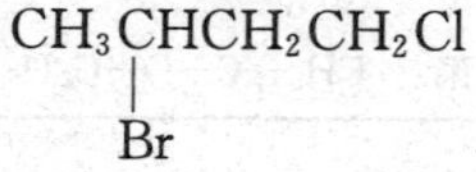

B. 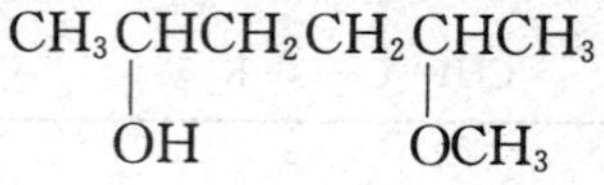

C. 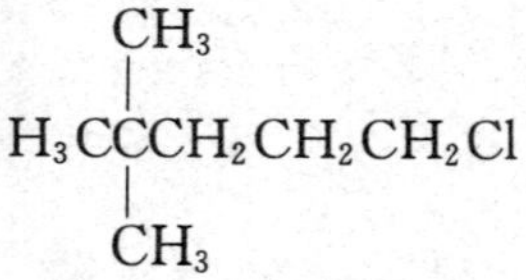

D. $(CH_3)_2NCH_2CH_2CH_3$

E. $CH_3CH_2CH_2COOH$

F. $CH_3(CH_2)_{16}COOH$

G. 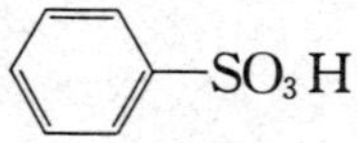

H. 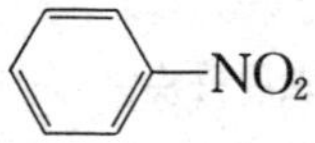

6. 写出无机物和有机物的区别。

第一章　烷　　烃

知识目标

(1)掌握烷烃的结构、命名、性质,并明确化学结构与性质之间的关系。
(2)了解烷烃构型、构象概念及表示方法。

能力目标

(1)能用系统命名法对烷烃命名。
(2)能熟练写出碳原子数七以内烷烃的同分异构体。
(3)能根据性质推测烷烃的分子结构。

只有碳氢两种元素组成的有机化合物称为碳氢化合物,简称为烃。按照传统有机化合物分类,可把烃分为链烃和环烃两大类。分子中碳原子连接成链状的烃,称为链烃,连接成环状的称为环烃。根据分子中所含碳、氢两种原子比例的不同,链烃可分为烷烃、烯烃和炔烃。其中烷烃是饱和烃,烯烃和炔烃为不饱和烃。

第一节　烷烃的通式、同系列和同分异构

烷烃,即饱和烃(saturated group),是只含有碳碳单键和碳氢键的链烃,是最简单的一类有机化合物。烷烃分子里的碳原子都是 sp^3 杂化,每个碳原子之间以单键结合成链状,其余化合价全部为氢原子所饱和。烷烃分子中,氢原子的数目达到最大值。

一、烷烃的通式和同系列

最简单的烷烃是甲烷,分子式 CH_4。其次是乙烷,分子式 C_2H_6。一些烷烃的名称和分子式见表 1－1。

表 1－1　　一些烷烃的名称和分子式

烷烃	分子式	烷烃	分子式
甲烷	CH_4	己烷	C_6H_{14}
乙烷	C_2H_6	庚烷	C_7H_{16}
丙烷	C_3H_8	辛烷	C_8H_{18}
丁烷	C_4H_{10}	壬烷	C_9H_{20}
戊烷	C_5H_{12}	癸烷	$C_{10}H_{22}$

续表

烷烃	分子式	烷烃	分子式
十一烷	$C_{11}H_{24}$	十六烷	$C_{16}H_{34}$
十二烷	$C_{12}H_{26}$	二十烷	$C_{20}H_{42}$
十三烷	$C_{13}H_{28}$	三十烷	$C_{30}H_{62}$
十四烷	$C_{14}H_{30}$	⋮	⋮
十五烷	$C_{15}H_{32}$	烷烃通式	C_nH_{2n+2}

从表 1－1 可知，烷烃的通式为：C_nH_{2n+2}，n 表示碳原子数目。

凡具有同一个通式，结构相似，化学性质也相似，物理性质则随着碳原子数目的增加而有规律地变化的化合物系列，称为同系列。同系列中的化合物互称为同系物。相邻的同系物在组成上相差一个“$—CH_2—$”，这个“$—CH_2—$”称为系列差。

二、烷烃的同分异构

烷烃同系列中，甲烷、乙烷、丙烷只有一种结合方式，没有异构现象，从丁烷起就有同分异构现象。如丁烷有两种异构体。

$CH_3—CH_2—CH_2—CH_3$

正丁烷

$CH_3—CH—CH_3$（CH 上连有 CH_3）

$$\begin{array}{c} CH_3—CH—CH_3 \\ | \\ CH_3 \end{array}$$

异丁烷

我们把像这样具有相同的分子式而不同构造式的化合物互称同分异构体，这种现象称同分异构现象。因为构造不同而形成的异构体，称为构造异构体。

对于烷烃来说，异构体的数目随着碳原子数目的增加而迅速增加。表 1－2 中列出了几种烷烃从理论上讲存在的异构体数目。

表 1－2　烷烃的同分异构体数目

碳原子数	异构体数	碳原子数	异构体数
1	0	11	159
2	0	12	355
3	0	13	802
4	2	14	1858
5	3	15	4347
6	5	20	366319
7	9	25	36797588
8	18	30	4111646763
9	35	⋮	⋮
10	75		

这些异构体的数目是在20世纪30年代初用数学方法推算出来的。含有1～9个碳原子的烷烃，其实际所得到的异构体的数目与理论推测完全相符，含10个碳原子的烷烃，从理论上推测出来的异构体有一半已经得到，更高级的烷烃只有少数的异构体是已知的。

对于低级烷烃的同分异构体的数目和构造式，可利用碳干的不同推导出来。现以己烷为例，说明其基本步骤如下：

(1)写出这个烷烃的最长直链式：

C—C—C—C—C—C(省略了氢，下同)

(1)

(2)写出少一个碳原子的直链式作为主链，把剩下的那个碳当作支链(即甲基)，依次取代主链上的各碳原子的氢，就能写出可能的同分异构体的构造式。

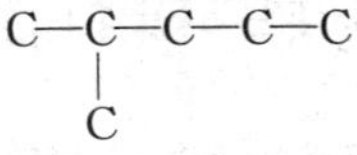

(2)

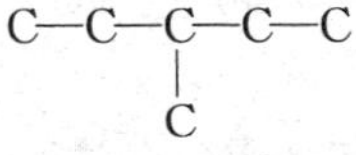

(3)

(3)再写出少两个碳原子的直链式作为主链，把其他两个碳原子当作两个支链(2个甲基)，连接在各碳原子上，或把两个碳原子当作一个支链(乙基)，连接在各碳原子上。

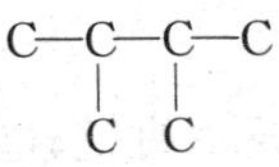

(4)

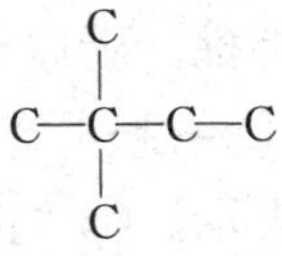

(5)

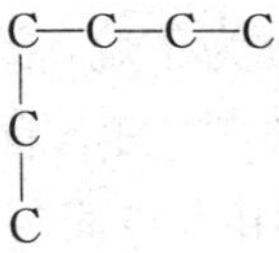

(6)

与(1)相同

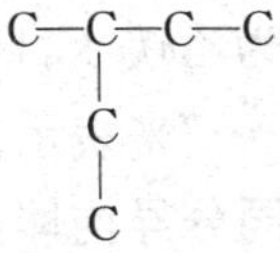

(7)

与(3)相同

(4)把重复者去掉。这样己烷的同分异构体只有5个。

(1) C—C—C—C—C—C

(2) 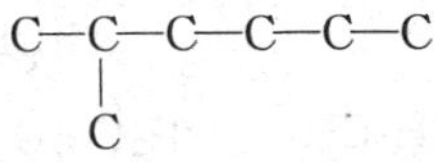

(3) 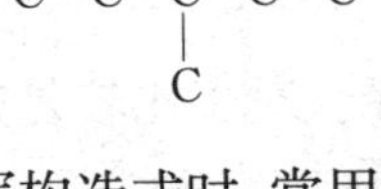

(4) 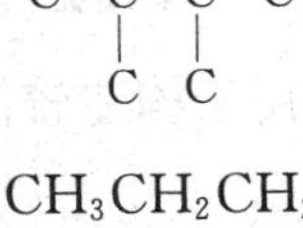

(5) 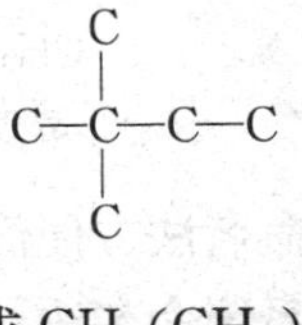

书写构造式时，常用简化式为：$CH_3CH_2CH_2CH_2CH_3$ 或 $CH_3(CH_2)_3CH_3$。

三、伯、仲、叔、季碳原子和伯、仲、叔氢原子

烷烃中碳原子按与其他碳原子相连数目的不同可分为伯、仲、叔、季碳原子。伯碳原子(primary carbon)是只与一个其他碳原子相连的碳原子，称为一级碳原子，用1°表示；仲碳原子(secondary carbon)是与两个其他碳原子相连的碳原子，称

为二级碳原子,用 2°表示;叔碳原子(tertiary carbon)是与三个其他碳原子相连的碳原子,称为三级碳原子,用 3°表示;季碳原子(guaternary carbon)是与四个其他碳原子相连的碳原子,称为四级碳原子,用 4°表示。例如:

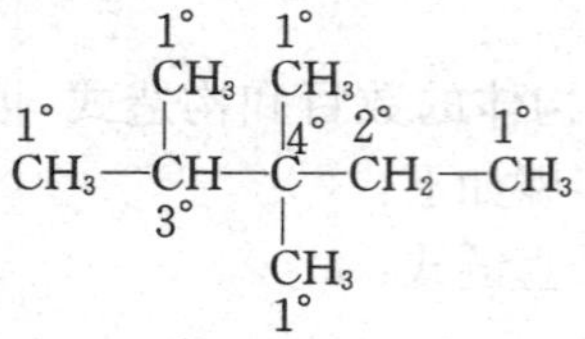

伯、仲、叔碳原子上的氢分别称为伯(1°)、仲(2°)、叔(3°)氢原子。不同类型氢原子相对的反应活性各不相同。

第二节　烷烃的命名

烷烃常用的命名法有普通命名法和系统命名法,这是有机化合物命名法的基础。

一、普通命名法

普通命名法又称为习惯命名法,通常把烷烃泛称为"某烷","某"是指烷烃中碳原子的数目。由一到十用甲、乙、丙、丁、戊、己、庚、辛、壬、癸表示。如 CH_4 称为甲烷,C_2H_6 称为乙烷,C_4H_{10} 称为丁烷,依次类推。碳原子数目大于十的则以"十一、十二、十三……"来表示。如:$C_{11}H_{24}$,称为十一烷。

为区别同分异构体,常用一些词头来表示。①"正"表示直链;②"异"表示有 $(CH_3)_2CH—$ 结构;③"新"表示有 $(CH_3)_3C—$结构,例如:

$CH_3—CH_3$
乙烷

$CH_3—CH_2—CH_2—CH_3$
正丁烷

$CH_3—CH_2—CH_2—CH_2—CH_3$
正戊烷

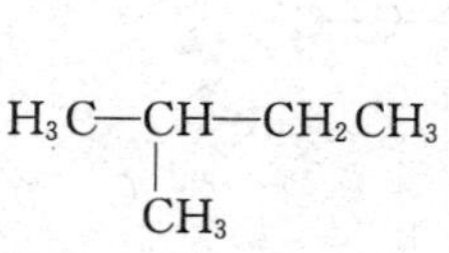
异戊烷

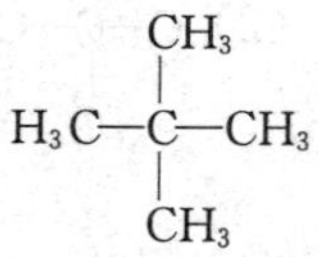
新戊烷

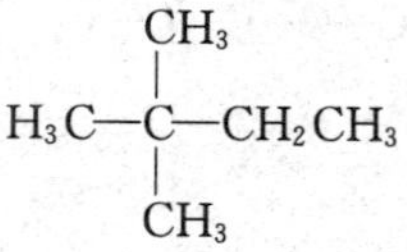
新己烷

普通命名法方便简单,但只适用于构造较简单的烷烃。对于比较复杂的烷烃必须使用系统命名法。

二、系统命名法

为了学习系统命名法,对烷基要有所认识。烃分子中去掉一个氢原子,所剩下的基团称为烃基。脂肪烃去掉一个氢原子后所剩下的基团,称为脂肪烃基,用 R—表示。芳香烃去掉一个氢原子后所剩下的基团称为芳香烃基,用 Ar—表示。常见的烷基见表 1－3。

表 1－3　　常见的烷基

烷基名称	分子式	表示符号
甲基	$CH_3—$	(Me)
乙基	$CH_3CH_2—$	(Et)
正丙基	$CH_3CH_2CH_2—$	(*n*－Pr)
异丙基	$(CH_3)_2CH—$	(iso－Pr)
正丁基	$CH_3CH_2CH_2CH_2—$	(*n*－Bu)
异丁基	$(CH_3)_2CHCH_2—$	(iso－Bu)
仲丁基	$CH_3CH_2CH—$ | CH_3	(sec－Bu)
叔丁基	$(CH_3)_3C—$	(ter－Bu)

二价的烷基称为亚基，三价的烷基称为次基，例如：

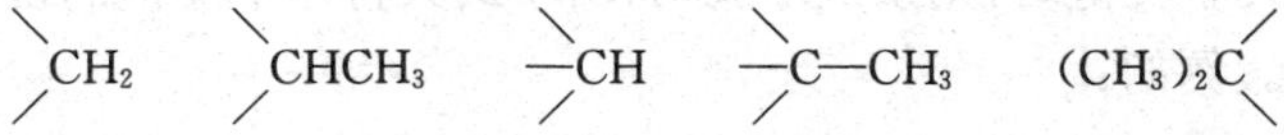

亚甲基　　亚乙基　　次甲基　　次乙基　　亚丙基

1892 年在日内瓦召开了国际化学会议，制定了系统的有机化合物命名法，称为日内瓦命名法。后来由国际纯粹和应用化学联合会(International Union of Pure and Applied Chemistry 简写 IUPAC)做了几次修订，简称为 IUPAC 命名法。我国参考这个命名法的原则结合汉字的特点制定了我国的系统命名法(1960)。1980 年进行增补和修订，公布了《有机化学命名原则》。

在系统命名法中，直链烷烃的命名和普通命名法基本相同，仅不写上“正”字。如：$CH_3CH_2CH_2CH_2CH_3$ 普通命名法称为正戊烷，系统命名法称为戊烷。对于结构复杂的烷烃，则按以下步骤命名。

1. 选主链

选择分子中最长的碳链(含碳原子数最多)作为主链，若有几条等长碳链时，选择支链较多的一条为主链。根据主链所含碳原子的数目定为某烷，再将支链作为取代基。此处的取代基都是烷基。例如：

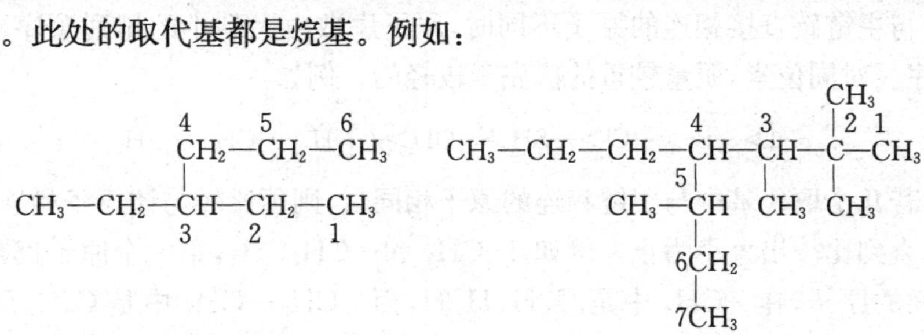

母体是己烷，不是戊烷　　　　母体是庚烷

2. 编号

从距支链最近的一端开始，用阿拉伯数字给主链上的碳原子编号。若主链上有 2 个或 2 个以上的取代基时，从主链的任一端开始编号，可得到两套表示取代基的位置的数字，这时应采取“最低系列”的编号方法，即逐个比较两种编号法中表示取代基位置的数字，最先遇到位次较小者，定为“最低系列”。例如：

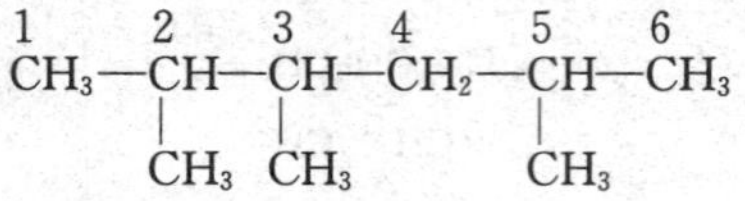

错误命名：2,4,5-三甲基己烷

正确命名：2,3,5-三甲基己烷

3. 命名

将支链的位次及名称加在主链名称之前。若主链上连有多个相同的支链时，用大写中文数字表示支链的个数，再在前面用阿拉伯数字表示各个支链的位次，每个位次之间用逗号隔开，最后一个阿拉伯数字与汉字之间用半字线隔开。若主链上连有不同的几个支链时，则按次序规则，由小到大将每个支链的位次和名称加在主链名称之前。例如：

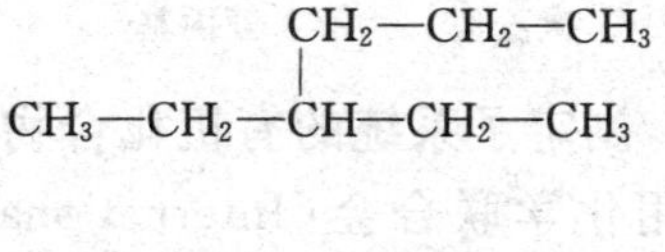

3-乙基己烷

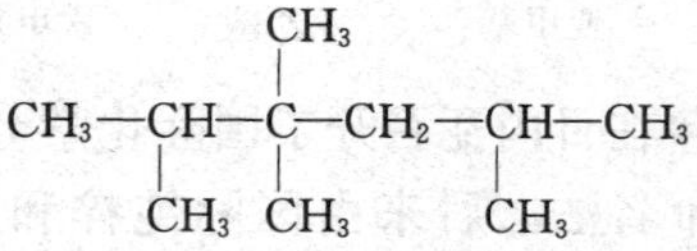

2,3,3,5-四甲基己烷

4. 支链取代基命名

如果支链上还有取代基时，则必须从与主链相连接的碳原子开始，给支链上的碳原子编号，然后补充支链上烷基的位次、名称及数目。

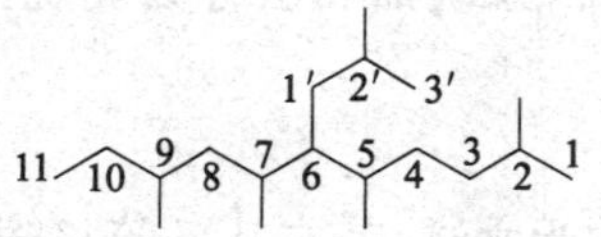

2,5,7,9-四甲基-6-(2′-甲基丙基)十一烷
或 2,5,7,9-四甲基-6-异丁基十一烷

[次序规则]

(1)与主链碳直接相连的原子不同时，原子序数由大到小的排列顺序，即为其先后顺序。对同位素，质量较重的优先于较轻的。例如：

$$—I > —Br > —Cl > —SH > —OH > —NH > —CH_3 > —H$$

(2)若几个取代基中与主链相连的原子相同时，则须比较与该原子相连的后面的原子，直到比较出大小为止。例如，$—CH_3$ 和 $—CH_2CH_3$，第一个原子都是碳，须比较后面的原子，在 $—CH_3$ 中是 C、H、H、H，而 $—CH_2—CH_3$ 中是 C、C、H、H，所以 $—CH_2CH_3$ 优先于 $—CH_3$。

(3)若取代基中第一个原子以双键或叁键与其他原子相连时，则把它看作与两个或三个其他原子以单链相连。如：

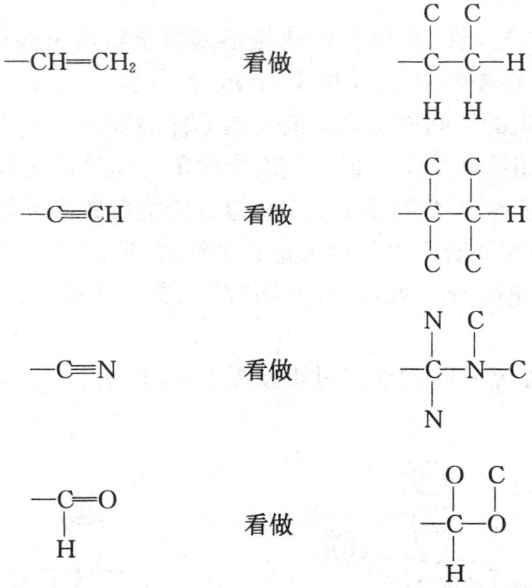

根据顺序规则：叔丁基＞异丙基＞异丁基＞丁基＞丙基＞乙基＞甲基。

例如：

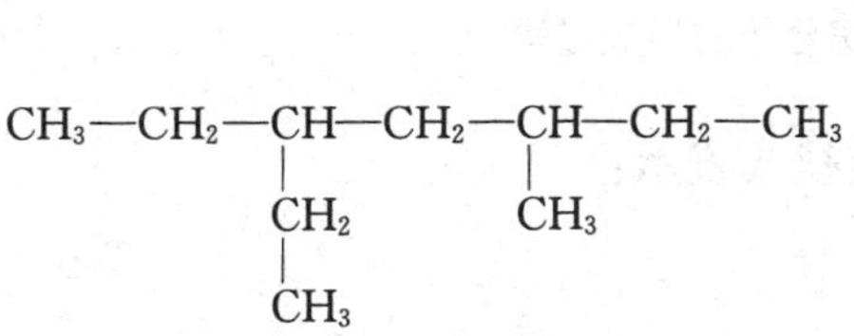

3-甲基-5-乙基庚烷

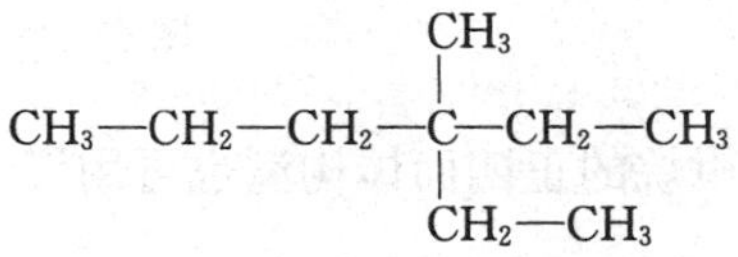

3-甲基-3-乙基己烷

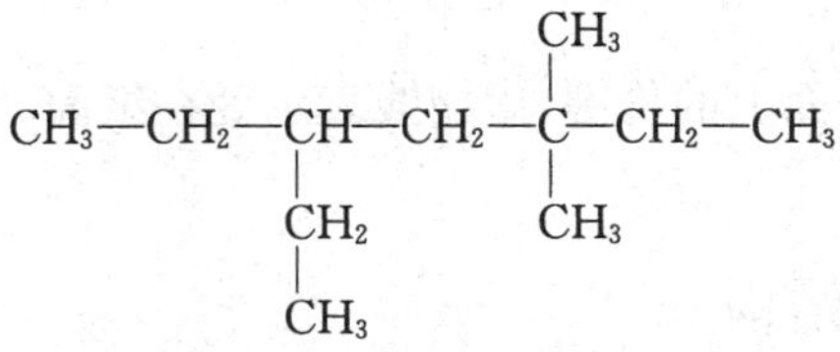

3,3-二甲基-5-乙基庚烷

第三节　烷烃的结构

一、甲烷的结构

1. 甲烷的空间构型

实验证明，甲烷的四个 C—H 键完全相同，键角为 109°28′，键长为 109.1pm，呈正四面体形。碳原子的最外层上有4个电子，电子排布为 $1s^2 2s^2 2p^2$，碳原子通过 sp^3 杂化形成四个完全相同的 sp^3 杂化轨道。

2. sp^3 杂化轨道的特点

（1）具有更强的方向性，能更有效地与别的原子轨道重叠形成稳定的化学键。每个 sp^3 杂化轨道，各含 $1/4s$ 成分和 $3/4p$ 成分。

（2）sp^3 杂化轨道的空间取向是指向正四面体的顶点。

（3）sp^3 杂化轨道夹角是109°28′，使四个键角之间尽可能地远离。

在形成甲烷分子时，4个氢原子的 s 轨道分别沿着碳原子的 sp^3 杂化轨道的对称轴靠近，当它们之间的吸引力与斥力达到平衡时，形成了4个等同的碳氢 σ 键。

σ 键的特点：①重叠程度大，不容易断裂，性质不活泼。②能围绕其对称轴进行自由旋转。

甲烷分子的四个C—H键形成过程如图1－1所示。

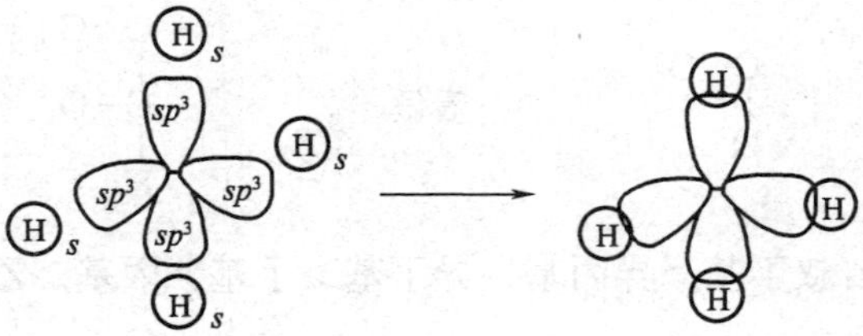

图1－1　甲烷分子的形成过程

甲烷的正四面体构型也可用楔性透视式表示：

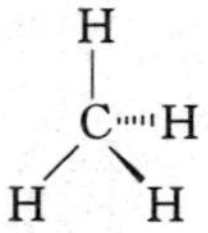

实线表示处在纸平面上的价键，虚楔线表示处在纸面后的价键，实楔线表示处在纸面前的价键。

二、其他烷烃的分子结构

烷烃分子中C—H间都是以 sp^3-1s 形成的 σ 键，C—C间都是以 sp^3-sp^3 形成的 σ 键，结构牢固，性质稳定。

由于C的四个 sp^3 轨道的几何构型为正四面体，轨道对称夹角为109°28′，这就决定了烷烃分子中碳原子的排列不是直线形的。在烷烃中，C均以 sp^3 杂化轨道成键，价键分呈四面体形，且又由于 σ 键可以自由旋转，所以烷烃的结构不像我们通常所写的那样一成不变，而是运动的，一般以锯齿形存在，并且在平衡位置不断振动。例如丁烷的分子结构：

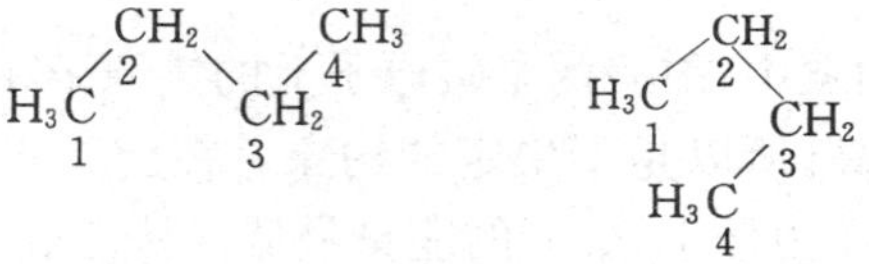

正戊烷在液态和气态碳干运动的几种形式：

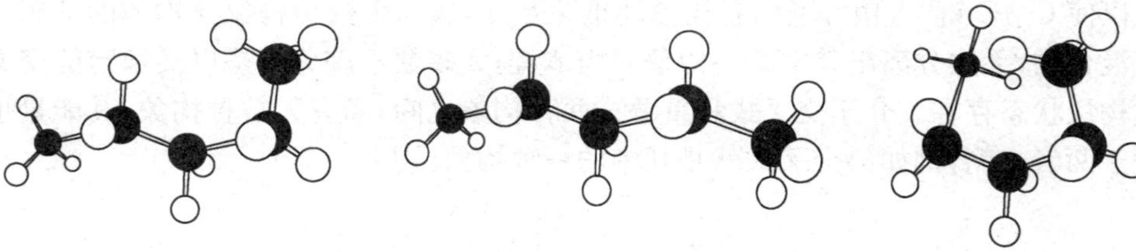

三、乙烷和丁烷的构象

与σ键相连接的两个碳原子，通过沿C—Cσ键的旋转，可使两个碳原子上的原子或者基团在空间有不同的排布方式。这种具有一定构型的分子，由于围绕单键旋转，使分子中每个原子在空间有不同的排布，称为构象（*conformation*），因单键旋转产生的异构体称为构象异构体（*conformation isomer*）。构象异构体的分子构造相同，但其空间排布不同，因此，构象异构体属于立体异构范畴。

1. 乙烷的构象

在乙烷分子中，以C—Cσ键为轴进行旋转，使碳原子上的氢原子在空间的相对位置随之发生变化，可产生无数的构象异构体。我们选择两种典型情况来研究：一种是内能比较高的重叠式，另一种是内能较低的交叉式。常用两种三维式表示，即锯架式和纽曼（Newman）投影式，见图1-2。

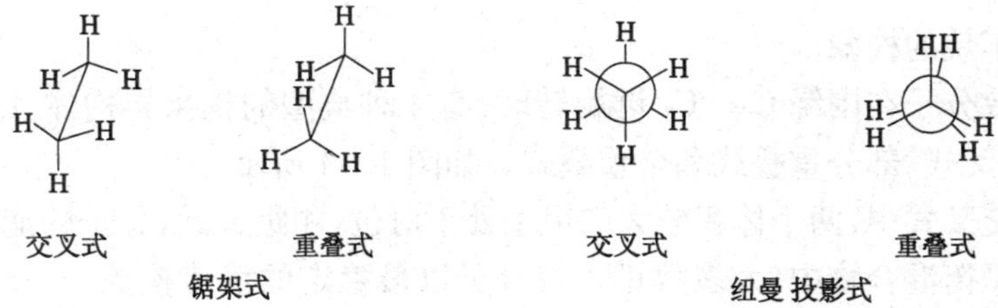

图1-2　乙烷分子构象

锯架式是从分子的侧面观察分子，能直接反映碳原子和氢原子在空间的排列情况。纽曼投影式是沿着C—C键观察分子，从圆圈中心伸出的三条线，表示离观察者近的碳原子上的价键，而从圆周向外伸出的三条线，表示离观察者远的碳原子上的价键。

在乙烷的重叠式构象中，前后两个碳原子上的氢原子相距最近，相互间的排斥力最大，分子的能量最高，所以是不稳定的构象。在交叉式构象中，碳原子上的氢原子相距最远，相互间斥力最小，分子的能量最低。从乙烷分子各种构象的能量曲线图（图 1－3）可见交叉式构象的能量比重叠式构象低 12.6kJ/mol，所以交叉式是乙烷稳定的优势构象。室温下，由于分子间的碰撞即可产生 83.8kJ/mol 的能量，足以使 C—C 键“自由”旋转，各构象间迅速互变，成为无数个构象异构体的动态平衡混合物，无法分离出其中某一构象异构体，但大多数乙烷分子是以最稳定的交叉式构象状态存在。介于交叉式和重叠式两种构象之间，尚有无数种构象，其能量也介于两者之间，例如斜交叉式就是其中的一种构象。

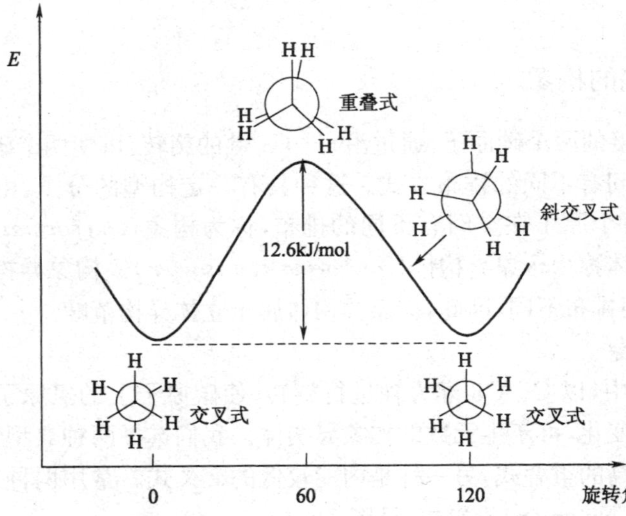

图 1－3　乙烷分子构象的能量曲线

2. 正丁烷的构象

正丁烷分子在围绕 C_2—C_3 键旋转时，有 4 种典型的构象异构体，即对位交叉式、邻位交叉式、部分重叠式和全重叠式。如图 1－4 所示。

对位交叉式中，两个体积较大的甲基处于对位，相距最远，分子的能量最低，所以在动态平衡混合物中，大多数正丁烷分子以最稳定的优势构象——对位交叉式存在。邻位交叉式中的两个甲基处于邻位，靠得比对位交叉式近，两个甲基之间的 Van der Waals 斥力（或空间斥力）使这种构象的能量较对位交叉式高，因而较不稳定。全重叠式中的两个甲基及氢原子都各处于重叠位置，相互间作用力最大，故分子的能量最高，是最不稳定的构象。部分重叠式中，甲基和氢原子的重叠使其能量较高，但比全重叠式的能量低。因此 4 种构象的稳定性次序是：对位交叉式＞邻位交叉式＞部分重叠式＞全重叠式。

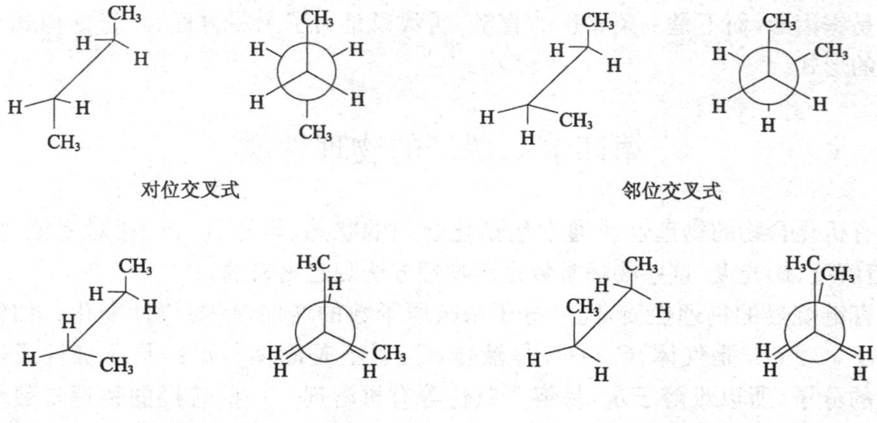

图 1－4 正丁烷分子构象

从正丁烷 $C_2—C_3$ 键旋转时的能量曲线图(图 1－5)可见,正丁烷各种构象之间的能量差别不太大。在室温下分子碰撞的能量足可引起各构象间的迅速转化,因此正丁烷实际上是构象异构体的混合物,但主要是以对位交叉式和邻位交叉式的构象存在,前者约占 63%,后者约占 37%,其他两种构象所占的比例很小。

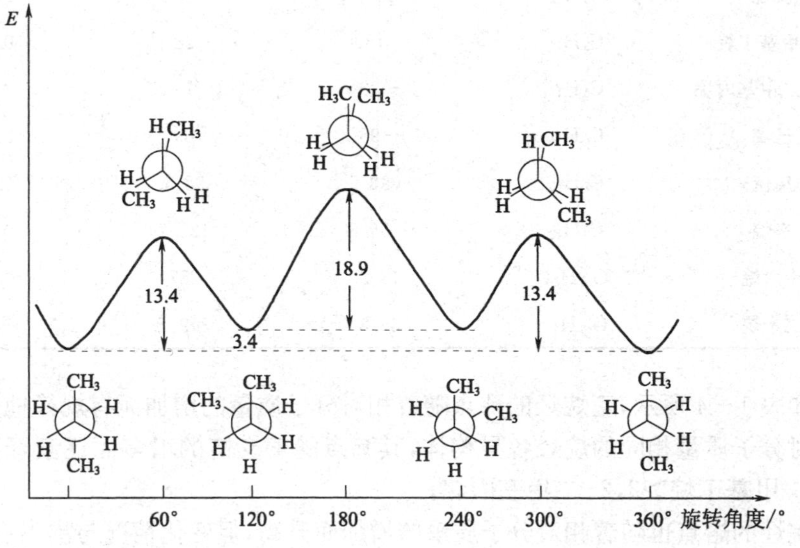

图 1－5 正丁烷 $C_2—C_3$ 旋转时各种构象的能量曲线

随着正烷烃碳原子数的增加,它们的构象也随之而复杂,但其优势构象都类似正丁烷，是能量最低的对位交叉式。因此，直链烷烃的碳链在空间的排列，绝大多数是锯齿形，而不是一条真正的直链，通常只是为了书写方便，才将结构式写成直链的形式。

第四节　烷烃的物理性质

有机化合物的物理性质通常包括化合物的状态、熔点、沸点、相对密度、折光率、溶解度、旋光度，这些物理常数是用物理方法测定出来的。

直链烷烃的物理性质，随着分子中碳原子数的增加，呈规律性变化。如常温常压下，C_1～C_4 是气体，C_5～C_{16} 是液体，C_{17} 以上是固体。烷烃是非极性或极性很弱的分子，所以难溶于水，易溶于氯仿等有机溶剂。一些烷烃的物理常数见表1－4。

表 1－4　　一些烷烃的物理常数

名称	分子式	熔点/℃	沸点/℃	相对密度(d_4^{20})
甲烷	CH_4	－182.5	－161.5	
乙烷	C_2H_6	－183.5	－88.6	
丙烷	C_3H_8	－187.5	－42.1	
丁烷	C_4H_{10}	－138.3	－0.5	
戊烷	C_5H_{12}	－129.7	36.1	0.626
2-甲基丁烷	C_5H_{12}	－160	28	0.621
2,2-二甲基丙烷	C_5H_{12}	－20	10	
己烷	C_6H_{14}	－95	69	0.659
庚烷	C_7H_{16}	－90.6	98.4	0.684
辛烷	C_8H_{18}	－56.8	125.7	0.703
十六烷	$C_{16}H_{34}$	18.2	287	0.773
二十烷	$C_{20}H_{42}$	36.8	342.7	

如表1－4所示，正烷烃的沸点随着相对分子质量的增加而有规律地升高。对于相对分子质量相同的烷烃各异构体，其沸点随着支链的增多而逐渐降低，如，戊烷＞2-甲基丁烷＞2,2-二甲基丙烷。

烷烃的熔点也随着相对分子质量的增加而升高，但变化情况与沸点有所不同。正烷烃的熔点，同系列中 C_1～C_3 不那么规则，但 C_4 以上的是随着碳原子数的增加而升高。不过，其中偶数的升高多一些，以致含奇数和含偶数的碳原子的烷烃各构成一条熔点曲线，偶数在上，奇数在下。如图1－6所示。

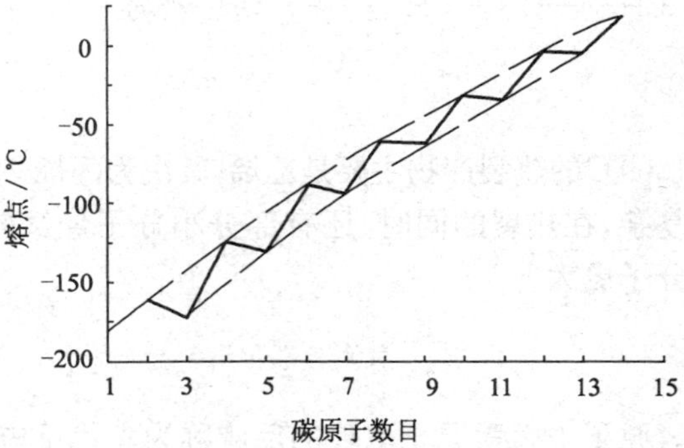

图 1-6 烷烃的熔点曲线图

第五节 烷烃的化学性质

烷烃是饱和烃，分子都无极性，极化度小，在一般条件下试剂不易进攻，化学性质比较稳定，与大多数强酸、强氧化剂、强还原剂及金属钠不起反应，或者反应速度极其缓慢。由于烷烃有这些特性，在生产上常做反应中的溶剂。但在一定条件下，例如在高温高压或有催化剂存在时，烷烃也可以和一些试剂反应。

烷烃的键极化程度小，不易发生异裂反应即离子反应，容易发生均裂反应，即游离基反应。

一、氧化反应

在空气中燃烧：

$$C_nH_{2n+2} + [(3n+1)/2]O_2 \longrightarrow nCO_2 + (n+1)H_2O + \text{热能}$$

在引发剂下可以使烷烃部分氧化，生成醇、醛、酸等。

$$\text{正丁烷} \xrightarrow{\text{氧化}} \text{乙酸}$$

$$\text{高级烷烃}(C_{20} \sim C_{30}) \xrightarrow{\text{氧化}} \text{高级脂肪酸}$$

二、热裂反应

把烷烃的蒸气在没有氧气的条件下，加热到 450℃ 以上时，分子中的 C—C、C—H 键都发生断裂，形成较小的分子。这种在高温及没有氧气的条件下发生键断裂的反应称为热裂反应。

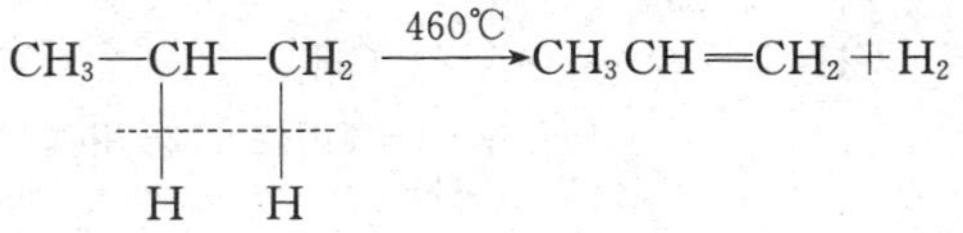

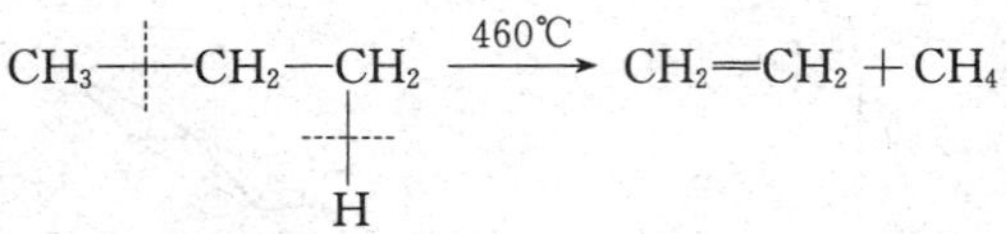

烷烃在800～11000℃的热裂产物主要是乙烯，其次为丙烯、丁烯、丁二烯和氢。

热裂反应相当复杂，在热裂的同时，还有部分小分子烃又转变为较大的分子，有些甚至较原来烃分子更大。

三、卤代反应

烷烃分子中的氢原子被卤素原子取代的反应称为卤代反应。

卤素与甲烷的反应活性顺序为：$F_2 > Cl_2 > Br_2 > I_2$。甲烷的氟代反应十分剧烈，难以控制，强烈的放热反应所产生的热量可破坏大多数的化学键，以致发生爆炸。碘最不活泼，碘代反应难以进行。因此，卤代反应一般是指氯代反应和溴代反应，溴代反应比氯代反应进行得稍慢一些，也需在紫外光或高温下进行。

1. 氯代反应

在紫外光照射或温度在250～400℃的条件下，甲烷和氯气这两种气体混合物可剧烈地发生氯代反应，得到氯化氢和一氯甲烷、二氯甲烷、三氯甲烷（氯仿）及四氯甲烷（四氯化碳）的取代混合物。

$$CH_4 \xrightarrow[光]{Cl_2} CH_3Cl \xrightarrow[光]{Cl_2} CH_2Cl_2 \xrightarrow[光]{Cl_2} CHCl_3 \xrightarrow[光]{Cl_2} CCl_4$$

	甲烷	一氯甲烷	二氯甲烷	三氯甲烷	四氯甲烷
沸点：	-161.5℃	-24.2℃	40℃	61.7℃	76.5℃

碳链较长的烷烃氯代时，反应可以在分子中不同的碳原子上取代不同的氢，得到各种氯代烃。例如：

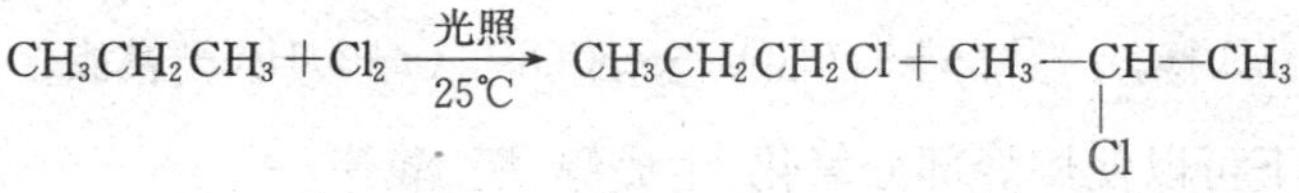

1-氯丙烷(43%)　　2-氯丙烷(57%)

丙烷分子中有6个1°氢原子和2个2°氢原子，每个被卤素原子取代的几率之比应为3∶1，但在室温条件下这两种产物得率之比为43∶57，说明2°氢原子比1°氢原子的反应活性大。2°氢原子与1°氢原子的相对反应活性为：

$$\frac{2^\circ 氢原子}{1^\circ 氢原子} = \frac{57/2}{43/6} = \frac{4}{1}$$

叔氢与伯氢的相对活性也不相同。比如：

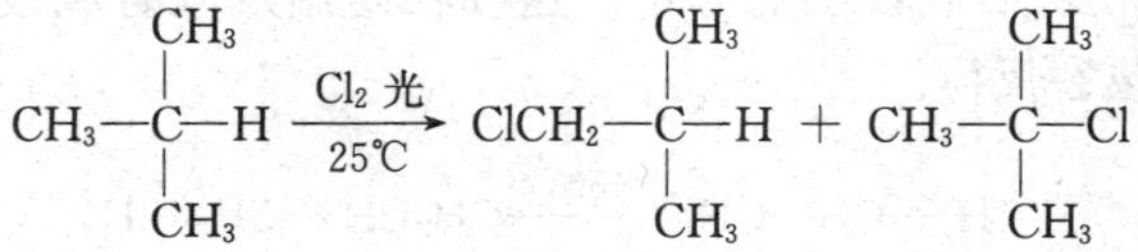

2-甲基-1-氯丙烷　　2-甲基-2-氯丙烷

64%　　36%

$$\frac{3°\text{氢原子}}{1°\text{氢原子}}=\frac{36/1}{64/9}=\frac{5.1}{1}$$

实践结果表明，叔、仲、伯氢在室温时的相对活性为 5∶4∶1，即每个伯、仲、叔氢被氯取代生成相应氯代烷的相对比例为 5∶4∶1。

这说明，烷烃的氯代反应，在室温下有选择性（选择性就是产物有多有少），据此，可以预测某一烷烃在室温下一氯代产物中异构体的得率。

例如：

$$CH_3CH_2CH_2CH_3+Cl_2\xrightarrow[25℃]{\text{光照}}CH_3CH_2CH_2CH_2Cl+CH_3CH(Cl)CH_2CH_3$$

1-氯丁烷　　2-氯丁烷

$$\frac{1\text{-氯丁烷}}{2\text{-氯西烷}}=\frac{1°\text{氢的总数}}{2°\text{氢的总数}}\times\frac{1°\text{氢相对反应活性}}{2°\text{氢相对反应活性}}=\frac{6}{4}\times\frac{1}{4}=\frac{3}{8}$$

$$1\text{-氯丁烷的得率}：\frac{3}{3+8}\times100\%=27\%$$

$$2\text{-氯丁烷的得率}：\frac{8}{3+8}\times100\%=73\%$$

当升高温度（>450℃）时，叔、仲、伯氢的相对活性逐步接近 1∶1∶1。即所得异构体的产量与各种氢原子数目成正比，即在高温下反应，没有上述选择性，而只与氯原子和不同氢相碰撞的几率有关。

2. 溴代反应

溴代反应中，也遵循叔氢>仲氢>伯氢的反应活性，相对活性为 1600∶82∶1。溴的选择性比氯强，为什么呢？可用卤原子的活泼性来说明，因为氯原子较活泼，又有能力夺取烷烃中的各种氢原子而成为 HCl 。溴原子不活泼，绝大部分只能夺取较活泼氢（3°H 或 4°H）。

例如：

$$CH_3CH_2CH_3+Br_2\xrightarrow[127℃]{\text{光照}}CH_3CH_2CH_2Br+CH_3CH(Br)CH_3$$

1-溴丙烷（3%）　　2-溴丙烷（97%）

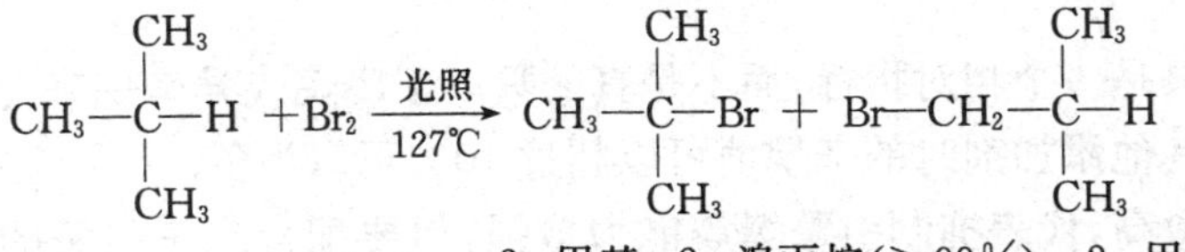

2-甲基-2-溴丙烷（>99%）　2-甲基-1-溴丙烷（痕量）

第六节　自然界中的烷烃

理论上说，由于烷烃的稳定结构，所有的烷烃都能稳定存在。但自然界中存在的烷烃最多不超过50个碳，最丰富的烷烃还是甲烷。

甲烷(CH_4)在自然界分布很广，是天然气、沼气、油田气及煤矿坑道气的主要成分。它可用作燃料及制造氢气、碳黑、一氧化碳、乙炔、氢氰酸及甲醛等物质的原料。甲烷对人基本无毒，但浓度过高时，使空气中氧含量明显降低，能够造成人窒息。当空气中甲烷达25%～30%时，可引起头痛、头晕、乏力、注意力不集中、呼吸和心跳加速、运动失调。若不及时远离，可致窒息死亡。皮肤接触液化的甲烷，可致冻伤。

有些烷烃是某些昆虫的信息素，所谓"昆虫信息素"是指同种昆虫之间借以传递各种信息而分泌的有气味的化学物质。例如，有一种蚁分泌的传递警戒信息的物质含有正十一烷和正十三烷。雌虎蛾引诱雄虎蛾的性信息素是2-甲基十七烷。这样，人们就可以合成这种昆虫信息素，并利用它引诱雄虎蛾至捕虫器中将它们杀死。昆虫信息素的作用往往是很专一的，可利用它只杀死某一种昆虫而不伤害其他昆虫，这是近些年发展起来的第三代农药。

知识窗

汽油的辛烷值

辛烷值是衡量汽油在汽缸内抗爆震燃烧能力的一种数字指标，其值高表示抗爆性好。

常以异辛烷(2,2,4-三甲基戊烷)为标准，它的抗爆性较好，辛烷值规定为100，而正庚烷抗爆性较差，用作抗爆性低劣的标准，辛烷值规定为零。将这两种烃按不同体积比例混合，可配制成辛烷值0～100的标准燃料。

如，某一汽油在引擎中所产生的爆震，正好与98%异辛烷及2%正庚烷之混合物的爆震程度相同，即称此汽油之辛烷值为98。此燃油若再掺合其他添加剂，辛烷值可大于98或小于98甚或超过100。

一般所谓的95#、92#无铅汽油即是指其辛烷值，所以95#比92#汽油的抗爆性来得好。

辛烷值只是一个相对指标，而不是真的只以正庚烷或异辛烷来混合，所以有些燃油再掺合其他添加剂时的辛烷值可以超过100，可以为负。

辛烷值愈高，代表抑制引擎爆震能力愈强，但要配合汽车引擎的压缩比使用。若车辆"压缩比"在9.1以下者应以92#无铅汽油为燃料；压缩比9.2至9.8使用95#无铅汽油；压缩比9.8以上或者涡轮增压引擎车种才需要使用98#无铅汽油。

依测定条件不同，主要有以下几种辛烷值：

(1)马达法辛烷值　测定条件较苛刻，发动机转速为900r/min，进气温度149℃。它反映汽车在高速、重负荷条件下行驶的汽油抗爆性。

(2)研究法辛烷值　测定条件缓和，转速为600r/min，进气为室温。这种辛烷值反映汽车在市区慢速行驶时的汽油抗爆性。对同一种汽油，其研究法辛烷值比马达法辛烷值高0～15个单位，两者之间差值称敏感性或敏感度。

(3)道路法辛烷值　也称行车辛烷值，用汽车进行实测或在全功率试验台上模拟汽车在公路上行驶的条件进行测定。道路辛烷值也可用马达法和研究法辛烷值按经验公式计算求得。马达法辛烷值和研究法辛烷值的平均值称作抗爆指数，它可以近似地表示道路辛烷值。

柴油的标号是采用柴油凝固点的高低来命名的。因为柴油是链烷烃、环烷烃和芳香烃等物质的混合物，所以其凝固点是不固定的，可以通过调整这些主要物质的含量来调整其凝固点，以此来满足不同气温条件下的使用。我国的北方和南方部分地区不同季节应选用不同的柴油标号：$5^{\#}$适用的最低气温为8℃以上；$0^{\#}$适用的最低气温为4℃以上；$-10^{\#}$适用的最低气温为−5℃以上；$-20^{\#}$适用的最低气温为−14℃以上；$-35^{\#}$适用的最低气温为−29℃以上；$-50^{\#}$适用的最低气温为−44℃以上。

本章小结

- 烷烃
  - 通式、同系列、同分异构体
  - 命名
  - 结构
  - 物理性质
  - 化学性质
    - 氧化
    - 热裂
    - 卤代
  - 自然界中的烷烃

练习题

1. 选择题

(1)某同学写出的下列烷烃的名称中，正确的是(　　)。

A. 2,3,3-三甲基丁烷　　B. 3,3-二甲基丁烷

C. 3-甲基-2-乙基戊烷　　D. 2,2,3,3-四甲基丁烷

(2)同分异构体具有(　　)。

A. 相同的式量和不同的组成　　　B. 相同的分子组成和不同的式量

C. 相同的分子结构和不同的式量　D. 相同的分子组成和不同的分子结构

(3)下列各组物质属于同分异构体的是(　　)。

A. 2-溴丙烷与2-溴丁烷　　　B. 氧气与臭氧

C. 2-甲基丙烷与丁烷　　　D. 水与重水

(4)已知丙烷的二氯代物有四种同分异构体,则其六氯代物的同分异构体数目有(　　)。

A. 2种　　B. 3种　　C. 4种　　D. 5种

(5)下列说法正确的是(　　)。

A. 凡是分子组成相差一个或几个CH_2原子团的物质,彼此一定是同系物

B. 两种物质组成元素相同,各元素质量分数也相同,则二者一定是同分异构体

C. 相对分子质量相同的几种物质,互称为同分异构体

D. 组成元素的质量分数相同,且相对分子质量相同和结构不同的化合物互称为同分异构体

(6)下列化学式只能表示一种物质的是(　　)。

A. C_3H_8　　B. C_4H_{10}　　C. $C_2H_4Cl_2$　　D. C_3H_7Cl

(7)下列烷烃中,进行一氯取代反应后,只能生成三种沸点不同产物的是(　　)。

A. $(CH_3)_2CHCH(CH_3)_2$　　B. $(CH_3CH_2)_2CHCH_3$

C. $(CH_3)_3CC(CH_3)_3$　　D. $(CH_3)_3CCH_2CH_3$

(8)含碳原子数小于或等于10的烷烃分子中一卤代物不存在同分异构体的烷烃有(　　)。

A. 2种　　B. 4种　　C. 3种　　D. 5种

2. 写出下列每个烷烃的结构式。

(1)新戊烷　　(2)异丁烷

(3)异戊烷　　(4)3,4,5-三甲基-4-丙基庚烷

(5)6-(3-甲基丁基)十一烷　　(6)4-叔丁基庚烷

(7)2-甲基十七烷

3. 写出庚烷的各种异构体,并用系统命名法命名。

4. 将下列化合物按沸点由高至低的顺序排列(不要查表)

(1)3,3-二甲基戊　　(2)正庚烷　　(3)2-甲基庚烷

(4)正戊烷　　(5)2-甲基己烷

5. 100mL甲烷、乙烷混合气体完全燃烧后得150mL的CO_2(两种气体在相同温度,压力下测量),请计算原混合气体中甲烷、乙烷分别所占的体积。

6. 某烷烃的相对分子质量为72,只有一种一氯化产物,此烷烃的结构式如何?

第二章　烯烃和二烯烃

知识目标

(1)了解烯烃及二烯烃的物理性质、自然界中的烯烃及用途。
(2)掌握烯烃的结构、顺反异构、马氏规则。
(3)掌握烯烃的命名、化学性质。

能力目标

(1)能给顺反异构体正确命名。
(2)能运用烯烃的性质鉴别烷烃与烯烃。
(3)能根据烯烃的氧化产物推测烯烃的结构。

第一节　烯　　烃

烯烃是一类含有碳碳双键的碳氢化合物，为不饱和脂肪烃。碳碳双键即烯烃的官能团。烯是含氢较少的意思。含有一个碳碳双键的烯烃称单烯烃，本章主要介绍单烯烃。

烯烃也有自己的同系物，由于单烯烃比相应的烷烃少两个氢原子，所以它的通式为 C_nH_{2n}，不饱和度为 1。

一、烯烃的结构

乙烯是最简单的烯烃，分子式为 C_2H_4。乙烯分子形成时，两个碳原子各以一个 sp^2 杂化轨道沿键轴方向重叠形成一个 C—Cσ 键，并以剩余的两个 sp^2 杂化轨道分别与两个氢原子的 $1s$ 轨道沿键轴方向重叠形成四个等同的 C—Hσ 键，五个 σ 键都在同一平面内，因此乙烯为平面构型，如图 2－1 所示。

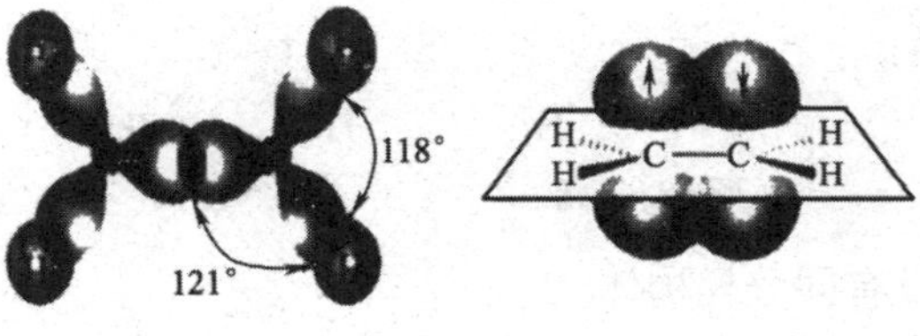

图 2－1　乙烯分子结构

此外，每个碳原子上还有一个未参与杂化的 p 轨道，两个碳原子的 p 轨道相互平行，于是侧面重叠成键。这种成键原子的 p 轨道侧面重叠形成的共价键称为 π 键。

σ 键和 π 键的特点比较见表 2－1。

表 2－1　　σ 键和 π 键的特点比较

	σ 键	π 键
存在	可以单独存在	不能单独存在，只能与 σ 键共存
形成	成键轨道沿键轴重叠，重叠程度大	成键轨道平行侧面重叠，重叠程度小
分布	电子云对称分布在键轴周围呈圆柱形	电子云对称分布于 σ 键所在平面的上下
性质	①键能较大，比较稳定 ②成键的两个原子可沿键轴自由旋转 ③电子云受核的束缚大，不易极化	①键能较小，不稳定 ②成键的两个原子不能沿键轴自由旋转 ③电子云受核的束缚小，容易极化

其他烯烃的结构与乙烯相似，双键碳原子也是 sp^2 杂化，与双键碳原子相连的各个原子在同一平面上，碳碳双键都是由一个 σ 键和一个 π 键组成。

二、烯烃的同分异构和命名

1. 烯烃的同分异构现象

由于烯烃含有碳碳双键，使烯烃的同分异构现象较烷烃复杂得多，除了有碳干异构之外，还有由于双键的位置不同而引起的位置异构，还有由于双键两侧的基团在空间的位置不同引起的顺反异构，所以，烯烃的异构体的数目比相应的烷烃多。如丁烷有两种异构体。

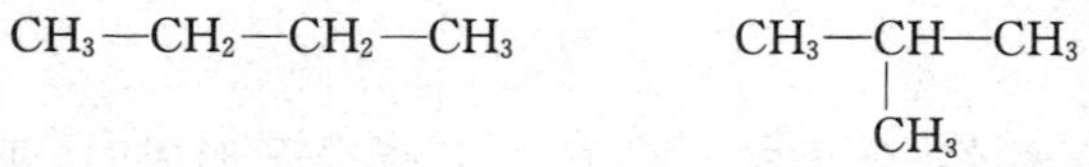

正丁烷　　　　异丁烷

而丁烯除了骨架和位置异构外，还因为 π 键不能自由旋转而出现顺反异构，所以丁烯有四种异构体。

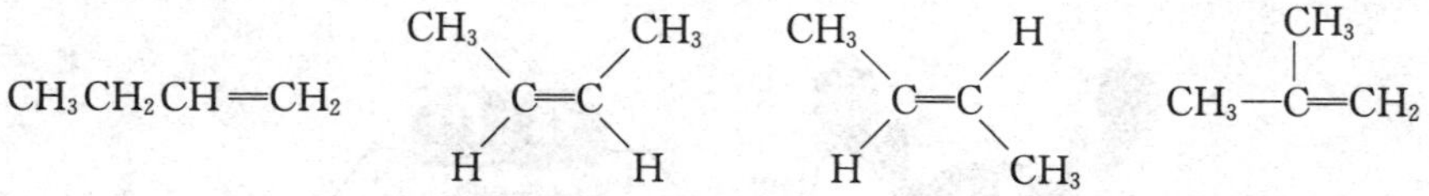

1－丁烯　　　顺－2－丁烯　　　反－2－丁烯　　　异丁烯

乙烯和丙烯都没有同分异构体。

顺、反异构现象在烯烃中很普遍，凡是以双键相连的两个碳原子上都带有不同的原子或原子团的烯烃，都有顺、反异构现象。

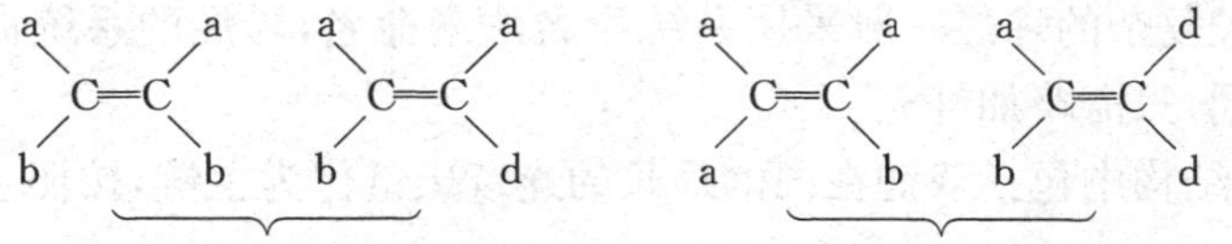

有顺反异构的类型　　无顺反异构的类型

产生顺反异构现象必需满足两个条件：

(1)分子中存在着限制原子自由旋转的因素，如双键、脂环等结构。

(2)在每个不能自由旋转的两端原子上，必须各自连接着两个不同的原子或基团。

相同的基团或原子在双键的同一侧，称为顺式异构；相同的基团或原子在双键的反侧称为反式异构。

如果以双键相连的两个碳原子，其中有一个带有两个相同的原子或原子团，则这种分子就没有顺、反异构体。

当含有两个或两个以上 C═C 时，随着 C═C 数目增加，顺反异构体数目也随之增加，例如，$CH_3CH{=}CH{-}CH{=}CHCH_3$ 有 3 个顺反异构体：

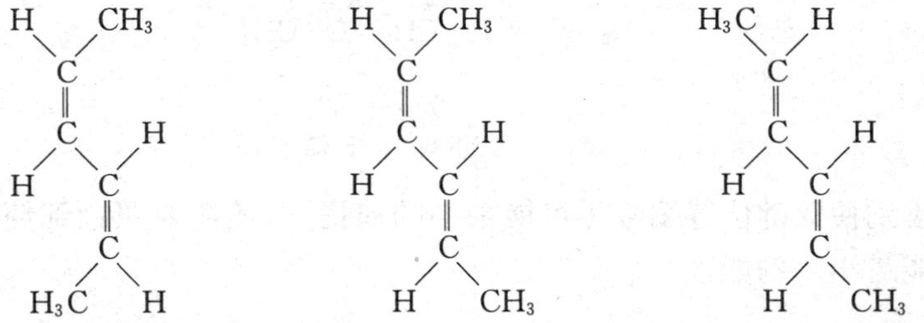

顺，顺-1，4-己二烯　　顺，反-1，4-己二烯　　反，反-1，4-己二烯

2. 烯烃的命名

烯烃分子去掉一个氢原子剩下的部分，称为烯基。

常见的烯基有：

$CH_2{=}CH{-}$	$CH_3{-}CH{=}CH{-}$	$CH_2{=}CH{-}CH_2{-}$
乙烯基	丙烯基	烯丙基

烯烃的命名类似于烷烃，简单烯烃可用普通命名法命名，例如：

$CH_3CH_2CH{=}CH_2$

正丁烯

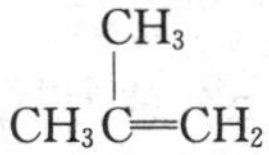

异丁烯

也可以按衍生物命名法命名，即以乙烯母体衍生物来命名。

$CH_3CH_2CH{=}CH_2$

乙基乙烯

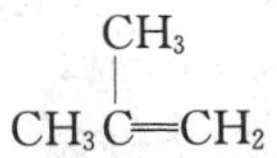

二甲基乙烯

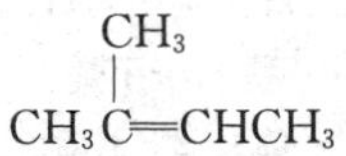

三甲基乙烯

对结构较复杂的烯烃一般采用系统命名法来命名，烯烃的系统命名法基本原则与烷烃相同，只需略加补充：

(1)选择结构中包括双键在内的最长的连续碳链作为主链，按照主链碳原子数目称为某烯。

(2)从靠近双键的一端开始，将主链碳原子依次编号。

(3)在烯烃名称“某烯”之前，并以双键两端碳原子中编号较小的数字标明双键的位置。

(4)将主链上烷基的位置，数目及名称按由简单到复杂的顺序写在“某烯”之前，有多个相同烷基时，则合并表示，例如：

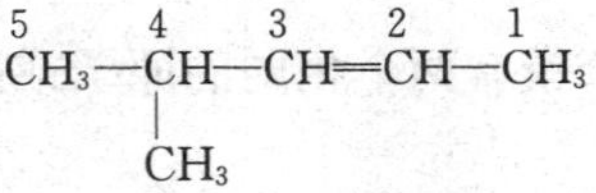

4－甲基－2－戊烯

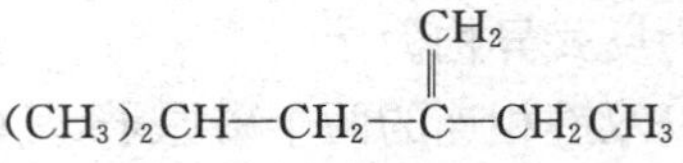

4－甲基－2－乙基－1－戊烯

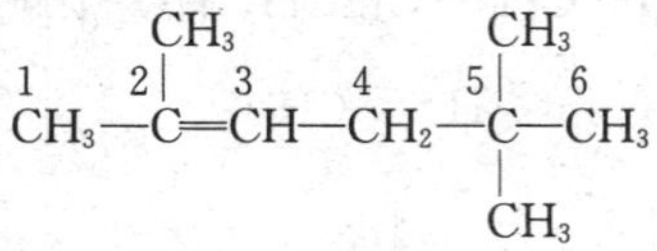

2,5,5－三甲基－2－己烯

在考虑到使双键位置编号尽可能最小的前提下，还需要照顾到使支链位置的编号尽可能最小。例如：

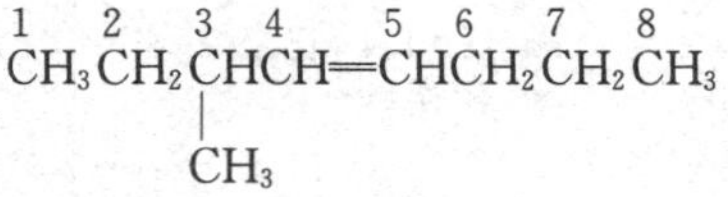

3－甲基－4－辛烯

顺反异构体的命名方法：对于一简单烯烃的顺反异构，可用词头“顺”(cis)、“反”(trans)表示。当碳－碳双键上连接的四个基团完全不同时，IUPAC 命名法规定以(Z)、(E)符号为词头的表示方法。将每个以双键相连的碳原子上的两个原子或基团按次序规则定出较优基团，该两个碳原子上的较优基团在双键的同侧时，以字母“Z”表示，反之则以“E”表示。Z 和 E 分别取自德语“Zusammen”(意为“在一起”，指同侧)和“Entgegen”(意为“相反”，指异侧)的首位字母，例如：

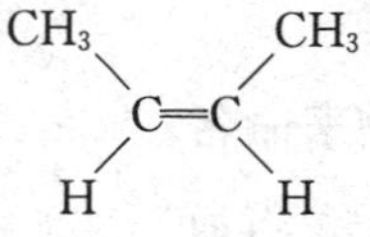

顺－2－丁烯

(Z)－2－丁烯

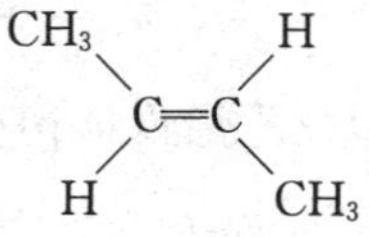

反－2－丁烯

(E)－2－丁烯

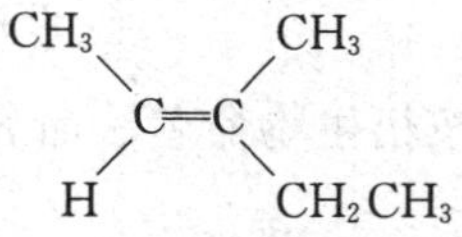

顺－3－甲基－2－戊烯

(E)－3－甲基－2－戊烯

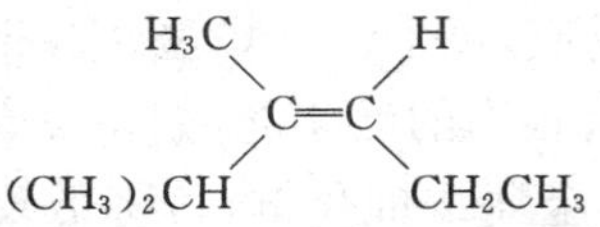

(Z)-2,3-二甲基-3-己烯

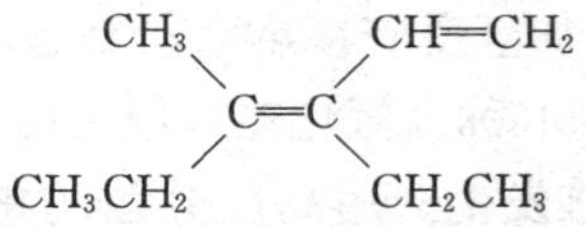

(E)-4-甲基-3-乙基-1,3-己二烯

顺、反异构体的命名与(Z)、(E)构型的命名不是完全相同的。这是两种不同的命名法。顺、反异构体的命名指的是相同原子或基团在双键平面同一侧时为“顺”，在异侧时为“反”。Z、E构型指的是原子序数大的原子或基团在双键平面同一侧时为“Z”，在异侧时为“E”。

三、烯烃的物理性质

烯烃的物理性质如熔点、沸点、相对密度和溶解度等与相应的烷烃相似。常温时，C_2～C_4 的烯烃是气体，C_5～C_{18} 是液体，C_{19} 以上是固体。烯烃的密度均小于 $1g/cm^3$，比相应烷烃略大，烯烃中由于 π 键的存在，极化性比烷烃强，所以分子间范德华引力比相应的烷烃稍强，故沸点比烷烃略高。烯烃都难溶于水而易溶于有机溶剂。乙烯稍有甜味，液态烯烃有汽油的气味。烯烃的物理常数表见表 2－2。

表 2－2　　烯烃的物理常数表

状态	碳个数	名 称	熔点/℃	沸点/℃	相对密度 d^{20}
气态	2	乙烯	－169.2	－103.7	0.5790
	3	丙烯	－185.3	－47.4	0.5193
	4	1-丁烯	－185.4	－6.3	0.5951
		异丁烯	－140.4	－6.9	0.5902
		顺-2-丁烯	－138.9	3.70	0.6213
		反-2-丁烯	－105.6	0.88	0.6042
液态	5	1-戊烯	－165.2	30.0	0.6405
	6	1-己烯	－139.8	63.4	0.6731
	7	1-庚烯	－119	93.6	0.6970
	8	1-辛烯	－101.7	121.3	0.7149

四、烯烃的化学性质

1. 加成反应

(1)催化加氢　烯烃与氢气在金属 Pt、Pd、Ni 等催化剂存在下能发生加成反应，如：

$$R{-}CH{=}CH{-}R' + H_2 \xrightarrow{Pt} RCH_2CH_2R'$$

烯烃的加氢反应在热力学上是一个放热反应，每个 C═C 氢化放出的热量约为 126kJ/mol(称为氢化热)，但是由于反应具有很高的活化能，如果没有催化剂存在，反应很难发生。用高度分散的铂、钯、镍等金属作催化剂，可降低反应的活化能，使反应顺利发生。根据反应吸收氢气的量可以测定不饱和度。

$$CH_3—CH═CH_2 + H_2 \xrightarrow{Pt/C} CH_3—CH_2—CH_3$$

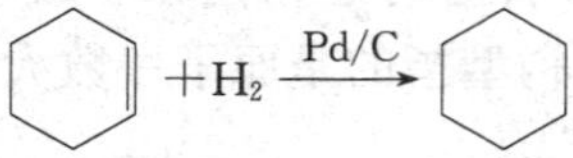

(2)与卤素加成　烯烃容易与氯或溴发生加成反应，生成邻二卤代烷。例如，在室温条件下，将乙烯通入溴的四氯化碳溶液中，溴的红棕色立即褪去，生成无色的 1,2 - 二溴乙烷。

$$CH_2═CH_2 + Br_2(CCl_4) \longrightarrow \underset{Br}{CH_2}—\underset{Br}{CH_2}$$

实验室中常用此法鉴定 C═C 的存在，并且用来区别烷烃和烯烃。碘不活泼，难以发生加成反应，氟太活泼，与烯烃反应太剧烈，难以控制，产物复杂。

(3)与卤化氢的加成　烯烃的卤化氢加成得到卤代烷。

$$CH_2═CH_2 + HX \longrightarrow CH_3CH_2X$$

① HX 的反应活性

HI > HBr > HCl > HF (HF 的加成无实用价值)

②不对称烯烃的加成产物遵守马氏规则："当烯烃与卤化氢发生加成反应时，氢原子主要加到双键两端含氢较多的碳原子上，卤原子则加到另一个碳原子上"。这个反应规律是 1866 年著名的俄国化学家马尔可夫尼可夫(V. V. Markovnikov)总结出来的，故称为马尔可夫尼可夫加成规则。例如：

$$CH_3CH═CH_2 + HBr \longrightarrow \underset{\substack{Br \\ 80\%(主)}}{CH_3\underset{}{CH}CH_3} + \underset{\substack{Br \\ 20\%}}{CH_3CH_2CH_2}$$

(4) 与硫酸加成　烯烃和硫酸加成得到硫酸氢酯，反应的取向遵守马尔可夫尼可夫加成规则。硫酸氢酯在加热条件下水解可以得到相应的醇。

$$CH_2═CH_2 + H_2SO_4 \longrightarrow \underset{硫酸乙酯}{CH_3CH_2OSO_3H} \xrightarrow[90℃]{H_2O} \underset{乙醇}{CH_3CH_2OH} + H_2SO_4$$

(5)与水的加成　在酸催化下烯烃与水加成得到醇，反应的取向遵守马尔可夫尼可夫加成规则。

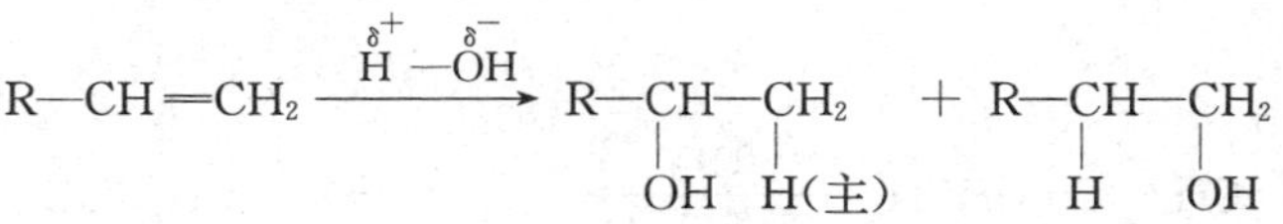

2. 氧化反应

(1)用 $KMnO_4$ 氧化

① 用稀、冷高锰酸钾氧化：产物是连二醇，反应后高锰酸钾溶液的紫色褪去，同时生成褐色的二氧化锰沉淀。因此此反应可以鉴别碳碳双键的存在。

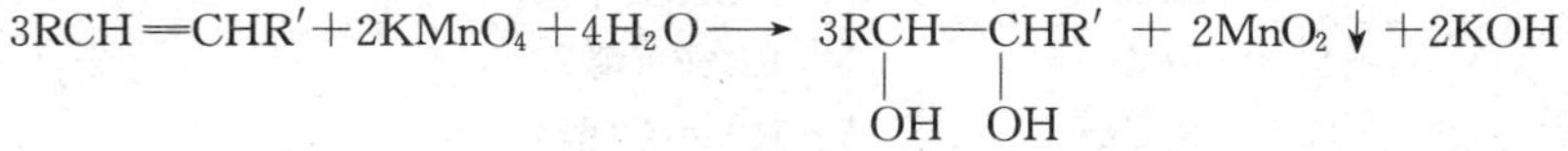

②用浓、热高锰酸钾或酸性高锰酸钾氧化：氧化的结果是在原来 C═C 的位置上发生碳链断裂，生成氧化裂解产物。如：

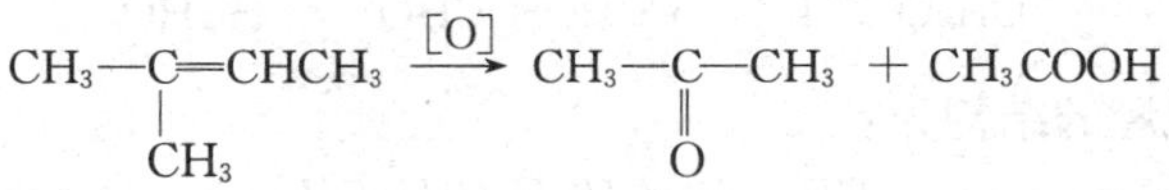

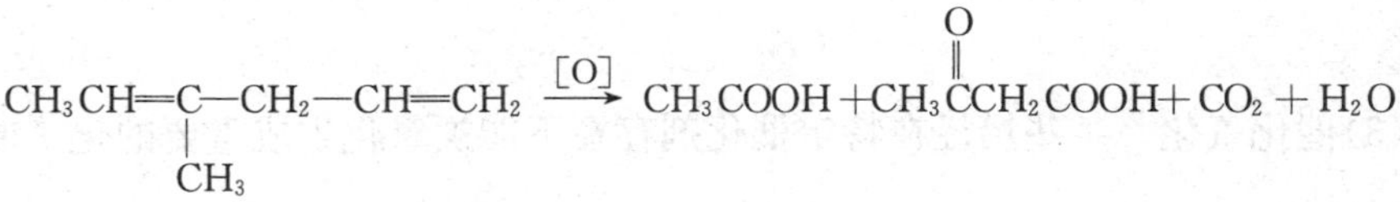

由于氧化产物保留了原来烯烃中的碳链结构，因此通过测定氧化产物的结构，便可推断原来烯烃的结构。

烷烃、环烷烃不能被高锰酸钾氧化，这是区别烷烃、环烷烃与不饱和烃的一种方法。反应的用途：①鉴别烯烃；②制备一定结构的有机酸和酮；③推测原烯烃的结构。

(2)臭氧化反应(用含有臭氧 6%～8%的氧气作氧化剂)：将含有臭氧(6%～8%)的氧气通入液态烯烃或烯烃的四氯化碳溶液，臭氧迅速而定量地与烯烃作用，生成臭氧化物的反应，称为臭氧化反应。

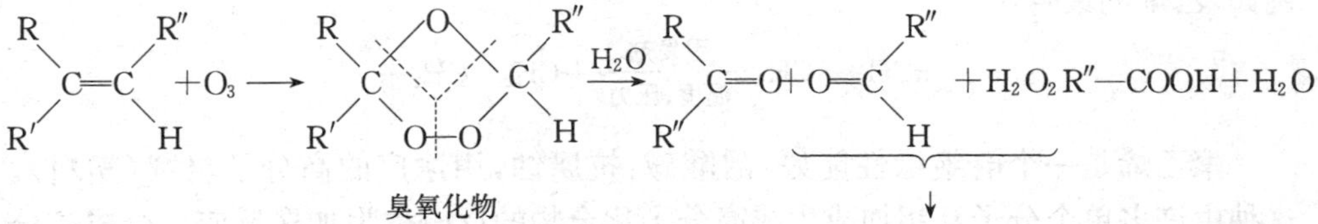

臭氧化物

黏糊状，易爆炸，不必分离，

可直接在溶液中水解

为了防止生成的过氧化物继续氧化醛、酮，通常臭氧化物的水解是在加入还原剂(如 Zn / H_2O)或催化氢化下进行。

例如：

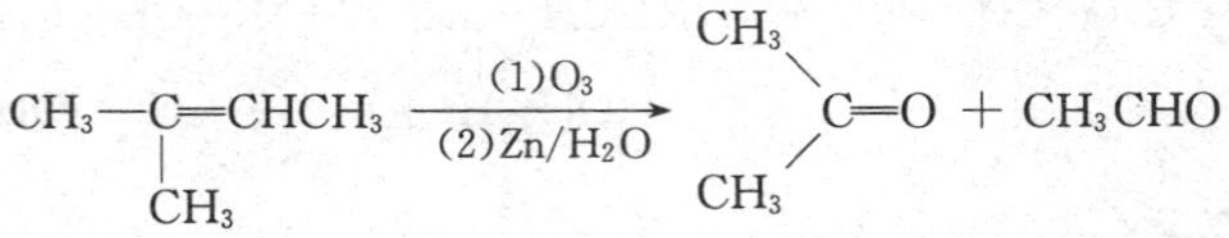

丙酮　　　　乙醛

烯烃臭氧化物的还原水解产物与烯烃结构的关系：

烯烃结构	臭氧化还原水解产物
$CH_2=$	HCHO(甲醛)
$RCH=$	RCHO(醛)
$R_2C=$	$R_2C=O$(酮)

故可通过臭氧化物还原水解的产物来推测原烯烃的结构。

例如：臭氧化还原水解产物如果为：

CH_3COCH_3　　$OCHCH_2CHO$　　HCHO

则推测原烯烃的结构为：

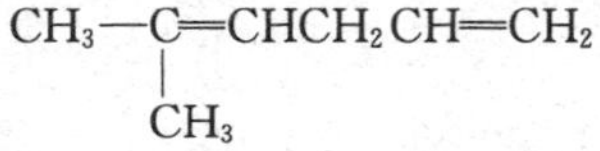

(3)催化氧化　某些烯烃在特定催化剂存在下能被氧化生成重要的化工原料。

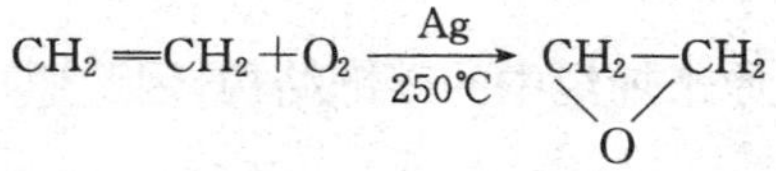

环氧乙烷

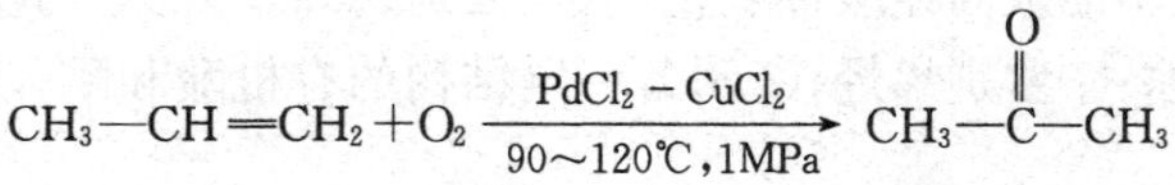

丙酮

3. 聚合反应

烯烃在少量引发剂或催化剂作用下，键断裂而互相加成，形成高分子化合物。例如，乙烯的聚合：

$$nCH_2=CH_2 \xrightarrow[\text{温度、压力}]{\text{引发剂}} -\!\!\!\left[CH_2-CH_2\right]\!\!\!-_n$$

聚乙烯是一个电绝缘性能好，耐酸碱，抗腐蚀，用途广的高分子材料(塑料)。这种由许多单个分子互相加成生成高分子化合物的反应称为加聚反应。合成高分子化合物的主要直接原料称为单体。如乙烯是聚乙烯的单体。

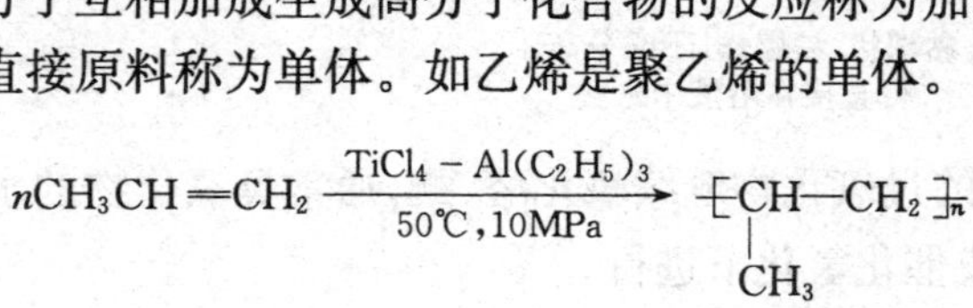

聚丙烯

$TiCl_4-Al(C_2H_5)_3$称为齐格勒(Ziegler,德国人)、纳塔(Natta,意大利人)催化剂。1959 年齐格勒、纳塔利用此催化剂首次合成了立体定向高分子——人造天然橡胶,为有机合成作出了巨大的贡献。为此,两人共享了 1963 年的诺贝尔化学奖。

4. α-氢的卤代反应

双键是烯烃的官能团,凡官能团的邻位统称为 α 位,α 位(α 碳)上连接的氢原子称为 α—H(又称为烯丙氢)。α—H 由于受 C═C 的影响,C—Hα 键解离能减弱。故 α—H 比其他类型的氢易起反应。其活性顺序为 α—H(烯丙氢)$>$ 3°H $>$ 2°H $>$ 1°H $>$ 乙烯 H。

有 α—H 的烯烃与氯或溴在高温下(500～600℃),发生 α—H 原子被卤原子取代的反应而不是加成反应。

例如:

$$CH_3—CH═CH_2 + Cl_2 \xrightarrow{>500℃} \underset{\displaystyle Cl}{\underset{|}{CH_2}}—CH═CH_2 + HCl$$

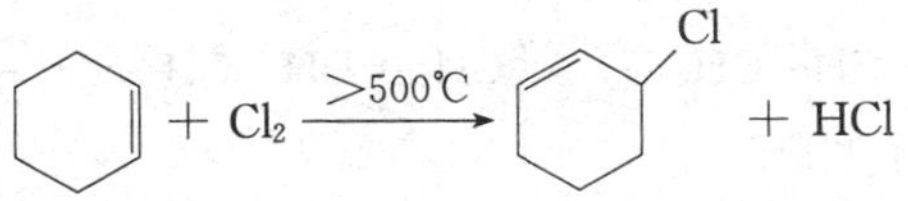

卤代反应中 α— H 的反应活性为:3°α—H $>$ 2°α—H $>$ 1°α—H,例如:

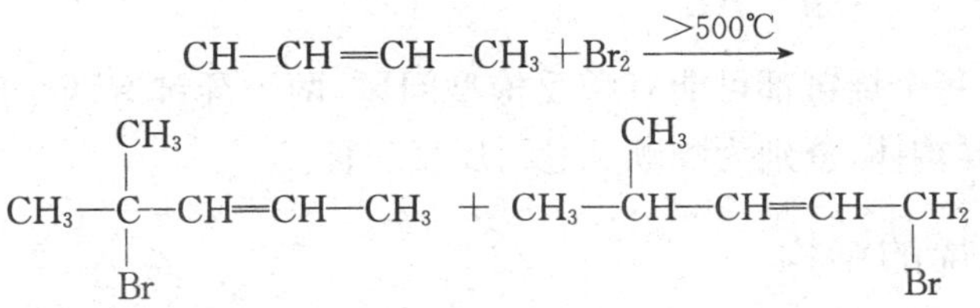

主要产物　　　　次要产物

高温下发生取代而不是加成。当烯烃在温度低于 250℃时与氯反应,则主要是进行加成反应。

第二节　二 烯 烃

一、二烯烃的分类

根据两个双键在分子中的相对位置,可以把二烯烃分为三类。

1. 累积二烯烃

两个双键连在同一个碳原子上的二烯烃称为累积二烯烃。例如:

$$CH_2═C═CH_2$$

丙二烯

2. 共轭二烯烃

两个双键被一个单键隔开的二烯烃称为共轭二烯烃。例如：

$$CH_2{=}CH{-}CH{=}CH_2$$

1,3-丁二烯

3. 孤立二烯烃

两个双键被两个或多个单键隔开的二烯烃称为孤立二烯烃。例如：

$$CH_2{=}CH{-}CH_2{-}CH{=}CH_2$$

1,4-戊二烯

其中，孤立二烯烃的性质和单烯烃相似。每个双键各行其是，相互影响很小。累积二烯烃数量少且实际应用也不多。共轭二烯烃在理论和实际应用上都很重要。所以，我们主要讨论共轭二烯烃，它具有新的、特殊的性质。

二、二烯烃的命名

和烯烃相似，主要是分别指出烯键的数目和位置就行，例如：

$$CH_2{=}\underset{\displaystyle CH_3}{\underset{|}{C}}{-}CH{=}CH_2 \qquad CH_2{=}CH{-}CH{=}CH{-}CH{=}CH_2$$

2-甲基-1,3-丁二烯（1,3 位置，二 数目） 1,3,5-己三烯

对多烯烃，每个烯键都可能有顺反构型问题，两个烯键有两个顺反问题，组合起来就有三个异构体，分别为顺顺、顺反、反反三种。

三、1,3-丁二烯的结构

1. 1,3-丁二烯官能团的成键

1,3-丁二烯分子中的四个碳原子都是 sp^2 杂化的。它们各以 sp^2 杂化轨道沿键轴方向相互重叠形成三个 C—Cσ 键，其余的 sp^2 杂化轨道分别与氢原子的 1s 轨道沿键轴方向相互重叠形成六个 C—Hσ 键，这九个 σ 键都在同一平面上，它们之间的夹角都接近 120°。每个碳原子上还剩下一个未参加杂化的 p 轨道，这四个 p 轨道的对称轴都与 σ 键所在的平面相垂直，彼此平行，并从侧面重叠，形成 π 键。这样 p 轨道就不仅是在 C_1 与 C_2、C_3 与 C_4 之间平行重叠，而且在 C_2 与 C_3 之间也有一定程度的重叠，从而造成四个 P 电子的运动范围扩展到四个原子的周围，这种现象称为电子的离域。形成的 π 键包括了四个碳原子，这种包括多个（至少三个）原子的 π 键称为大 π 键，也称为离域 π 键或共轭 π 键。1,3-丁二烯分子中的大 π 键如图 2-2 所示。

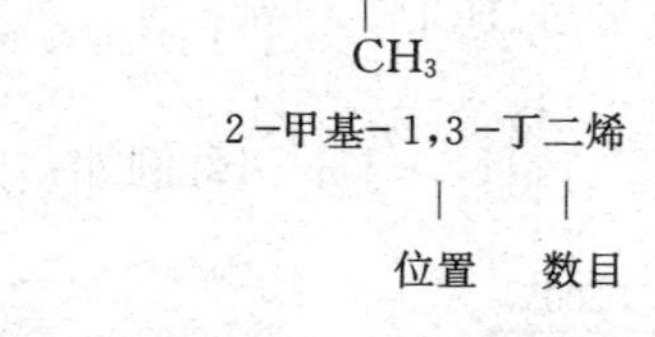

图 2-2 1,3-丁二烯分子中的大 π 键

2. 共轭体系

具有共轭 π 键的体系称做共轭体系。它是指分子中发生原子轨道重叠的部分，可以是整个分子，也可以是分子的一部分。它主要包括以下三类：

(1)π－π 共轭体系　凡双键和单键交替排列的结构是由 π 键和 π 键形成的共轭体系，称为 π－π 共轭体系。1,3－丁二烯以及其他的共轭二烯烃都属于 π－π 共轭体系。

(2) *p*－π 共轭体系　具有 *p* 轨道且与双键碳原子直接相连的原子，其 *p* 轨道与双键 π 轨道平行并侧面重叠形成共轭，这种共轭体系称为 *p*—π 共轭体系，如图 2－3 氯乙烯的 *p*－π 共轭体系。

(3)σ－π 超共轭体系　碳氢 σ 键与相邻双键 π 轨道可以发生一定程度的侧面重叠，形成的共轭体系称为 σ－π 超共轭体系，如图 2－4 丙烯的 σ－π 共轭体系。

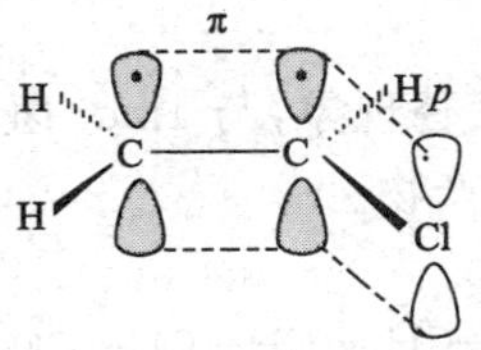

图 2－3　氯乙烯的 *p*－π 共轭体系

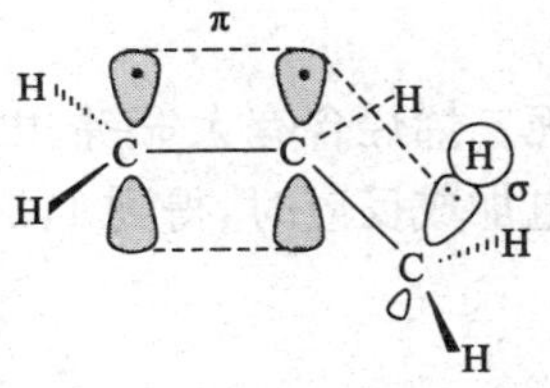

图 2－4　丙烯的 σ－π 超共轭体系

3. 共轭效应

在共轭体系中，形成共轭 π 键的所有原子是一个整体，它们之间的互相影响称为共轭效应，用符号 C 表示。共轭效应具有如下特点。

(1)键长趋于平均化　由于发生了电子的离域，共轭体系的电子云密度趋于平均化，从而使双键和单键的键长趋于平均化。

(2)体系能量低，比较稳定　由于电子的离域导致共轭体系内能降低，体系比较稳定。一般电子云密度平均化程度愈大，说明共轭程度愈大，体系更加稳定。

(3)极性交替现象沿共轭链传递　当共轭体系受到外界试剂进攻或分子中其他基团的影响时，形成共轭键的原子上的电荷会发生正负极性交替现象，这种现象可沿共轭链传递而不减弱。例如，1,3－丁二烯分子受到试剂(如 H^+)进攻时，发生极化：

$$\overset{\delta^+}{C}H_2{=}\overset{\delta^-}{C}H{-}\overset{\delta^+}{C}H{=}\overset{\delta^-}{C}H_2 \longleftarrow H^+$$

1,3－戊二烯受分子内甲基的影响，发生极化：

$$CH_3 \longrightarrow \overset{\delta^+}{C}H{=}\overset{\delta^-}{C}H{-}\overset{\delta^+}{C}H{=}\overset{\delta^-}{C}H_2$$

四、1,3-丁二烯的化学性质

1. 二烯烃的亲电加成

非共轭二烯烃含有两个双键，与亲电试剂的加成是分两个阶段进行的，反应可看作是孤立双键的加成，每一个双键加成都符合马氏加成规则。例如：

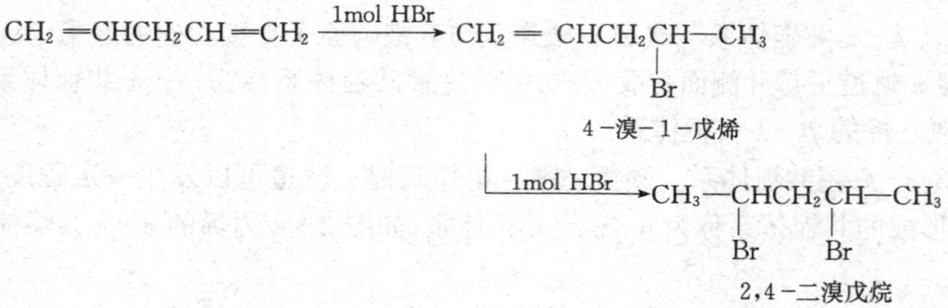

共轭二烯烃含有大π键，由于分子中的极性交替现象，与1mol卤素或卤化氢进行亲电加成反应时，得到1,2-和1,4-两种加成产物。

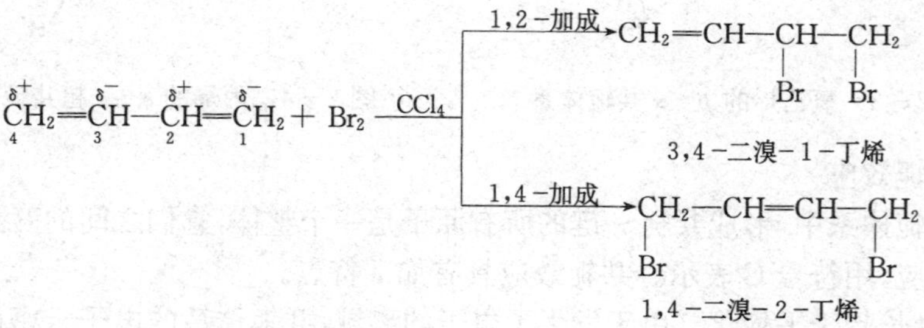

反应条件，可调节两种产物的比例。一般在低温下或非极性溶剂中有利于1,2-加成产物的生成，在高温下或极性溶剂中则有利于1,4-加成产物的生成。例如：

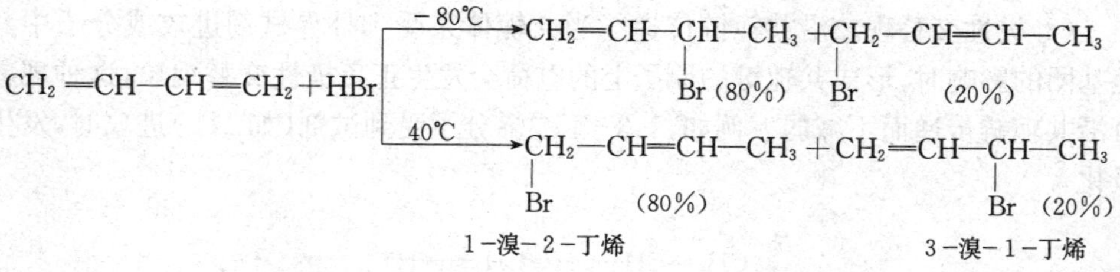

2. 1,3-丁二烯烃的聚合反应

共轭二烯烃可以进行正离子、负离子和自由基引发的聚合反应形成高聚物。

$$CH_2=CHCH=CH_2 \longrightarrow \left[CH_2CH=CHCH_2 \right]_n$$

3. 双烯合成

共轭二烯烃与含 C═C 或C≡C的不饱和化合物发生 1,4-加成,生成环状化合物的反应称为双烯合成反应,也称为 Diels-Alder 反应。这种反应的特点是旧键断裂,新键形成同时进行的,称为协同反应。

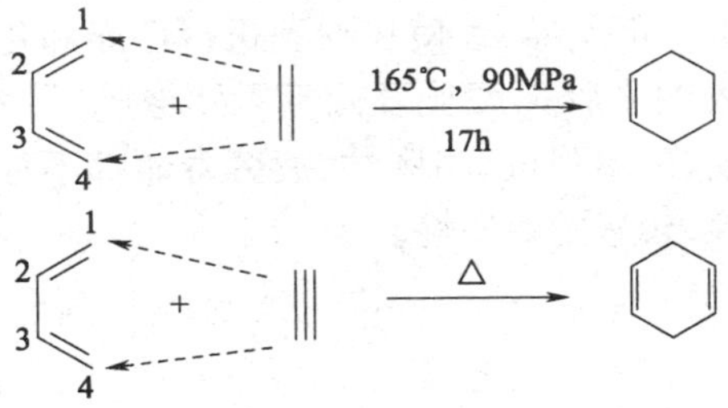

第三节　自然界中的烯烃

一、乙烯利

分子式 $C_2H_6ClO_3P$,纯品为白色针状结晶,工业品为淡棕色液体,易溶于水、甲醇、丙酮、乙二醇、丙二醇,微溶于甲苯,不溶于石油醚。乙烯利是优质高效植物生长调节剂,具有促进果实成熟,刺激伤流,调节性别转化等效应。遇明火、高热可燃。其粉体与空气可形成爆炸性混合物,当达到一定浓度时,遇火星会发生爆炸。受高热分解放出有毒的气体。

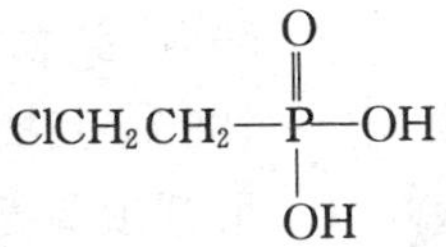

乙烯利

二、异戊二烯和橡胶

异戊二烯按系统命名为 2-甲基-1,3-丁二烯,分子式:C_5H_8;$CH_2{=}C(CH_3)-CH{=}CH_2$,本品为碳五(C_5)馏分的重要组分,是合成橡胶的重要单体,是一种共轭二烯烃。

1860 年,美国人 C. G. 威廉斯把天然橡胶和杜仲杆裂解首次得到异戊二烯。第二次世界大战期间,由于丁基橡胶的需要量增大,德国以松节油为原料生产异戊二烯,这是早期的异戊二烯工业生产方法。20 世纪 60 年代初,异戊二烯定向聚合生产聚异戊橡胶研制成功,这种合成橡胶的性能及结构最类似天然橡胶。这一发现大大促进了异戊二烯的生产。20 世纪 70 年代乙烯工业的发展及装置大型化,为异戊二烯生产提供了丰富的原料C馏分。20世纪80年代初，世界异戊二烯年产量已超过1Mt，其中一半以上是由裂解C馏分分离得到的。

异戊二烯是合成橡胶的重要单体。聚异戊二烯橡胶有顺式和反式之分，顺式橡胶与天然橡胶性能相似，而反式橡胶则和古塔波橡胶、巴拉塔橡胶以及杜仲橡胶相似。聚异戊二烯橡胶主要的物理机械性能接近天然橡胶，但因二者在微观结构、分子结构等方面存在着一定差异，致使在物理机械性能和化学性质上呈现明显的差别。聚异戊二烯橡胶的生胶强度显著低于天然橡胶，另外，聚异戊二烯的黏接性、弹性模量、撕裂强度、高温强度、耐磨性、疲劳寿命都不如天然橡胶。聚异戊二烯橡胶具有较高的弹性、较好的耐寒性。

知 识 窗

富勒烯

诺贝尔博物馆里的富勒烯模型球碳，原名富勒烯(Fullerene，又译作福乐烯)，又名巴基球或巴克球(Buckyball)，是于1985年发现的继金刚石和石墨之后碳元素的第三种晶体形态。

1985年，英国化学家哈罗德·沃特尔·克罗托博士(Sir Harold Walter Kroto，1939年—)和美国科学家理查德·埃里特·史沫莱(Sir Richard Errett Smalley，1943年—)等人在氦气流中以激光气化蒸发石墨实验中首次制得由60个碳组成的碳原子簇结构分子C_{60}。为此，克罗托博士获得1996年度诺贝尔化学奖。

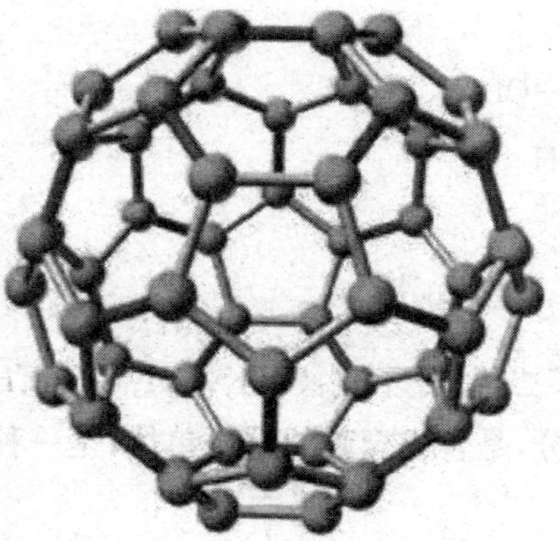

克罗托受建筑学家理查德·巴克明斯特·富勒(Richard Buckminster Fuller，1895—1983年)设计的美国万国博览馆球形圆顶薄壳建筑的启发，认为C_{60}可能具有类似球体的结构，因此将其命名为buckminster fullerene(巴克明斯特·富勒烯，简称富勒烯)。富勒烯是一系列纯碳组成的原子簇的总称。它们是由非平面的五元环、六元环等构成的封闭式空心球形或椭球形结构的共轭烯。现已分离得到其中的几种，如C_{60}和C_{70}等。在若干可能的富勒烯结构中C_{60}，C_{240}，C_{540}的直径比为1∶2∶3。

C_{60}的分子结构的确为球形32面体，它是由60个碳原子以20个六元环和12个五元环连接而成的具有30个碳碳双键(C═C)的足球状空心对称分子，所以，富勒烯也被称为足球烯。球体直径约为710pm，即由12个五边形和20个六边形组成。其中五边形彼此不相联接只与六边形相邻。与石墨相似，每个碳原子以 sp^2 杂化轨道和相邻三个碳原子相连，剩余的 p 轨道在 C_{60} 分子的外围和内腔形成 π 键。

C_{60} 分子具有芳香性，溶于苯呈酱红色。具有润滑性，可成为超级润滑剂。金属掺杂的 C_{60} 有超导性，是有发展前途的超导材料。C_{60} 还可能在半导体、催化剂、蓄电池材料和药物等许多领域中得到应用。C_{60} 是既有科学价值又有应用前景的化合物，在生命科学、医学、天体物理等领域中也有一定的意义。富勒烯的成员还有 C_{78}、C_{82}、C_{84}、C_{90}、C_{96} 等，除了具有球形或椭球形外，也有管状等其他形状。

本章小结

- 烯烃
  - 结构、命名
  - 同分异构
  - 物理性质
  - 化学性质
    - 加成
    - 氧化
    - 聚合
    - α- 氢的卤化
- 二烯烃
  - 分类
  - 命名
  - 结构
  - 性质

练 习 题

1. 用系统命法命名下列化合物，对顺反异构体用 Z、E 命名。

(1) $CH_3—CH_2—CH_2—\underset{\displaystyle CH_3}{\underset{|}{CH}}—CH═CH_2$

(2) 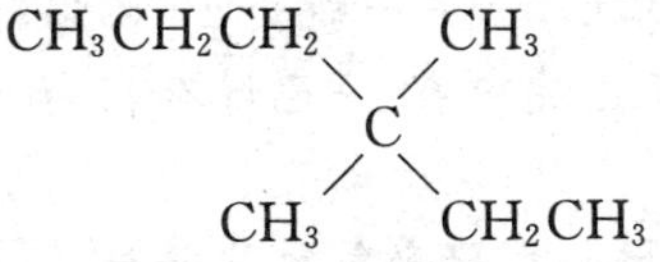

(3) 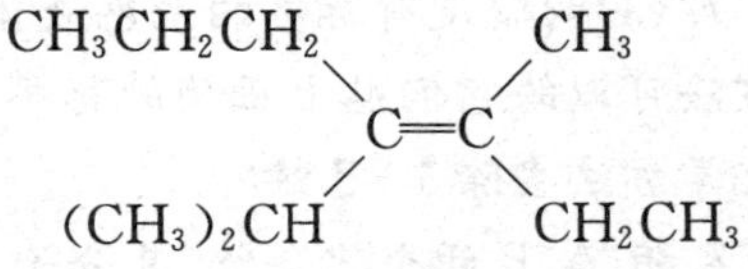

(4) 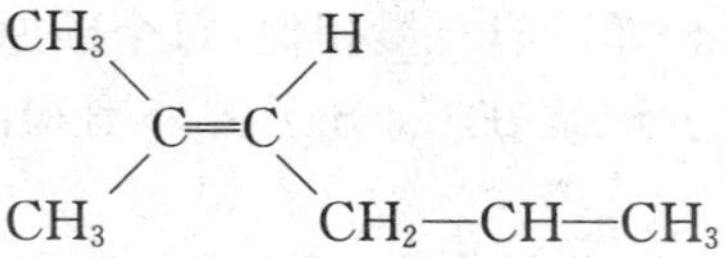

(5) 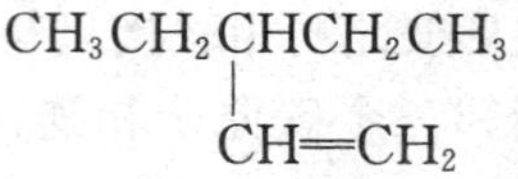

(6) 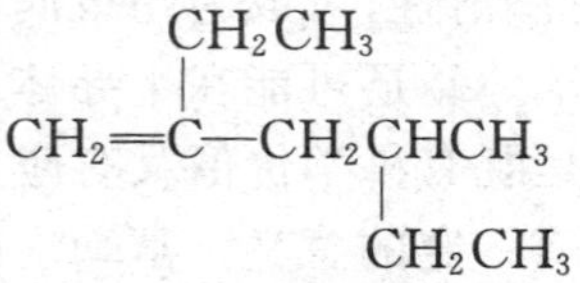

2. 写出下列化合物的结构式，如命名有错误，予以更正。

(1)2,4-二甲基-2-戊烯　　(2)3-丁烯

(3)3,3,5-三甲基-1-庚烯　　(4)2-乙基-1-戊烯

(5)异丁烯　　(6)3,4-二甲基-4-戊烯

(7)反-3,4-二甲基-3-己烯　　(8)2-甲基-3-丙基-2-戊烯

3. 指出下列化合物中哪个有顺反异构体，写出异构体的构型(Z,E)。

(1)1-丁烯　　(2)2-丁烯

(3)2-甲基-2-戊烯　　(4)4-甲基-2-戊烯

4. 完成下列反应式。

(1)$CH_3CH_2CH{=}CH_2$ + 浓 $H_2SO_4 \longrightarrow ? \xrightarrow[\triangle]{H_2O} ?$

(2) 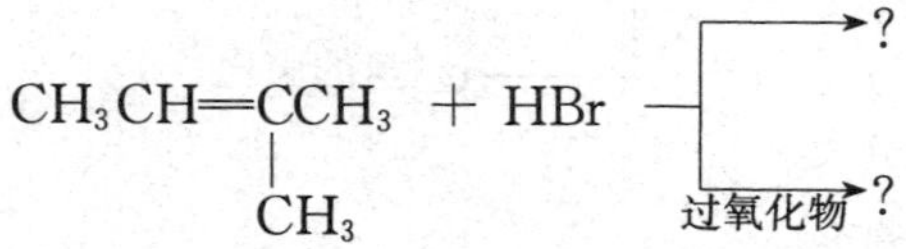

(3)$CH_3-CH_2-CH{=}CH-CH_2-CH_3+KMnO_4 \xrightarrow{OH^-}$

5. 下表左栏为烃类分子式，右栏为烃类臭氧化物还原水解产物，试推测烃类的结构。

烃　类	产　物
C_5H_8	$O{=}CH-(CH_2)_3-CH{=}O$
$C_{12}H_{20}$	$CH_3CHO+OCH(CH_2)_2CHO$
$C_{10}H_{16}$	$CH_3-\underset{\underset{O}{\parallel}}{C}-CH_2-\underset{\underset{O}{\parallel}}{C}-CH_3$

6. 区别烯烃和烷烃的化学方法有哪些？并指出区别时出现的现象。

7. (a)两瓶没有标签的无色液体，一瓶是正己烷，另一瓶是1-己烯，用什么简单方法可以给它们贴上正确的标签？(b)若正己烷中有1-己烯存在，如何用简单的化学方法去除1-己烯？

8. 有A、B两个化合物，其分子式都是C_6H_{12}，A经臭氧氧化并与Zn粉和水反应后得乙醛和甲乙酮，B经$KMnO_4$氧化只得丙酸，推测A和B的构造式。

第三章　炔　　烃

知识目标

(1)掌握炔烃的命名方法，了解炔烃的同分异构情况。

(2)了解乙炔的分子结构、实验室制法和主要用途。

(3)理解炔烃的结构特点：*sp* 杂化、碳碳叁键。

(4)了解炔烃的物理性质，掌握炔烃的化学性质(加成反应、氧化反应、端位炔烃的酸性及金属炔化物的生成)。

能力目标

(1)培养学生类比思维的能力。

(2)培养学生的观察能力。

第一节　炔烃的命名和同分异构

烃分子中含有碳碳叁键(C≡C)的烃称为炔烃，简称炔。炔烃是不饱和烃，它们比相应的烯烃又少两个氢原子，炔表示烃分子中所含的氢原子更加缺少的意思。炔烃的性质主要由碳碳叁键所决定，所以C≡C是炔烃的官能团。炔烃的分子中由于含有一个碳碳叁键，所以通式为 C_nH_{2n-2}(n 表示 C 原子数)。最简单、最重要的炔烃是乙炔。

一、炔烃的命名

炔烃的命名原则和烯烃相似，只要把名称结尾的“烯”改为“炔”字。

即选择含有叁键的最长碳链为主链，编号时从靠近叁键的一端开始，命名时用阿拉伯数字标出叁键的位置。

例如：

CH≡CH	CH≡C—CH_3	CH_3—C≡C—CH_3	CH≡C—CH_2—CH(CH_3)—CH_3
乙炔	丙炔	2-丁炔	4-甲基-1-戊炔 (2-甲基-4-戊炔是错误的)

在炔烃分子中，C≡C叁键处于末端的，例如HC≡CH、RC≡CH，称为末端炔烃；处于中间的，例如RC≡CR′，称为非末端炔烃。在末端炔烃分子中，C≡C叁键上的氢称为炔氢。

若分子中同时含有双键和叁键时，则首先选择包含有双键和叁键的最长碳链为主链，并命名其为烯炔（烯在前，炔在后）。主链中碳原子的编号还是从距离官能团（双键和叁键）最近的一端开始。

例如：

$CH_3-CH=CH-C\equiv CH$　　3-戊烯-1-炔（不能命名为2-戊烯-4-炔）

$CH_2=CH-C\equiv C-CH_3$　　1-戊烯-3-炔（不能命名为4-戊烯-2-炔）

当双键和叁键位次相同时，则选择双键的位次要最小。例如：

$CH_2=CH-CH_2-C\equiv CH$　　1-戊烯-4-炔（不能命名为4-戊烯-1-炔）

二、炔烃的同分异构

如何写出炔烃的同分异构体呢？

如：分子式为 C_5H_8 炔烃的同分异构体有以下几种情况：

1. 官能团$C\equiv C$的位置异构

$CH\equiv C-CH_2-CH_2-CH_3$　　$CH_3-C\equiv C-CH_2-CH_3$

1-戊炔　　2-戊炔

2. 碳架异构

$CH\equiv C-CH_2-CH_2-CH_3$　　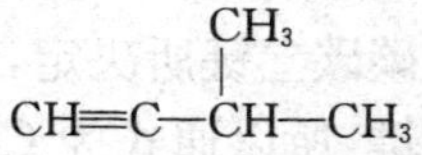

1-戊炔　　3-甲基-1-丁炔

3. 官能团异构

炔烃和二烯烃的通式都是 C_nH_{2n-2}

$CH\equiv C-CH_2-CH_2-CH_3$　　$CH_2=CH-CH=CH-CH_3$

1-戊炔　　1,3-戊二烯

$CH_2=CH-CH_2-CH=CH_2$

1,4-戊二烯

由于$-C\equiv C-$是线性结构，不可能有顺反异构现象，所以炔烃异构体的数目比相应的烯烃要少。

第二节　乙炔的结构

乙炔是炔烃中最简单、最重要的化合物。其分子式 C_2H_2，结构式：$H-C\equiv C-H$。根据实验测知，乙炔是一个线型分子，分子中两个碳原子和两个氢原子处在同一条直线上(图 3－1)。键角(∠HCC)是 180°，C≡C叁键的键长是 0.1205nm，C—H 键的键长是 0.1058nm。

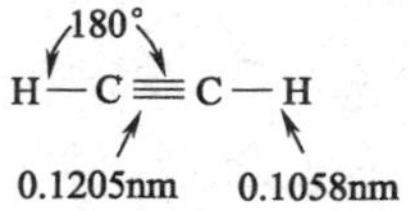

图 3－1 乙烯分子的直线型结构

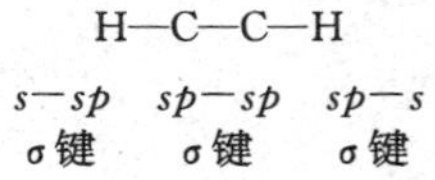

图 3－2 乙炔分子中的三个 σ 键

乙炔分子中的 C 原子是以一个叁键和一个单键分别与另一个 C 原子和 H 原子相连接的。按照杂化轨道理论：碳原子是 sp 杂化。

在形成乙炔分子时，两个碳原子各以一个 sp 杂化轨道相重叠，形成一个 C—Cσ 键，而两个 C 原子上另外的两个 sp 轨道分别与一个 H 原子的 s 轨道重叠，形成两个 C—Hσ 键(图 3－2)。

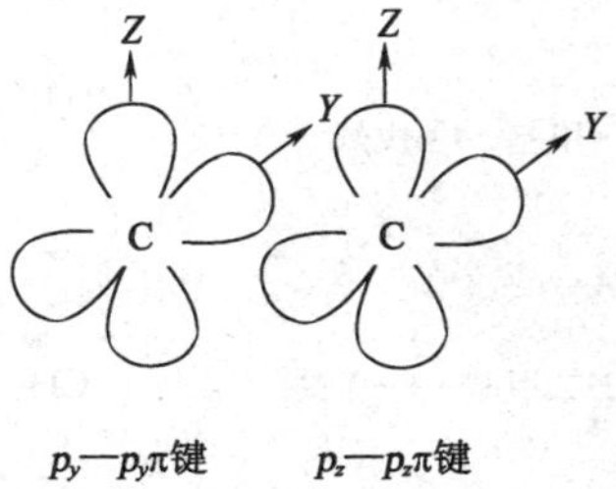

图 3－3 乙炔分子中的 π 键

在形成 σ 键的同时，两对相互平行的 p 轨道沿 y 轴和 z 轴“肩并肩”地重叠，形成两个互相垂直的 π 键(图 3－3)。

乙炔结构中，碳碳之间有一个 σ 键和两个 π 键，σ 键稳定，而 π 键不稳定，容易断裂。

第三节 炔烃的物理性质

炔烃的物理性质与烯烃相似，常温(20℃)C_2～C_4 的炔烃是气体，C_5 以上是液体，C_8 及其以上的高级炔烃为固体。简单的炔烃其沸点、熔点和相对密度都随碳原子数的增加而增加。一般较相同碳原子数的烷烃、烯烃略高。炔烃相对密度都小于 1，难溶于水，而易溶于极性小的有机溶剂。1 体积的丙酮可溶解 25 体积的乙炔，因此，储存运输乙炔的钢瓶中都装有一定量的丙酮。一些常见炔烃的物理常数见表 3－1。

表 3－1 **炔烃的物理常数**

名 称	结构式	沸点/℃	熔点/℃	相对密度 d_4^{20}
乙炔	CH≡CH	－84	－80.8	—
丙炔	CH_3C≡CH	－23.2	－101.5	—
1－丁炔	CH_3CH_2C≡CH	8.1	－125.7	—
2－丁炔	CH_3C≡CCH_3	27	－32.2	0.6910

续表

名　称	结构式	沸点/℃	熔点/℃	相对密度 d_4^{20}
1-戊炔	$CH_3CH_2CH_2C\equiv CH$	40.2	-90	6.6901
2-戊炔	$CH_3CH_2C\equiv CCH_3$	56	-101	0.7107
3-甲基-1-丁炔	$CH_3-\underset{\underset{CH_3}{\vert}}{CH}-C\equiv CH$	29.5	-89.7	0.6660
1-己炔	$CH_3CH_2CH_2CH_2C\equiv CH$	71.3	-131.9	0.7155
4-甲基-1-戊炔	$CH_3\underset{\underset{CH_3}{\vert}}{CH}CH_2C\equiv CH$	61～62	-105.1	0.7092
3,3-二甲基-1-丁炔	$CH_3-\overset{\overset{CH_3}{\vert}}{\underset{\underset{CH_3}{\vert}}{C}}-C\equiv CH$	39～40	-81.2	0.6695
2-己炔	$CH_3CH_2CH_2C\equiv CCH_3$	84	-89.6	0.7315
3-己炔	$CH_3CH_2C\equiv CCH_2CH_3$	81.5	-103	0.7231
1-庚炔	$CH_3(CH_2)_4C\equiv CH$	99.7	-81	0.7328
1-辛炔	$CH_3(CH_2)_5C\equiv CH$	125.2	-79.3	0.7461
1-壬炔	$CH_3(CH_2)_6C\equiv CH$	150.8	-50	0.7568
1-癸炔	$CH_3(CH_2)_7C\equiv CH$	174	-36	0.7655

第四节　炔烃的化学性质

烯烃和炔烃的分子中都含有不稳定容易断裂的键，表现出它们具有相似的化学性质，能发生加成、氧化等反应。叁键碳原子上的氢原子具有弱酸性，容易被金属取代而生成金属炔化物。炔烃发生化学反应的部位如下：

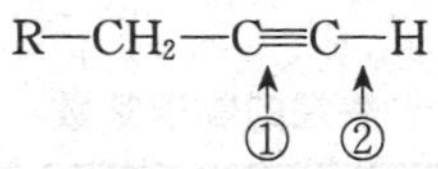

①叁键上的加成、氧化、聚合反应；②叁键上活泼氢的取代反应。

一、加成反应

1. 催化加氢

炔烃的碳碳叁键中有两个不稳定的键，因此在催化剂存在下可以逐步加氢。

先加 1mol 氢气生成烯烃，再进一步加 1mol 氢气得到烷烃。

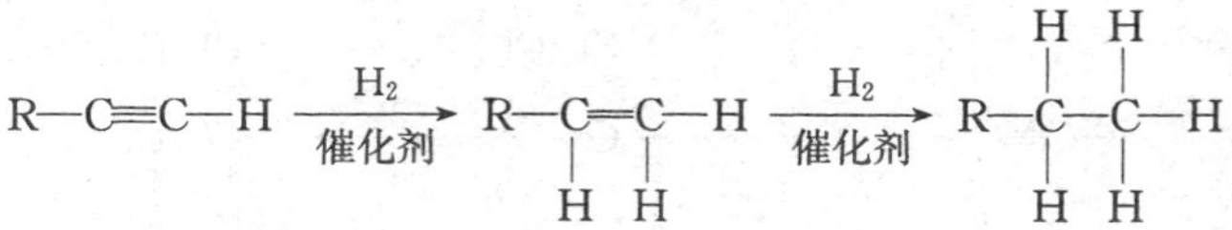

通过控制催化剂和通入氢气的量，可以得到烯烃或炔烃。

使用镍、铂、钯等金属催化剂加氢时，反应很难停留在烯烃的阶段，一般是直接生成烷烃。若选用催化活性较低的林德拉(Lindlar)催化剂(将金属钯沉积在 $BaSO_4$ 或 $CaCO_3$ 上，并用喹啉或醋酸铅使钯部分中毒，以降低其催化活性)，可使炔烃只加一分子氢，加成反应停留在烯烃阶段，称为部分氢化。

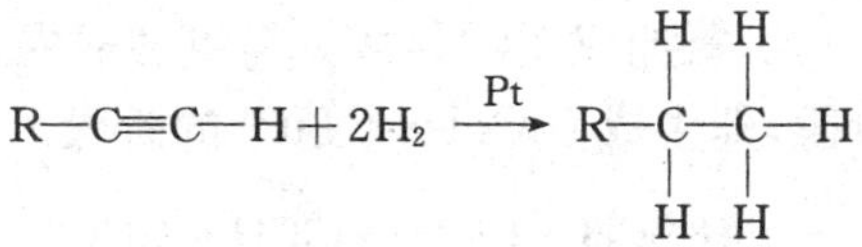

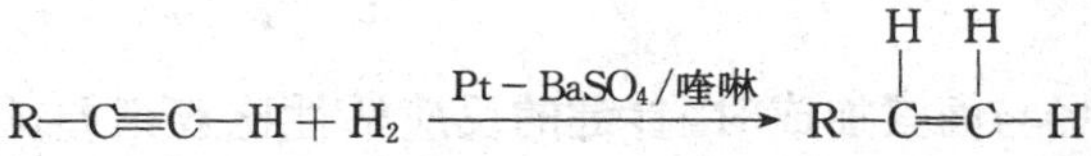

$$CH\equiv CH + 2H_2 \xrightarrow{催化剂} CH_3—CH_3$$

$$CH\equiv CH + H_2 \xrightarrow{催化剂} CH_2=CH_2$$

2. 加卤素

(1)加溴　炔烃能和溴水发生加成反应，生成无色的产物，使溴水的红棕色消失，因此可以通过溴水的褪色来检验炔烃。

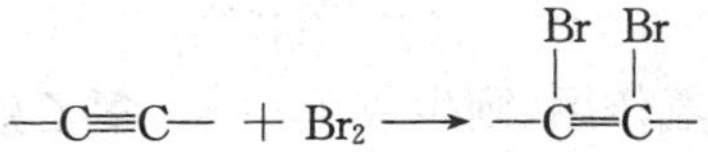

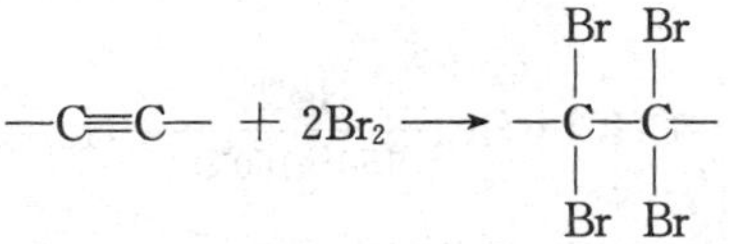

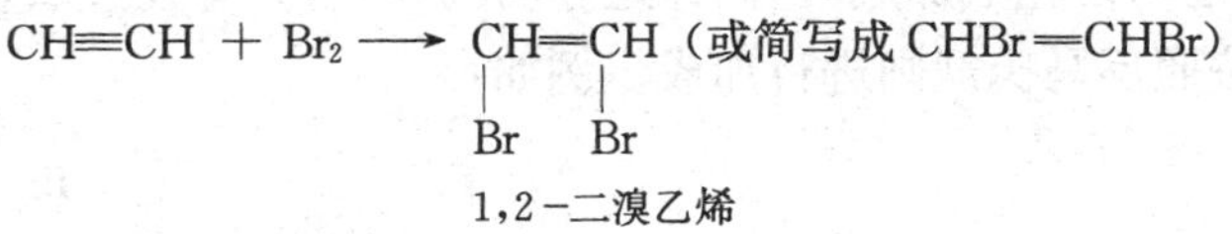

1,2-二溴乙烯

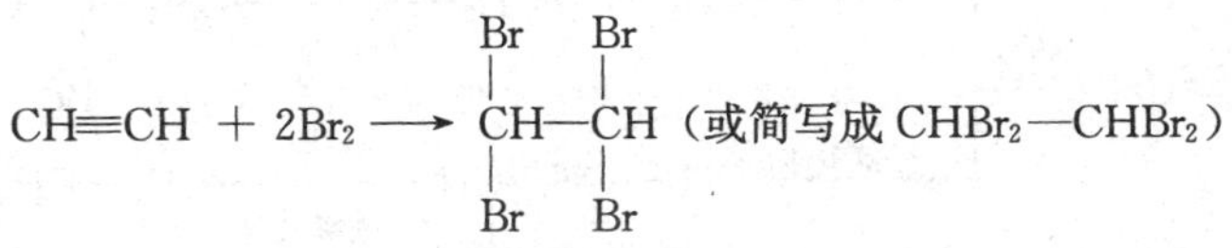

1,1,2,2-四溴乙烷

(2)加氯

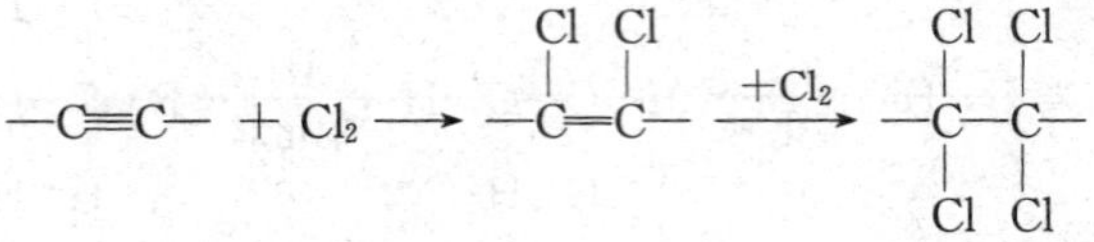

乙炔与氯的加成反应比乙烯难，为使反应顺利进行，通常采用既加入催化剂又加入溶剂，在液相中进行的办法。

$$CH\equiv CH + 2Cl_2 \xrightarrow[80\sim85℃]{FeCl_3/CCl_4} Cl_2CH-CHCl_2$$

1,1,2,2-四氯乙烷

由于 ClCH═CHCl 与氯加成比CH≡CH与氯加成慢，所以，反应较易控制在乙炔加上一分子氯的阶段，即生成 ClCH═CHCl 的阶段。

$$CH\equiv CH + Cl_2 \longrightarrow ClCH=CHCl$$

1,2-二氯乙烯

特别指出，炔烃与卤素加成时，叁键的反应活性比双键差，因此当分子中同时含有叁键和双键时，在卤素不过量的情况下，只有双键加成而叁键保留。

例如：

$$CH_2=CH-CH_2-C\equiv CH + Br_2 \longrightarrow BrCH_2-CHBr-CH_2-C\equiv CH$$

4,5-二溴-1-戊炔

3.加卤化氢

乙炔与一分子氯化氢作用，则生成氯乙烯，这是工业生产氯乙烯的方法之一。

$$CH\equiv CH + HCl \xrightarrow[150\sim160℃]{HgCl_2} CH_2=CHCl$$

氯乙烯若继续与氯化氢作用，则生成 1，1-二氯乙烷，反应是按照马氏规则进行的。

$$CH_2=CHCl + HCl \xrightarrow[150\sim160℃]{HgCl_2} CH_3-CHCl_2$$

不对称炔烃与卤化氢加成时，同样遵守马氏规则，只有在过氧化物存在下与溴化氢的加成，按照反马氏规则进行加成。例如：

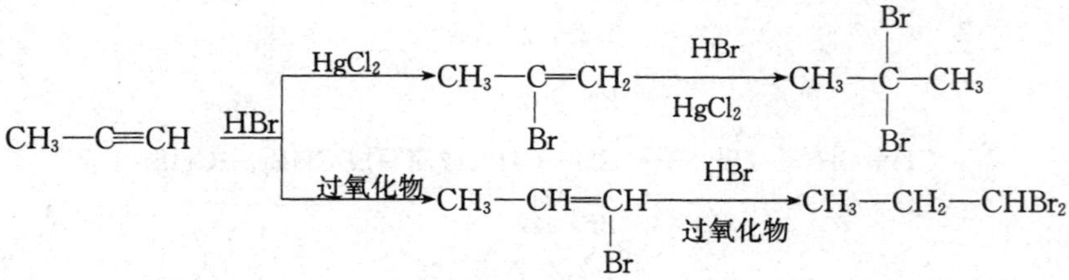

4. 加水

炔烃在催化剂(如硫酸汞的硫酸溶液)作用下,也能与水进行加成反应,生成羰基化合物。首先生成羰基连在双键碳原子上的烯醇式化合物,烯醇式化合物不稳定,立即进行分子内重排,羰基上的氢原子转移到另一个双键碳原子上,碳氧单键变成碳氧双键,碳碳双键变成碳碳单键,最后生成乙醛。

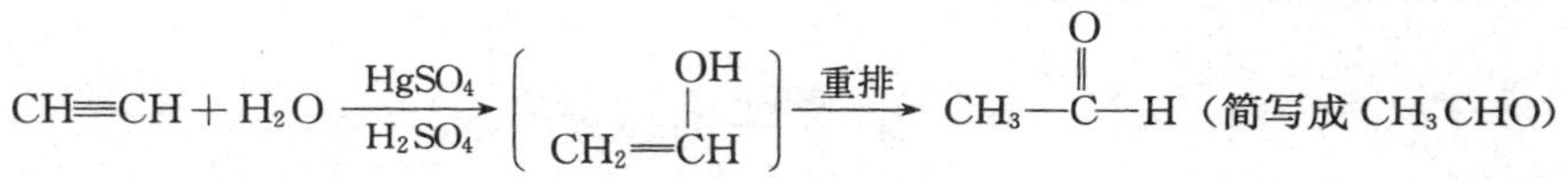

乙炔的同系物也能与水加成,而且是按照马氏规则进行的,所生成的产物不是醛而是酮。

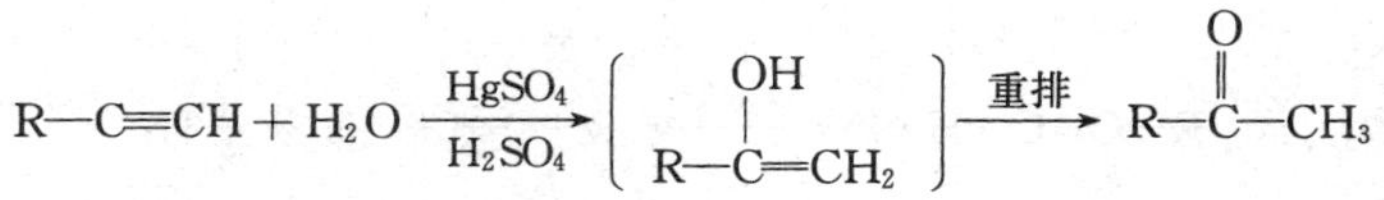

二、氧化反应

1. 燃烧

$$C_nH_{2n-2}+\frac{3n-1}{2}O_2 \xrightarrow{\text{点燃}} nCO_2+(n-1)H_2O$$

由于乙炔的含碳量高达 92.3%,燃烧时得不到充分燃烧,故看到的现象是火焰明亮冒黑烟。乙炔在纯氧中燃烧产生大量的热,温度可以高达 3000℃左右,即氧炔焰的温度高达 3000℃左右。

$$2C_2H_2+5O_2 \xrightarrow{\text{点燃}} 4CO_2+2H_2O$$

2. 氧化剂氧化

炔烃被氧化剂氧化时,叁键完全断裂最后得到完全氧化的产物。炔烃通入酸性的高锰酸钾溶液中,则紫色逐渐褪去,这可用于烷烃和炔烃的鉴别。

若炔烃的结构不同时,其氧化产物也不同。据此可确定炔烃的结构。

$$R-C\equiv CH \xrightarrow[H_2O]{KMnO_4} RCOOH+CO_2$$

$$R-C\equiv C-R \xrightarrow[H_2O]{KMnO_4} 2RCOOH$$

$$R-C\equiv C-R' \xrightarrow[H_2O]{KMnO_4} RCOOH+R'COOH$$

三、金属炔化物的生成

在炔烃分子中，连接在叁键碳原子上的氢原子比连在双键和饱和碳原子上的氢原子都要活泼，通常把它称为活泼氢，也称炔氢。炔氢具有弱酸性，容易被金属取代而生成金属炔化物。

1. 炔钠的生成——炔烃的制备

$$H-C\equiv C-H + Na \xrightarrow{\text{液氨}} H-C\equiv C-Na + \frac{1}{2}H_2$$

在较高的温度下，乙炔中的两个炔氢都可以被取代：

$$H-C\equiv C-H + 2Na \xrightarrow{190\sim220^\circ C} Na-C\equiv C-Na + H_2$$

$$R-C\equiv C-H + Na \xrightarrow{\text{液氨}} R-C\equiv C-Na + \frac{1}{2}H_2$$

$$R-C\equiv C-H \xrightarrow[-33^\circ C]{\text{氨基钠}} R-C\equiv C-Na$$

炔钠或炔二钠是有机合成的中间体，性质非常活泼，可与伯卤烷反应，从而增长碳链得到较高级的炔烃，这是有机合成中常见的增长碳链的方法之一。

例如：

$$CH_3CH_2C\equiv CNa + CH_3CH_2Br \xrightarrow{\text{液氨}} CH_3CH_2C\equiv CCH_2CH_3 + NaBr$$

2. 炔银和炔亚铜的生成——末端炔烃的鉴定

末端炔烃分子中的炔氢可被 Ag^+ 或 Cu^+ 取代生成炔银或炔亚铜。

在含有炔氢的炔烃中加入硝酸银的氨溶液或氯化亚铜的氨溶液，立即有炔化银的白色沉淀或炔化亚铜的棕红色沉淀生成。

$$HC\equiv CH \xrightarrow{Ag(NH_3)_2NO_3} AgC\equiv CAg\downarrow$$

乙炔银（白色）

$$HC\equiv CH \xrightarrow{Cu(NH_3)_2Cl} CuC\equiv CCu\downarrow$$

乙炔亚铜（棕红色）

$$R-C\equiv CH \xrightarrow{Ag(NH_3)_2NO_3} R-C\equiv CAg\downarrow$$

炔化银（白色）

$$R-C\equiv CH \xrightarrow{Cu(NH_3)_2Cl} R-C\equiv CCu\downarrow$$

炔化亚铜（棕红色）

上述反应十分灵敏，现象明显，常用于鉴定含有炔氢的炔烃。另外生成的重金属炔化物容易被盐酸、硝酸分解为原来的炔烃，因此可以利用此性质分离或精制含炔氢的炔烃。

$$AgC\equiv CAg + 2HCl \longrightarrow HC\equiv CH + 2AgCl\downarrow$$

$$R-C\equiv CAg + HNO_3 \longrightarrow R-C\equiv CH + AgNO_3$$

重金属炔化物湿润时比较稳定，在干燥状态下受热、受震动或受撞击时容易发生爆炸，故实验后应及时用酸处理。

第五节　乙炔的制法和用途

一、乙炔的制法

工业上生产乙炔有两种方法。

1. 以电石为原料

在高温电炉中加热生石灰和焦炭，生石灰即与焦炭反应生成碳化钙。碳化钙俗名电石。电石与水反应即得乙炔，所以，乙炔俗名电石气。

$$CaO + 3C \xrightarrow[\text{电炉}]{2500\sim3000℃} CaC_2 + CO$$

$$CaC_2 + 2H_2O \longrightarrow CH\equiv CH + Ca(OH)_2$$

纯的乙炔是无色、无臭味的气体。由于在生产电石的原料生石灰和焦炭中，经常混有少量含硫、磷等的杂质。当电石与水作用生成乙炔时，硫化钙、磷化钙等同时也与水作用生成硫化氢、磷化氢等混杂在乙炔中，从而使乙炔具有了难闻的臭味。

此法较古老，但简便，技术成熟，得到的乙炔纯度高(99%)，但耗电量大，成本高，污染严重。

2. 以天然气为原料

天然气(CH_4)在进行短时间裂解可生成乙炔。

$$2CH_4 \xrightarrow{\sim1500℃} CH\equiv CH + 3H_2$$

此法的优点是原料便宜，特别是在丰产天然气的地方，采用此法很经济；但用此法得到的乙炔纯度较低。

二、乙炔的用途

乙炔在纯氧中燃烧产生大量的热，温度可以高达 3000℃左右，工业上就利用氧炔焰对钢铁和其他金属进行焊接或切割。

乙炔的主要用途是作为有机合成的基本原料。例如乙炔合成聚氯乙烯、乙醛、乙酸、氯丁橡胶和维尼纶等。

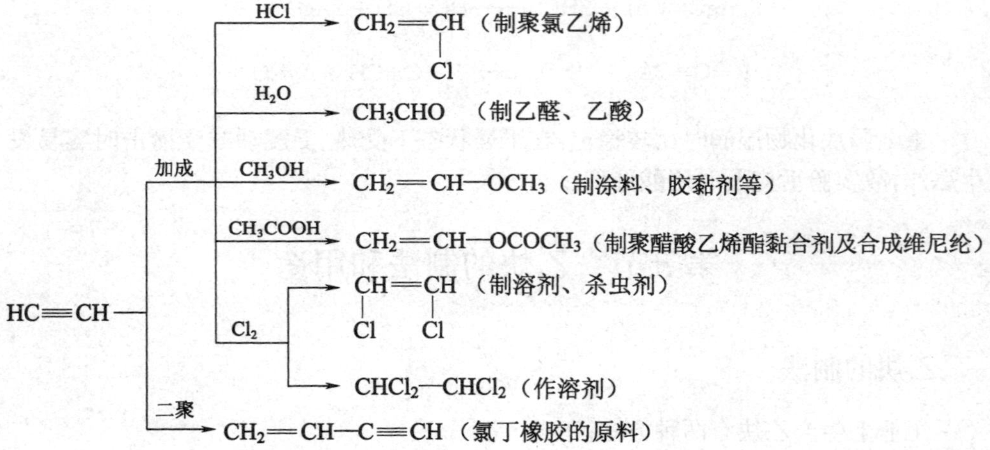

知识窗

钢铁切割新技术

各国钢产量的20％要经火焰热切割加工。传统的乙炔-氧火焰切割弊病多多(易爆炸不安全，严重污染环境，伤害工人健康，浪费大量电能)。20世纪中叶，美国、前苏联、日本均发现汽油-氧切割的成本极低，切割质量优良，均大力开发汽油切割机具，未果。只好用丙烷、天然气取代乙炔。目前发达国家仅30％切割工作量用乙炔完成，但对汽油切割的开发一直没有停止。

我国和众多发展中国家火焰热切割的燃料90％以上仍沿用乙炔。我国乙炔切割机具保有量达600万套以上，年销售量数以百万计。每年要耗费数十亿度电能烧制电石生产乙炔。我国政府有关部门早已制订逐步取代乙炔的规划，但由于替代乙炔的丙烷、天然气火焰温度低，耗氧量大，资源配置安全系数小等原因，至今推广面不大。

最近有报道称汽油-氧气切割机开发获得成功。不仅克服了乙炔、丙烷切割的诸多缺点，还可大幅度降低切割成本。该产品还可在水下切割，可切割多层钢板，其原理还可应用于野外防爆军用灶，烧玻璃、烧石头等领域。

本章小结

- 炔烃
  - 物理性质
    - 物态：C_2~C_4气态，C_5开始为液体，高级炔烃是固体
    - 沸点：随M增大而升高，比相应的烷烃烯烃略高
    - 熔点：随M增大而升高，比相应的烷烃烯烃略高
    - 溶解度：难溶于水，易溶于极性小的有机溶剂
    - 相对密度：<1，比水轻
  - 化学性质
    - 加成反应
      - 催化加氢
      - 加卤素
      - 加卤化氢
      - 加水
    - 氧化反应
      - 燃烧
      - 氧化剂氧化
    - 金属炔化物的生成
      - 炔钠的生成
      - 炔银、炔亚铜的生成

练 习 题

1. 用系统命名法命名或写结构简式。

(1) 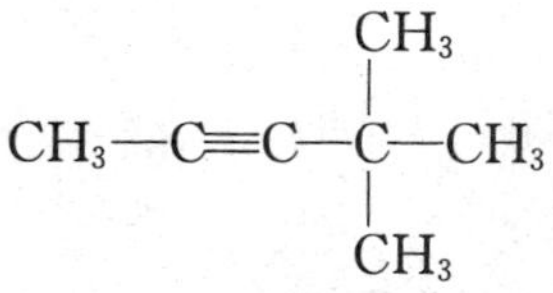

(2) 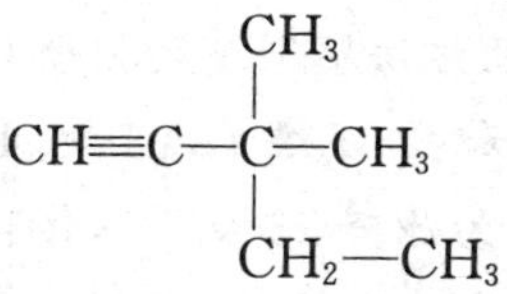

(3)3-甲基-3-苯基-1-丁炔　　(4)4-甲基-2-戊炔

2. 判断名字是否正确(先写出结构简式，再判断名字是否正确，若错，写出正确的名字)。

(1)2-甲基-3-丁炔　　(2)3-甲基-2-乙基-4-己炔

(3)3-戊炔　　(4)1-氯-2-丁炔

3. 不能使酸性 $KMnO_4$ 溶液褪色的是(　　)。

A. 乙烯　B. 聚乙烯　C. 丙烯　D. 乙炔

4. 关于炔烃的下列描述正确的是(　　)。

A. 分子里含有碳碳叁键的不饱和链烃称为炔烃

B. 炔烃分子里的所有碳原子都在同一直线上

C. 炔烃易发生加成反应,也易发生取代反应

D. 炔烃不能使溴水褪色,但可以使酸性高锰酸钾溶液褪色

5. 鉴别乙烷和乙炔的方法是(　　)。

A. 与溴的四氯化碳溶液反应　B. 与足量的液溴反应

C. 点燃　D. 在一定条件下与氢气加成

6. 分子式为 C_7H_{12} 的某烃在一定条件下充分加氢后的生成碳链骨架如下,则此烃不可能具有的名称是(　　)。

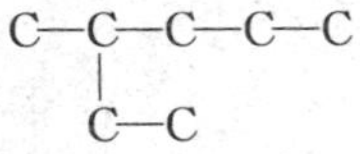

A. 4-甲基-1-己炔　B. 3-甲基-2-己炔

C. 3-甲基-1-己炔　D. 4-甲基-2-己炔

7. 含一个叁键的炔烃,氢化后的产物结构简式如下,此炔烃可能有的结构有(　　)。

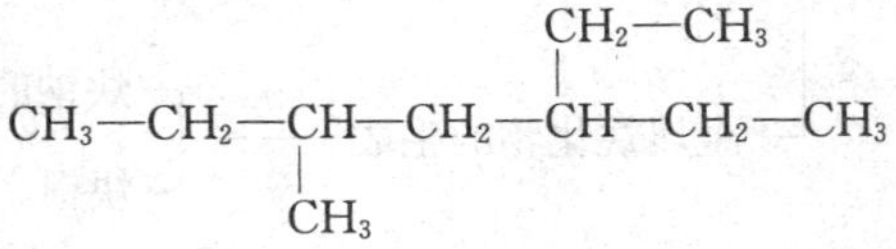

A. 1 种　B. 2 种　C. 3 种　D. 4 种

8. 1-丁炔的最简式是________,它与过量溴加成后产物的名称是________;有机物 A 的分子式与 1-丁炔相同,而且属于同一类别,A 与过量溴加成后产物的名称是________;与 1-丁炔属于同系物的且所含碳原子数最少的有机物是________。

9. 用简便的方法鉴别下列化合物。

(1)1-丁炔和 2-丁炔 (2)丁烷、1-丁烯、1-丁炔

10. 以电石为原料,合成下列化合物。

(1)1,1,2-三氯乙烷　(2)1-氯-1-溴乙烷

11. 如何把 $CH\equiv CH$ 转变为 $CH_3-CH_2-C\equiv CH$?

12. 推断 A 和 B 的构造式。

(1) $A(C_4H_6)\xrightarrow[\text{氧化}]{KMnO_4}CH_3-COOH$

(2) $B(C_8H_{10})\xrightarrow[\text{氧化}]{KMnO_4}CH_3-COOH + HOOC-CH_2-CH_2-COOH$

13. 脂肪烃 A 和 B 的分子式都是 C_6H_{10}，催化加氢都生成 2-甲基戊烷。A 与氯化亚铜的氨溶液反应，生成棕红色沉淀；B 不与氯化亚铜氨溶液反应。推测：A、B 可能的构造式。

第四章 脂环烃

知识目标

(1)掌握脂环烃的命名方法,了解脂环烃的同分异构情况。

(2)掌握脂环烃的的性质,特别是化学性质(小环发生加成反应,大环发生取代反应)。

(3)理解脂环烃的稳定性。

能力目标

(1)培养学生的理解能力。

(2)培养学生分析问题和解决问题的能力。

前面讨论的都是开链烃,即脂肪烃。本章所要讨论的是结构上具有环状骨架,而性质上与脂肪烃相似的烃类,它们总称为脂环烃。

脂环烃在自然界中广泛存在,它和它的衍生物主要存在于石油及从植物中提取得到的香精油中。例如,石油中含有环戊烷、甲基环戊烷、环己烷、甲基环己烷等。另外,薄荷、樟脑、松节油以及麝香等都属于脂环烃及其衍生物。

第一节 脂环烃的分类、构造异构和命名

一、脂环烃的分类

脂环烃是指由碳、氢两种元素组成的具有环状结构,性质与脂肪烃相似的烃。脂环烃分为饱和脂环烃和不饱和脂环烃,饱和脂环烃主要是环烷烃,不饱和脂环烃分为环烯烃和环炔烃,环烷烃依环数多少又可分为单环烷烃和多环烷烃。单环烷烃按环的大小分为:小环(C_3~C_4)、普通环(C_5~C_7,以 C_5、C_6 最普遍)、中环(C_8~C_{11})、大环(C_{12}以上),目前已知有 30 个碳原子组成的大环。多环烷烃分为螺环烃和桥环烃,螺环烃是两环共有一个碳原子,桥环烃是两环共有两个或两个以上碳原子。

- 环烃
  - 脂环烃
    - 饱和脂环烃—环烷烃
      - 单环烷烃
        - 小环($C_3\sim C_4$)
        - 普通环($C_5\sim C_7$)
        - 中环($C_8\sim C_{11}$)
        - 大环($\geqslant C_{12}$)
      - 多环烷烃
        - 螺环烃(两环共有一个碳原子)
        - 桥环烃(两环共有两个或两个以上碳原子)
    - 不饱和脂环烃
      - 环烯烃
      - 环炔烃
  - 芳　烃
    - 苯系芳烃
      - 单环芳烃
      - 多环芳烃
    - 非苯系芳烃

饱和脂环烃——环烷烃：

环丙烷（三元环）

环丁烷（四元环）

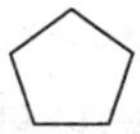
环戊烷（五元环）

环己烷（六元环）

不饱和脂环烃：

1,3-环戊二烯

环己烯

环辛四烯

多环烷烃：

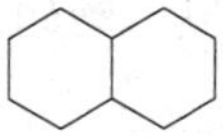
十氢化萘

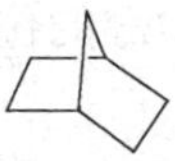
双环[2,2,1]庚烷

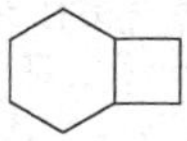
双环[4,2,0]辛烷

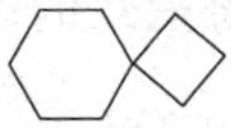
螺[3,5]壬烷

二、单环脂环烃的构造异构

单环脂环烃的构造异构主要包括：

(1)环烷烃之间的同分异构体。

(2)环烷烃和烯烃之间的同分异构体，环烷烃的通式和烯烃的通式相同，都是C_nH_{2n}，故两者是同分异构体。

例如：C_5H_{10}的同分异构体有：

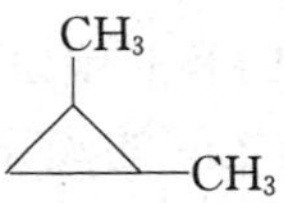

1,2-二甲基环丙烷

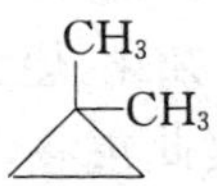

1,1-二甲基环丙烷

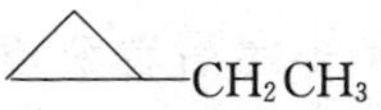

乙基环丙烷

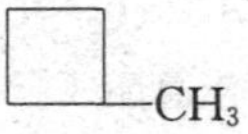

甲基环丁烷

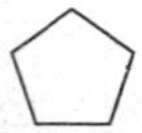

环戊烷

$CH_2{=}CH{-}CH_2{-}CH_2{-}CH_3$ 1-戊烯

$CH_3{-}CH{=}CH{-}CH_2{-}CH_3$ 2-戊烯

$CH_2{=}CH{-}\underset{\displaystyle CH_3}{\underset{|}{CH}}{-}CH_3$ 3-甲基-1-丁烯

$CH_2{=}\underset{\displaystyle CH_3}{\underset{|}{C}}{-}CH_2{-}CH_3$ 2-甲基-1-丁烯

$CH_3{-}CH{=}\underset{\displaystyle CH_3}{\underset{|}{C}}{-}CH_3$ 2-甲基-2-丁烯

三、单环脂环烃的命名

脂环烃的命名与烷烃相似，只是在相应烷烃名称的前面加上一个“环”字。对于不带支链的环烷烃，命名时是按照环碳原子的数目，称为环某烷。对于带有支链的烷烃，则把环上的支链看做是取代基，进行环上碳原子编号。编号时，按照次序规则给较优基团以较大的编号，且使各取代基的位次之和最小。例如：

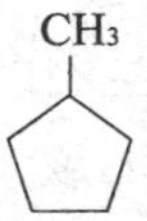

甲基环戊烷

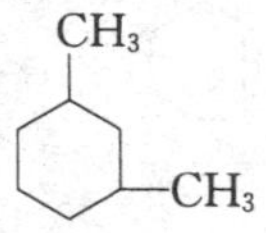

1,3-二甲基环己烷

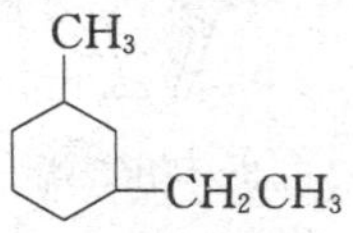

1-甲基-3-乙基环己烷

环烯烃和环炔烃的命名编号时，使不饱和键的位次最小。例如：

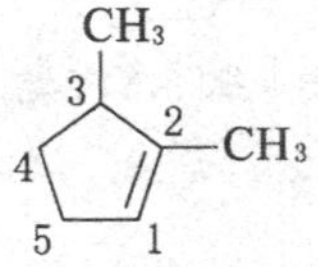

2,3-二甲基环戊烯

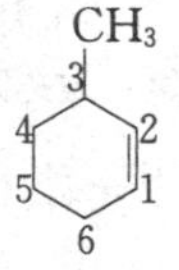

3-甲基环己炔

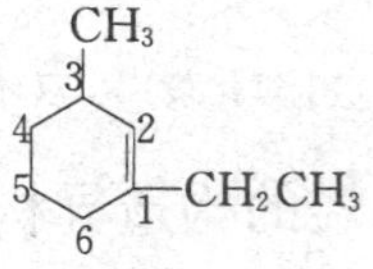

3-甲基-1-乙基环己烯

第二节 环烷烃的结构与稳定性

现代共价键理论认为，在烷烃分子中的每个碳原子是 sp^3 杂化，当碳原子成键时，sp^3 杂化轨道沿着轨道对称轴彼此重叠，两个 C—Cσ 键之间的夹角为 109.5°。而对环烷烃来说，认为每个碳也是 sp^3 杂化，但为了形成环，有的碳原子之间的 sp^3 杂化轨道并不一定沿着轨道对称轴彼此重叠，C—Cσ 键之间的夹角就不一定是 109.5°，而是根据环的大小不同，键角也有所不同。

环丙烷的C—C—C键角为105.5°，H—C—H键角为114°，但是碳原子之间不是连成直线，而是原子轨道以弯曲方向重叠，成键后的C—C键也形成香蕉弯曲状，所以常称之弯曲键或香蕉键（图4-1）。环丙烷分子中是以弯曲的方式重叠，sp^3 杂化轨道重叠的程度显然较少，生成的弯曲键较弱，环丙烷分子的稳定性也就较差，因而环丙烷不稳定较易发生开环反应。分子内存在一种达到最大重叠的倾向，这种倾向就称为张力。因此张力越大即内能越高，环不稳定。

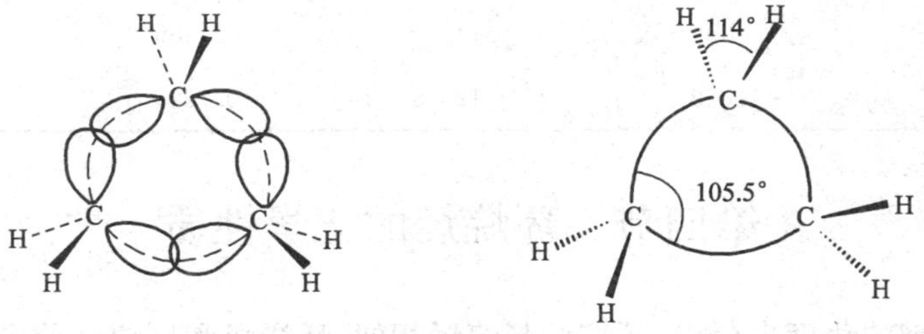

图4-1　环丙烷分子中的C—Cσ键

环丁烷分子中 sp^3 杂化轨道也不是直线重叠，而是弯曲重叠，但是碳碳键的弯曲程度不及环丙烷。环丁烷的C—C—C键角为111.5°，角的张力也比环丙烷小，所以环丁烷比环丙烷稳定。

环戊烷C—C—C键角接近109.5°，角张力和扭转张力都不大。所以，环戊烷的化学性质比较稳定。

环己烷C—C—C键角仍保持109.5°，角张力小，因此很稳定。

环烷烃的结构分析及燃烧热数值均说明环丙烷的内能最高，反应性较强；环戊烷的内能次之，反应性较环丙烷差；环戊烷、环己烷以及大环环烷烃的内能与开链烷烃相差无几，一般条件下不能开环，其中环己烷的内能最低，是最稳定的环烷烃，这也是合成或天然化合物中广泛存在六元环的原因。

环烷烃环稳定性的排列顺序是：环己烷＞环戊烷＞环丁烷＞环丙烷。

第三节　环烷烃的物理性质

环烷烃的分子结构比相应的烷烃排列紧密，所以，沸点、熔点均比相应的烷烃高，相对密度也较大，但都比水轻。环烷烃的物理常数见表4-1。

表4-1　**环烷烃的物理常数**

化合物	沸点/℃	熔点/℃	相对密度 d_4^{20}	折光率 n_D^{20}
环丙烷	-32.7	-127.6	0.720	1.3799
环丁烷	12	-50	0.720	1.4260

续表

化合物	沸点/℃	熔点/℃	相对密度 d_4^{20}	折光率 n_D^{20}
环戊烷	49.2	−93.9	0.7457	1.4065
环己烷	80.7	6.5	0.7785	1.4266
环庚烷	118.5	−12	0.8098	1.4436
环辛烷	149	14.3	0.8349	1.4586
甲基环戊烷	71.8	−142.4	0.7486	1.4097
甲基环己烷	100.9	−126.6	0.7694	1.4231

第四节 环烷烃的化学性质

从化学键的角度来分析，环烷烃与烷烃相似；环烯烃和环炔烃分别与烯烃和炔烃相似。但是，由于环烷烃具有环状构造，小环烃出现一些特殊的化学性质，主要表现在环的稳定性上，小环较不稳定，大环则较稳定，即环烷烃："小环似烯，大环似烷"。

一、取代反应

在高温和光的作用下，环烷烃和烷烃相似，可以与卤素发生取代反应。

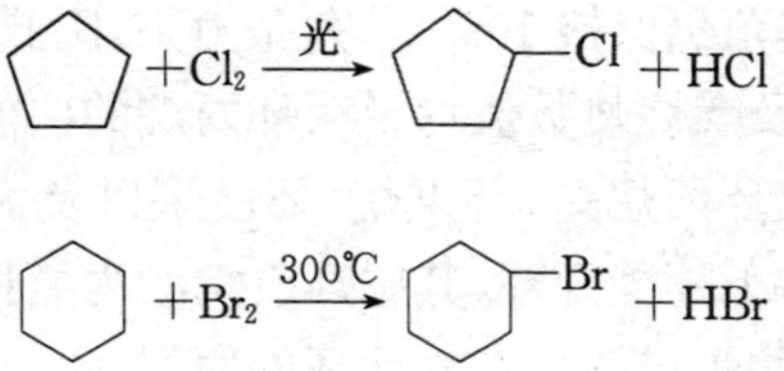

二、开环加成反应

1. 催化氢化

小环烃与烯烃相似，在催化剂作用下与氢加成。

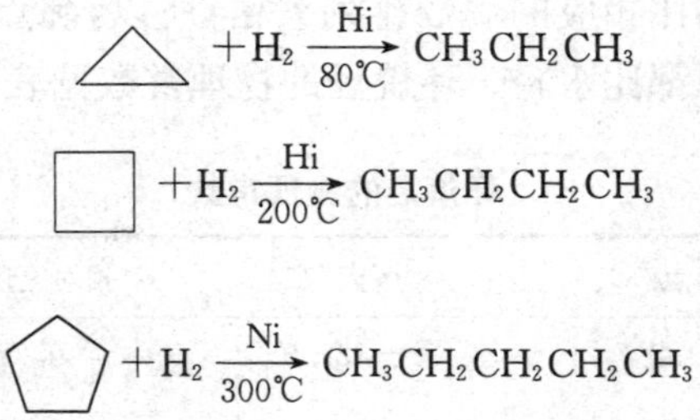

可以看出，随着环碳原子数目的增加，开环加成反应越来越难。而环己烷和环庚烷在同样条件下不能发生加氢反应。

2. 加卤素

环丙烷室温下就能与溴加成，而环丁烷必须加热才能与溴加成，说明环丙烷最不稳定。

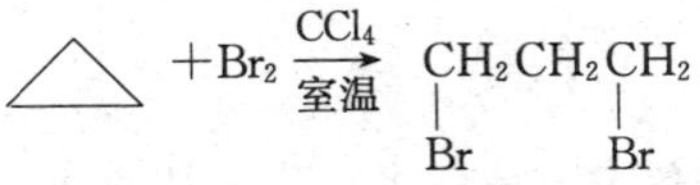

1,3-二溴丙烷

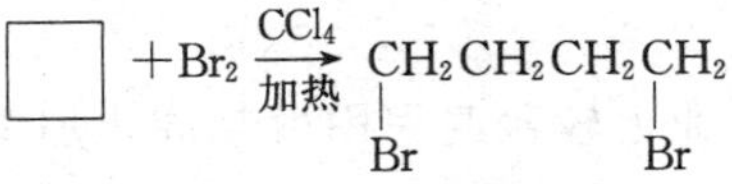

1,4-二溴丁烷

环戊烷和环己烷在加热条件下也不能和溴发生加成反应。因此，鉴别丙烯和环丙烷必须用高锰酸钾溶液而不能用溴水。环丙烷和环丁烷可以在室温下用溴水鉴别。

3. 加卤化氢

环丙烷及其烷烃衍生物也容易与卤化氢进行开环加成反应。

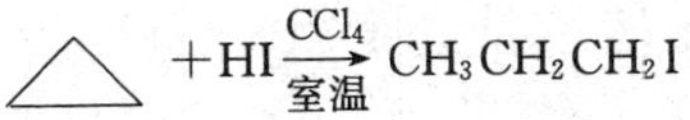

1-碘丙烷

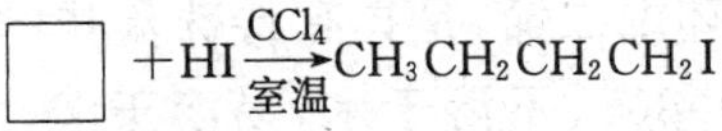

1-碘丁烷

环丙烷的烷基衍生物与卤化氢加成时，环的断裂处发生在连有氢原子最多和连有氢原子最少的两个相邻成环碳原子之间，而且加成反应遵守马氏规则。例如：

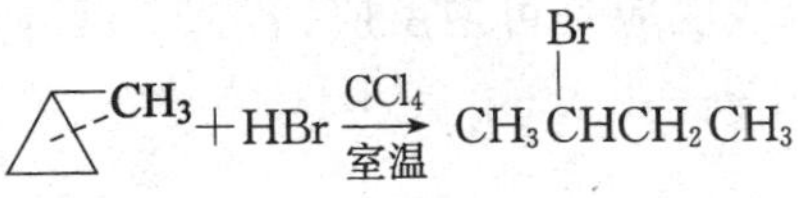

2-溴丁烷

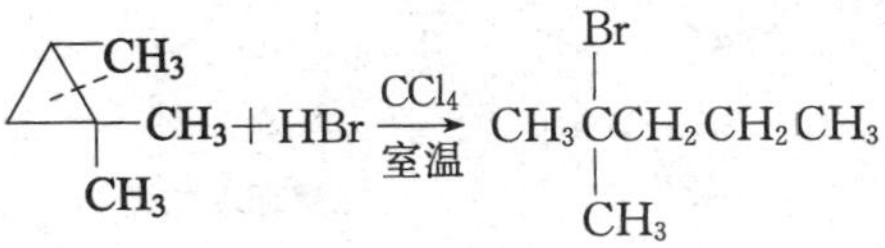

2-甲基-2-溴戊烷

而环丁烷、环戊烷、环己烷与溴化氢不起加成反应。

综上所述：环丙烷和环丁烷不稳定，像烯烃容易发生加成反应；而环戊烷和环己烷等稳定，像烷烃，主要发生取代反应。

环烷烃不能被高锰酸钾氧化，故可用此性质鉴别烯烃和环烷烃或炔烃和环烷烃。

第五节　重要的脂环烃

一、环己烷

常温下，环己烷为无色透明的液体，沸点 80.7℃，比水轻，不溶于水，易溶于醇、醚等有机溶剂中。

环己烷存在于石油中，目前工业上较普遍采用由苯催化加氢制得。此反应产率高、产品纯度也高。

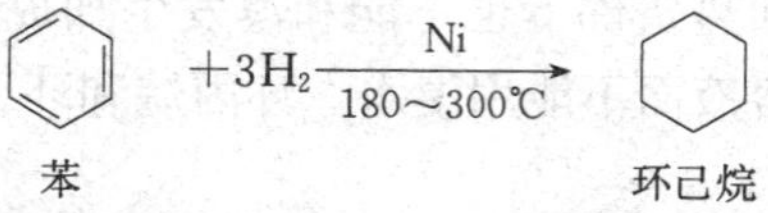

环己烷不仅是很好的溶剂，而且是重要的工业原料。由环己烷可以制得环己酮、己二酸、己二胺、己内酰胺等高分子单体，并进而用来合成锦纶－6 和锦纶－66 等高分子化合物。

二、环戊二烯

1,3－环戊二烯简称环戊二烯，是具有特殊臭味的无色液体，沸点 41.5℃，熔点－97℃，相对密度 0.802，不溶于水，易溶于醇、醚、丙酮、苯等有机溶剂。环戊二烯存在于粗苯和煤焦油中，工业上一般从石油馏分分离或环戊烷催化脱氢制得。

环戊二烯性质很活泼，可以发生许多化学反应。常温下两分子环戊二烯可以发生双烯合成反应，其中一个分子作为共轭二烯烃，另一个作为亲双烯体，反应生成二聚环戊二烯。双烯合成反应是可逆反应，若把二聚环戊二烯加热蒸馏又可解聚为环戊二烯。

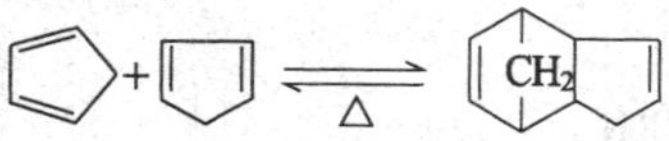

二聚环戊二烯

环戊二烯目前主要用来同乙烯、丙烯三元共聚成三元乙丙橡胶，也广泛用于制备合成树脂、杀虫剂及塑料等。环戊二烯和活泼金属的反应在合成有机金属化合物时也很有用。

知识窗

萜类和甾族化合物

一、萜类化合物

萜类化合物是广泛存在于植物和动物体内的天然有机化合物。如从植物中提取的香精油——薄荷油、松节油等，植物及动物体中的某些色素——胡萝卜素、虾红素等。

1. 香叶醇

当蜜蜂发现食物时，它便分泌出香叶醇以吸引其他蜜蜂，因此，香叶醇也是一种昆虫外激素。

2. 薄荷醇

熔点43℃，沸点213.5℃，存在于薄荷油中，低熔点固体，具有芳香凉爽气味，有杀菌、防腐作用，并有局部止痛的效力。用于医药、化妆品及食品工业中，如清凉油、牙膏、糖果、烟酒等。

3. 樟脑

熔点179℃，沸点209℃，主要存在于樟脑树中，为无色闪光结晶，易升华，有愉快香味。樟脑香味有驱虫作用，可用于毛料衣物的防蛀剂。在医药上用做强化剂以及十滴水、清凉油等。

4. 叶绿醇

叶绿醇是叶绿素的一个组成部分，用碱水解叶绿素可得到叶绿醇，叶绿醇是合成维生素K及维生素E的原料。

5. 维生素A

维生素A，淡黄色晶体，熔点64℃，存在于动物的肝、奶油、蛋黄和鱼肝油中。不溶于水，易溶于有机溶剂。受紫外光照射后则失去活性。维生素A为哺乳动物正常生长和发育所必需的物质，体内缺乏维生素A则发育不健全，并能引起眼膜和眼角膜硬化症，初期的症状就是夜盲症。

6. 胡萝卜素和番茄红素

胡萝卜素有益于眼睛，胡萝卜含量较高，用油炒后吸收好。

番茄红素是保护生殖系统健康的，西红柿里含量较高，用油炒过后番茄红素才能吸收，生吃只能是吸收维生素C。番茄红素是胡萝卜素的异构体，是开链萜，存在于番茄、西瓜及其他一些果实中，为洋红色结晶。

7. 虾红素

虾青素是广泛存在于甲壳类动物和空肠动物体中的一种多烯色素，最初是从龙虾壳中发现的，虾青素在动物体内与蛋白质结合存在，能因氧化作用而成虾红素。

二、甾族化合物

甾族化合物广泛存在于动植物组织内，并在动植物生命活动中起着重要的作用。

1. 胆固醇

胆固醇是最早发现的一个甾体化合物，存在于人及动物的血液、脂肪、脑髓及神经组织中。无色或略带黄色的结晶，熔点 148.5℃，在高真空度下可升华，微溶于水，溶于乙醇、乙醚、氯仿等有机溶剂。人体内发现的胆结石几乎全是由胆固醇所组成的，胆固醇的名称也是由此而来的。

人体中胆固醇含量过高是有害的，它可以引起胆结石、动脉硬化等症。由于胆固醇与脂肪酸都是酯源物质，食物中的油脂过多时会提高血液中的胆固醇含量，因而食油量不能过多。

2. 7－脱氢胆固醇

胆固醇在酶催化下氧化成 7－脱氢胆固醇。7－脱氢胆固醇存在于皮肤组织中，在日光照射下发生化学反应，转变为维生素 D_3。

维生素 D_3 是从小肠中吸收 Ca^{2+} 过程中的关键化合物。体内维生素 D_3 的浓度太低，会引起 Ca^{2+} 缺乏，不足以维持骨骼的正常生成而产生软骨病。

3. 麦角固醇

麦角固醇是一种植物固醇，最初是从麦角中得到的，但在酵母中更易得到。麦角固醇经日光照射后，B 环开环而成前钙化醇，前钙化醇加热后形成维生素 D_2（即钙化醇）。

维生素 D_2 同维生素 D_3 一样，也能抗软骨病，因此，可以将麦角固醇用紫外光照射后加入牛乳和其他食品中，以保证儿童能得到足够的维生素 D。

4. 胆汁酸

胆汁酸存在于动物的胆汁中，从人和牛的胆汁中所分离出来的胆汁酸主要为胆酸。胆酸是油脂的乳化剂，其生理作用是使脂肪乳化，促进它在肠中的水解和吸收。故胆酸被称为"生物肥皂"。

5. 性激素

雌二醇为卵巢的分泌物，对雌性的第二性征的发育起主要作用。动物体内分泌的睾酮和雌二醇的量极少，为了进行科学研究，从 4t 猪卵巢只提取到 0.012g 雌二醇。

孕固酮的生理功能是在月经期的某一阶段及妊娠中抑制排卵。临床上用于治疗习惯性子宫功能性出血、痛经及月经失调等。

炔诺酮是一种合成的女用口服避孕药，在计划生育中有重要作用。

本章小结

- 脂环烃
  - 物理性质——环烷烃的分子结构比相应的烷烃排列紧密，所以，沸点、熔点均比相应的烷烃高，相对密度也较大，但都比水轻
  - 化学性质
    - 取代反应（大环发生取代反应）
    - 加成反应（小环烃发生加成反应）
      - 催化氢化
      - 加卤素
      - 加卤化氢

练 习 题

1. 写出下列化合物的构造式或命名。

(1)乙基环戊烷　　(2)1,2-二甲基环丙烷

(3)环丙基环戊烷　　(4)1-甲基-2-乙基环丁烷

(5) 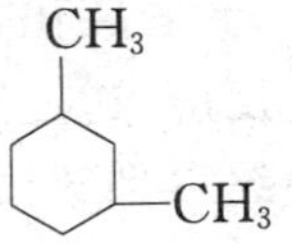

(6) 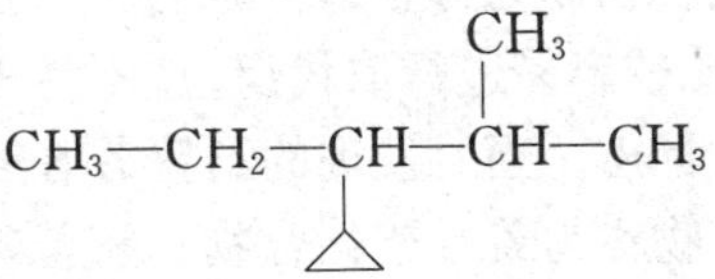

2. 写出分子式为C_6H_{12}的同分异构体，并命名。

3. 用简便的化学方法区别各组化合物。

(1)丙烯和环丙烷　　(2)乙基环丙烷和环己烷　　(3)环己烯、丙基环丙烷和环己烷

4. 化合物A分子式为C_4H_8，它能使溴溶液褪色，但不能使稀的$KMnO_4$溶液褪色。1mol A与1mol HBr作用生成B，B也可以从A的同分异构体C与HBr作用得到。化合物C分子式也是C_4H_8，能使溴溶液褪色。也能使稀的$KMnO_4$溶液褪色。试推测化合物的构造式，并写出各步反应式。

第五章　芳香烃

知识目标

(1)掌握芳香烃的结构、分类和命名。
(2)了解单环芳香烃的物理性质。
(3)掌握单环芳香烃的化学性质。
(4)掌握苯环上亲电取代反应的定位规律。
(5)了解稠环芳烃。

能力目标

(1)能够对芳香烃进行命名。
(2)能够运用定位规律预测反应的主要产物和指导选择合成路线。

在有机化学发展的初期,曾把从天然树脂、香精油中得到的一类性质上和脂肪族化合物明显不同,具有高度不饱和性(C/H 高),且具有特殊的稳定性和芳香气味的有机化合物称为芳香族化合物。与脂肪烃和脂环烃不同,芳香族化合物的化学行为是:比较容易进行取代反应,不易进行加成反应和氧化反应,这些性质曾作为芳香性的标志。当时发现的这些芳香族化合物经递降后最终得到苯,故人们把苯及其衍生物称为芳香族化合物。随着有机化学的发展,发现一些不具有苯环结果的环状烃,也有特殊的稳定性,它们与苯及其衍生物有着共同的特点。后经研究发现,具有芳香性的化合物在结构上都符合休克尔规则。从结构的特点来看,芳烃是一类符合休克尔规则的碳环化合物,而芳香族化合物则是这种碳环化合物及其衍生物的总称。

第一节　芳香烃的结构、分类和命名

我们通常所说的芳香烃,一般是指分子中含有苯环结构的芳香烃,而不含苯环结构的芳香烃,称为非苯芳香烃。下面的芳烃,通常是指前一种而言。

苯环芳香烃根据所含苯环的数目和连接方式不同可分为单环芳香烃和多环芳香烃。

一、单环芳香烃

分子含有一个苯环的芳香烃,称为单环芳烃。单环芳烃包括苯、苯的同系物和苯基取代的不饱和烃。

例如：

苯

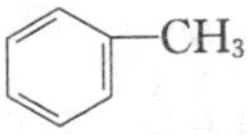
甲苯

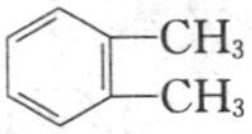
邻二甲苯

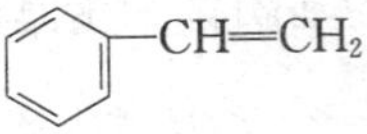
苯乙烯

1. 一元烷基苯

当苯环上连有一个简单的烷基时，以苯环作为母体，把烷基作为取代基。称为“某烷基苯”，“基”字可省略。如：

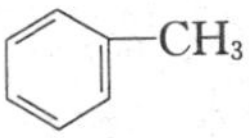
甲(基)苯

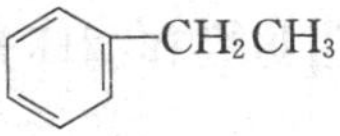
乙(基)苯

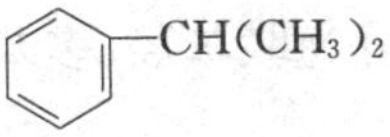
异丙(基)苯

2. 二元烷基苯

二元烷基苯中，由于两个烷基在苯环上的位置不同，产生三种同分异构体。命名时，两个烷基的相对位置既可用“邻”、“间”、“对”表示，也可用数字表示。用数字表示时，若烷基不同，一般较简单的烷基所在位置编号为1。例如：

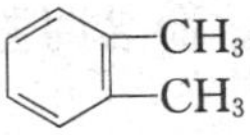
1,2-二甲苯
邻二甲苯

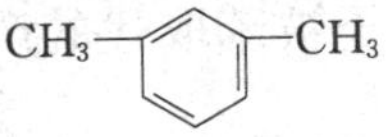
1,3-二甲苯
间二甲苯

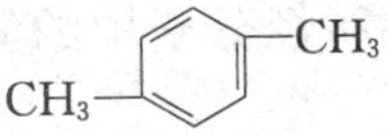
1,4-二甲苯
对二甲苯

3. 多元烷基苯

多元烷基苯中，由于烷基的位置不同也产生多种同分异构体。如三个烷基相同的三元烷基苯有三种同分异构体，命名时，三个烷基的相对位置除可用数字表示外，还可用“连、均、偏”来表示。例如：

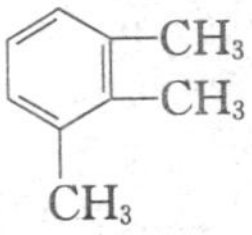
1,2,3-三甲苯
连三甲苯

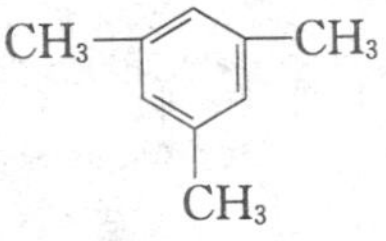
1,3,5-三甲苯
均三甲苯

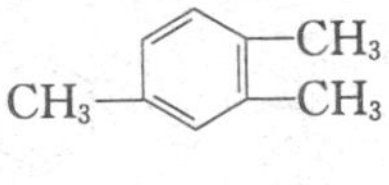
1,2,4-三甲苯
偏三甲苯

4. 不饱和烃基苯和复杂烷基苯

苯环上连有不饱和烃基或复杂烷基时，一般把苯作取代基来命名。例如：

苯乙烯

苯乙炔

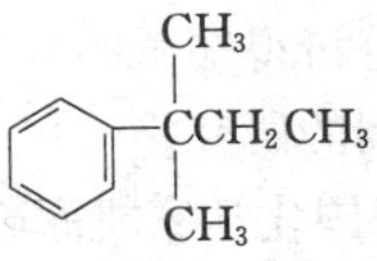
2-甲基-2-苯基丁烷

芳烃分子中去掉一个氢原子后剩余的基团称为芳基，以 Ar—表示。苯分子失去一个氢原子后剩余的基团称为苯基，以 Ph—表示。甲苯分子中的甲基去掉一个氢原子后剩余的基团称为苄基或苯甲基。

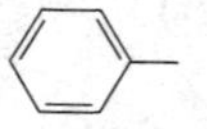

苯基

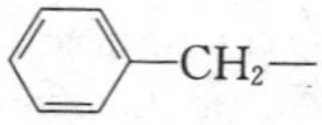

苯甲基或苄基

二、多环芳香烃

分子中含有两个或两个以上苯环的芳烃，称为多环芳烃。多环芳烃根据苯环的连接方式不同分为联苯烃、多苯代脂肪烃和稠环芳烃。

1. 联苯烃

苯环之间以单键直接相连的芳烃。如：

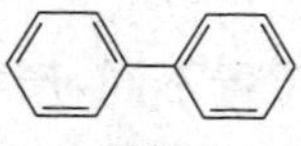

联苯

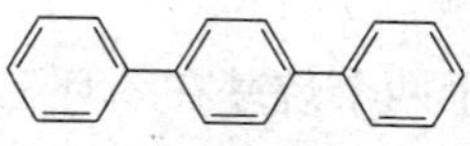

1,4-联三苯

2. 多苯代脂肪烃

可看作是脂肪烃分子中的氢原子被苯取代的产物。命名时把苯环作为取代基。如：

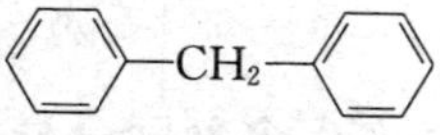

二苯甲烷

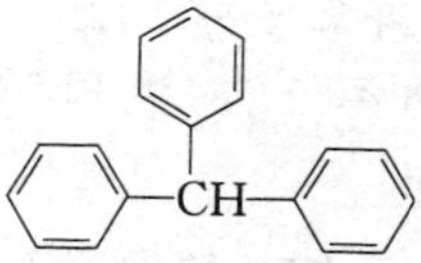

三苯甲烷

3. 稠环芳烃

两个或两个以上的苯环彼此共用两个相邻的碳原子稠合而成的芳烃。如：

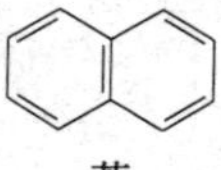

萘

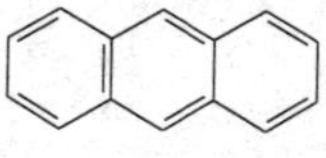

蒽

稠环芳烃的内容我们将在第五节讨论。

三、苯的结构

1. 凯库勒构造式

根据元素分析得知苯的分子式为 C_6H_6，但对 6 个碳原子的连接方式及键的认识经历了长时间的研究。

1865 年，德国化学家凯库勒提出了关于苯的结构的构想。

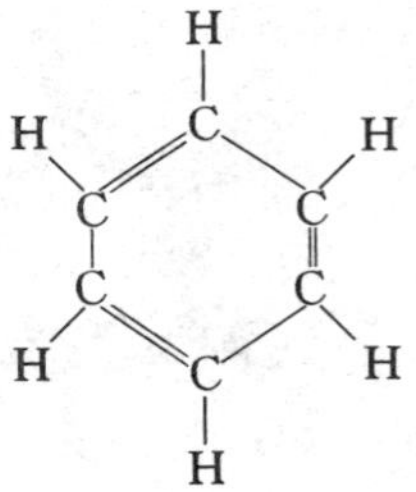
或简写为

此式称为苯的凯库勒式，碳环是由三个 C═C 和三个 C—C 交替排列而成。它可以说明苯分子的组成及原子相互连接次序，并表明碳原子是四价的，六个氢原子的位置等同，因而可以解释苯的一元取代产物只有一种的实验事实。但是凯库勒式不能解释苯环在一般条件下不能发生类似烯烃的加成、氧化反应，也不能解释苯的邻位二元取代产物只有一种的实验事实。按凯库勒式推测苯的邻位二元取代产物，应有以下两种：

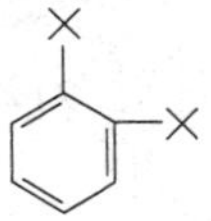
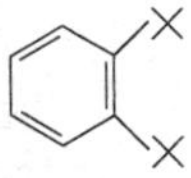

显然，凯库勒式不能表明苯的真实结构。

近代物理方法测定证明，苯分子中的六个碳原子和六个氢原子都在同一平面上，C—C 键长均相等(0.1396nm)，六个碳原子组成一个正六边形，所有键角均为 120°，如图 5－1 所示。

2. 苯分子结构的近代观点

杂化理论认为，组成苯分子的 6 个碳原子均以 sp^2 杂化，每个碳原子形成三个 sp^2 杂化轨道，其中一个 sp^2 杂化轨道与氢的 1s 轨道形成 C—Hσ 键，另两个 sp^2 杂化轨道与两个碳原子的 sp^2 杂化轨道形成两个 C—Cσ 键。sp^2 杂化构型为平面三角形，键角为 120°，碳氢原子均在同一平面内。每一个碳原子还有一个未参加杂化的 p 轨道，相互平行重叠，形成一个六原子六电子的共轭大 π 键。大 π 键的电子云对称地分布在碳环平面的上下两侧。这种具有闭合大 π 键的结构体系，称为闭合共轭体系。该体系的特点是 π 电子高度离域，C—C 键长完全相等(0.1396nm)，而且体系能量显著降低。因此，苯分子是一个 π 电子高度对称，特别稳定的平面正六边形结构。

苯的构造式的表示目前一般仍采用凯库勒式，但在使用时不能把它误认为是单双键交替分布。也可用一个带有圆圈的正六角形来表示苯环，在六角形的每个角上都表示每个碳连有一个氢原子，直线表示 σ 键，圆圈表示大 π 键。即：

或

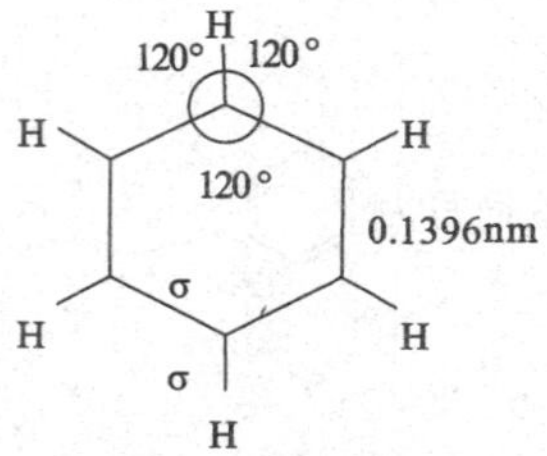

(1) 苯的平面正六边形结构

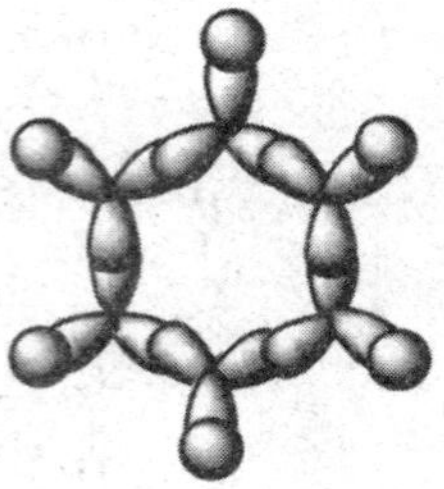

(2) 苯的 σ 键

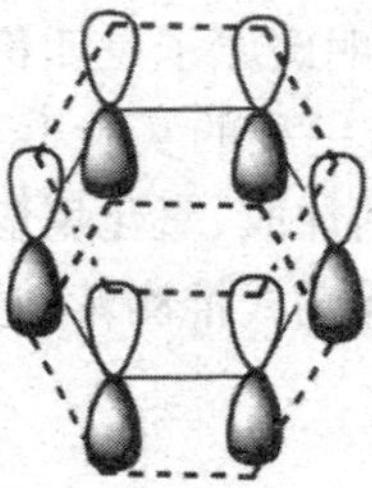

(3) 苯的大 π 键

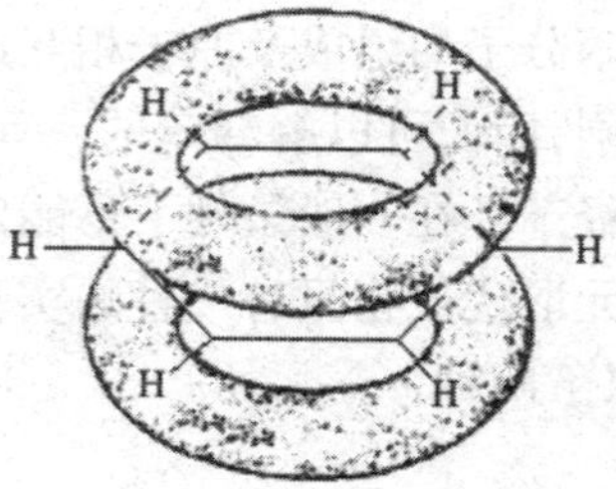

(4) 苯分子 π 电子云示意图

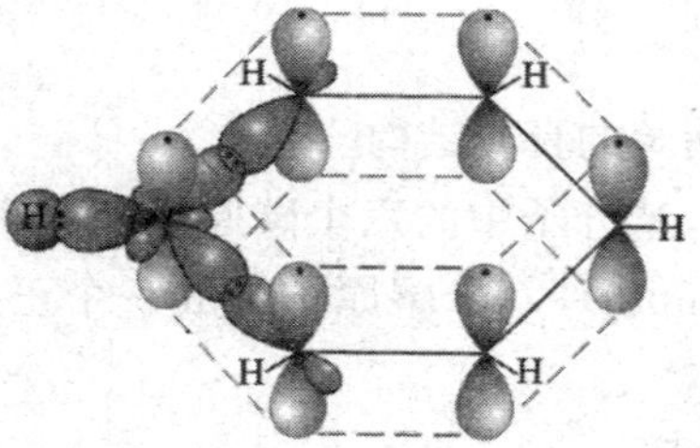

(5) 苯分子的价键模型

图 5－1　苯分子的结构

第二节　单环芳香烃的物理性质

苯及其同系物多数为液体，不溶于水，易溶于有机溶剂，特别是二甘醇、环丁砜、*N*－甲基吡咯烷－2－酮、*N*，*N*－二甲基甲酰胺等溶剂对芳烃有很好的选择性溶解，工业上可用它们从混合物中萃取（抽提）芳烃。有些单环芳烃本身亦是良好的有机溶剂，如苯、甲苯等。

单环芳烃的相对密度小于 1，但比同碳数的脂肪烃和脂环烃大，一般在 0.86～0.93。单环芳烃有特殊的气味，蒸气有毒，对呼吸道、中枢神经和造血器官产生损害，有的稠环芳烃对人体有致癌作用，因此在使用时要做好防护措施。由于苯及其同系物中含碳量比较多，燃烧时火焰带有黑烟。

单环芳烃的沸点随相对分子质量的增大而升高。苯的同系物中每增加一个 CH_2 单位，沸点平均增高约 25℃，如苯、甲苯、乙苯、正丙苯和正丁苯的沸点分别为 80.1℃、110.6℃、136.2℃、159.2℃和 183℃。含同碳数的各种异构体的沸点很接近，如邻、间和对二甲苯的沸点分别为 144.4℃、139.1℃和 138.2℃，可以用高效精馏塔把邻二甲苯分离出来，而很难把间、对位异构体分开。

在同分异构体中，结构对称的异构体具有较高的熔点，如邻、间、对二甲苯的熔点分别为－25.5℃、－47.9℃和 13.3℃，可用低温结晶的方法使对二甲苯分离出来。

单环芳烃一般具有较高的折光率，一些常见的单环芳烃的物理性质见表 5－1。

表 5－1　　某些单环芳烃的物理常数

化合物	熔点/℃	沸点/℃	密度(20℃)/(g/mL)	折光率 n_D^{20}
苯	5.5	80.1	0.8786	1.5001
甲苯	－95	110.6	0.8669	1.4961
乙苯	－95	136.2	0.8670	1.4959^{10}
丙苯	－99.5	159.2	0.8620	1.4920
异丙苯	－96	152.4	0.8618	1.4915
丁苯	－88	183	0.8610	1.4904
仲丁苯	－75	173	0.8621	1.4895
叔丁苯	－57.8	169	0.8665	1.5055
邻二甲苯	－25.5	144.4	0.8802	1.5055
间二甲苯	47.9	139.1	0.8642	1.4972
对二甲苯	13.3	138.2	0.8611	1.4958
连三甲苯	－25.4	176.1	0.8944	1.5139
偏三甲苯	－43.8	169.4	0.8758	1.5048
均三甲苯	－44.7	164.7	0.8652	1.4994
苯乙烯	－30.6	145.2	0.9060	1.5468
苯乙炔	－44.8	142.4	0.9281	1.5485

第三节　单环芳香烃的化学性质

由于苯环上闭合大 π 键电子云的高度离域，使得苯环非常稳定，在一般条件下大 π 键难以断裂进行加成和氧化反应；苯环上大 π 键电子云分布在苯环平面的两侧，流动性大，易引起亲电试剂的进攻发生取代反应。

苯环虽难以被氧化，但苯环上的烃基侧链由于受苯环上大 π 键的影响，α－氢原子变得很活泼，易发生氧化反应。同时，α－氢原子也易发生卤代反应。

苯环上的闭合共轭大 π 键虽然很稳定，但它仍然具有一定的不饱和性。因此，在强烈的条件下，也可发生某些加成反应。

一、取代反应

苯环上的氢原子可以被多种基团取代，其中以卤代、硝化、磺化和傅-克反应较为重要。

1. 卤代反应

苯与氯、溴在铁或三卤化铁等催化剂存在下，苯环上的氢原子被氯、溴取代，生成氯苯和溴苯。

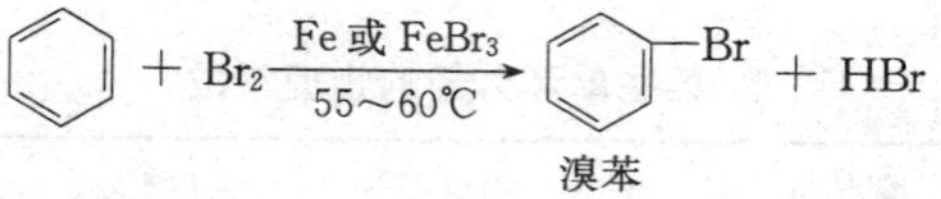

溴苯

卤代反应历程大致可分为三步，现以溴代反应为例说明。

第一步，形成活性较强的亲电试剂。溴分子和三溴化铁作用，生成溴正离子和四溴化铁配离子，溴正离子是一个亲电试剂。

$$Fe + Br_2 \longrightarrow FeBr_3$$

$$Br—Br + FeBr_3 \rightleftharpoons Br^+ + [FeBr_4]^-$$

第二步，苯环与亲电试剂反应，生成一个不稳定的芳基正离子中间体（或 σ-配合物）：

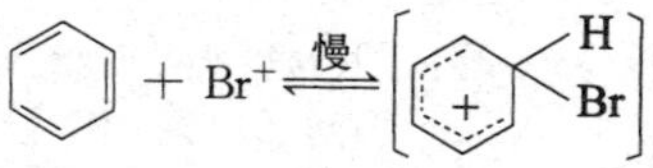

这步反应很慢，是决定整个取代反应速度的步骤。在芳基正离子中间体中，原来苯环上的两个 π 电子与 Br^+ 生成了 C—Br 键，余下的四个 π 电子分布在五个碳原子组成的缺电子共轭体系中。

第三步，芳基正离子非常不稳定，在四溴化铁配离子的作用下，迅速脱去一个质子生成溴苯，恢复到稳定的苯环结构。

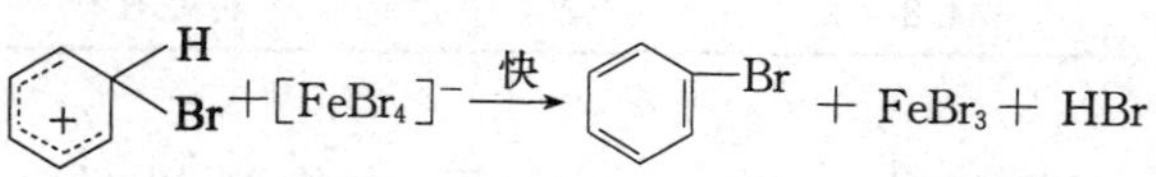

上述反应是由亲电试剂（Br^+）进攻富电子的苯环引起的，因此苯环上的取代反应属于亲电取代反应。

2. 硝化反应

苯与浓硝酸和浓硫酸的混合物共热，苯环上的氢原子被硝基（$—NO_2$）取代生成硝基苯。

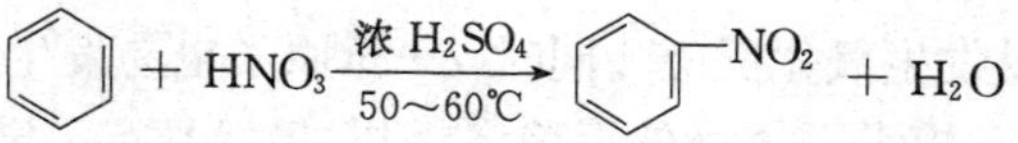

硝基苯

硝基苯为浅黄色油状液体，有苦杏仁味，其蒸气有毒。

在硝化反应中，浓硫酸不仅是脱水剂，而且它与硝酸作用产生硝基正离子（NO_2^+）。硝基正离子是一个亲电试剂，进攻苯环发生亲电取代反应。

3. 磺化反应

苯与98%的浓硫酸共热，或与发烟硫酸在室温下作用，苯环上的氢原子被磺酸基（$-SO_3H$）取代生成苯磺酸。

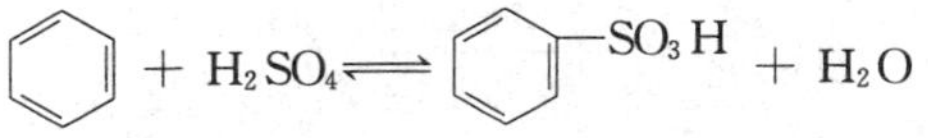

苯磺酸

苯磺酸是一种强酸，易溶于水，难溶于有机溶剂。有机化合物分子中引入磺酸基后可增加其水溶性，此性质在合成染料、药物或洗涤剂时经常应用。

磺化反应是可逆反应，苯磺酸通过热的水蒸气，可以水解脱去磺酸基。

4. 傅瑞德尔-克拉夫茨(Friedel - Crafts)反应

在无水三氯化铝催化下，苯环上的氢原子被烷基或酰基取代的反应，称为傅-克反应。傅-克反应包括烷基化和酰基化反应。

(1)傅-克烷基化反应　常用的烷基化试剂为卤代烷，有时也用醇、烯等。常用的催化剂是无水三氯化铝，此外有时还用三氯化铁、三氟化硼等。

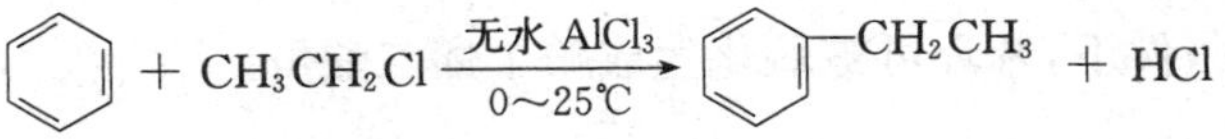

傅-克烷基化反应通常难以停留在一元取代阶段。要想得到一元烷基苯，必须使用过量的芳烃。

(2)傅-克酰基化反应　常用的酰基化试剂为酰氯或酸酐。

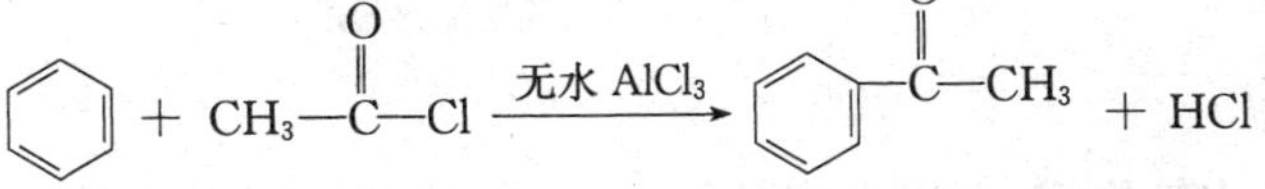

苯乙酮

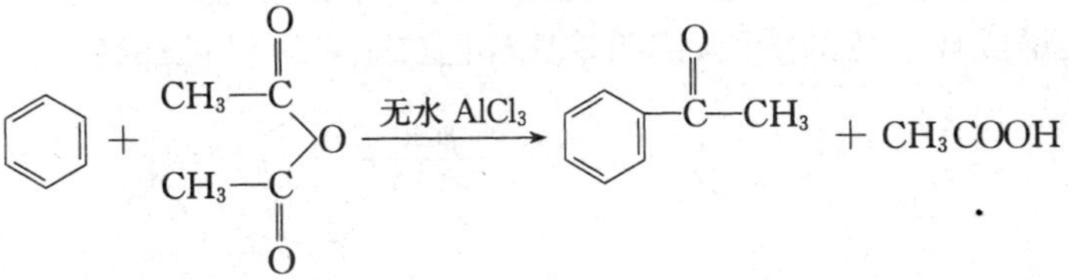

苯乙酮

酰基化反应不发生异构化，也不会发生多元取代。当苯环上连有强吸电子基如硝基、羰基时，苯环上的电子云密度大大降低，不发生酰基化反应。

二、氧化反应

苯环不易被氧化，而苯环上的侧链却易被氧化。常用的氧化剂有高锰酸钾、重铬酸钾、稀硝酸等。不论侧链长短，氧化反应总是发生在 α-碳原子上，α-碳原子被氧化成羧基。

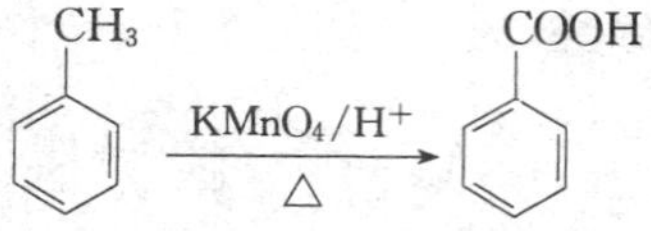

苯甲酸

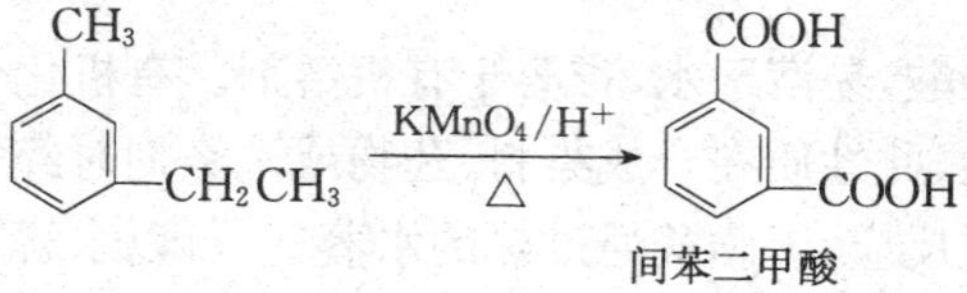

间苯二甲酸

但是，若侧链的 α-碳原子上无氢原子，侧链不能被氧化。

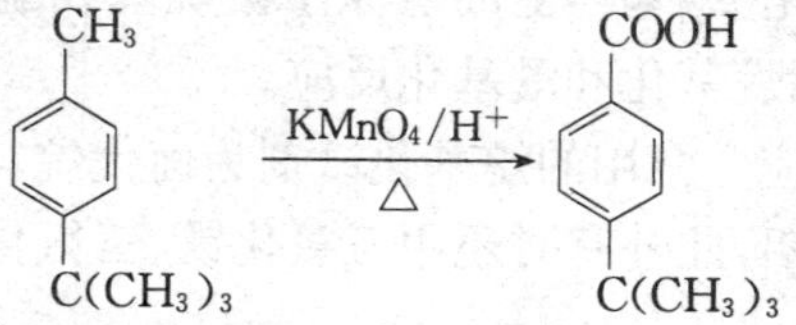

在剧烈的条件下，苯环可被氧化生成顺丁烯二酸酐。

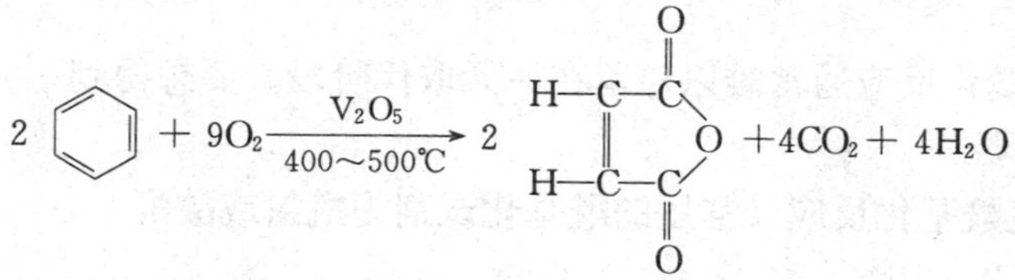

顺丁烯二酸酐

三、加成反应

苯环虽然比较稳定，但在特定条件下，如催化剂、高温、高压或光照，也可发生某些加成反应，如加氢、加卤素等，表现出一定的不饱和性。但苯环的加成不会停留在环己二烯或环己烯的阶段，说明苯比环己二烯和环己烯都稳定。

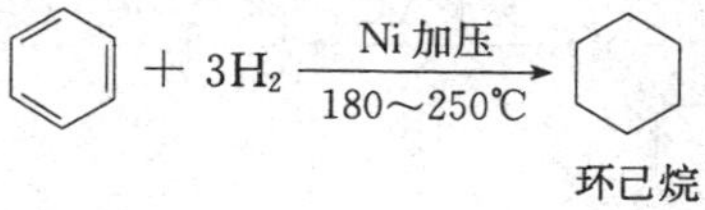

环己烷

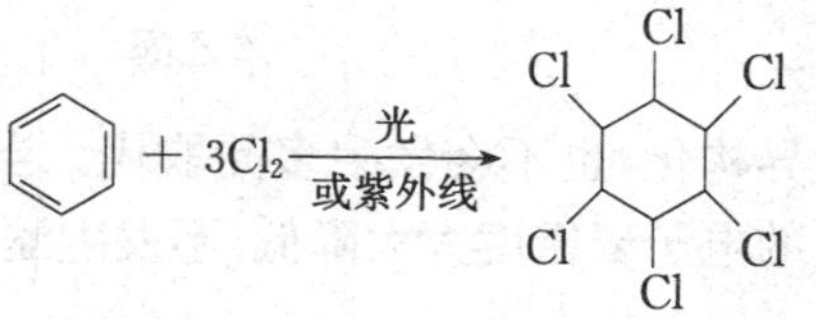

六氯环己烷

苯环上加氢、加卤素属于游离基型的加成反应。

四、侧链的卤代反应

在紫外光照射或高温条件下，苯环侧链上的氢易被卤素（氯或溴）取代。侧链为两个或两个碳以上的烷基时，卤代反应主要发生在 α-碳原子上。

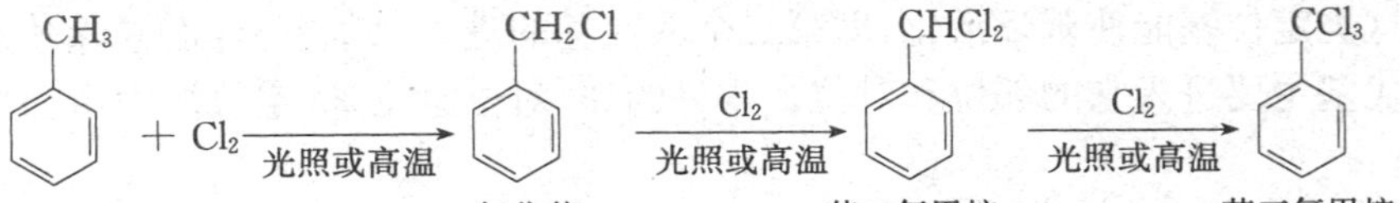

氯化苄　　苯二氯甲烷　　苯三氯甲烷

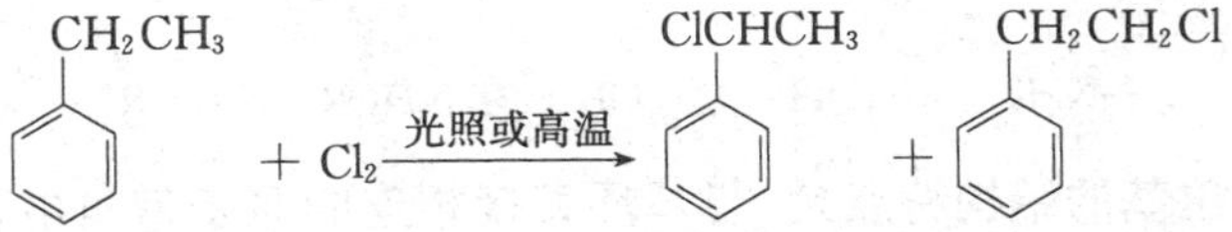

α-氯代乙苯 91%　　β-氯代乙苯 9%

苯环侧链的卤代反应与烷烃的卤代反应一样，属于游离基反应。

第四节　苯环上亲电取代反应的定位规律

一、一元取代苯的定位规律

当苯环上有一个取代基时，再进行取代反应，理论上得到邻、间、对三种二元取代物的比例应为 2∶2∶1（因为有两个邻位、两个间位、一个对位）。然而实验事实并非如此，得到的二元取代物往往仅有一种或两种的比例较高，为主要产物。例如甲苯进行硝化反应时，硝基主要进入甲基的邻位和对位，并且该硝化反应比苯容易。

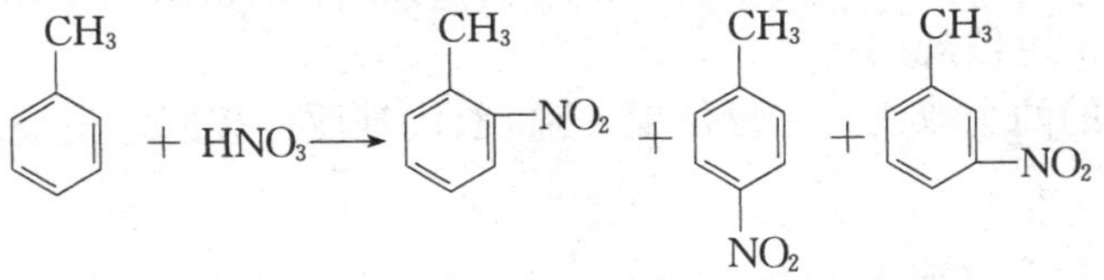

邻硝基甲苯 63%　　对硝基甲苯 34%　　间硝基甲苯 3%

而硝基苯再进行硝化反应时，硝基主要进入原硝基的间位，并且该硝化反应比苯困难。

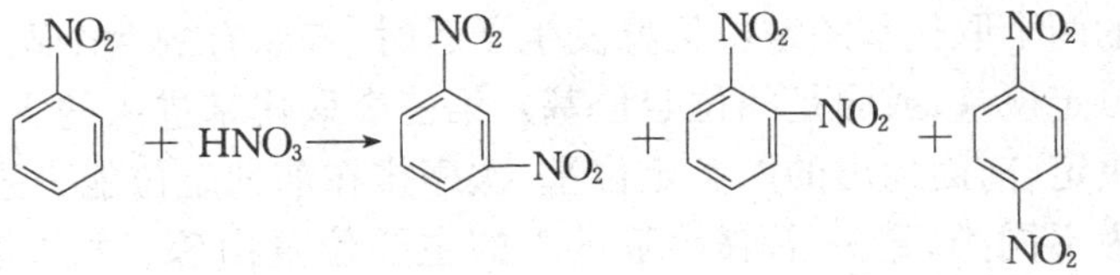

间二硝基苯 93%　　邻二硝基苯 6.5%　　对二硝基苯 0.5%

上述实验事实说明，苯环上已有的取代基不仅影响第二个取代基进入苯环的难易，而且还影响其进入苯环的位置。我们把苯环上原有取代基的这种作用，称为苯环上亲电取代反应的定位效应，苯环上原有的取代基称为定位基。

根据大量的实验事实，将定位基分为以下两大类：

1. 邻、对位定位基

这类定位基能使苯环活化，即第二个取代基的进入比苯容易（卤素除外），第二个取代基主要进入它的邻位和对位。常见的邻、对位定位基（定位能力由强到弱排列）有：

$$-N(CH_3)_2 \quad -NH_2 \quad -OH \quad -OR \quad NH\overset{O}{\overset{\|}{C}}R \quad -R \quad -X(Cl、Br、I)$$

邻、对位定位基的结构特点是，与苯环直接相连的原子带负电荷，或带有未共用电子对，或是饱和原子（$-CCl_3$ 和$-CF_3$ 除外）。

2. 间位定位基

这类定位基能使苯环钝化，即第二个取代基的进入比苯困难，同时使第二个取代基主要进入它的间位。常见的间位定位基（定位能力由强到弱排列）有：

$$-\overset{+}{N}R_3 \quad -NO_2 \quad -C\equiv N \quad -SO_3H \quad -\overset{O}{\overset{\|}{C}}R \quad -COOH \quad -\overset{O}{\overset{\|}{C}}OR \quad -CONH_2$$

一般来讲，间位定位基的结构特点是，与苯环直接相连的原子带正电荷，或以重键与电负性较强的原子相连接。

二、二元取代苯的定位规律

如果苯环上已有两个取代基，再进行亲电取代反应时，第三个取代基进入的主要位置服从以下定位规则：

如果原有的两个取代基定位位置一致，取代基便可按照定位规则进入指定的位置。如：

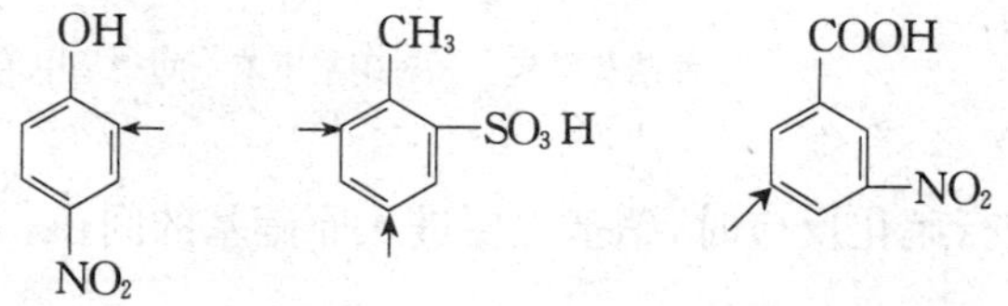

当原有的两个取代基的定位位置发生矛盾时，若原有的两个取代基为同一类（同是邻、对位定位基，或同是间位定位基），第三个取代基进入的主要位置由定位能力强的来决定（前面列出的两类定位基，次序排在前的定位能力强）。若原有的两个取代基为不同类，第三个取代基进入的主要位置由邻、对位定位基来决定。例如：

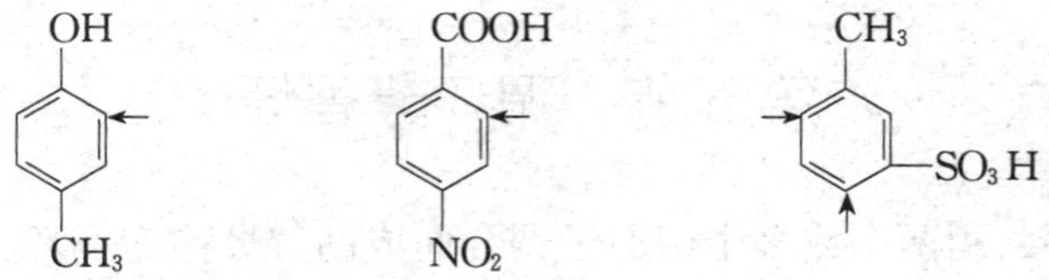

定位能力：$—OH>—CH_3$ $—NO_2>—COOH$

需要指出的是，用定位规则预测取代基进入的主要位置时，有时还要考虑到空间位阻的作用。如上述间甲基苯磺酸进行亲电取代反应时，由于空间位阻作用，使与甲基和磺酸基同处于邻位的碳原子上发生亲电取代的几率大大降低。

三、定位规律的应用

1. 预测反应的主要产物

例如下列物质发生取代反应时，取代基主要引入箭头所指的位置。

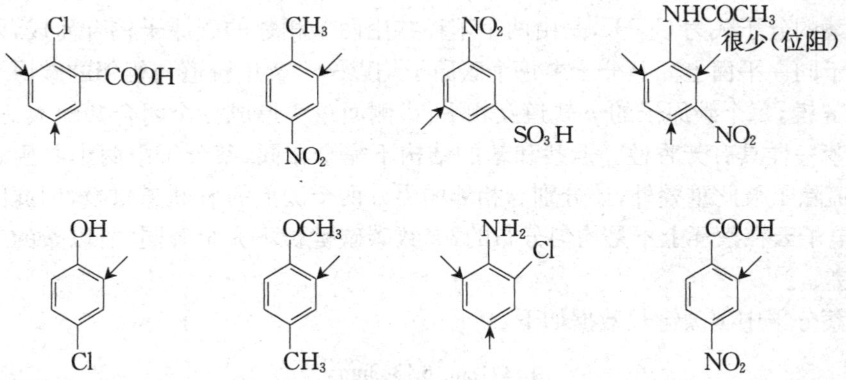

定位基强弱$—OH>—Cl$ $CH_3O—>—CH_3$ $—NH_2>—Cl$ $—NO_2>—COOH$

2. 指导选择合成路线

掌握定位规律可选择正确的合成路线，合成预期产物。如由甲苯合成对硝基苯甲酸，必须先硝化后氧化。

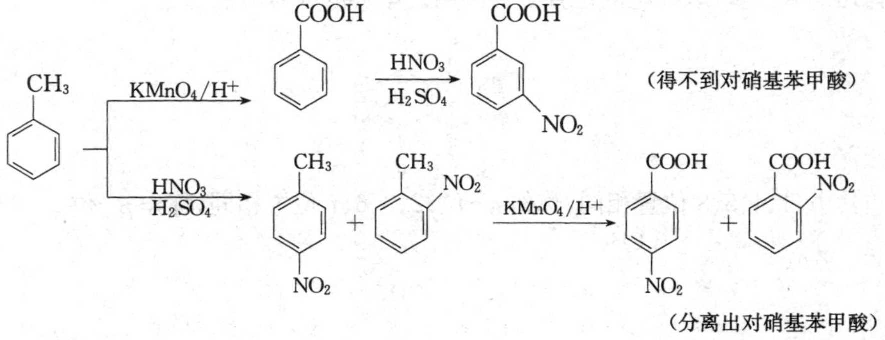

第五节 稠环芳香烃

有多个苯环共用两个或多个碳原子稠合而成的芳烃称为稠环芳香烃。简单的稠环芳烃如萘、蒽、菲等。稠环芳香烃最重要的是萘。

一、萘

萘是有光亮的白色片状晶体，熔点 80.2℃ ，沸点 218℃，不溶于水，易溶于乙醇、乙醚和苯等有机溶剂。燃烧时光亮弱、烟多。萘挥发性大，易升华，有特殊气味，具有驱虫防蛀作用，过去曾用于制作“卫生球”。近年来研究发现，萘可能有致癌作用，现使用樟脑取代萘制造卫生球。萘在工业上主要用于合成染料、农药等。萘的来源主要是煤焦油和石油。

1. 萘的结构和萘的衍生物的命名

萘的分子式为 $C_{10}H_8$，是由两个苯环共用两个相邻的碳原子稠合而成，两个苯环处于同一平面上。萘分子中每个碳原子均以 sp^2 杂化轨道与相邻的碳原子形成 C—Cσ 键，每个碳原子的 p 轨道互相平行，侧面重叠形成一个闭合共轭大 π 键，因此同苯一样具有芳香性。但萘和苯的结构不完全相同，萘分子中两个共用碳上的 p 轨道除了彼此重叠外，还分别与相邻的另外两个碳上的 p 轨道重叠，因此闭合大 π 键电子云在萘环上不是均匀分布的，导致碳碳键长不完全等同，所以萘的芳香性比苯差。

萘分子中碳碳键长数据如下：

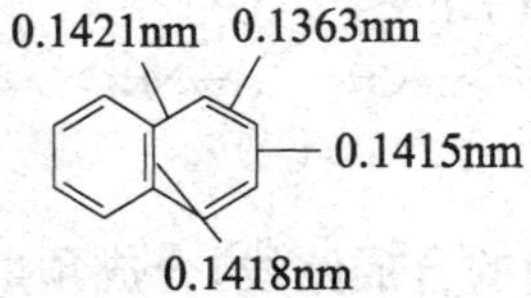

由于萘环上各碳原子的位置并不完全等同，因此萘的衍生物命名时，无论萘环上有几个取代基，取代基的位置都要注明。萘环的编号方法如下：

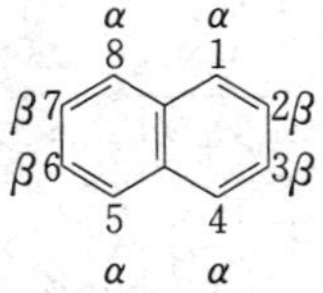

其中，1、4、5、8 位置相同，称作 α-位；2、3、6、7 位置相同，称作 β-位。

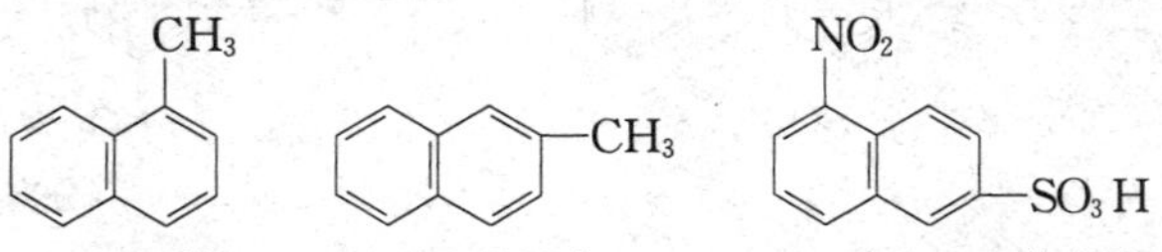

1-甲基萘　　2-甲基萘　　5-硝基-2-萘磺酸

α-甲基萘　　β-甲基萘

2.萘的化学性质

由于萘环上闭合大 π 键电子云密度分布不是完全平均化的，因此它的芳香性比苯差。

(1)取代反应　萘比苯更易发生亲电取代反应。根据测定，萘环的 α-位电子云密度比 β-位高，因此亲电取代主要发生在 α-位。但由于 β-位取代产物的热力学稳定性大于 α-位取代产物，所以当温度较高时，主要为 β-位取代产物。

在三氯化铁催化下，将氯气通入萘的苯溶液中，主要生成 α-氯萘。

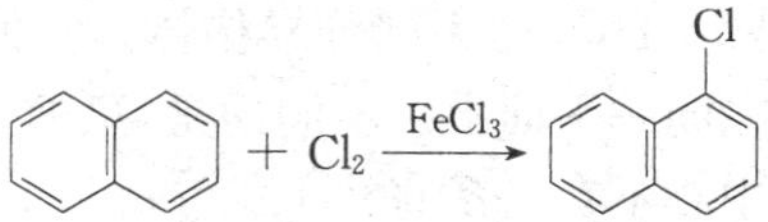

α-氯萘

萘用混酸进行硝化，主要生成 α-硝基萘。α-硝基萘是合成染料和农药的中间体。

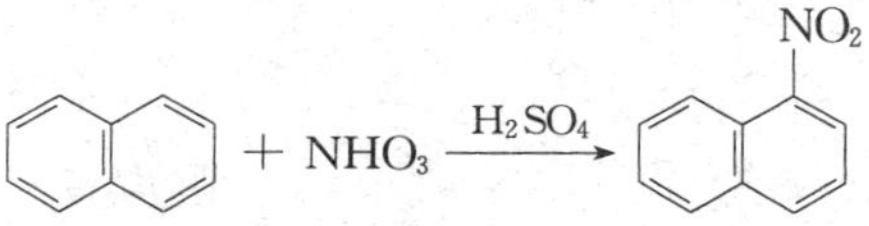

α-硝基萘

萘在较低的温度下磺化，主要生成 α-萘磺酸。在较高温度时磺化，主要生成 β-萘磺酸。因磺化反应是可逆的，温度升高使最初生成的 α-萘磺酸转化为对热更为稳定的 β-萘磺酸。

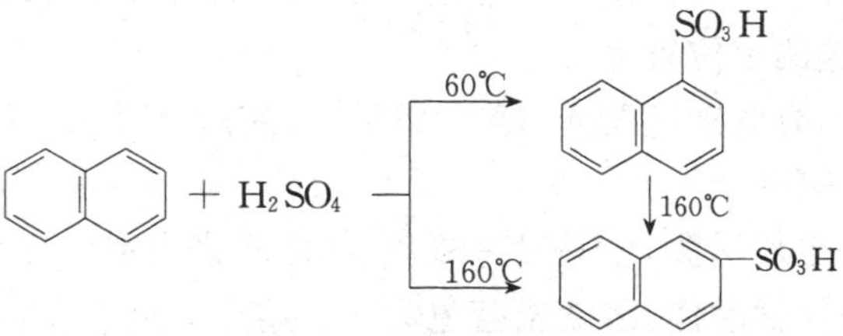

α-萘磺酸

β-萘磺酸

萘环上亲电取代反应的定位规律：萘环上有一供电子的定位基时，主要发生同环取代(即取代发生在定位基所在的苯环上)。若定位基位于 α 位，取代基主要进入同环的另一 α 位。若定位基位于 β 位，取代基则主要进入定位基相邻的 α 位。当萘环上有一吸电子的定位基时，主要发生异环取代，取代基主要进入异环的两个 α 位。

(2)氧化反应　萘比苯容易被氧化，在不同的条件下，可分别被氧化生成邻苯二甲酸酐和1,4-萘醌。

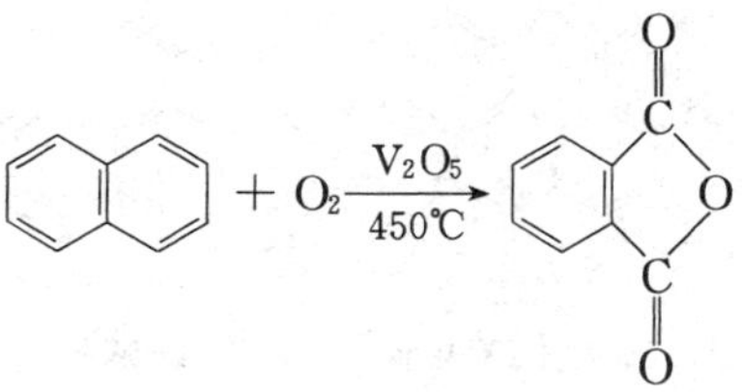

邻苯二甲酸酐

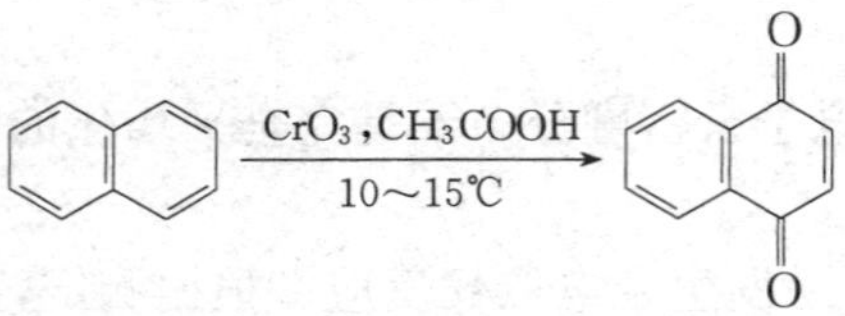

1,4-萘醌

一般来说，萘氧化的产物为苯的衍生物，仍保留一个苯环，表明苯比萘稳定。

二、其他稠环芳香烃

蒽和菲的分子式都是 $C_{14}H_{10}$，互为同分异构体。它们都是由三个苯环稠合而成的，并且三个苯环都处在同一平面上。不同的是，蒽的三个苯环的中心在一条直线上，而菲的三个苯环的中心不在一条直线上。

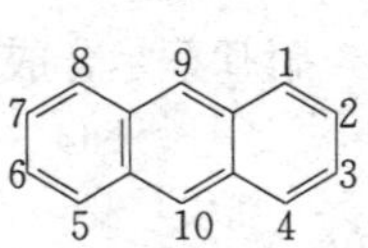

蒽的结构

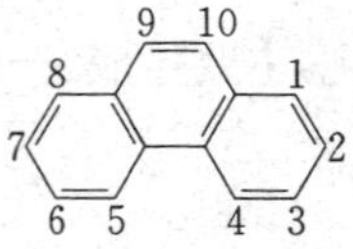

菲的结构

蒽、菲每个碳原子上的 p 轨道互相平行，从侧面重叠形成闭合大 π 键，因此它们都具有芳香性。但各个作 p 轨道重叠的程度不完全等同，环上电子云密度分布比萘环更加不均匀，所以蒽、菲的芳香性比萘差。

在蒽环和菲环上，9，10 位（也称 γ-位）的电子云密度最高，使得 9，10 位最活泼，大部分反应发生在这两个位置上。

蒽为无色片状晶体，有蓝紫色荧光，熔点 215 ℃，沸点 340 ℃，不溶于水，难溶于乙醇、乙醚等，易溶于热苯。

蒽的化学性质比萘更加活泼，容易发生氧化、加成及亲电取代反应。

菲为带光泽的白色片状晶体，溶液发蓝色荧光。熔点 100.5 ℃，沸点 340 ℃，不溶于水，能溶于乙醚、乙醇、氯仿和冰醋酸等。可用于制造农药和塑料，也用作高效低毒农药和无烟火药的稳定剂。

除萘、蒽、菲外，煤焦油还含有一些其他稠环芳香烃。例如，

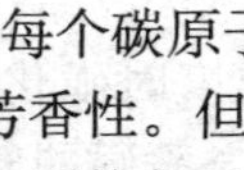

茚

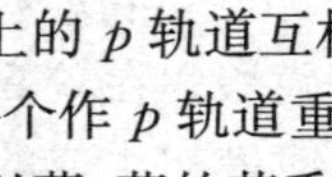

芴

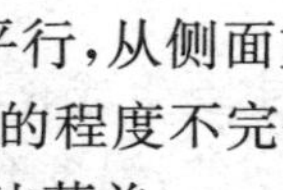

芘

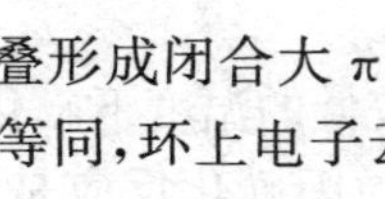

屈

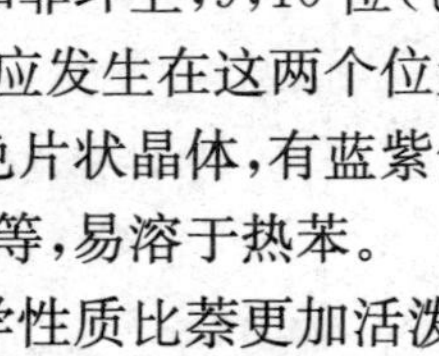

1,2,5,6-二苯并蒽

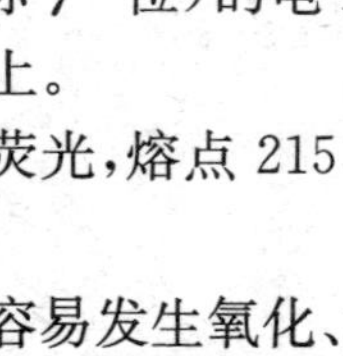

1,2,3,4-二苯并菲

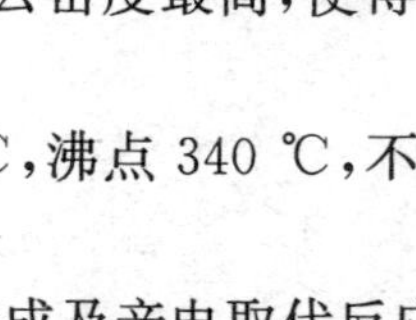

3,4-苯并芘

煤、烟草、木材等不完全燃烧也会产生较多的稠环芳香烃，其中某些稠环芳香烃具有致癌作用，如苯并芘类稠环芳香烃，特别是3,4-苯并芘有强烈的致癌作用。3,4-苯并芘为浅黄色晶体，1933年从煤焦油分离得来。煤的干馏、煤和石油等的燃烧焦化时，都可产生3,4-苯并芘，在煤烟和汽车尾气污染的空气以及吸烟产生的烟雾中都可检测出3,4-苯并芘，这是环境化学值得注意的严重问题。测定空气中3,4-苯并芘的含量，是环境监测项目的重要指标之一。

知识窗

凯库勒、香精

一、化学小史——凯库勒

凯库勒(August Kekulé von Stradonitz)，1829年9月7日出生在德国的达姆斯塔德。他18岁考入了吉森大学，学习建筑学。但是刚到吉森后不久就受到李比希的影响改学了化学。从他后来的成果看来，他确是一位具有浓厚"建筑"构造特色的化学家。

在吉森，他受到了李比希的培养和熏陶，毕业后又去巴黎跟杜马学习。在此期间他同日拉尔、武兹和鲁尼奥等结下了深厚友谊。以后到瑞士的莱赫诺担任了芬·普兰塔的助手，然后又去伦敦担任斯登豪斯(John Stenhouse，1809—1880)的助手。在此期间又同威廉逊和欧德林等人相识。

1856年的初春时节，他结束了六年的游历时光回到了德国，立即任海德尔堡大学的讲师。1858年，接受比利时的聘请担任根特大学的教授。1867年凯库勒回到祖国，就任波恩大学的化学教授。在由霍夫曼设计建成的空前宏大的化学实验室，凯库勒从事指导和研究工作。

作为化学教师的凯库勒是有史以来屈指可数的人物，他的弟子人才济济，不少人在化学史上留下了功名。其中有阿道尔夫·拜尔，在根特时期有体布纳、库纳尔、拉敦伯格、林奈曼、古拉泽尔、威海尔哈斯、杜阿尔、福斯塔等人，在波恩时期有安许茨、瓦拉赫、贝伦特森、库列森、德依特马、秦凯、范霍夫、卡奈莱、索普、富兰吉门等人。

如果要列举凯库勒作为化学教育家的功劳的话，还不能忽略他在编著有机化学教科书中的贡献。如何把过去30～40年里前辈们奋斗的成果，和正在发展的有机化合物统一综合起来，为今后的学生提供一部有价值的参考书籍，是当时的一项十分迫切的任务。可以说凯库勒是完成这项任务的胜任者。遗憾的是凯库勒的这部教科书并没有完全完成。但是他的三卷珍贵的经典著作确是后世所有有机化学教科书中的典范。

凯库勒在有机化学方面也留下了许多重要的实验成果。例如，关于酒石酸、苹果酸和琥珀酸关系的实验;富马酸、马来酸等不饱和二元酸的同分异构体的实验;关于二元酸的电解、石炭酸的制法和安息香酸系列的芳香族羧酸的制法以及关于重氮化合物和偶氮化合物的研究实验等。

在化学理论方面,凯库勒的贡献可以由先后两次发表的历史性论文来代表。第一篇是1858年在海德堡发表的《关于有机化合物的结构和变化,以及碳的化学性质》一文,其要点是:第一,碳是四价的元素;第二,许多碳原子之间可以连成长链;第三,以碳原子的长链作为骨架,在骨架上连结氢、氧、氮等原子后可以形成多种复杂的化合物。这篇文章的主要要点虽然只有那么几条,但却形成了有机化学结构理论的基础。

第二篇论文是1865年于根特发表的《关于芳香族化合物的研究》一文。即碳的六个原子形成了一个环。这个苯的结构理论虽然是来自梦的启示,然而绝不是一个随意的假说。凯库勒所以能想到这种结构式,是来自于两点:一点是六个碳原子之间的结合是非常牢固的;另一点是随着氢份的减少,碳原子的化合能力大为增加。凯库勒根据这种结构式进一步论述了苯的六个氢原子应当具有完全等同的性能;并且还说明了当从苯衍生出的许多取代物生成各种同分异构体的时候,根据取代原子或取代基的数目和种类,就可以推断出生成的同分异构体数目,以及所生成的各同分异构体的性质差异等问题。不幸的是,当时凯库勒手中掌握的实例非常贫乏,所以这些问题还需要根据未来的实验来验证。应当怎样进行这方面的实验呢?凯库勒在这篇论文中对实验方法也做了说明。凯库勒的预想,幸运地一步一步地得到了证实和修正。于是,芳香族化学开始了惊人的发展。

凯库勒是一位理论化学家,他用原子的组合建筑成分子,同时又是一位实验研究家、劳苦功高的导师和教育家。1867年他迁到波恩,之后一直生活在这个莱茵河畔的美丽城市。他晚年病魔缠身,1896年7月13日病逝,终年67岁。

二、香精

香精是由人工合成的模仿水果和天然香料气味的浓缩芳香油。它是一种人造香料。按香精的用途,可把香精可以分为四大类:食品香精、日用品香精、烟用香精和饲料香精。

人类所合成的第一种香精是香兰素,它是由德国的M·哈尔曼博士与G·泰曼博士于1874年合成成功的。香兰素是天然香料香兰豆的主要成分。两年后,另一位化学家K·赖默尔也参与了香兰素的研究。他所合成的人造香兰素与天然香兰素几乎毫无差别,足可乱真。德国的巧克力制造商首先应用人造香兰素,此后不久,伦敦的糖果厂也开始用水果香糖制造硬水果糖。今天,各种水果和鱼类的味道都可用化学方法合成。

1. 香精组成

香精至少由数种香料原料,甚至几十种天然和合成香料组成,或是有机化合物的复合体。香精的调配可由如下组成：

(1)香基　显示出香型特征的主体。

(2)合香剂　以调和各种成分的香气为目的的成分。

(3)修饰剂　使香精变化格调的成分。

(4)定香型　本身不易挥发，并能抑制其他易挥发香料的挥发度，使其挥发减慢。

(5)稀释剂　适当地把香味淡化及对结晶香料和树脂状香脂作溶解和稀释作用。本身应无臭、稳定、安全而且价格低。

2. 香精的挥发度

香精能在加香产品中发挥良好作用的关键是挥发度的调控，如何做到头香、体香和底香之间的平衡与协调。

头香——挥发度大，是决定香精"形象"和"新鲜感"的重要因素。

体香——赋予香精特征香气，挥发度适中，亦是香精的主体香型。

底香——挥发度小，相应的分子结构比较大而复杂、使香精留香悠久。

3. 香精的类型——香型

香精的一定类型的香气称为香型。一般分类如下：

(1)仿天然香型

①花香：年轻人喜爱常葆青春，有单花香和复合花香。

②果香：中年人喜欢清淡独特，给人诚实可信的效应。

③木香：清凉、高雅、安静、稳重。

④草香：清香，具有绿色情调的清新香气。

(2)合成香型

①醛香：如清甜花香、果香、森林香等，味重，富于变化，传达女性美好的梦想。

②国际香又称动物调香，扩散力强，香气持久。

a. 飞蝶型：昆虫、植物混合于一起，产生置于大自然的意境。

b. 幻想型：富于想象，有立体感，令人心旷神怡。

c. 百花型：又分充满东方情调、温柔，神秘的东方型和犹如来到春天的百花丛中，以素心兰和康乃馨为主的西方型。

(3)咸味香精

①肉味香精：如猪肉、鸡肉、牛肉等口味，也可分为烧烤、清炖、红烧等口味。

②海鲜味香精：如虾、蟹、海鱼等口味。

③植物类香精：如孜然、香草、豆蔻、百里香等口味。

本章小结

- 芳香烃
  - 芳烃的分类
    - 单环芳烃
    - 多环芳烃
  - 单环芳烃的物理性质
    - 物态：多数为液体
    - 溶解度：难溶于水，易溶于有机溶剂
    - 沸点：随M增大而升高，邻、间、对异构体沸点相近
    - 熔点：随M增大而升高，同分异构体中结构对称性高的熔点高
    - 相对密度：<1，但比同数碳的脂肪烃和脂环烃大
  - 单环芳烃的化学性质
    - 取代反应
      - 卤代
      - 硝化
      - 磺化
      - 傅-克反应
    - 加成反应
    - 氧化反应
    - 侧链的卤代反应
  - 亲电取代反应的定位规律
    - 一元取代苯的定位规律
    - 二元取代苯的定位规律
    - 定位规律的应用

练 习 题

1. 用系统命名法命名下列化合物。

(1) 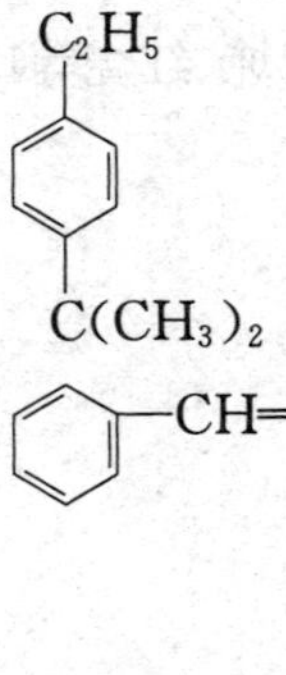

(2) 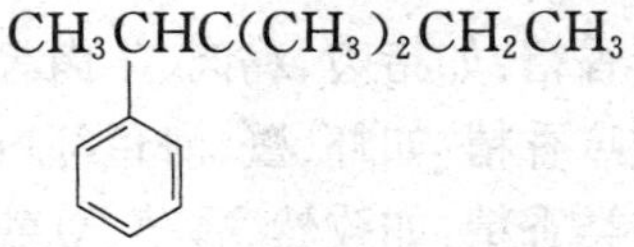

(3) 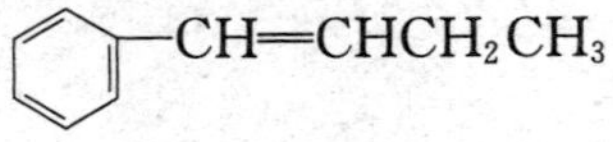

(4) 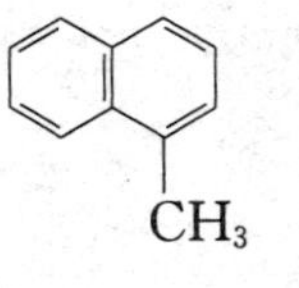

(5) 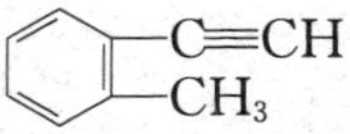　　　　(6) 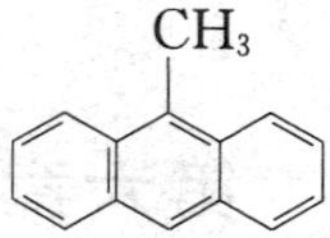

2. 完成下列反应，写出主要产物。

(1) 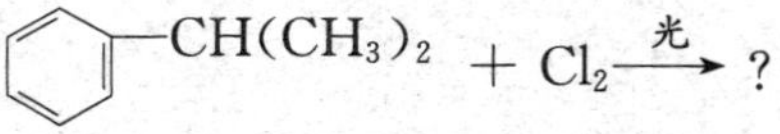

(2) 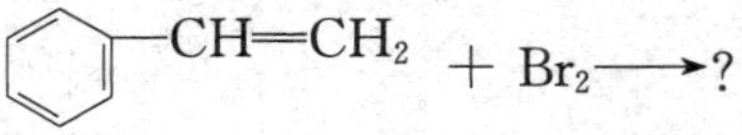

(3) 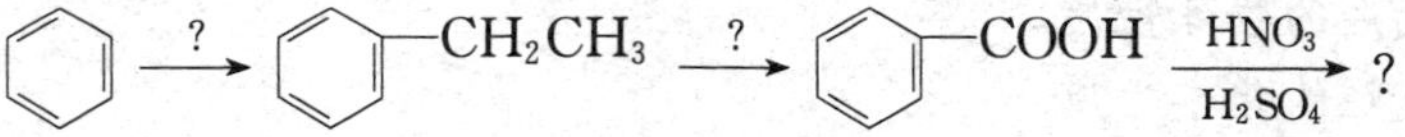

(4) 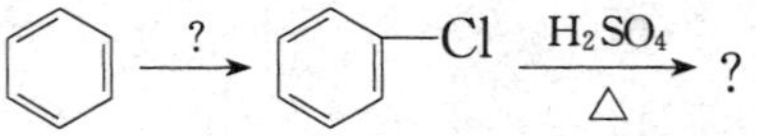

3. 用化学方法区分下列各组化合物。

(1) 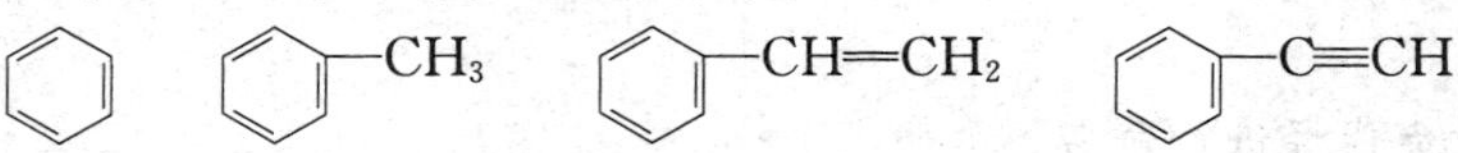

(2) 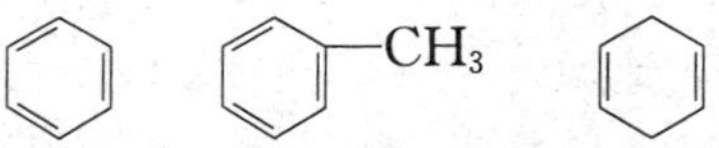

4. 用苯或甲苯为主要原料合成下列各化合物。

(1) 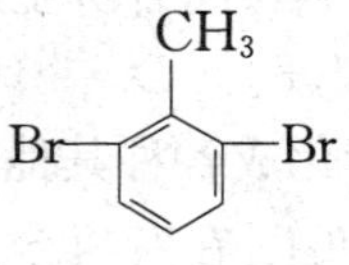　(2) 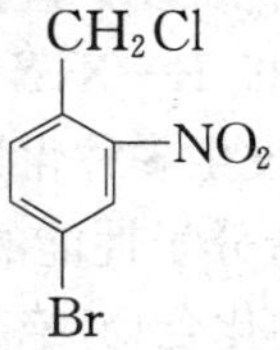　(3) 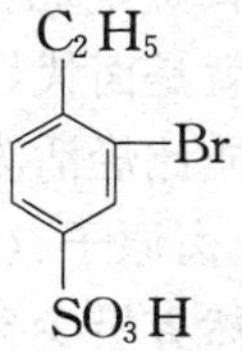

(4) 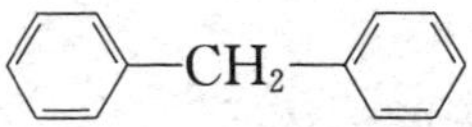

5. 某烃 A(C_9H_8)与硝酸银的氨溶液反应生成白色沉淀。催化氢化生成 B(C_9H_{12})。将 B 用酸性重铬酸钾氧化得到 C($C_8H_6O_4$)。试推导 A、B、C 的构造式，并写出各步反应方程式。

第六章　卤代烃

知识目标

(1)掌握卤代烃的分类和命名。
(2)了解卤代烃的物理性质。
(3)掌握卤代烃的化学性质。
(4)了解亲核取代反应的机理。
(5)了解自然界重要的卤代烃。

能力目标

(1)学会对卤代烃进行命名。
(2)学会鉴别不同卤代烃的化学特效反应。

卤代烃可以看做是烃分子中一个或多个氢被卤素原子取代后所生成的化合物。其中卤原子就是卤代烃的官能团。R—X,X=Cl、Br、I、F。

卤代烃的性质比烃活泼得多,能发生多种化学反应,转化成各种其他类型的化合物。所以,引入卤原子,往往是改造分子性能的第一步加工,在有机合成中起着桥梁的作用。自然界极少含有卤素的化合物,绝大多数是人工合成的。

第一节　卤代烃的分类和命名

一、卤代烃的分类

(1)根据卤代烃分子中所含卤原子的种类可分为:氟代烃、氯代烃、溴代烃和碘代烃。

(2)根据卤代烃分子中所含卤原子数目的不同可分为:一卤代烃和多卤代烃。

(3)按卤代烃分子中烃基的构造不同,分为饱和卤代烃、不饱和卤代烃、卤代芳烃。

(4)根据和卤原子相连的C原子不同可分为一级卤代烃、二级卤代烃、三级卤代烃,或称作伯卤代烃、仲卤代烃、叔卤代烃。

一级卤代烃:RCH_2X;二级卤代烃:R_2CHX;三级卤代烃:R_3CX

二、卤代烃的命名

1.普通命名法

普通命名法是根据卤原子所连的烃基名称将其命名为“卤某烃”或者“某烃基

卤”例如：

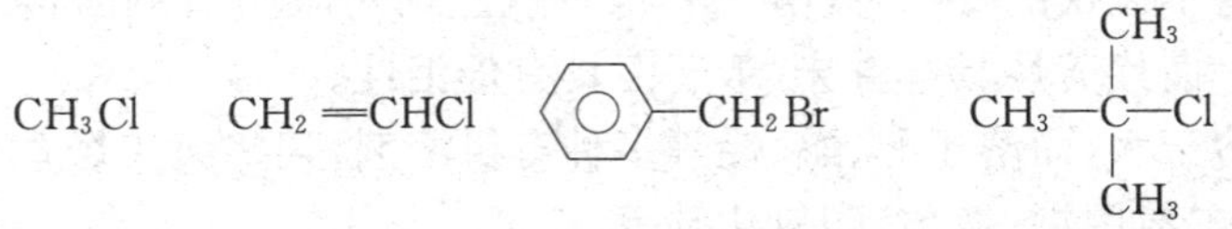

氯甲烷　　氯乙烯　　溴化苄或苄溴　　叔丁基氯或氯代叔丁烷

2. 系统命名法

构造复杂的卤代烃须用系统命名法命名。

卤代烷，选择包含与卤原子直接相连的碳原子在内的最长碳链作为主链，将卤原子或其他支链作为取代基。根据主链所含碳原子数称为某烷，链中编位要遵循最低系列原则，当卤原子和烃基处于相同位置时，给烃基较小的编位，然后将所有的取代基按次序规则，把较优基团列在后面，把各取代基位次、数目、名称写在某烷的前面。

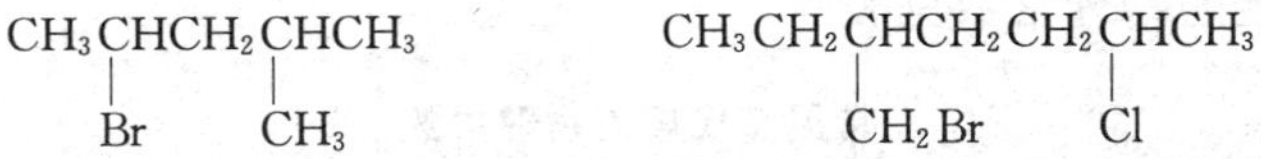

2-甲基-4-溴戊烷　　2-乙基-5-氯-1-溴己烷

卤代烯烃命名，选择含双键碳和与卤原子直接相连的碳原子在内的最长碳链为主链，从靠近双键的一端进行编号。

卤素连在芳环碳原子上时，以芳烃为母体。

侧链卤代芳烃，卤原子和芳环作为取代基。

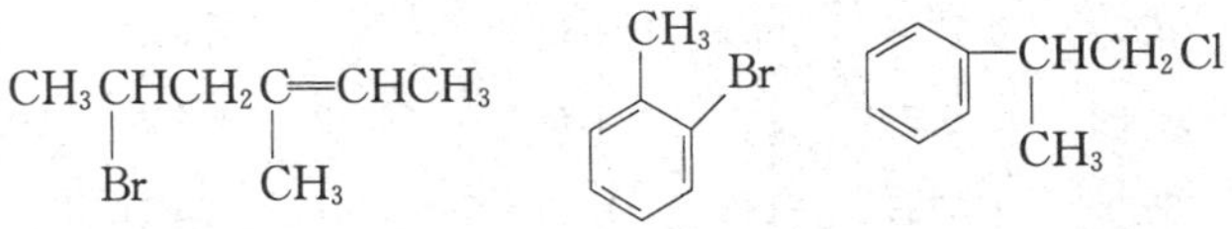

3-甲基-5-溴-2-己烯　　2-溴甲苯　　2-苯基-1-氯丙烷

卤代环烷烃则一般以脂环烃为母体命名，卤原子及其他支链都看作取代基。较小的基团，编号最小。

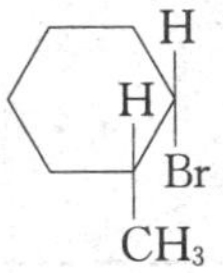

顺-1-甲基-2-溴环己烷

第二节　卤代烃的物理性质

室温下除低级卤代烃如 CH_3Cl、CH_3Br、C_2H_5Cl 及 $CH_2=CHCl$ 为气体外，其余的是液体或固体。碘代烷和溴代烷，长期放置因分解产生游离碘和溴而有颜色，尤其是碘代烷。

一卤代烷有不愉快的气味,其蒸气有毒。氯乙烯对眼睛有刺激性,有毒,是一种致癌物质。一卤代芳烃具有香味,苄基卤具有催泪性。

卤代烃不溶于水,而溶于醇、醚、烃等多种有机溶剂,某些卤代烃本身即是很好的有机溶剂,如二氯甲烷、氯仿、四氯化碳等。

在卤代烃分子中,随卤原子数目的增多,化合物的可燃性降低。例如,甲烷可作为燃料,一氯甲烷有可燃性,二氯甲烷则不燃,而四氯化碳可作为灭火剂;氯乙烯、偏二氯乙烯可燃,而四氯乙烯则不燃。某些含氯和含溴的烃或其衍生物还可以作为阻燃剂,如含氯量约为70%的氯化石蜡主要用作阻燃剂,可作为合成树脂的不燃性组分,以及不燃性涂料的添加剂等。

它们的沸点也有规律性。烃基相同时,一般氟代物的沸点最低,密度最小;碘代物沸点最高,密度最大。卤素相同时,其沸点随烃基的增大而增高,密度则减小。

卤代烃一般都比较重,特别是多氯代物、溴代物和碘代物。

常见卤代烃的物理常数见表6-1。

表6-1　　常见卤代烃的物理常数

化合物	F		Cl		Br		I	
	沸点/℃	相对密度(20/4℃)	沸点/℃	相对密度(20/4℃)	沸点/℃	相对密度(20/4℃)	沸点/℃	相对密度(20/4℃)
CH_3X	-78.4	0.8428^{-60}	-24.2	0.9159	3.6	1.6755	42.4	2.279
CH_3CH_2X	-37.7	0.7182	12.3	0.8978	38.4	1.4604	72.3	1.9358
$CH_3CH_2CH_2X$	2.5	0.7956	46.6	0.8909	71	1.3537	102.4	1.7489
$C_6H_{11}X$	100.2	0.9279	143	1.000	166.2	1.3359	180(分解)	1.6244
C_6H_5X	85.1	1.0225	132	1.1058	156	1.4950	188.3	1.8308
$C_6H_5CH_2X$	139.8 (753mmHg)	1.0228_4^{25}	179.3	1.1002	201	1.4380	93 (10mmHg)	1.7335
CH_2X_2	-51.6	0.909	40	1.3266	97	2.4970	182	3.3254
CHX_3	-82.2	1.52^{-100}	61.7	1.4832	149.5	2.8899	约218	4.008
CX_4	-129 (754mmHg)	3.034^{0}	76.5	1.5940	189～190	2.9609	130～140 (1～2mmHg)	4.23

第三节　卤代烃的化学性质

一、亲核取代反应

由于卤原子的电负性比碳原子大,C—X键之间的电子云密度偏向卤原子,使卤原子带有部分负电荷，而碳原子带有部分正电荷，与卤原子直接相连的碳原子，容易被带有负电荷或未共用电子对的试剂（如：RO^-，OH^-，CN^-，NH_3 等）进攻。这种带有负电荷和未共用电子对的试剂称为亲核试剂（Nucleophile，常用 Nu 表示）。反应中被取代的卤原子以 X^- 离去，称为离去基团（Leaving group，常用 L 表示）。由亲核试剂进攻而引发的取代反应，称为亲核取代反应，用符号 S_N（Nucleophilic Substitution）表示。反应的一般式为：

$$\underset{\text{卤代烃}}{R—X} + \underset{\text{亲核试剂}}{:Nu^-} \longrightarrow \underset{\text{取代产物}}{R—Nu} + \underset{\text{离去基团}}{:X^-}$$

（1）被羟基取代　卤代烃与氢氧化钠或氢氧化钾的水溶液共热，卤原子被羟基取代生成醇。此反应也称为卤代烃的水解。

$$R—X + H_2O \xrightarrow[OH]{\triangle} R—OH + HX \quad (HX \longrightarrow NaX)$$

（2）被烷氧基取代　卤代烃与醇钠的醇溶液作用，卤原子被烷氧基取代生成醚。此反应也称为卤代烃的醇解。

$$R—X + R'ONa \longrightarrow R—O—R' + NaX$$

卤代烃的醇解是合成混合醚的重要方法，称为 Williamson 合成法。

（3）被氨基取代　卤代烃与氨（胺）的水溶液或醇溶液作用，卤原子被氨基取代生成胺。此反应也称为卤代烃的氨（胺）解。

$$R—X + NH_3 \longrightarrow R—NH_2 + HX$$

由于产物具有亲核性，除非使用大大过量的氨（胺），否则反应很难停留在一取代阶段。如果卤代烷过量，产物是各种取代的胺以及季铵盐。

（4）被氰基取代　卤代烃与氰化钠或氰化钾的醇溶液共热，卤原子被氰基取代生成腈。腈可发生水解反应生成羧酸。

$$R—X + KCN \xrightarrow[\triangle]{C_2H_5OH} R—CN + KX$$

由于产物比反应物多一个碳原子，因此该反应是有机合成中增长碳链的一种方法。

（5）被硝酸银取代　卤代烃与硝酸银的醇溶液作用，卤原子被硝酸银取代生成硝酸酯，同时产生卤化银沉淀。

$$R—X + AgNO_3 \xrightarrow{C_2H_5OH} R—O—NO_2 + AgX\downarrow$$

此反应可用于卤代烃的定性鉴定。

二、不同卤代烃对亲核取代反应的活性比较

卤代烃中卤原子的活性与卤素直接相连的烃基结构有很大关系。一卤代烯烃

和一卤代芳烃根据卤原子和不饱和碳原子的相对位置，可分为三种类型。

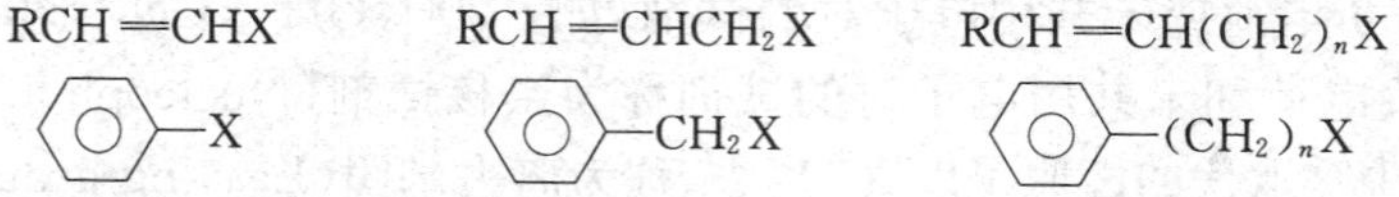

乙烯基型和芳基型　　烯丙基型和苄基型　　隔离型或卤烷型 $n \geqslant 2$

三种类型的卤代烯烃和卤代芳烃分子中都具有两个官能团，除具有烯烃或芳烃的通性外，由于卤原子对双键或芳环的影响及影响程度不同，又表现出各自的反应活性。

1. 乙烯基型和芳基型卤代烃

卤原子与不饱和碳原子直接相连，卤原子的一对 p 电子和双键中 π 电子构成 p－π 共轭体系，分子中存在 p－π 共轭效应。

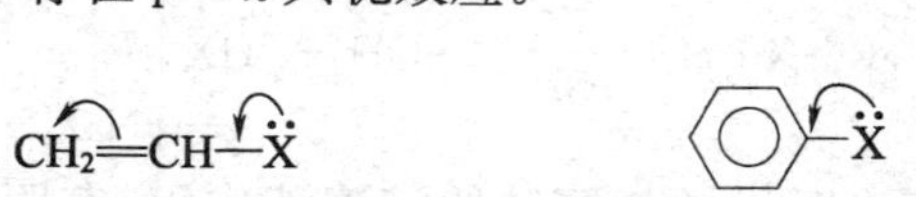

卤乙烯的 p－π 共轭体系　　卤苯的 p－π 共轭体系

共轭效应使 C—X 键的键长缩短，键能增大，C—X 键难以断裂，卤原子的反应活性显著降低。因此卤原子的活性比相应的卤代烷弱，在通常情况下不与 NaOH、C_2H_5ONa、NaCN 等亲核试剂发生取代反应。

另外在乙烯基型卤代烃分子中，由于卤原子的诱导效应较强，C═C 双键上的电子云密度有所下降，所以在进行亲电加成反应时速度较乙烯慢。

2. 烯丙基型和苄基型卤代烃

这类卤代烃的结构特点是卤原子与不饱和碳原子之间相隔一个饱和碳原子。

由于形成 p－π 共轭体系，正电荷得到分散（不再集中在一个碳原子上），使体系趋于稳定，因此有利于亲核取代反应的进行。

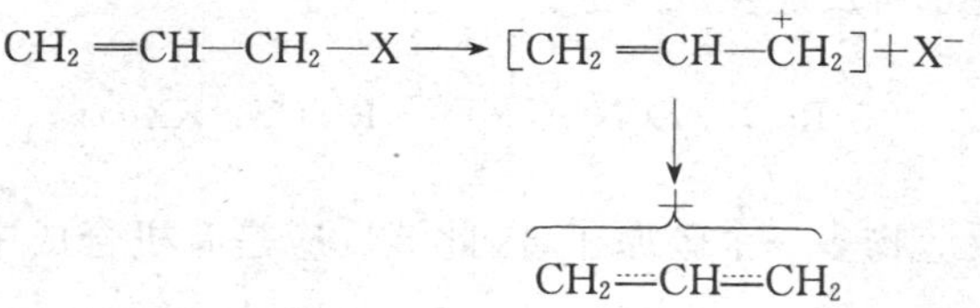

3. 隔离型（或卤烷型）卤代烃

隔离型卤代烃分子中的卤原子与碳碳双键或芳环相隔较远，彼此相互影响很小，化学性质与相应的烯（芳）烃、卤代烷相似。

综上所述，三类不饱和卤代烃的亲核取代反应活性次序为：

烯丙基型和苄基型＞隔离型（或卤烷型）＞乙烯基型和芳基型。

它们与硝酸银的乙醇溶液反应结果如下：烯丙基型和苄基型卤代烃与硝酸银乙醇溶液在室温下就能反应，产生卤化银沉淀；隔离型卤代烃与硝酸银乙醇溶液需要加热才能反应，产生卤化银沉淀；乙烯型和芳基型与硝酸银乙醇溶液即使加热也不发生反应。这也是鉴别不同卤代烃的化学特效反应。

三、消除反应

卤代烷在 KOH 或 NaOH 等强碱的醇溶液中加热，分子中脱去一分子卤化氢生成烯烃。这种由有机分子中脱去一个简单分子（如 H_2O、HX、NH_3 等）形成不饱和键的反应称为消除反应，用符号 E（Elimination）表示。在此消除反应中，卤原子是和 β－C 原子上的氢形成 HX 脱去的，这种形式的消除反应称为β-消除反应。

$$RCH_2CH_2X \xrightarrow[\triangle]{KOH—C_2H_5OH} RCH{=}CH_2 + KX + H_2O$$

当含有两个或以上 β－H 原子的卤代烷发生消除反应时，可按不同方式脱去卤化氢，生成不同产物。大量实验证明，仲卤烷和叔卤烷脱卤化氢时，卤原子主要和相邻含氢较少的 β－C 上的氢结合脱去卤化氢，即主要形成双键碳原子上连有最多烃基的烯烃。这个经验规则称为查依采夫（A. M. Saytzeff）规则。例如：

$$\underset{\substack{|\\ Br}}{CH_3CH}CH_2CH_3 \xrightarrow[\triangle]{KOH—C_2H_5OH} \underset{81\%}{CH_3CH{=}CHCH_3} + \underset{19\%}{CH_2{=}CHCH_2CH_3}$$

四、与金属镁反应——格氏试剂的生成

卤代烷能与多种金属反应生成有机金属化合物，有机金属化合物是重要的有机合成试剂，使用较多的是格利雅（Grignard）试剂，简称格氏试剂。格氏试剂可通过一卤代烷在无水乙醚中与金属镁作用制得。

$$R—X + Mg \xrightarrow{\text{无水乙醚}} R—Mg—X$$

格氏试剂中的 C—Mg 键极性很强，化学性质非常活泼，能和多种化合物作用生成烃、醇、醛、酮、羧酸等物质。例如格氏试剂能吸收空气中的 O_2 而被氧化，其氧化产物经水解生成醇：

$$R—Mg—X \xrightarrow{O_2} R—O—MgX \xrightarrow{H_2O} ROH + Mg(OH)X$$

格氏试剂与 CO_2 作用，经水解后可制得羧酸：

$$R—Mg—X \xrightarrow{CO_2} R—\overset{\overset{\large O}{\|}}{C}—O—MgX \xrightarrow{H_2O} R—\overset{\overset{\large O}{\|}}{C}—OH + Mg(OH)X$$

由于格氏试剂能与许多含活泼氢的物质作用，生成相应的烷烃而使格氏试剂遭到破坏，因此在制备格氏试剂时必须避免与水、醇、酸、氨等物质接触。

$$R—Mg—X + HY \longrightarrow R—H + MgYX$$
$$(Y = —OH、—OR、—X、—NH_2、—C \equiv CR等)$$

第四节　重要的卤代烃

一、三氯甲烷

三氯甲烷俗名氯仿，分子式为 CH_3Cl，常温下是一种有特殊气味的无色液体，沸点 62℃，不易燃，不溶于水，能溶于多种有机物。它本身也是良好的溶剂，能溶解油脂、蜡和有机玻璃等，常用来提取中草药有效成分。三氯甲烷具有麻醉作用，因其对肝脏有严重损伤，并有致癌作用，现已禁用。

氯仿在光和空气中能逐渐被氧化生成剧毒的碳酸二酰氯，又名光气。

$$CHCl_3 + O_2 \longrightarrow Cl—\overset{\overset{\displaystyle O}{\|}}{C}—Cl + HCl$$

因此，氯仿要保存在棕色瓶中，通常在氯仿中加少量乙醇，以除去可能产生的光气，生成无毒的碳酸二乙酯。

$$Cl—\overset{\overset{\displaystyle O}{\|}}{C}—Cl + C_2H_5OH \longrightarrow C_2H_5O—\overset{\overset{\displaystyle O}{\|}}{C}—OC_2H_5 + HCl$$

二、四氯化碳

四氯化碳的分子式 CCl_4，常温下为无色有特殊气味的液体，沸点 76.8℃，不溶于水，能溶于多种有机物，本身也是良好的溶剂。四氯化碳的蒸气比空气重，而且不燃烧，可作为灭火剂，但在灭火时能生成剧毒的光气，所以逐渐被新型灭火剂替代，也可作熏蒸杀虫剂和牲畜的驱虫剂。四氯化碳易挥发，能损伤肝脏，并被怀疑有致癌作用，使用时应注意安全。

三、氯苯

氯苯常温下为无色液体，沸点 131.7℃。第一次世界大战期间主要用于生产军用炸药所需的苦味酸。1940 年以来，大量用于生产滴滴涕(DDT)杀虫剂。1960 年后，DDT 逐渐被高效低残毒的其他农药所取代。现在主要用作乙基纤维素和许多树脂的溶剂，生产多种其他苯系中间体，如硝基氯苯等。

四、氯乙烯及聚氯乙烯

氯乙烯常温下是无色气体，沸点 −13.8℃，不溶于水，易溶于多种有机物，易燃，长期高浓度接触可引起许多疾病，并可致癌。

目前工业上可利用石油冶炼产生的乙烯和氯加成后再脱去氯化氢来制得。

$$CH_2{=}CH_2+Cl_2 \longrightarrow \underset{\displaystyle Cl\quad Cl}{CH_2CH_2} \xrightarrow{NaOH} CH_2{=}CHCl$$

氯乙烯主要用途是制备聚氯乙烯。聚氯乙烯是我国目前产量最多的一种塑料。加入不同的增塑剂可制成硬聚氯乙烯和软聚氯乙烯，前者可制成薄板、管、棒，后者可制成薄膜制品，在农业生产及日常生活中广泛使用。但聚氯乙烯制品不耐热，不耐有机溶剂，而且在使用过程中由于其缓慢释放有毒物质而不可盛放食品。

知识窗

聚四氟乙烯和氟利昂

一、"塑料王"——聚四氟乙烯

四氟乙烯常温下为无色气体，无臭、低毒；熔点为－142.5℃，沸点－76.3℃，不溶于水，可溶于多种有机溶剂。四氟乙烯是生产聚四氟乙烯的单体，也是最主要的含氟单体。

在引发剂(如过硫酸钾等)作用下，于40～80℃和0.3～3MPa压力下，四氟乙烯可聚合生成聚四氟乙烯。

聚四氟乙烯(商品名称为特氟隆)，白色或浅灰色固体，不溶于任何溶剂，不与强酸、强碱反应，甚至在王水中煮沸也无变化，具有优异的化学稳定性和热稳定性，良好的耐磨性和良好的不黏附性，其生物相溶性也很好，有"塑料王"之称，广泛应用于国防、电器、电子、化工和航空等部门。

二、氟利昂

分子中含有氟和氯或溴的多卤代烃，称为氟氯代烷或氟溴代烷，商品名氟利昂(Freon)。氟利昂实际是指含一个或两个碳原子的氟氯代烷，常用F表示。对于不同的氟氯代烷，通常利用其各自含有的碳、氢、氟、氯或溴的原子数来区别，用F－*abc*表示：a＝碳原子数－1，a＝0时不列出；b＝氢原子数＋1；c＝氟原子数；氯原子数不列出。例如：

	$ClF_2C—CF_2Cl$	$ClF_2C—CFCl_2$	$CFCl_3$	CF_2Cl_2	CF_3Cl
商品名代号	F—114	F—113	F—11	F—12	F—13

在常温下，氟利昂是无色气体或易挥发液体，低毒、无腐蚀性、不燃烧，具有较高的化学稳定性，主要作制冷剂。但由于它破坏大气臭氧层，目前已停止生产和使用，采用其他的替代品。

本章小结

- 卤代烃
  - 物理性质
    - 物态：少数低级卤代烃为气体，其余为液体或固体
    - 溶解度：难溶于水，易溶于有机溶剂
    - 可燃性：随卤原子数目增多，可燃性降低
    - 沸点：烃基相同时，随卤素原子量增加而升高。卤素相同，随烃基增大而增高
    - 密度：一般较重，特别是多卤代烃
  - 化学性质
    - 亲核取代反应
      - 被羟基取代
      - 被烷氧基取代
      - 被氨基取代
      - 被氰基取代
      - 被硝酸根取代
    - 消除反应
    - 与金属镁反应
  - 亲核取代反应机理
    - 单分子亲核取代反应历程
    - 双分子亲核取代反应历程
    - 不同卤代烃亲核取代反应的活性比较

练习题

1. 用系统命名法命名下列各组化合物。

(1) $\begin{array}{l}CH_3CH_2CHCH_2CH_2CH_2CH_3\\ \qquad\qquad\ \ |\\ \qquad\quad\ \ CH_2Br\end{array}$

(2) 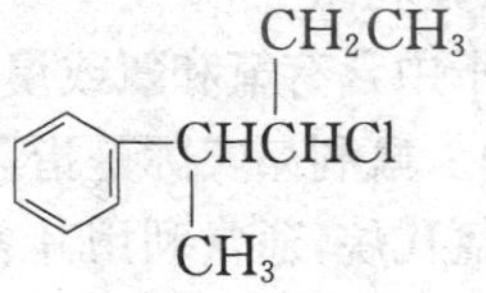

(3) 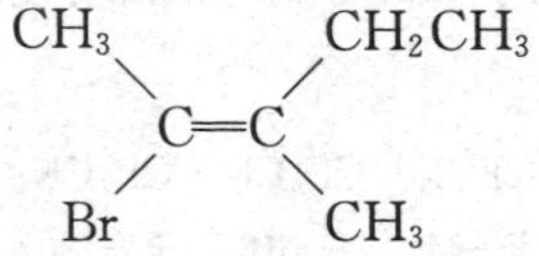

(4) $CF_2Cl—CF_2Cl$

2. 用方程式表示苄溴与下列化合物反应的主要产物。

(1) KOH（水） (2) KOH（醇） (3) NH_3

(4) NaCN (5) $AgNO_3$（醇） (6) Mg（干乙醚）

3. 完成下列反应。

(1) 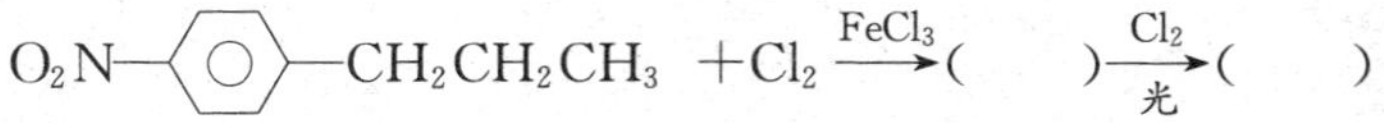

(2) 

(3) 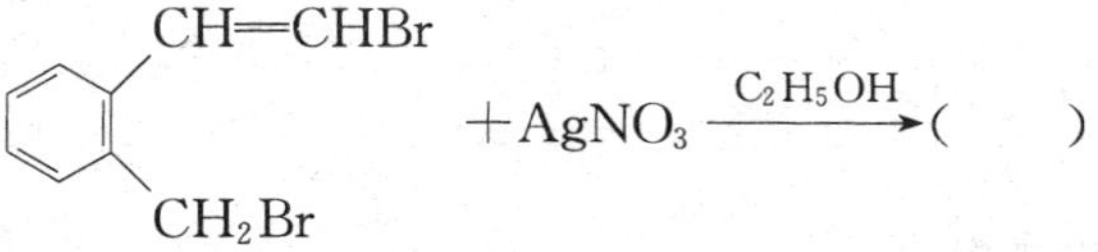

(4) $CH_2═CHCH_2Br \xrightarrow{NaCN}$ (　　)

(5) $(CH_3)_2CHCH(Br)CH_2CH_3 \xrightarrow{KOH-C_2H_5OH}$ (　　)

(6) 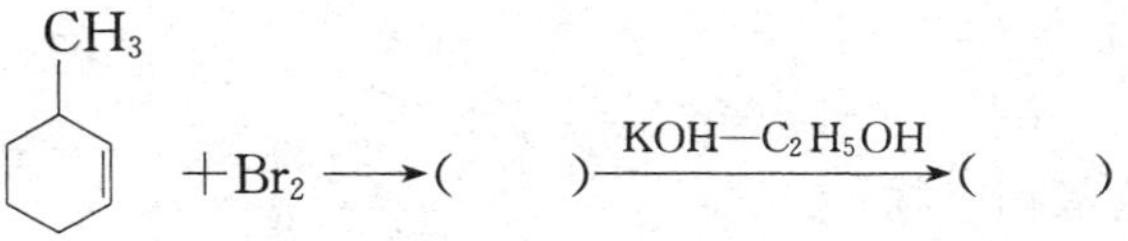

4. 用化学方法区别下列各组化合物。

(1) $CH_3CH═CHCl$, $CH_2═CHCH_2Cl$ 和 $CH_2═CHCH_2CH_2Cl$

(2) 1－氯戊烷，2－溴戊烷，2－碘戊烷

(3) 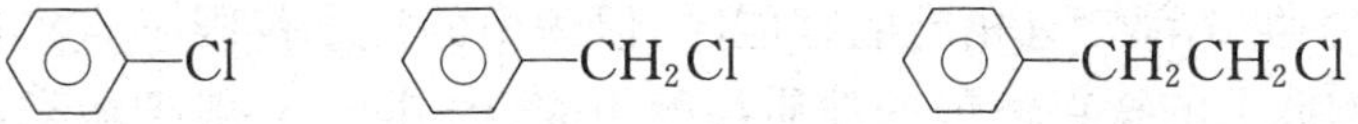

5. 卤代烷与 NaOH 在水和乙醇混合物中进行反应，指出哪些属于 S_N1 历程，哪些属于 S_N2 历程。

(1) 产物的构型完全转化　　(2) 有重排产物

(3) 碱浓度增加反应速度加快　　(4) 叔卤烷反应速度大于仲卤烷

(5) 增加溶剂的含水量反应速度明显加快　　(6) 反应一步完成

(7) 试剂的亲核性愈强反应速度愈快

6. 完成下列转化或合成。

(1) 由 1－溴丁烷转化为 2－丁醇和 2－丁烯

(2) 由甲苯合成对氯苯甲醇

(3) 以苯为原料合成 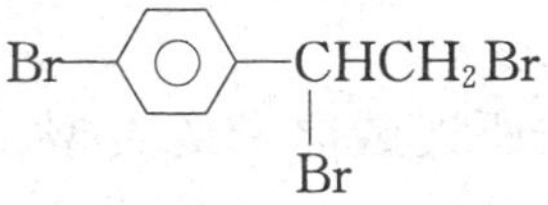

7. 某卤代烃 C_4H_9Br(A) 与 KOH 乙醇溶液反应生成 C_4H_8(B)，(B) 经氧化后得到三个碳原子羧酸(C)和二氧化碳和水，使(B)与溴化氢反应，则得到(A)的异构体(D)。试推导(A)(B)(C)(D)的结构并写出各步反应方程式。

第七章　醇、酚和醚

知识目标

(1)了解醇、酚、醚的分类和结构特征。

(2)掌握醇、酚、醚的命名和主要化学性质。

能力目标

(1)能够利用物质的组成、反应特性和产物，推测有机物的结构。

(2)学会鉴别醇、酚、醚。

醇、酚和醚都是烃的含氧衍生物。

醇一般可看作是烃分子中的氢原子被羟基(—OH)取代的化合物，羟基是醇的官能团。但芳香烃苯环上的氢原子被羟基取代的化合物不属于醇而属于酚，酚的官能团也是羟基。

醇和酚分子中虽然都含有相同的官能团，但酚中的羟基仅限于直接连在芳香环上，所以这种构造上的特点使酚的性质与醇不完全相同。一般把醇类的羟基称为醇式羟基，酚类的羟基称为酚式羟基。

醚是醇或酚的衍生物。它可看作是醇或酚羟基上的氢被烃基(—R、—Ar)取代的化合物。

R—OH 醇　　Ar—OH 酚　　R—O—R′或 Ar—O—R′ 醚

第一节　醇

一、醇的分类和命名

(一)醇的分类

醇可根据烃基的不同、羟基所连碳原子的类型、羟基数目等方法进行分类。

(1)根据醇分子中烃基的不同，分为饱和醇、不饱和醇及芳香醇等。

CH_3OH	$CH_2=CHCH_2OH$	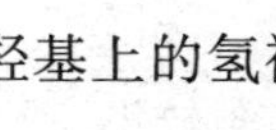
甲醇	烯丙醇	苯甲醇或苄醇
(饱和醇)	(不饱和醇)	(芳香醇)

(2)根据羟基所连接的碳原子种类不同，分为伯(1°)醇、仲(2°)醇和叔(3°)醇。

CH_3CH_2OH

乙醇
(伯醇)

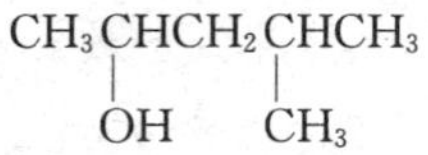

4-甲基-2-戊醇
(仲醇)

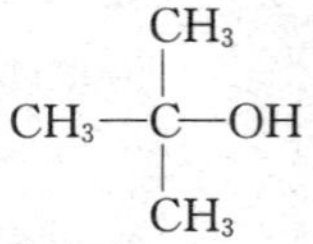

叔丁醇
(叔醇)

(3)根据羟基数目的不同，分为一元醇、二元醇、三元醇等，含两个或两个以上羟基的醇又称为多元醇。例如：

CH_3CH_2OH

乙醇
(一元醇)

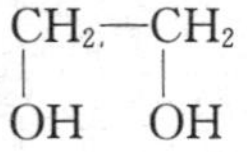

乙二醇
(二元醇)

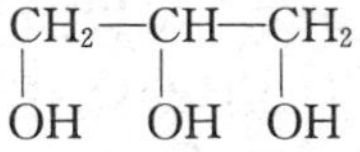

丙三醇
(三元醇)

(二)醇的命名

1. 普通命名法

简单的一元醇多用普通命名法命名。通常是在醇字前面加上烃基的名称，“基”字一般可以省略。例如：

$CH_3CH_2CH_2CH_2OH$

正丁醇

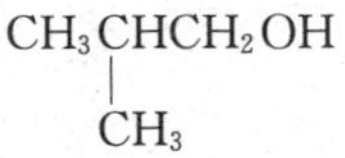

异丁醇

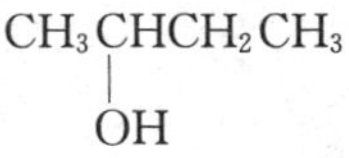

仲丁醇

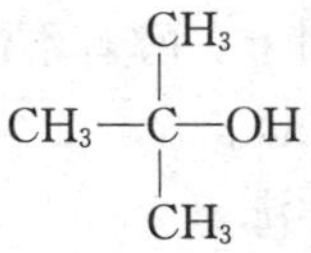

叔丁醇

2. 系统命名法

饱和醇的命名，选择连有羟基碳原子在内的最长碳链为主链，支链看作取代基。将主链碳原子从靠近羟基的一端开始编号，根据主链碳原子数称“某”醇，羟基位置的编号写在醇的前面，支链或其他取代基按“次序规则”列出。

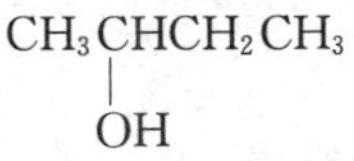

2-丁醇

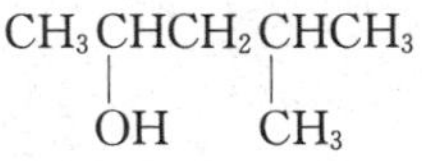

4-甲基-2-戊醇

不饱和醇的命名，应选择连有羟基碳原子同时含有双键或叁键碳原子在内的最长碳链作为主链，并从靠近羟基的一端标记碳位。例如：

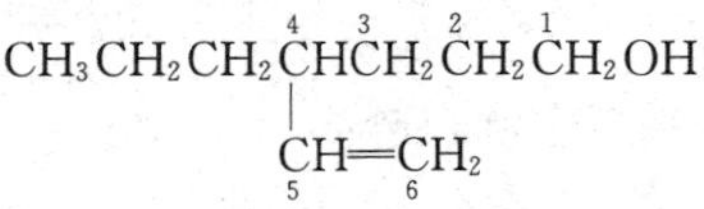

4-丙基-5-己烯-1-醇

芳香醇也是按照上面的命名原则，把芳香烃当作取代基。例如：

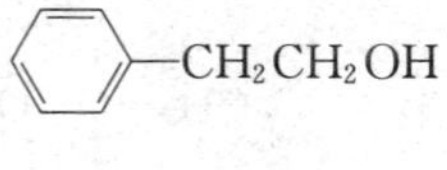

2-苯基乙醇

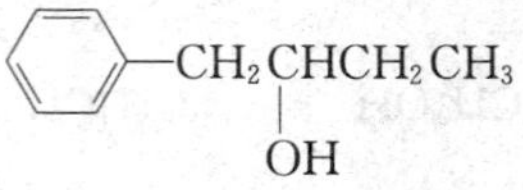

1-苯基-2-丁醇

多元醇的命名是选择含有尽可能多的羟基碳在内的最长碳链作主链，羟基的位置、数目均写在醇字的前面。当羟基是连在不同碳原子上的，羟基数与主链碳原子数相同时可以不必标明羟基位次。例如：

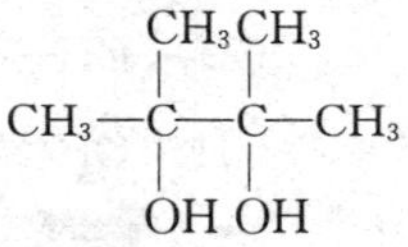

2,3-二甲基-2,3-乙二醇

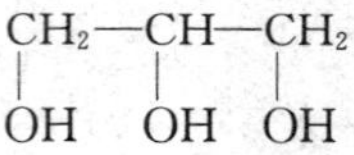

丙三醇

二、醇的物理性质

1. 状态

直链饱和一元醇在常温下，$C_1 \sim C_4$ 的醇是无色易流动液体，比水轻；$C_5 \sim C_{11}$ 为油状液体；C_{12} 以上的醇是无色的蜡状固体。甲醇、乙醇、丙醇都带有酒味，丁醇开始到十一醇有不愉快的气味，二元醇和多元醇都有甜味，故乙二醇有时称为甘醇(Glycol)。

2. 沸点

醇的沸点比含同数碳原子的烷烃、卤代烃高。这是因为液态时醇分子之间存在着氢键缔合。当醇从液态变成气态时，不仅要破坏分子间的范德华力，并且要完全破坏氢键，这就需供给破裂氢键的能量，使它具有较高的沸点。

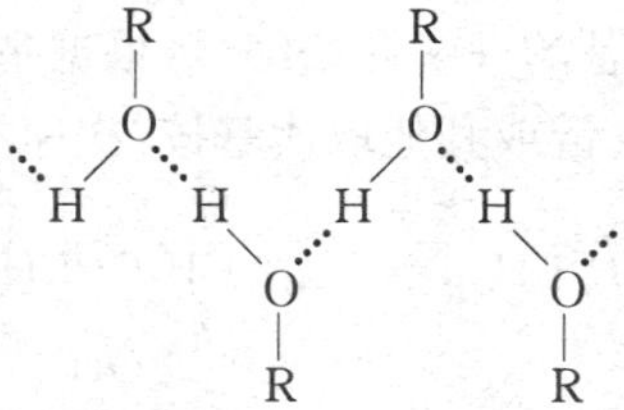

在同系列中醇的沸点随着碳原子数的增加而有规律地上升。如直链饱和一元醇中，每增加一个碳原子，它的沸点升高 15～20℃。在同数碳原子的一元饱和醇中，沸点也是随支链的增加而降低。在相同碳数的一元饱和醇中，伯醇的沸点最高，仲醇次之，叔醇最低。

若分子质量相近，含羟基越多沸点越高。

3. 溶解度

低级醇能溶于水，随分子质量增加溶解度逐渐降低。含有三个以下碳原子的一元醇，可以和水混溶。正丁醇在水中的溶解度为8%，正戊醇更小了，只有2%。高级一元醇和烷烃一样，几乎不溶于水。低级醇之所以能溶于水主要是由于它的分子中有和水分子相似的部分——羟基。醇和水分子之间能形成氢键。

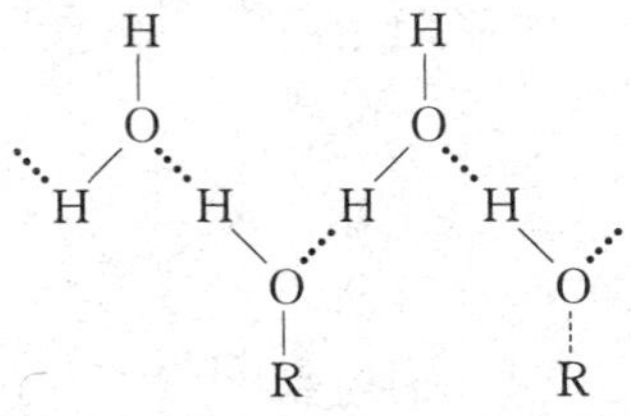

当醇的碳链增长时，羟基在整个分子中的影响减弱，醇在水中的溶解度也就降低，甚至不溶于水。相反，当醇中的羟基增多时，分子中和水相似的部分增加，能和水分子形成氢键的部位也增加了，因此二元醇的水溶性要比一元醇大。甘油富有吸湿性，常可添加在护肤品中作保湿剂，但纯甘油不能直接用来滋润皮肤，须掺一些水，否则它要吸取皮肤中的水分。

醇也能溶于强酸(H_2SO_4，HCl等)，这是由于它能和酸中质子结合成锌盐的缘故。

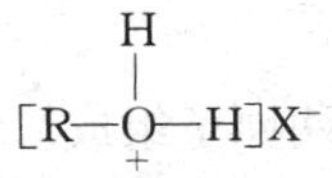

锌盐

正因为醇能和质子形成锌盐(Oxonium salt，含有氧正离子oxonium的盐)，故醇在强酸水溶液中溶解度要比在纯水中大。如正丁醇，它在水中溶解度只有8%，但是它能和浓盐酸混溶。醇能溶于浓硫酸，这个性质常被用来区别醇和烷烃(后者不溶于强酸)。

某些醇的物理常数见表7－1。

表7－1　　某些醇的物理常数

化合物	熔点/℃	沸点/℃	d_4^{20}	溶解度/(g/100g水)
甲醇	－97.8	64.7	0.792	∞
乙醇	－115	78.3	0.789	∞
正丙醇	－126.5	97.2	0.804	∞
异丙醇	－89.5	82.3	0.789	∞
正丁醇	－90	117.8	0.810	7.9
异丁醇	－108	107.9	0.802	9.5
仲丁醇	－114.7	99.5	0.808	12.5
叔丁醇	26	82.5	0.789	易溶

续表

化合物	熔点/℃	沸点/℃	d_4^{20}	溶解度/(g/100g 水)
正戊醇	−79	138	0.817	2.7
正己醇	−52	155.8	0.820	0.59
环己醇	25	161	0.962	3.6
烯丙醇	−129	97	0.855	∞
乙二醇	−11.5	198	1.113	∞
丙三醇	20	290(分解)	1.261	∞

4.结晶醇

低级醇能和一些无机盐类($MgCl_2$，$CaCl_2$，$CuSO_4$ 等)形成结晶状的分子化合物，称为结晶醇。如，$MgCl_2 \cdot 6CH_3OH$，$CaCl_2 \cdot 4C_2H_5OH$ 等。结晶醇不溶于有机溶剂而溶于水。利用这一性质可使醇与其他有机物分开或从反应物中除去醇类。如，乙醚中的少量乙醇，加入 $CaCl_2$ 便可除去少量乙醇。

三、醇的化学性质

醇的官能团是羟基，它由氢氧两原子组成。氧原子的电负性较大，吸电子的能力较强，所以醇分子中的 C—O 键和 O—H 键都有明显的极性。键的极性有利于异裂反应的发生，所以 C—O 键和 O—H 键都比较活泼，多数反应都发生在这两个部位。另外，由于诱导效应，与羟基邻近的碳原子上的氢也参与某些反应。

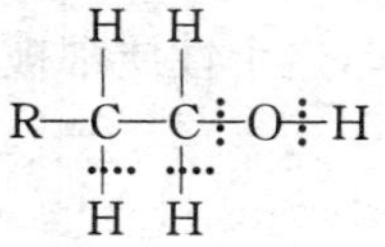

····代表易断键

1.与碱金属的反应

醇与水相似，羟基里的氢可被活泼金属取代生成醇化物和氢气。例如：

$$2ROH + 2Na \longrightarrow \underset{\text{醇钠}}{2RONa} + H_2\uparrow$$

$$2CH_3CH_2OH + 2Na \longrightarrow \underset{\text{乙醇钠}}{2CH_3CH_2ONa} + H_2\uparrow$$

醇与金属钠的反应不如水与金属反应时那样剧烈。这是由于烃基的斥电子作用，使羟基中氧原子上的电子云密度增加，降低了氧原子吸引氢氧间电子对的能力，降低了氢氧键的极性。

$$H—O : H \qquad R\rightarrow O : H$$

由于上述诱导效应的存在，使得醇羟基中的氢不如水中的氢那样活泼，不易成为离子,反应也较缓和。烃基的斥电子能力愈强,醇羟基中氢原子的活泼性愈低,与金属钠的反应就愈缓慢。故伯、仲、叔醇中,伯醇与钠反应速率最快,叔醇最慢。

醇钠是白色固体,遇水即水解,生成醇和氢氧化钠,因此醇钠的水溶液具有强碱性。

$$RONa + H_2O \longrightarrow ROH + NaOH$$

除金属钠外,醇也可与锂、钾等其他活泼金属起类似的反应,生成相应醇的金属化合物,统称醇化物。

2. 氧化反应

醇分子中的 α-碳原子上若有氢原子时,该氢原子受羟基的影响,比较活泼,易于被氧化,用酸性高锰酸钾或酸性重铬酸钾等强氧化剂氧化为相应的醛或酮。例如,伯醇氧化生成醛,醛继续氧化生成羧酸。

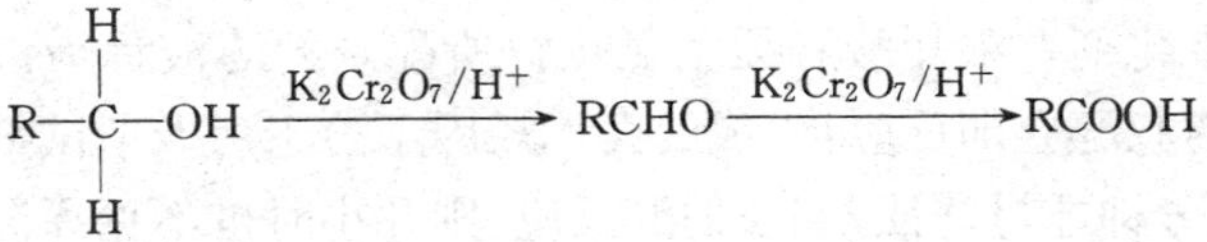

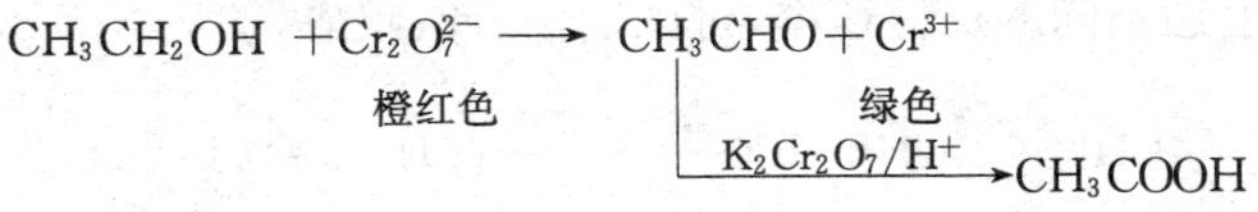

此反应可用于检查醇的含量。例如,检查司机是否酒后驾车的分析仪就是根据此反应原理设计的。在 100mL 血液中如含有超过 80mg 乙醇(最大允许量)时,呼出的气体所含的乙醇即可使仪器得出正反应。若用酸性 $KMnO_4$,只要有痕量的乙醇存在,溶液颜色即从紫色变为无色,故仪器中不用 $KMnO_4$。

仲醇氧化生成酮。

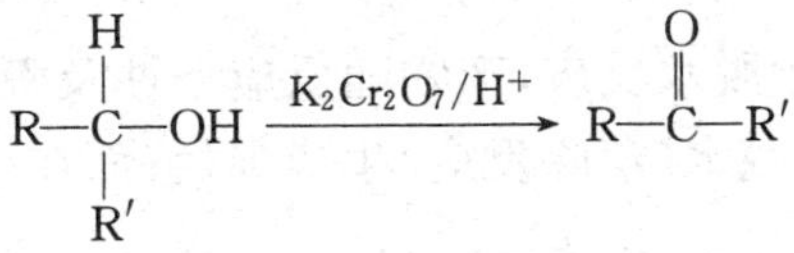

醇的氧化实质上是脱去两个氢原子,一个是羟基上的氢、一个是 α-碳(即与—OH相连的碳)上的氢。因叔醇 α-碳上不连氢,所以在一般条件下不起氧化反应。但在反应条件剧烈时,则可发生分子断裂,产生含碳较少的产物。

用催化脱氢的方法也可将醇氧化。在 Cu、Ag 等金属催化下,醇经高温可失去两个氢原子而生成相应的醛和酮,此法可用于工业生产。

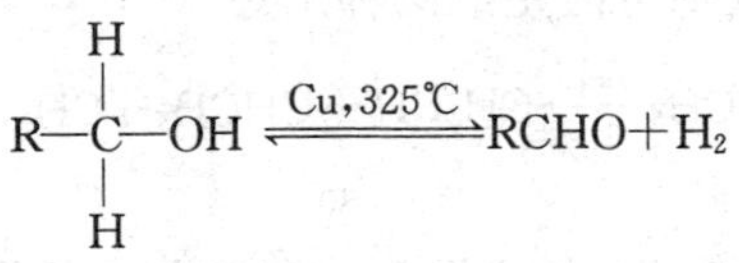

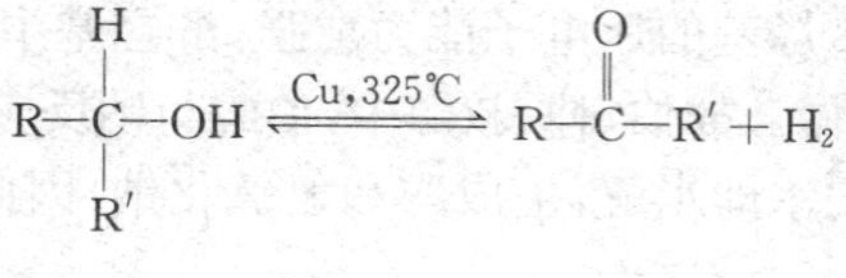

3. 与氢卤酸的反应

醇与氢卤酸作用时，醇中的羟基可被卤素取代，生成卤代烃和水。

$$R—OH + HX \rightleftharpoons R—X + H_2O$$

上述反应是可逆的，如其中一种反应物过量或移去产物水，可使平衡右移，提高卤代烃的收率。这个反应的速率与氢卤酸和醇的类型有关。当同一种醇与不同的氢卤酸作用时，反应活性顺序是：HI＞HBr＞HCl。同一种氢卤酸与不同的醇作用时，反应活性次序是：苄醇和烯丙醇＞叔醇＞仲醇＞伯醇。

通常情况下，氢碘酸和氢溴酸能比较顺利地和醇反应。盐酸与醇反应时，须加无水氯化锌作催化剂。浓盐酸和无水氯化锌所配制的溶液称为卢卡斯(Lucas)试剂。浓盐酸可与叔醇立即反应，生成的卤代烃因不溶于卢卡斯试剂而呈浑浊；如与仲醇反应，需几分钟才呈浑浊；如与伯醇反应，则几小时也不见浑浊，加热反应才进行。因此利用上述不同的反应速率，可区别伯、仲、叔醇。

$$(CH_3)_3C—OH + HCl \xrightarrow[20℃,1min]{Lucas试剂} (CH_3)_3C—Cl + H_2O$$

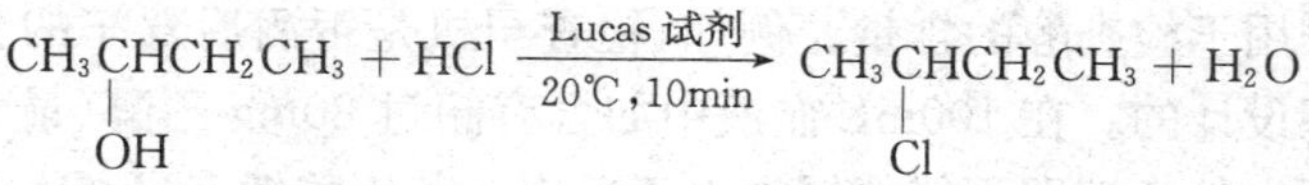

$$CH_3CH_2CH_2CH_2OH + HCl \xrightarrow[\triangle]{Lucas试剂} CH_3CH_2CH_2CH_2Cl + H_2O$$

4. 脱水反应

醇与浓硫酸共热发生脱水反应，产物随反应条件及醇的类型而异。在较高温度下，主要发生分子内的脱水(消除反应)生成烯烃；而在稍低温度下，则发生分子间脱水生成醚。

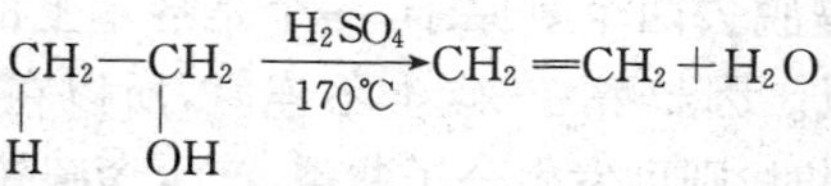

$$C_2H_5—O—H + H—O—C_2H_5 \xrightarrow[140℃]{H_2SO_4} C_2H_5—O—C_2H_5 + H_2O$$

有些仲醇及叔醇的脱水可能生成两种烯烃。

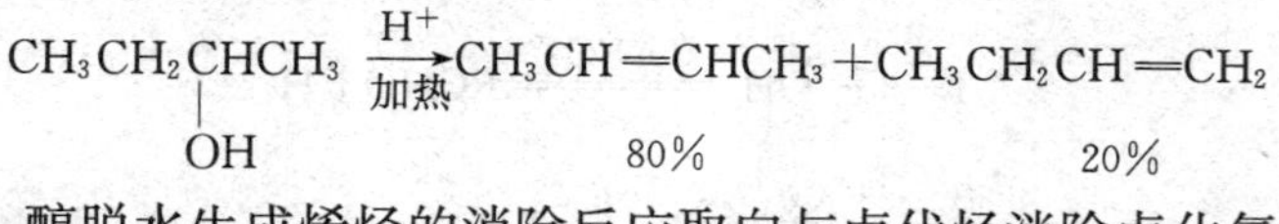

实验证明，醇脱水生成烯烃的消除反应取向与卤代烃消除卤化氢相似，也遵从

查依采夫规则，脱去的是羟基和含氢较少的 β-碳原子上的氢，反应主要产物是碳碳双键上连烃基最多的烯烃。

5. 与无机酸反应

醇可与酸（有机酸或无机含氧酸）作用生成酯和水的反应称酯化反应。醇和羧酸生成的酯称羧酸酯。

$$R{-}COOH + HO{-}R' \xrightleftharpoons{H^+} R{-}COO{-}R' + H_2O$$

醇可与无机含氧酸如硝酸、亚硝酸、硫酸和磷酸等作用，失去一分子水而生成无机酸酯。例如：

$$CH_3{-}OH + HONO_2 \rightleftharpoons \underset{\text{硝酸甲酯}}{CH_3ONO_2} + H_2O$$

硫酸是二元酸，除可与一分子乙醇作用生成酸性酯外，还可与两分子乙醇生成中性酯。

$$CH_3{-}OH + HOSO_2OH \rightleftharpoons \underset{\text{硫酸氢甲酯}}{CH_3OSO_2OH} + H_2O$$

$$CH_3OSO_2OH \xrightarrow[\triangle]{\text{减压蒸馏}} \underset{\text{硫酸二甲酯}}{CH_3OSO_2OCH_3} + H_2SO_4$$

硫酸二甲酯在有机合成中是常用的甲基化试剂，为无色液体，因有剧毒，使用时要特别注意安全。

多元醇如甘油与硝酸作用，可生成三硝酸甘油酯：

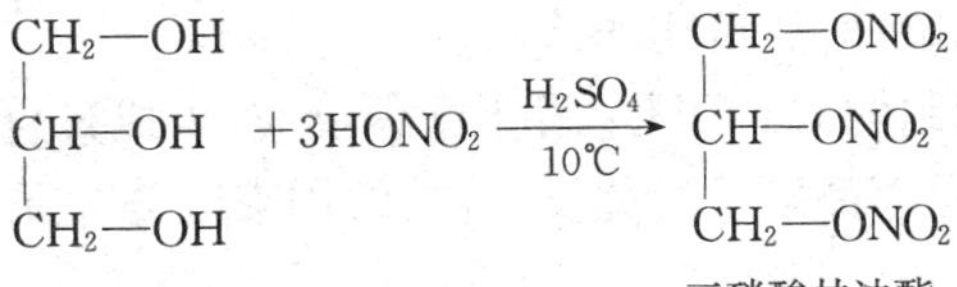

三硝酸甘油酯

三硝酸甘油酯是一种烈性炸药，也有扩张冠状动脉的作用，在医药上用来治疗心绞痛。

磷酸为三元酸，可以形成三种类型的磷酸酯。磷酸酯广泛存在于生物体内，是有机体生长和新陈代谢过程中极为重要的物质。

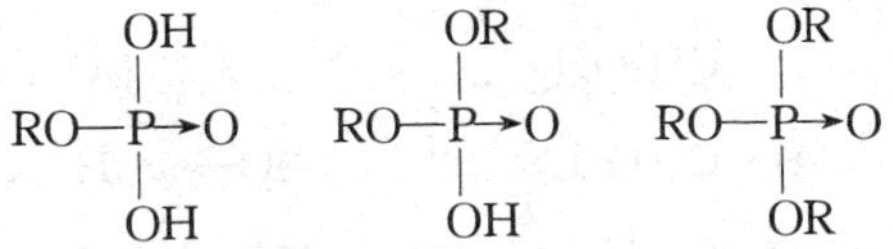

磷酸烃基酯　　磷酸二烃基酯　　磷酸三烃基酯

四、重要的醇

1. 甲醇

甲醇最初由木材干馏（隔绝空气加热）制得，故又名木醇或木精。甲醇为无色透明液体，沸点 64.5℃，能与水及多数有机溶剂混溶。甲醇有毒，误服少量(10mL)能使双目失明，30mL 能中毒致死。甲醇可作溶剂，也是一种重要的化工原料。甲醇加入汽油中，可增加汽油的辛烷值，也可单独作汽车、飞机的燃料。

2. 乙醇

乙醇是酒的主要成分，故俗名酒精。乙醇为无色液体，沸点 78.15℃，用途广泛，可用作溶剂、防腐剂、消毒剂、燃料。乙醇能使细菌蛋白质脱水变性，临床使用 70%～75%乙醇水溶液作外用消毒剂。长期卧床病人用 50%乙醇溶液涂擦皮肤，有收敛作用，并能促进血液循环，可预防褥疮。在医药上常用乙醇配制酊剂，如碘酊，俗称碘酒，就是碘和碘化钾的乙醇溶液。商业上常用乙醇和水的体积关系表示酒的浓度，用“度”表示。所谓度是指乙醇的体积分数。

3. 乙二醇

乙二醇是最简单的二元醇，又名甘醇，是带有甜味但有毒的液体，沸点 198℃，是常用的高沸点溶剂。含有 40%的乙二醇水溶液，其冰点为－25℃，60%的水溶液冰点为－49℃，因此乙二醇除用作化工原料外，还是一种很好的防冻剂。

4. 丙三醇

丙三醇俗名甘油，为无色、吸湿性强、有甜味的黏稠液体，沸点 290℃，能与水或乙醇混溶。甘油有润肤作用，但它的吸湿性很强，会对皮肤产生刺激，所以在使用时须先用适量水稀释。在医药上甘油可用作溶剂，如酚甘油、碘甘油等。对便秘患者，常用甘油栓剂或 50%甘油溶液灌肠，它既有润滑作用，又能产生高渗压，可引起排便反射。甘油三硝酸酯(俗称硝酸甘油)是缓解心绞痛药物。它受到震动或撞击能猛烈分解引起爆炸，故可用作炸药。

甘油可以与新配制的 $Cu(OH)_2$ 发生配位反应，生成螯合物甘油铜。甘油铜为蓝色，可溶。邻位多元醇都可发生此反应，故常用来区分一元醇和邻位多元醇。

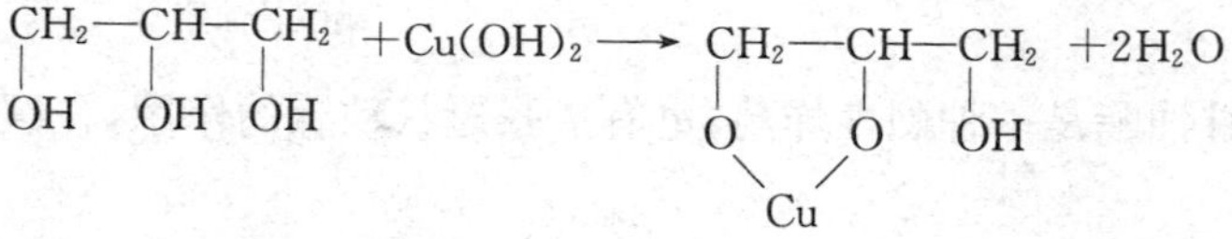

5. 山梨醇和甘露醇

山梨醇和甘露醇都是六元醇，二者是异构体，其构型式为：

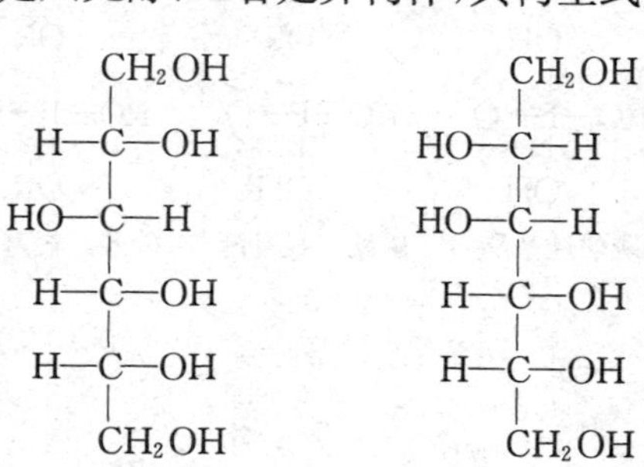

山梨醇　　甘露醇

它们都是白色结晶粉末，味甜，广泛存在于植物中，如许多水果及蔬菜中均含有。

山梨醇和甘露醇均易溶于水。它们20%或25%的溶液，在临床上用作渗透性利尿药，能将周围组织及脑组织的水分吸入血中随尿排出，从而降低颅内压，消除水肿，对治疗脑水肿与循环衰竭有效。

6.苯甲醇

苯甲醇又名苄醇，常以酯的形式存在于植物香精油中。它是无色液体，有芳香味，沸点205℃，微溶于水，可与乙醇、乙醚混溶。

苯甲醇具有微弱的麻醉作用和防腐作用，也可作为局部止痒剂。

7.龙脑

龙脑又名冰片或2－莰烷醇。它是透明或半透明片状结晶，熔点204℃，有特异香气，可通过蒸馏艾纳香的新鲜叶子而得。药用的冰片是用化学方法合成的，它具有止痛消肿的作用，是人丹、冰硼散等中成药的成分之一。

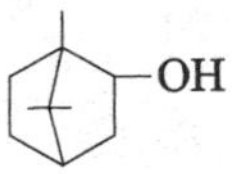

第二节　酚

羟基直接与芳香环相连的化合物称为酚，酚的通式是 Ar－OH。如：

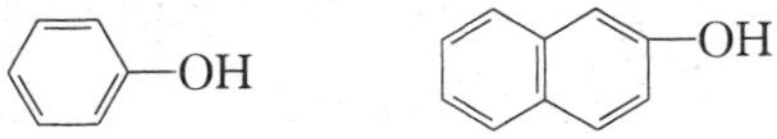

一、酚的分类和命名

酚类根据芳香环的不同可分为苯酚、萘酚、蒽酚等。酚又可以根据分子中所含羟基数目的不同分为一元酚、二元酚、三元酚等。

酚的命名是在酚字前加上芳环名称，称作“某酚”，如苯酚、萘酚等。苯环上连的其他取代基为烃基、烷氧基、卤素、硝基、氨基等时，以苯酚为母体，常以连接羟基的碳编号为1，向离羟基最近的取代基的方向依次编号；而对萘、蒽等稠环则仍按其原规定进行编号，然后在母体名称前面加上其他取代基的位置和名称。若芳环上连的其他取代基为羧基、磺酸基、羰基、醛基时，则应把羟基作为取代基来命名。例如：

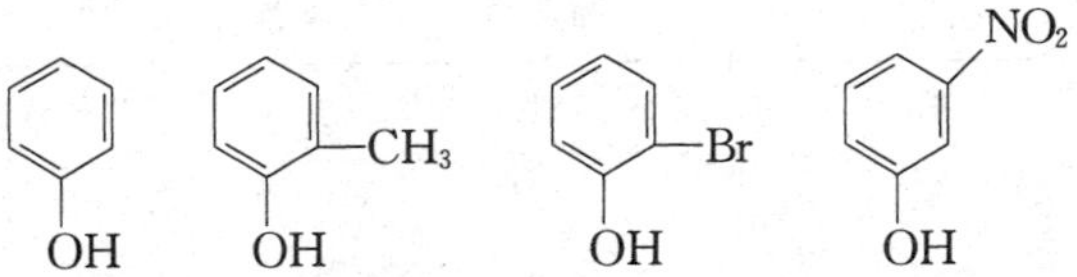

苯酚	邻甲苯酚	邻溴苯酚	间硝基苯酚
	2－甲基苯酚	2－溴苯酚	2－硝基苯酚

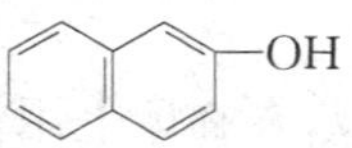

β-萘酚
2-萘酚

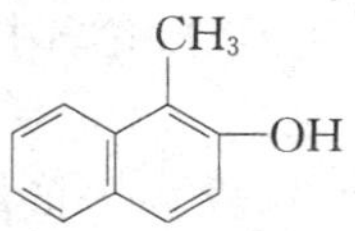

α-甲基-β-萘酚
1-甲基-2-萘酚

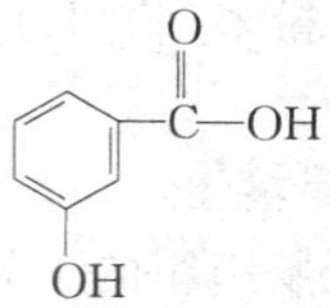

间羟基苯甲酸
3-羟基苯甲酸

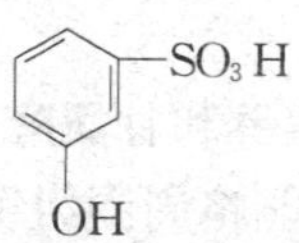

间羟基苯磺酸
3-羟基苯磺酸

多元酚命名时，要注明羟基的相对位置和数目。例如：

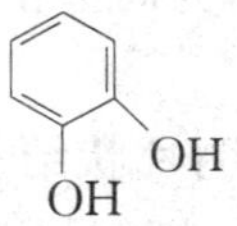

邻苯二酚
1,2-苯二酚

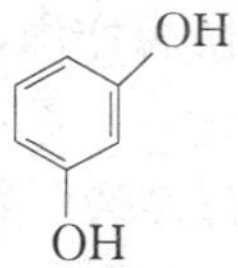

间苯二酚
1,3-苯二酚

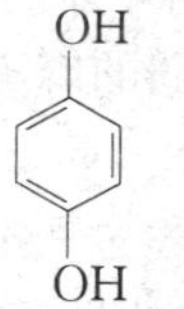

对苯二酚
1,4-苯二酚

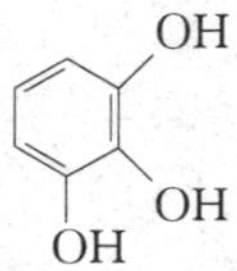

连苯三酚
1,2,3-苯三酚

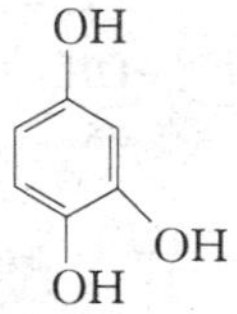

偏苯三酚
1,2,4-苯三酚

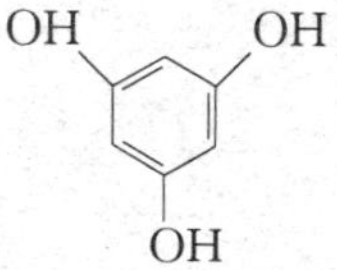

间苯三酚
1,3,5-苯三酚

二、酚的物理性质

除少数烷基酚(如间甲苯酚)是液体之外，多数酚都是固体。纯净的酚无色，但由于酚容易被空气中的氧氧化而产生有色杂质，所以酚常带有不同程度的红色或褐色。

由于酚分子间可以通过氢键缔合，因此其沸点比相应的芳烃要高得多。邻位上有氟、硝基、羟基的酚，由于可形成分子内氢键而降低了分子间的缔合程度，它们的沸点比间位和对位异构体低。

羟基是亲水基团，因此酚在水中有一定的溶解度。分子中羟基数目增加，溶解度也增大；酚也能溶于乙醇、乙醚、苯等有机溶剂。常见酚的物理常数见表7-2。

表7-2　　酚的物理常数

化合物	熔点/℃	沸点/℃	溶解度/(g/100g 水)	pK_a
苯酚	43	181.8	8	9.98
邻甲苯酚	31	191	2.5	10.29
间甲苯酚	11.5	202.2	2.6	10.09
对甲苯酚	34.8	201.0	2.3	10.17

续表

化合物	熔点/℃	沸点/℃	溶解度/(g/100g 水)	pK_a
邻氯苯酚	8	176	2.8	8.11
间氯苯酚	33	214	2.6	8.80
对氯苯酚	43.2	219.8	2.7	9.20
邻硝基苯酚	45	216	0.2	7.17
间硝基苯酚	97	194(9333Pa)	2.2	8.28
对硝基苯酚	114.9	279 分解	1.3	7.15
2,4-二硝基苯酚	113	分解	0.56	4.09
2,4,6-三硝基苯酚	122	分解(300℃爆炸)	1.4	0.25
α-萘酚	94	280	<0.1	9.33
β-萘酚	123	286	0.1	9.5
邻苯二酚(儿茶酚)	105	245	45.1	9.4
间苯二酚(树脂酚)	111	281	123	9.4
对苯二酚(氢醌)	170	286	8	10.0
1,2,3-苯三酚	133	309	62	7.0
1,2,4-苯三酚	140		易	
1,3,5-苯三酚	218	升华	1	

三、酚的化学性质

酚的羟基直接与苯环的 sp^2 杂化的碳原子相连，这与脂肪族化合物中的烯醇很相似。另外，由于酚的羟基氧原子的未共用电子对与苯环的共轭作用，一方面使苯酚形成稳定化合物，另一方面也有利苯酚的离解。

1. 酸性

酚比醇的酸性强。酚式羟基的 O—H 键易断裂，生成的苯氧基负离子比较稳定，使苯酚的离解平衡趋向右侧，而表现弱酸性。

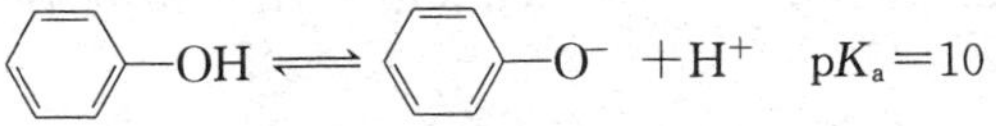

苯氧基负离子

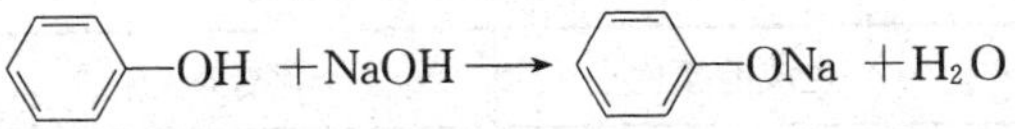

苯酚酸性比碳酸弱。若在苯酚钠的水溶液中通入二氧化碳，即有游离苯酚析出。

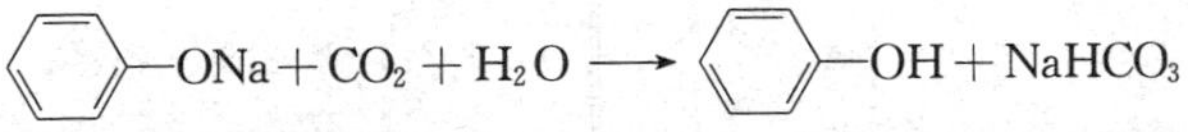

酚只能溶于氢氧化钠而不溶于碳酸氢钠溶液，实验室里常根据酚的这一特性，将酚与既溶于氢氧化钠又能溶于碳酸氢钠的羧酸相区别；此方法也可用于中草药

中酚类成分与羧酸类成分的分离；工业上，用此法可从煤焦油中分离酚；也用于回收和处理含酚的污水。

苯环上的取代基将会影响酚的酸性。当苯环上有斥电子基团时，酸性减弱；当苯环上有吸电子基团时，使取代苯氧基负离子更稳定，酸性增强；而且取代基的数目愈多，对酸性的影响也愈大。例如，下列化合物酸性顺序为：

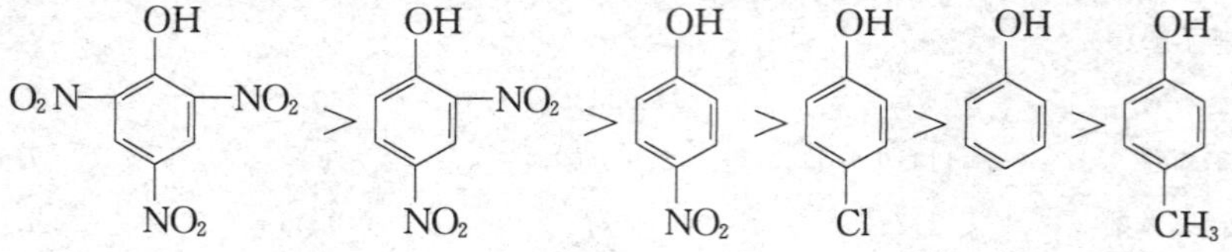

pK_a　0.38　　4.09　　7.15　　9.20　　9.98　　10.17

2. 酚醚的形成

酚盐形成后，与卤代烃、硫酸二甲（或乙）酯作用，生成相应的醚。例如：

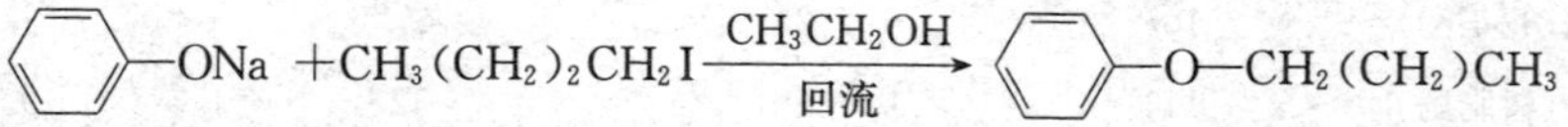

酚的酸性比较强，通常在碱性溶液中可直接发生如下反应：

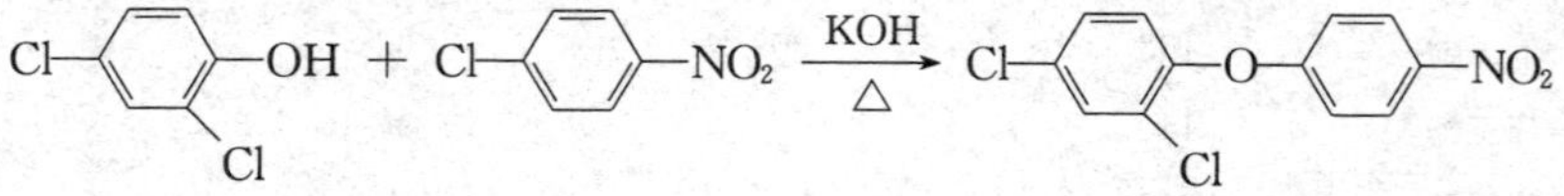

2,4－二氯苯基－4－硝基苯基醚

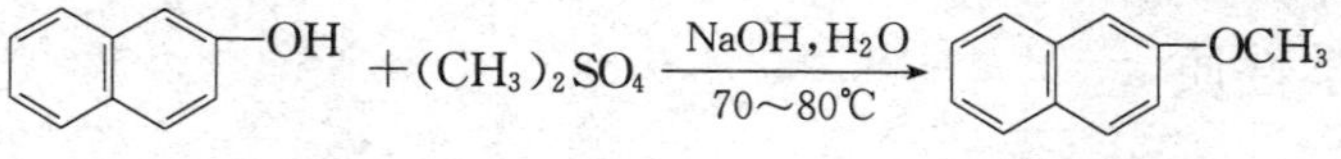

萘甲醚

3. 与三氯化铁的反应

大多数的酚能与三氯化铁的稀溶液反应生成有颜色的络合物：

$$6ArOH + FeCl_3 \rightleftharpoons [Fe(OAr)_6]^{3-} + H^+ + 3Cl^-$$

具有烯醇式结构的化合物大多数能与三氯化铁的水溶液反应，显出不同的颜色，称之为显色反应。酚中具有烯醇式结构，所以可以与三氯化铁起显色反应。结构不同的酚所显颜色不同（表 7－3）。此反应可用于检验酚羟基和烯醇式结构的化合物的存在。

表 7－3　　酚和三氯化铁产生的颜色

化合物	生成的颜色	化合物	生成的颜色
苯　酚	紫	间苯二酚	紫
邻甲苯酚	蓝	对苯二酚	暗绿色结晶
间甲苯酚	蓝	1,2,3－苯三酚	淡棕红色
对甲苯酚	蓝	1,3,5－苯三酚	紫色沉淀
邻苯二酚	绿	α－萘酚	紫色沉淀

4. 苯环上的取代反应

苯环连有羟基后，环的活泼性增加，易发生取代反应，取代基一般都进入羟基的邻位及对位。例如苯的卤化反应一般较难进行，需要加热及催化剂，但苯酚的卤化就容易得多。在室温下加溴水于苯酚中，立即生成2,4,6-三溴苯酚的白色沉淀，此反应极为灵敏且定量完成，故反应可用于苯酚的定性、定量测定。

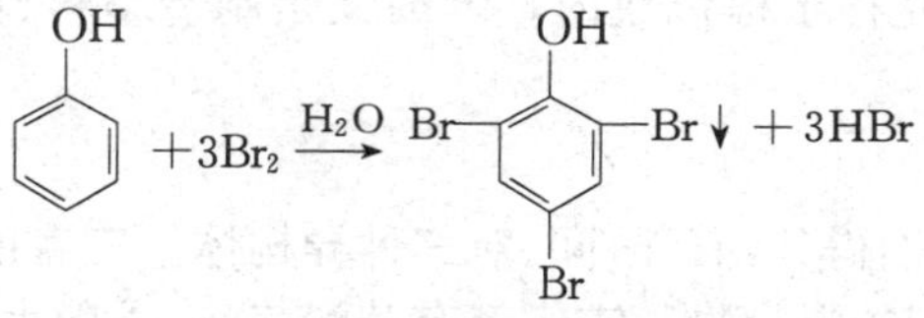

2,4,6-三溴苯酚（白色）

5. 氧化反应

酚类易被氧化，但产物复杂。纯苯酚系无色结晶，在空气中放置后，就能逐渐氧化，颜色加深，变为粉红色、红色或暗红色，直至变为深褐色。这种氧化过程比较复杂。某些水果、蔬菜去皮放置后发生褐变，就是水果、蔬菜中的酚类化合物被氧化的结果。

苯酚如用酸性重铬酸钾强烈氧化，则生成对苯醌：

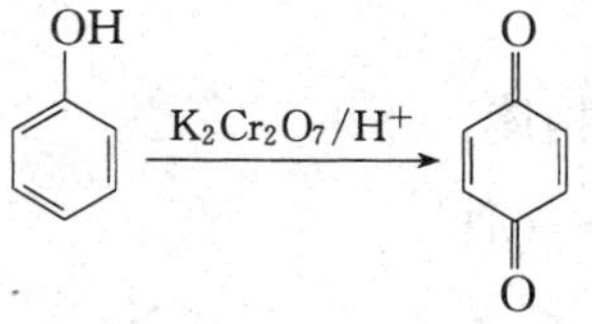

对苯醌（黄色）

邻苯二酚和对苯二酚比苯酚更容易被氧化成相应的醌，但间苯二酚不能被氧化为相应的醌。醌一般都具有颜色。

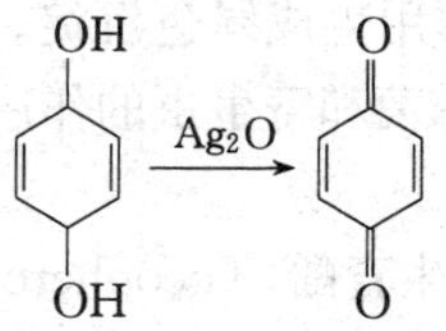

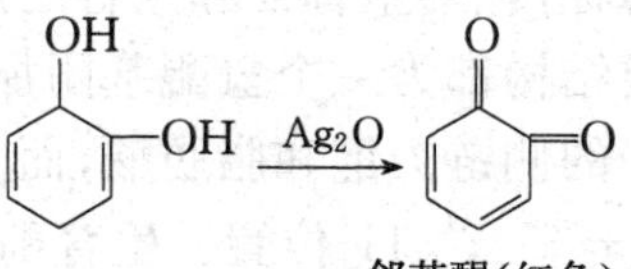

邻苯醌（红色）

酚的氧化性具有多种用途，如多元酚可作照相显影剂、抗氧化剂、阻聚剂等。

四、重要的酚

1. 苯酚

苯酚最初从煤焦油中得到，也称石炭酸。它是无色结晶，有特殊气味。熔点43℃，沸点182℃。苯酚能溶于水，25℃时100g水中可溶解6.7g，68℃以上可与水互溶；易溶于乙醇、乙醚、苯等有机溶剂。苯酚能凝固蛋白质，有杀菌能力。苯酚易被氧化，故应避光存于棕色瓶内。苯酚又是制造塑料、染料及药物等的重要原料。

2. 甲苯酚

甲苯酚可由煤焦油得到，有邻、间、对三种异构体。三者的沸点很接近，不易分离，因此通常使用它们的混合物。它们都有苯酚气味，杀菌力比苯酚强。医药上常用的消毒剂煤酚皂液就是含47%～53%的三种甲苯酚混合物的肥皂水溶液，又称来苏尔。

3. 苯二酚

苯二酚有邻、间、对三种异构体，它们都是无色结晶，能溶于水、乙醇、乙醚中。邻苯二酚和对苯二酚易氧化成醌，是强还原剂，可用作显影剂和抗氧化剂。间苯二酚具有抗细菌和真菌的作用，酸强度仅为苯酚的1/3，刺激性小，可用于治疗皮肤病如湿疹和癣症等。

4. 萘酚

萘酚有 α-和 β-两种异构体。

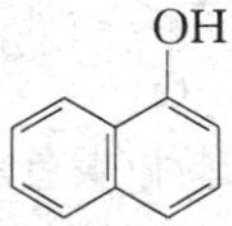

α-萘酚

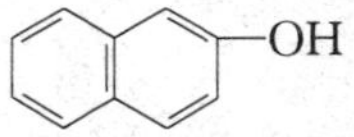

β-萘酚

α-萘酚为黄色结晶，熔点96℃，能与 $FeCl_3$ 作用生成紫色沉淀。β-萘酚为无色结晶，熔点122℃，和 $FeCl_3$ 作用生成绿色沉淀。这两种化合物都是合成染料的原料。β-萘酚还具有抗细菌、霉菌和寄生虫的作用。

5. 维生素E

维生素E(Vitamin E)又称生育酚(Tocopherol)，是一类具有生物活性的、化学结构相似的酚类化合物的总称，包括生育酚和生育三烯酚两类，是脂溶性维生素。生育酚和生育三烯酚的主要结构都为一个氢醌基团加上一条类异戊二烯侧链，两者的主要区别表现在生育酚的侧链为饱和脂肪酸，而生育三烯酚侧链是含三个双键的不饱和脂肪酸，分别位于3′、7′、11′位置。生育酚主要存在于玉米油、豆油和橄榄油中，而生育三烯酚则富含于棕榈油、米糠油和大麦油内。自然界中已知的维生素E有8种，分别为两类维生素的四种，即 α、β、γ、δ 生育酚，主要是根据苯并二氢吡喃上甲基取代物所在的位置和数量来划分的。下图为生育酚的结构。

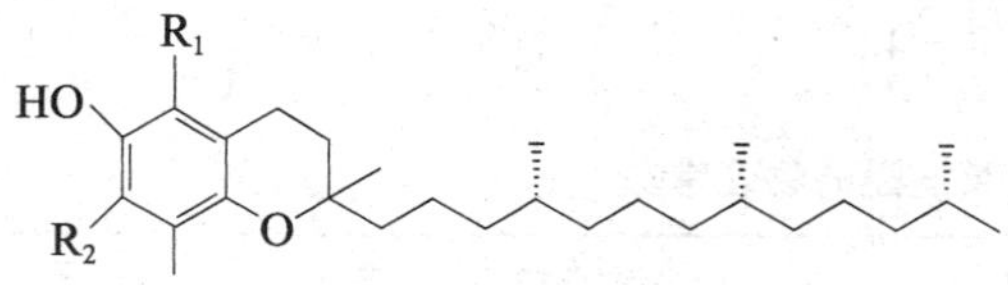

R_1	R_2	生育酚种类
CH_3	CH_3	α-生育酚
CH_3	H	β-生育酚
H	CH_3	γ-生育酚
H	H	δ-生育酚

维生素 E 可用于抗衰老(抗自由基形成的作用)、不孕症的治疗、心血管疾病的辅助治疗等方面;食品中可用作抗氧剂。

第三节　醚

一、醚的分类和命名

醚的官能团是醚键(C—O—C),醚键的氧连接两个烃基。如果两个烃基相同时称为单纯醚,通式为 R—O—R。两个烃基不同时称为混合醚,通式为 R—O—R′。烃基可以是脂肪烃基、脂环烃基或芳香烃基。

简单的醚命名时用习惯命名法。先写出醚键所连烃基的名称,再加上"醚"字即可。命名单纯醚时,表示相同烃基数量的"二"字和烃基的"基"字可省略;命名混合醚时,按"先小后大,先芳后脂"的原则写出烃基的名称。例如:

$CH_3OCH_2CH_3$
甲乙醚
(混合醚)

$CH_3CH_2OCH_2CH_3$
二乙醚(简称乙醚)
(简单醚)

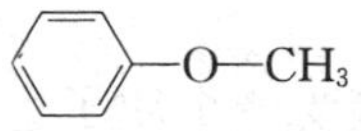
苯甲醚

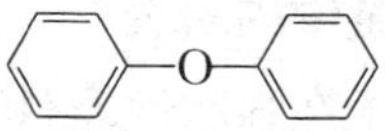
二苯醚(苯醚)

结构复杂的醚可采用系统命名法命名,即选择较长的烃基为母体,有不饱和烃基时,选择不饱和度较大的烃基为母体,将较小的烃基与氧原子一起看作取代基,称为烃氧基(RO—)。例如:

$CH_3CH_2=CHCH_2OCH_2CH_3$
1-乙氧基-2-丁烯

$HOCH_2CH_2CH_2OCH_3$
3-甲氧基-1-丙醇

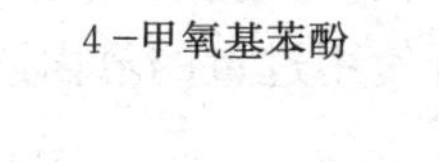
4-甲氧基苯酚

二、醚的物理性质

在常温下,除甲醚和甲乙醚为气体外,多数醚为无色、有特殊气味、易挥发、易燃的液体,相对密度小于1。由于醚分子间不能形成氢键,所以醚的沸点比相对分子质量相近的醇的沸点低得多,如甲醚的沸点为-24.9℃,而乙醇的沸点则为

78.5℃。某些醚的物理常数见表 7-4。

表 7-4　　某些醚的物理常数

化合物	熔点/℃	沸点/℃	d_4^{20}
甲醚	-142	-25	0.661
乙醚	-116.5	34.6	0.714
正丁醚	-98	142	0.769
二苯醚	27	258	1.0728
苯甲醚	-37.5	154	0.994
环氧乙烷	-111	14	0.887
四氢呋喃		65	0.888
1,4-二氧六环	12	101	1.033

醚分子中含有电负性较强的氧，所以可与水或醇等形成氢键，因此醚在水中的溶解度比分子质量相近的烷烃大，并能溶于许多极性溶剂。乙醚是良好的有机溶剂。

三、醚的化学性质

除某些环醚外，醚是一类很稳定的化合物，其化学稳定性仅次于烷烃。常温下，醚对于活泼金属、碱、氧化剂、还原剂等十分稳定。但醚仍可发生一些特殊的反应。

1. 𨭎盐的生成及醚键的断裂

醚分子中的氧原子在强酸性条件下，可接受一个质子生成𨭎盐。𨭎盐可溶于冷的浓强酸中，用水稀释会分解析出原来的醚。所以不溶于水的醚能溶于强酸溶液中，利用醚的这种性质，可分离提纯醚类化合物。

$$R{-}O{-}R' + HCl \longrightarrow \underset{\text{𨭎盐}}{[R{-}\overset{H}{\overset{|}{O}}{-}R']^+ X^-} \xrightarrow{H_2O} R{-}O{-}R' + H_3O^+ + Cl^-$$

在较高温度下，浓氢碘酸或浓氢溴酸等强酸能使醚键断裂，生成卤代烃和醇或酚。若使用过量的氢卤酸，则生成的醇将进一步与氢卤酸反应生成卤代烃。

$$R{-}O{-}R' + HI \xrightarrow[\triangle]{} R{-}O{-}H + R'{-}I$$

$$R{-}O{-}H \xrightarrow{HI} RI + H_2O$$

脂肪族混合醚与氢卤酸作用时，一般是较小的烷基生成卤代烷，例如：

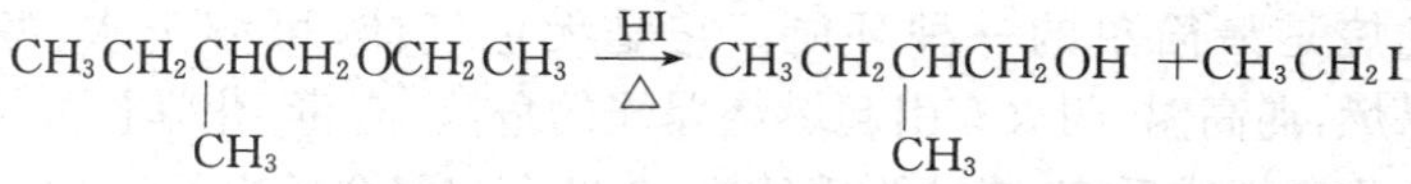

芳香醚由于氧原子与芳环形成 p－π 共轭体系，碳氧键不易断裂，如果另一烃基是脂肪烃基，则生成酚和卤代烷，如果两个烃基都是芳香基，则不易发生醚键的断裂。例如：

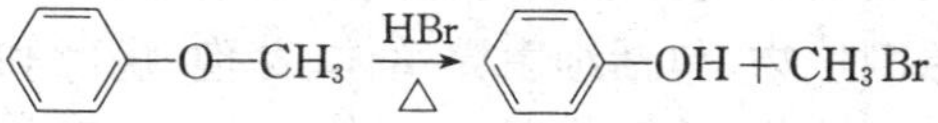

2. 过氧化物的生成

醚类化合物虽然对氧化剂很稳定，但许多烷基醚和空气长时间接触时，会缓慢地被氧化生成过氧化物，氧化通常在 α－碳氢键上进行。

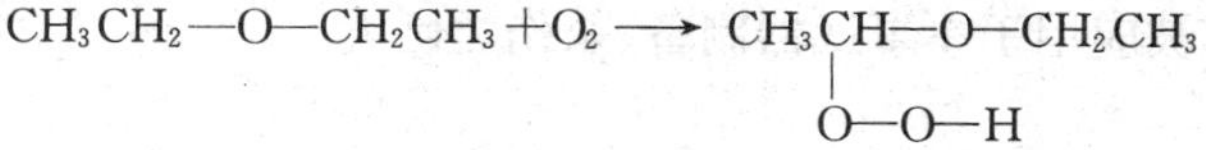

过氧化物不稳定，受热时容易分解而发生猛烈爆炸，因此在蒸馏或使用前必须检验醚中是否含有过氧化物。常用的检验方法有：

(1)用 KI－淀粉试纸检验。如有过氧化物存在，KI 被氧化成 I_2 而使淀粉试纸变为蓝紫色。

(2)加入 $FeSO_4$ 和 KCNS 溶液。如有红色$[Fe(CNS)_6]^{3-}$配离子生成，证明有过氧化物存在。

除去过氧化物的方法通常有：

(1)加入还原剂如 $FeSO_4$ 或 Na_2SO_3 后振荡，以破坏所生成的过氧化物。

(2)储藏醚类化合物时，应用棕色瓶避光贮存，并可在醚中加入少许铁屑或钠或对苯二酚阻止过氧化物生成。

为了防止醚中过氧化物的产生，市售的无水乙醚中有时加入 5×10^{-8} g/mL 的抗氧剂二乙基氨基二硫代甲酸钠$(C_2H_5)_2NCS_2Na$。

四、重要的醚

1. 乙醚

乙醚为最常用的一种醚，无色液体，沸点 34.5℃，极易挥发、极易燃。乙醚的蒸气与空气混合达一定比例时，遇火可引起爆炸，在制备和使用乙醚时应远离火源。

乙醚是一种应用很广泛的有机溶剂，在提取中草药中某些脂溶性的有效成分时，常使用乙醚作溶剂。纯净乙醚在外科手术中是一种吸入性全身麻醉剂，但目前已有不少新型的吸入性全身麻醉药如氟烷($F_3C—CHClBr$)、甲氧氟烷($Cl_2CH—CF_2—OCH_3$)应用于临床。

2. 环氧乙烷

环氧乙烷结构简式可表示为 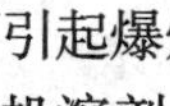 。

环氧乙烷是最简单的一种环醚。它是无色气体，可溶于水、醇和醚，沸点13.5℃。易燃，遇高温、明火有引起燃烧爆炸的危险，有毒，化学性质非常活泼，能和许多化合物起加成反应，能还原硝酸银，久储会起聚合反应。

环氧乙烷是重要的有机合成原料之一，用于制造乙二醇、合成洗涤剂、乳化剂、非离子型表面活性剂、抗冻剂、增塑剂、润滑剂。

环氧乙烷是广谱、高效的气体杀菌消毒剂。对消毒物品的穿透力强，可达到物品深部，可以杀灭病原微生物，包括细菌繁殖体、芽孢、病毒和真菌。气体和液体均有杀灭微生物作用，以气体作用较强，故多用其气体，在医学消毒和工业灭菌上用途广泛。常用于食料、纺织物及其他方法不能消毒的对热不稳定的药品和外科器材等进行气体熏蒸消毒，如皮革、棉制品、化纤织物、精密仪器、生物制品、纸张、书籍、文件、某些药物、橡皮制品等。

环氧乙烷亦被应用于军事武器制备，杀伤力巨大。

3. 冠醚

冠醚是含有多个氧原子(4,5,6 以至更多)的大环醚。

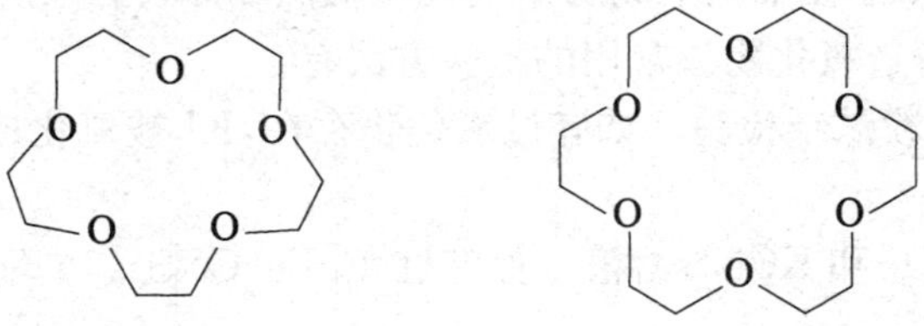

15－冠－5　　　18－冠－6

冠醚的命名以“m－冠－n”表示，m 代表环中所有原子数，n 代表环中氧原子数。

冠醚分子呈环形，当中有一个空穴，氧原子向内，—CH_2—基在外。冠醚分子中氧原子上的未共用电子对可以与金属离子配位。不同冠醚分子中氧原子的数目不同，则氧原子间的空穴大小不同，从而可容纳大小不同的金属离子。例如，12－冠－4 只能容纳较小的 Li^+，而 18－冠－6 则可以与 K^+ 配位。因此冠醚可用来分离金属离子。

知识窗

燃料乙醇

燃料乙醇，一般是指体积浓度达到 99.5%以上的无水乙醇。燃料乙醇拥有清洁、可再生、辛烷值高、抗爆性能好等特点，可在专用的乙醇发动机中使用，又可按一定的比例与汽油混合，在不对原汽油发动机做任何改动的前提下直接使用。在美国和巴西等国家燃料乙醇已得到初步的普及，燃料乙醇在我国也开始有计划地发展。燃料乙醇具有以下特点：

1. 可作为新的燃料替代品，减少对石油的消耗乙醇作为可再生能源，可直接作为液体燃料或者同汽油混合使用，可减少对不可再生能源石油的依赖，保障能源安全。

2. 辛烷值高，抗爆性能就好

作为汽油添加剂，可提高汽油的辛烷值。通常车用汽油的辛烷值一般要求为90或93，乙醇的辛烷值可达到111，所以向汽油中加入燃料乙醇可大大提高汽油的辛烷值，且乙醇对烷烃类汽油组分（烷基化油、轻石脑油）辛烷值调合效应好于烯烃类汽油组分（催化裂化汽油）和芳烃类汽油组分（催化重整汽油），添加乙醇还可以较为有效地提高汽油的抗爆性。

3. 作为汽油添加剂，可减少矿物燃料的应用以及对大气的污染

乙醇的氧含量高达34.7%，乙醇可以按较甲基叔丁基醚（MTBE）更少的添加量加入汽油中。汽油中添加7.7%乙醇，氧含量达到2.7%；如添加10%乙醇，氧含量可以达到3.5%，所以加入乙醇可帮助汽油完全燃烧，以减少对大气的污染。使用燃料乙醇取代四乙基铅作为汽油添加剂，可消除空气中铅的污染；取代甲基叔丁基醚，可避免对地下水和空气的污染。另外，除了提高汽油的辛烷值和含氧量，乙醇还能改善汽车尾气的质量，减轻污染。一般当汽油中乙醇的添加量不超过15%时，对车辆的行驶性没有明显影响，但尾气中碳氢化合物、NO_x和CO的含量明显降低。美国汽车/油料（AQIRP）的研究报告表明：使用含6%乙醇的加州新配方汽油，与常规汽油相比，碳氢化合物排放可降低5%，CO排放减少21%～28%，NO_x排放减少7%～16%，有毒气体排放降低9%～32%。

4. 乙醇是可再生能源

燃料乙醇可以用玉米、小麦等粮食作物和甘蔗、木薯、红薯、高粱、甜菜等非粮食作物通过生物发酵方式来生产，也可以利用植物纤维经过预处理、无机酸或纤维素酶水解再通过生物发酵方式生产。但考虑到粮食安全问题，政府鼓励大力发展以非粮作物为原料开发燃料乙醇，并给予一定的财政补贴等优惠政策。

采用甘蔗、玉米、薯干和植物秸秆等农产品或农林废弃物为原料酶解糖化发酵生产乙醇，其燃烧所排放的CO_2和作为原料的生物源生长所消耗的CO_2，在数量上基本持平，这对减少大气污染及抑制温室效应意义重大。

5. 脱水技术是燃料乙醇生产关键技术之一

从普通蒸馏工段出来的乙醇，其最高质量浓度只能达到95%，要进一步的浓缩，继续用普通蒸馏的方法是无法完成的，因为此时，酒精和水形成了恒沸物（对应的恒沸温度为78.15℃），难以用普通蒸馏的方法分离开来。为了提高乙醇浓度，去除多余的水分，就需采用特殊的脱水方法。目前开发的脱水新工艺主要有渗透汽化、吸附蒸馏、特殊蒸馏、加盐萃取蒸馏、变压吸附和超临界萃取分离等。脱水后制成的燃料乙醇再加入少量的变性剂就成为变性燃料乙醇，和汽油按一定比例调合就成为车用乙醇汽油。

6. 乙醇汽油对环境要求非常高

乙醇汽油非常怕水，保质期短，因此销售乙醇汽油比普通汽油在调配、储存、运输、销售各环节要严格得多。

推广使用燃料乙醇是一个系统工程，国家应建立从调配、运输、销售和售后服务的全过程质量保证体系，并制定相应的经济、税收政策、法规、标准、规范和管理办法，确保乙醇汽油的推广应用。另外，为了扩大原料来源，合理利用土地资源，减少对粮食市场的冲击，从长远看要研究以木薯和含有大量纤维素的秸秆等农林业废弃物替代玉米生产燃料乙醇新工艺，以进一步提高副产品的综合利用率，降低燃料乙醇的生产成本，提高竞争力。

本章小结

- 醇
  - 分类
  - 命名
  - 物理性质
  - 化学性质
    - 与活泼金属反应
    - 羟基可被取代
    - 脱水反应
    - 氧化反应
- 酚
  - 分类
  - 命名
  - 物理性质：在水中有一定的溶解度；沸点高；对称性好的酚熔点高
  - 化学性质
    - 具有弱酸性
    - 与三氯化铁显色
    - 氧化反应
    - 苯环上的亲电取代反应
- 醚
  - 分类
  - 命名
  - 物理性质：微溶于水，熔、沸点比分子质量相近的醇低
  - 化学性质
    - 形成𨰻盐
    - 醚键断裂
    - 生成过氧化物

练习题

1. 用系统命名法命名下列化合物。

(1) 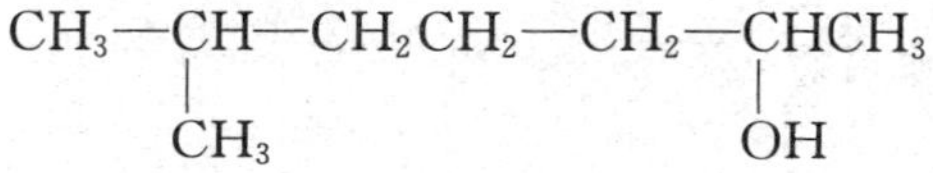

(2) 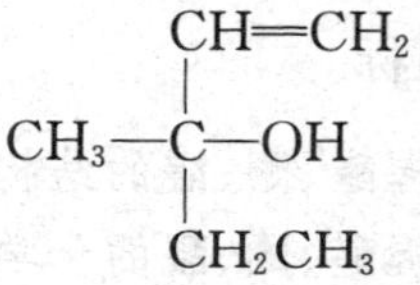

(3) 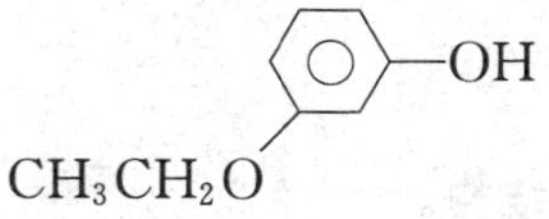

(4) 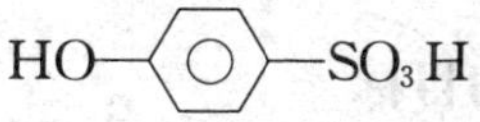

(5) $CH_3CH_2CH_2OCH_3$

(6) 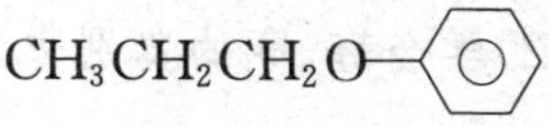

2. 比较下列各组化合物的相对酸性强弱。

(1)苯酚、对甲氧基苯酚、对硝基苯酚、2,4-二硝基苯酚、对溴苯酚、对甲苯酚

(2)苯酚、苄醇、苯磺酸、苯甲酸

3. 用适当的方法将下列混合物中的少量杂质除去。

(1)己烷中有少量1-己醇

(2)乙醚中含有少量乙醇

(3)环己醇中含有少量苯酚

4. 用简便的化学方法分离下列各组化合物。

(1)邻甲苯酚和邻氯甲苯

(2)环己醇和苯酚

(3)对甲苯酚和苯甲醚

5. 用化学方法鉴别下列各组化合物。

(1)苯酚、甲苯、环己烷

(2)己烷、1-己醇、苯酚

(3)间甲苯酚、苯甲醇、甲苯、苄溴

(4)2-丁醇、2-甲基-2-丙醇、2-甲基-1-丙醇

6. 两种醇(A)和(B)分子式同为 $C_5H_{12}O$，它们氧化后均得到酸性产物，两种醇脱水后再氢化得到同一种烃。(A)脱水之后氧化得到一羧酸和 CO_2；(B)脱水之后氧化得到一分子酮和 CO_2。试推测(A)和(B)分子式并写出相关反应方程式。

7. 一芳香化合物(A)的分子式为 C_7H_8O。(A)和钠不反应，与 HI 反应生成化合物(B)和(C)；(B)能溶于 NaOH 并能与 $FeCl_3$ 溶液作用呈现紫色；(C)与 $AgNO_3$ 的醇溶液作用生成黄色的 AgI。推测(A)、(B)、(C)的结构并写出相关反应方程式。

第八章　醛、酮和醌

知识目标

(1)掌握醛、酮、醌的结构特点及命名。
(2)掌握醛、酮、醌的化学性质。

能力目标

(1)能够根据反应特点和产物结构推测有机物的结构。
(2)学会醛、酮的鉴别方法。

醛(aldehyde)、酮(ketone)和醌(quinones)分子中都有羰基—$\overset{\mathrm{O}}{\overset{\|}{\mathrm{C}}}$—基团,醛的羰基在碳链末端;酮的羰基在链之间,与两个烃基相连接;醌是一类特殊的不饱和环二酮,兼有烯烃和酮的典型性质。

第一节　醛和酮

一、醛和酮的结构、分类和命名

醛和酮都是含有羰基官能团的化合物。当羰基与一个烃基和一个氢原子相结合时就是醛,醛基的简写为—CHO。若羰基与两个烃基相结合,就是酮,酮分子中的羰基称为酮基。醛、酮的通式为:

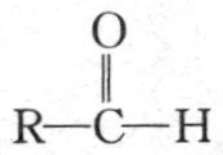
醛

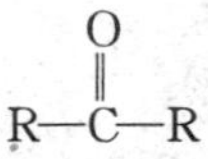
酮

1. 结构

醛、酮羰基中的碳原子为 sp^2 杂化,而氧原子则是未经杂化的。碳原子的三个 sp^2 杂化轨道相互对称地分布在一个平面上,其中之一与氧原子的 $2p$ 轨道在键轴方向重叠构成碳氧 σ 键。碳原子未参加杂化的 $2p$ 轨道垂直于碳原子三个 sp^2 杂化轨道所在的平面,与氧原子的另一个 $2p$ 轨道平等重叠,形成 π 键,即碳氧双键也是由一个 σ 键和一个 π 键组成。由于氧原子的电负性比碳原子大,羰基中的 π 电子云偏向氧原子,羰基碳原子带部分正电荷,而氧原子带部分负电荷。

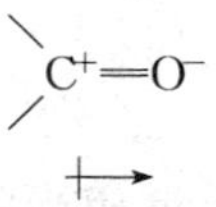

羰基的极性示意图

2. 分类

根据烃基的不同可以分为脂肪醛酮、芳香醛酮；根据羰基的个数可以分为一元醛酮、多元醛酮。

3. 命名

(1)普通命名法　醛的命名与醇的习惯命名法相似，称某醛。如：

CH_3CH_2OH 乙醇	CH_3CHO 乙醛
$CH_3CH(CH_3)CH_2OH$ 异丁醇	$CH_3CH(CH_3)CHO$ 异丁醛

脂肪酮与醚相似，按酮基所连接的两个烃基而称为某(基)某(基)酮。例如：

CH_3OCH_3 甲醚	CH_3COCH_3 二甲酮
$CH_3OCH_2CH_3$ 甲乙醚	$CH_3COCH_2CH_3$ 甲乙酮

(2)系统命名法　选择含有羰基的最长碳链作为主链，称为某醛或某酮。由于醛基是一价原子团，必在链端，命名时不必用数字标明其位置。酮基的位置则需用数字标明，写在“某酮”之前，并将支链的位置、数量和名称写在母体名称之前。例如：

$CH_3CH(CH_3)CHO$ 2-甲基丙醛	$CH_3CH_2COCH(CH_3)CH_2CH_3$ 4-甲基-3-己酮
$CH_3CH{=}CHCHO$ 2-丁烯醛	$CH_3CH(CH_3)CH{=}CHCOCH_3$ 5-甲基-3-己烯-2-酮

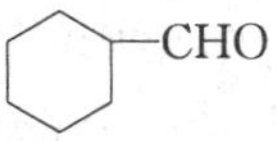

环己基甲醛

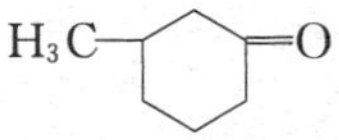

3-甲基环己酮

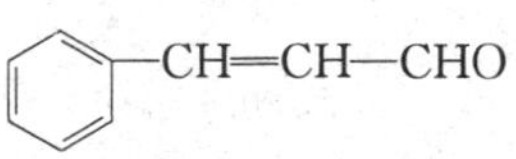

3-苯丙烯醛

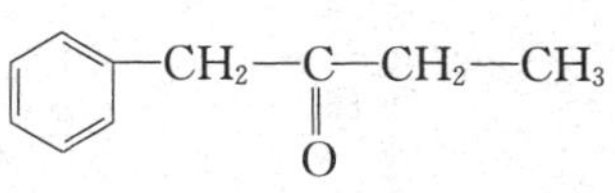

1-苯-2-丁酮

醛酮命名时习惯上还采用希腊字母 α、β、γ 等，α 碳指与醛基或酮基直接相连的碳原子。例如：

$CH_3CH_2CH_2CH(CH_3)CHO$　　α-甲基戊醛

二、醛、酮的物理性质

醛和酮的沸点比与其相对分子质量相当的烷烃高(表 8－1)。由于羰基具有极性,增加了分子之间的吸引力,所以沸点比烷烃和醚高,但由于羰基之间不能形成氢键,因此它们的沸点比相对分子质量相同的醇或羧酸要低。在常温常压下,甲醛为具有刺激气味的气体,其他低级及中级醛、酮为液体,高级醛、酮为固体。

表 8－1　相对分子质量相近的烷烃、醚、醛、酮、羧酸的沸点比较

化合物	戊烷	乙醚	丁醛	丁酮	正乙醇	丙酸
相对分子质量	72	74	72	72	74	74
沸点/℃	36	35	76	80	118	141

醛、酮分子羰基中的氧原子可以与水分子形成分子间氢键,所以低级醛、酮如甲醛、乙醛和丙酮易溶于水。随着相对分子质量的增加,所连烷基的疏水性逐渐超过羰基的亲水性,因此相对分子质量较大的醛、酮不溶于水。大多数芳香族醛、酮由于芳环的疏水性而微溶或不溶于水(苯甲醛在水里的溶解度为 3%),而溶于有机溶剂。常见醛、酮的物理常数见表 8－2。

表 8－2　常见醛、酮的物理常数

化合物	熔点/℃	沸点/℃	相对密度	溶解度/(g/100g)
甲醛	－92	－21	0.815(－20℃)	55
乙醛	－121	20	0.7951(10℃)	溶
丙醛	－81	49	0.7966 (25℃)	16
丙烯醛	－87	52	0.8410	溶
丁醛	－99	76	0.8170	7
异丁醛	－66	64	0.7938	溶
苯甲醛	－26	178	1.0415(15℃)	0.3
苯乙醛	33～34	194	1.0272	微溶
丙酮	－94	56	0.7899	溶
丁酮	－86	80	0.8054	26
2－戊酮	－78	102	0.8089	6.3
3－戊酮	－41	101	0.8138	5
环己酮	－16	156	0.9478	微溶
苯乙酮	21	202	1.0260	微溶

三、醛和酮的化学性质

(一) 亲核加成反应

醛、酮羰基与碳碳双键一样也是由一个 σ 键和一个 π 键组成。由于羰基中氧原子的电负性比碳原子大，π 电子云偏向于电负性较大的氧原子，使得氧原子带上部分负电荷，碳原子带上部分正电荷。由于氧原子容纳负电荷的能力较碳原子容纳正电荷的能力大，故发生加成反应时，应是带有一对未共用电子对的亲核试剂(可以是负离子或带有未共有电子对的中性分子)提供一对电子进攻带部分正电荷的羰基碳原子，生成氧负离子。即羰基上的加成反应决定反应速度的一步是由亲核试剂进攻引起的，故羰基的加成反应称为亲核加成反应。

醛、酮与亲核试剂的加成反应都是试剂中带负电荷部分首先向羰基带正电荷碳原子进攻，生成氧负离子，然后试剂中带正电荷部分加到氧负离子上去。在这两步反应中，第一步需共价键异裂，是反应慢的一步，是决定反应速度的一步。可用通式表示如下：

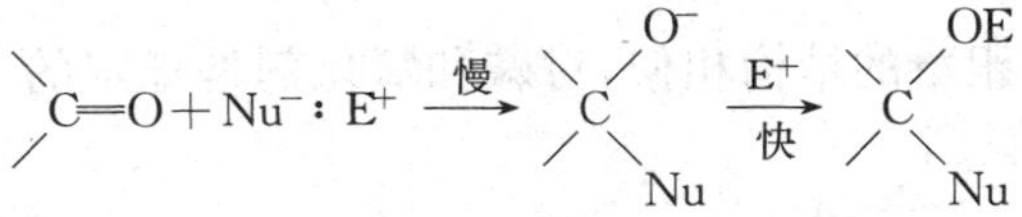

不同结构的醛、酮进行亲核加成反应的难易程度不同，其由易到难的顺序为：

$$HCHO > RCHO > RCOCH_3 > RCOR$$

影响醛酮亲核加成反应的速度的因素有两方面，其一是电性因素，烷基是供电子基，与羰基碳原子连接的烷基会使羰基碳原子的正电性下降，对亲核加成不利。其二是立体因素，当烷基与羰基相连，不但降低羰基碳的正电性，而且烷基的空间阻碍作用，也不便于亲核试剂接近羰基，不利于亲核加成反应的进行。

1. 与氢氰酸加成

醛、脂肪族甲基酮及 8 个碳以下的环酮能与氢氰酸发生加成反应生成 α -氰醇。反应通式为：

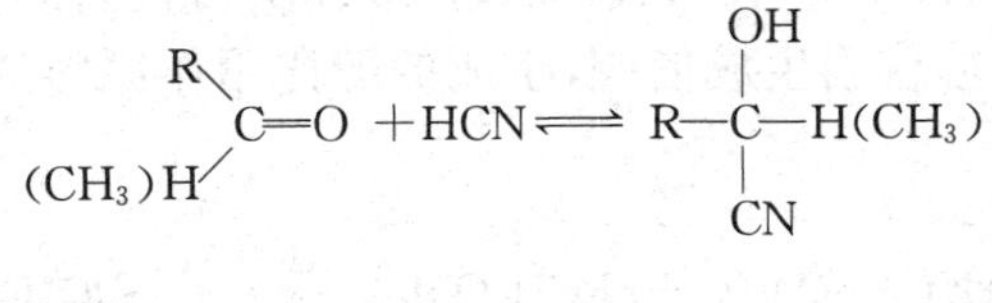

2. 与亚硫酸氢钠加成

醛、甲基酮以及 8 个碳原子以下的环酮可与亚硫酸氢钠的饱和溶液发生加成反应，生成 α -羟基磺酸钠，α -羟基磺酸钠不溶于饱和的亚硫酸氢钠溶液而析出结晶。

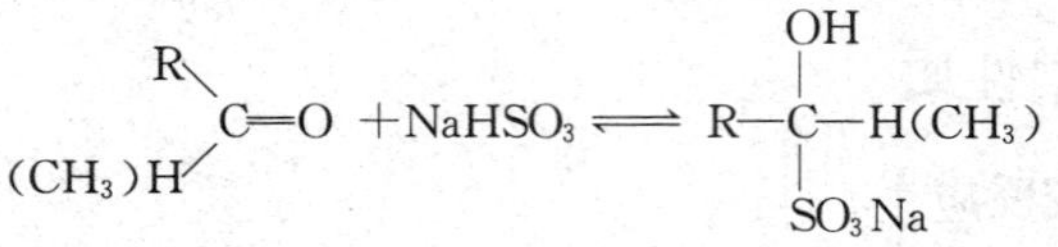

本加成反应可用来鉴别醛、脂肪族甲基酮和 8 个碳原子以下的环酮。由于反应为可逆反应，加成物 α-羟基磺酸钠遇酸或碱，又可恢复成原来的醛和酮，故可利用这一性质分离和提纯醛酮。

3. 与醇加成

在干燥氯化氢或浓硫酸作用下，一分子醛和一分子醇发生加成反应，生成半缩醛。

半缩醛一般不稳定，它可继续与一分子醇反应，两者之间脱去一分子水，而生成稳定的缩醛。例如：

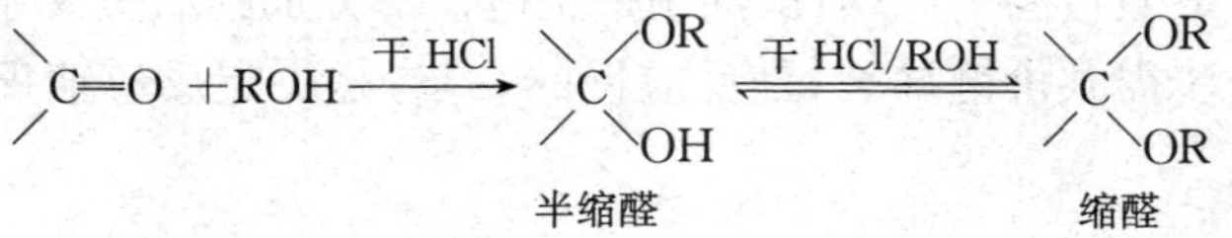

在结构上，缩醛跟醚的结构相似，对碱和氧化剂是稳定的，对稀酸敏感可水解成原来的醛。

$$RCH(OR)_2 + H_2O \xrightleftharpoons{H^+} RCHO$$

在有机合成中可利用这一性质保护活泼的醛基。例如由对羟基环己基甲醛合成对醛基环己酮时，须先将醛基转变成缩醛加以保护，否则当用高锰酸钾氧化时，醛基也会被氧化成羧酸。

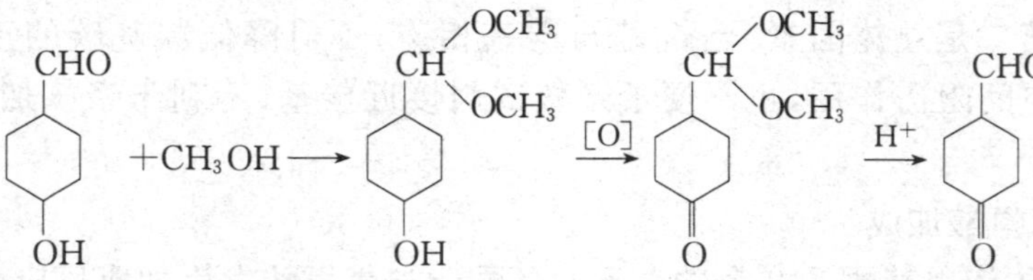

4. 与格氏试剂加成

醛、酮与格氏试剂（RMgX）加成，加成产物不必分离，而直接水解可制得相应的醇。格氏试剂与甲醛作用生成伯醇，生成的醇比用作原料的格氏试剂多一个碳原子。

$$HCHO + RMgX \longrightarrow RCH_2OMgX \xrightarrow{H_2O/H^+} RCH_2OH$$

格氏试剂与其他醛作用生成仲醇。例如：

$$RCHO + RMgX \longrightarrow R_2CHOMgX \xrightarrow{H_2O/H^+} R_2CHOH$$

格氏试剂与酮作用生成叔醇。例如：

$$RCOR + RMgX \longrightarrow R_3COMgX \xrightarrow{H_2O/H^+} R_3COH$$

5. 与氨的衍生物加成

氨的衍生物可以是伯胺、羟胺、肼、苯肼、2,4－二硝基苯肼以及氨基脲。醛、酮能与氨的衍生物发生加成作用，反应并不停留在加成一步，加成产物相继发生脱水形成含碳氮双键的化合物。反应式如下：

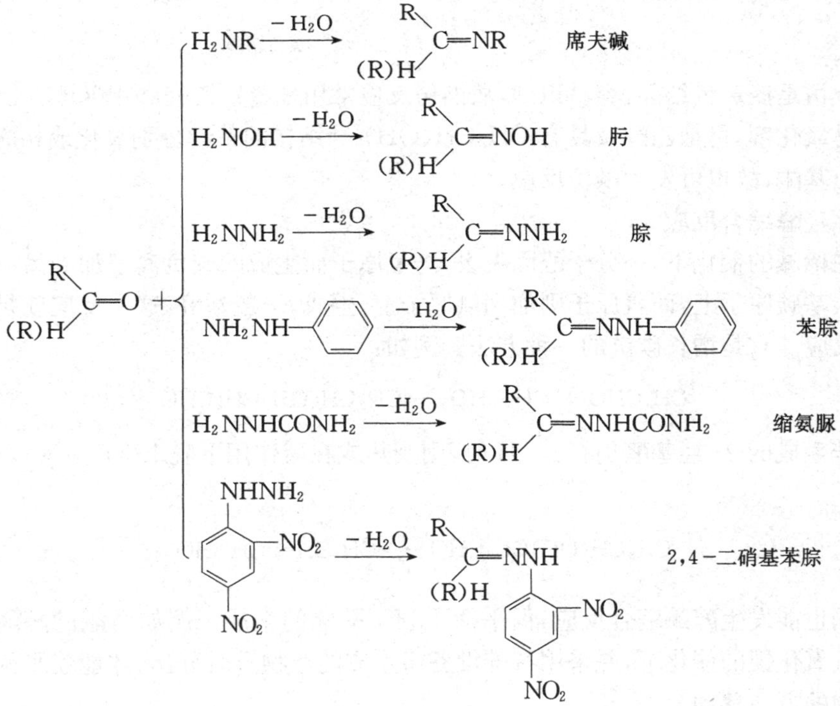

上述的氨衍生物可用于检查羰基的存在，又称羰基试剂。特别是2,4－二硝基苯肼几乎能与所有的醛、酮迅速反应，生成橙黄色或橙红色的结晶。

(二) α－活泼氢的反应

醛、酮α－碳原子上的氢原子受羰基的影响变得活泼。这是由于羰基的吸电子性使α－碳上的α－H键极性增强，氢原子有变成质子离去的倾向。或者说α－碳原子上的碳氢σ键与羰基中的π键形成σ－π共轭(超共轭效应)，也加强了α－碳原子上的氢原子解离成质子的倾向。

1. 卤代和卤仿反应

醛、酮可以和卤素发生卤代反应。在酸的存在下，卤代反应可控制在一卤代产物阶段。

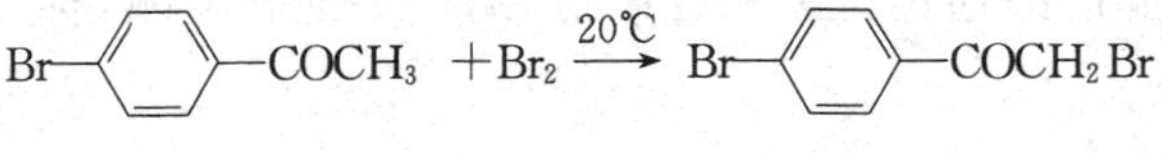

在碱性催化下，卤代反应不能控制在一卤代产物，而是生成多卤代产物。α-碳原子上连有三个氢原子的醛酮，例如，乙醛和甲基酮，能与卤素的碱性溶液作用，生成三卤代物。三卤代物在碱性溶液中不稳定，立即分解成三卤甲烷和羧酸盐，这就是卤仿反应。常用的卤素是碘，反应产物为碘仿，称为碘仿反应。

$$CH_3-\overset{\overset{\displaystyle O}{\|}}{C}-CH_3 \xrightarrow[NaOH]{I_2} CH_3-\overset{\overset{\displaystyle O}{\|}}{C}-CI_3 \xrightarrow{OH^-} \underset{\text{黄色结晶}}{CHI_3\downarrow} + CH_3-\overset{\overset{\displaystyle O}{\|}}{C}-O^-$$

碘仿是淡黄色结晶，容易识别，故碘仿反应常用来鉴别乙醛和甲基酮。次碘酸钠也是氧化剂，可把乙醇及具有 $CH_3CH(OH)-$ 结构的仲醇分别氧化成相应的乙醛或甲基酮，故也可发生碘仿反应。

2. 羟醛缩合反应

在稀碱的催化下，一分子醛因失去 α-氢原子而生成的碳负离子加到另一分子醛的羰基碳原子上，而氢原子则加到氧原子上，生成 β-羟基醛，这一反应就是羟醛缩合反应。它是增长碳链的一种方法。例如：

$$CH_3CHO + CH_3CHO \longrightarrow CH_3CH(OH)CH_2CHO$$

若生成的 β-羟基醛仍有 $\alpha-H$ 时，则受热或在酸作用下脱水生成 α,β-不饱和醛。

$$CH_3CH(OH)CH_2CHO \xrightarrow[\triangle]{} CH_3CH=CHCHO$$

酮也能发生醇酮缩合反应，但平衡不利于醇酮的生成。例如丙酮的醇酮缩合需在氢氧化钡的催化下，并采用特殊设备将生成的产物及时分出，才能使平衡向生成产物的方向移动。

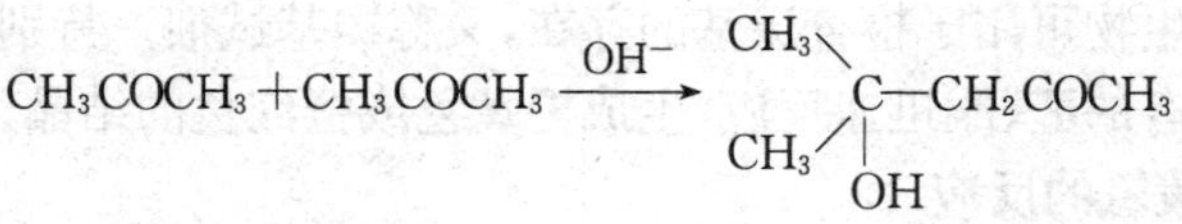

99% 1%(β-羟基酮)

当两种不同的含 $\alpha-H$ 的醛(或酮)在稀碱作用下发生醇醛(或酮)缩合反应时，由于交叉缩合的结果会得到 4 种不同的产物，分离困难，意义不大。若选用一种不含 $\alpha-H$ 的醛和一种含 $\alpha-H$ 的醛进行缩合，控制反应条件可得到单一产物。例如：

$$HCHO + (CH_3)_2CHCHO \longrightarrow HOCH_2C(CH_3)_2CHO$$

由芳香醛和脂肪醛通过交叉缩合制得 α,β-不饱和醛酮，称克莱森-斯密特反应。例如：

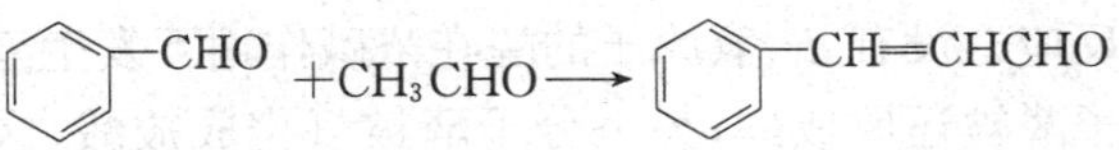

(三)氧化还原反应

1. 氧化反应

醛由于其羰基上连有氢原子，很容易被氧化，不但可被强的氧化剂高锰酸钾等氧化，也可被弱的氧化剂如托伦试剂和斐林试剂所氧化，生成含相同碳原子数的羧酸，而酮却不被氧化。

托伦试剂是由氢氧化银和氨水制得的无色溶液。托伦试剂与醛共热，醛被氧化成羧酸而弱氧化剂中的银被还原成金属银析出。若反应试管干净，银可以在试管壁上生成明亮的银镜，故又称银镜反应。

$$RCHO+[Ag(NH_3)_2]^+ \xrightarrow[\triangle]{} RCOONH_4+Ag\downarrow+NH_3+H_2O$$

斐林试剂是由硫酸铜和酒石酸钾钠的氢氧化钠溶液配制而成的深蓝色二价铜络合物，与醛共热则被还原成砖红色的氧化亚铜沉淀。

$$RCHO+Cu^{2+}+NaOH+H_2O \xrightarrow[\triangle]{} RCOONa+Cu_2O\downarrow$$

甲醛与斐林试剂作用，有铜析出可生成铜镜，故此反应又称铜镜反应。

$$HCHO+Cu^{2+}+NaOH+H_2O \xrightarrow[\triangle]{} HCOONa+Cu\downarrow$$

利用托伦试剂可把醛与酮区别开来。但芳醛不与斐林试剂作用，因此，利用斐林试剂可把脂肪醛和芳香醛区别开来。

2. 还原反应

采用不同的还原剂，可将醛酮分子中的羰基还原成羟基，也可以脱氧还原成亚甲基。

(1)羰基还原成羟基　醛酮羰基在催化剂铂、镉、镍等存在条件下，可催化加氢，将羰基还原成羟基。若分子结构中有碳碳双键，碳碳双键也同时被还原。如：

$$CH_3CH=CHCHO+H_2 \xrightarrow{Ni} CH_3CH_2CH_2CH_2OH$$

用金属氢化物如硼氢化钠、氢化锂铝等则只选择性地把羰基还原成羟基，而分子中的碳碳双键不被还原，例如：

$$CH_3CH=CHCH_2CHO \xrightarrow{LiAlH_4} CH_3CH=CHCH_2CH_2OH$$

(2)羰基还原成亚甲基　醛、酮与锌汞齐及浓盐酸回流反应，羰基被还原成亚甲基，这一反应称为克莱门森还原。例如：

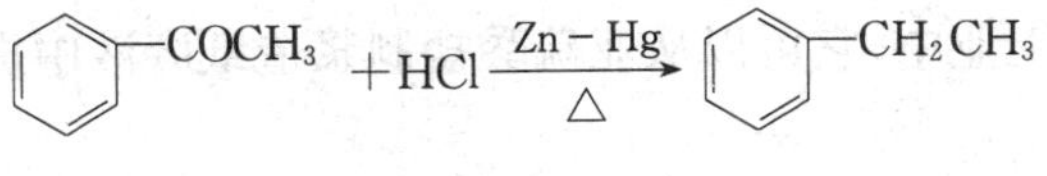

(3)康尼查罗反应　没有 α-氢原子的醛在浓碱作用下发生醛分子之间的氧化还原反应，即一分子醛被还原成醇，另一分子醛被氧化成羧酸，这一反应称为康尼查罗反应，属歧化反应。例如：

$$2HCHO + NaOH(浓) \longrightarrow CH_3OH + HCOONa$$

如果是两种不含 α-H 的醛在浓碱条件下作用，若两种醛其中一种是甲醛，由于甲醛是还原性最强的醛，所以总是甲醛被氧化成酸而另一醛被还原成醇。这一特性使得该反应成为一种有用的合成方法。

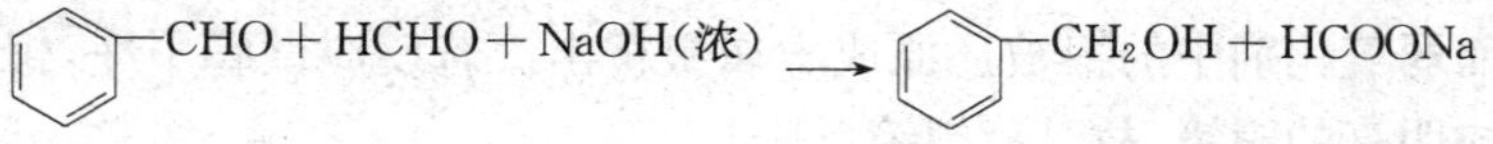

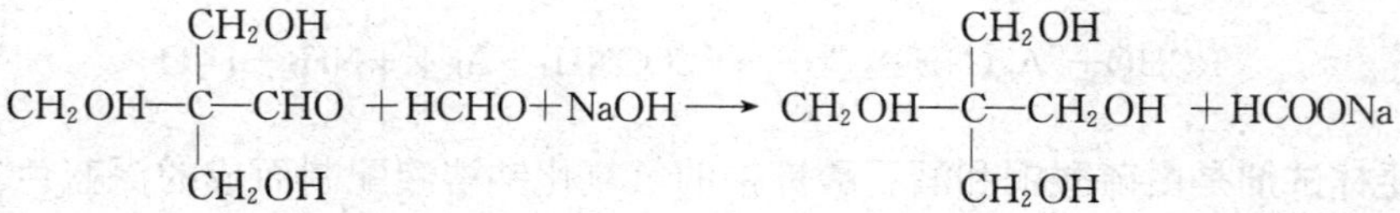

四、重要的醛和酮

1. 甲醛

甲醛又名蚁醛。甲醛在常温下是气体，易溶于水。它有杀菌防腐能力。福尔马林是 40% 甲醛水溶液，用作消毒剂和防腐剂。甲醛溶液与氨共热，生成环六亚甲基四胺，药名为乌洛托品。乌洛托品为白色结晶粉末，易溶于水，在医药上用作利尿剂及尿道消毒剂。

2. 乙醛

乙醛常温下为无色、有刺激臭味、易挥发的液体，可溶于水、乙醇、乙醚中。三氯乙醛是乙醛的一个重要衍生物，是由乙醇与氯气作用而得。三氯乙醛由于三个氯原子的吸电子效应，使羰基活性大为提高，可与水形成稳定的水合物，称为水合三氯乙醛，简称水合氯醛。其 10% 水溶液在临床上作为长时间作用的催眠药，用于治疗失眠、烦躁不安等。

3. 苯甲醛

苯甲醛是最简单的芳香醛，俗称苦杏仁油。苯甲醛是有杏仁味的液体，沸点为 179℃，微溶于水，易溶于乙醛、乙醚等有机溶剂。它与糖类化合物结合存在于杏仁、核仁等水果的果核中。在稀酸或酶的催化下，苦杏仁可水解生成苯甲醛、葡萄糖和氢氰酸，所以苦杏仁在一定条件下有毒。

苯甲醛在室温下能被空气氧化成苯甲酸，所以保存时应避免与氧或空气接触，或者也可以加入少量抗氧化剂。苯甲醛用于制作香料及其衍生物，其中 3-甲氧基-4-羟基苯甲醛是香草素，可用作饮料、食品香料、药剂中的调味剂。香草素广泛应用于食品工业中，它可以从亚硫酸盐制浆造纸废液中提取。

4. 丙酮

丙酮是具有愉快香味的无色液体，沸点 56℃，相对密度 0.7899，能与水、乙醇、乙醚、氯仿等混溶，是一种很好的溶剂。能溶解油脂、蜡、树脂、橡胶和赛璐珞等。丙酮除用作溶剂外，它还是一个重要的有机合成原料。如丙酮和氢氰酸的反应物可制备有机玻璃。另外，丙酮还可以用来作为生产环氧树脂、合成橡胶、氯仿、碘仿、乙烯酮等的原料。

5. 苯乙酮

为淡黄色液体，不溶于水，是合成苯乙烯的中间体。

6. 丙烯醛

丙烯醛是无色有刺激性的挥发性液体，脂肪过热时所产生的刺激性气味是由于其甘油成分变成丙烯醛之故。

第二节　醌

一、醌的结构和命名

醌是一类结构特殊的不饱和环二酮。

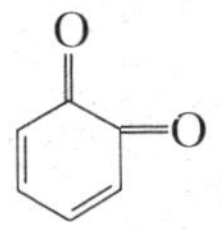

邻苯醌

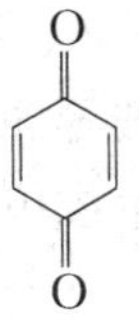

对苯醌

醌可分为苯醌、萘醌和蒽醌等。醌类化合物的命名法是以苯醌、萘醌、蒽醌等作为母体，2 个羰基的位置用阿拉伯数字加在前面注明，有时也用对、邻、远、α、β 等表明 2 个羰基的相对位置，如有取代基则可注明位置，写在醌名的前面。

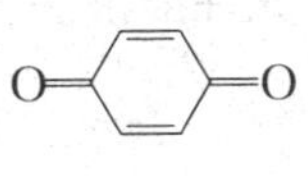

1,4－苯醌
（对苯醌）

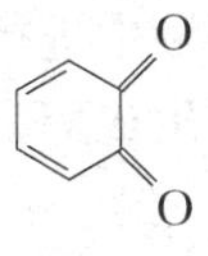

1,2－苯醌
（邻苯醌）

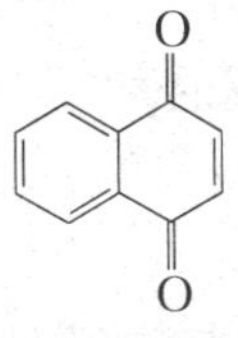

1,4－萘醌
（α－萘醌）

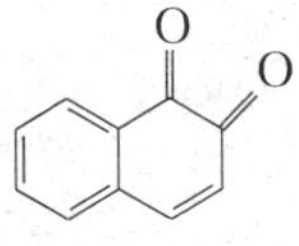

1,2－萘醌
（β－萘醌）

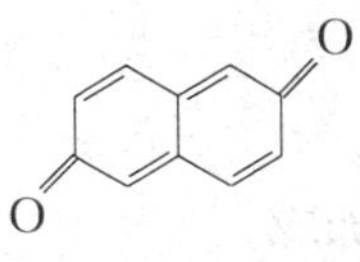

1,6－萘醌
（远萘醌）

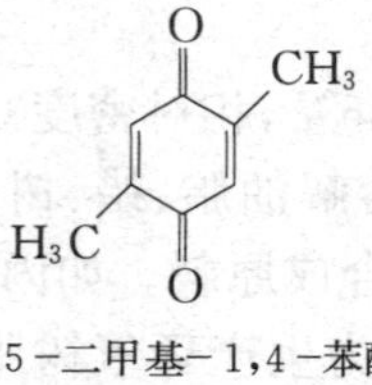

2,5-二甲基-1,4-苯醌

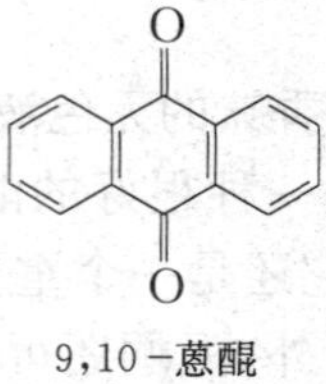

9,10-蒽醌

醌类化合物为结晶固体，一般有颜色，如邻苯醌是红色的，对苯醌是黄色的。对苯醌具有刺激性气味，可随水蒸气汽化，邻苯醌没有气味，不随水蒸气汽化。

二、对苯醌的化学性质

1. 烯键的加成

醌中的碳碳双键可以和卤素加成，得到二卤或四卤化合物。

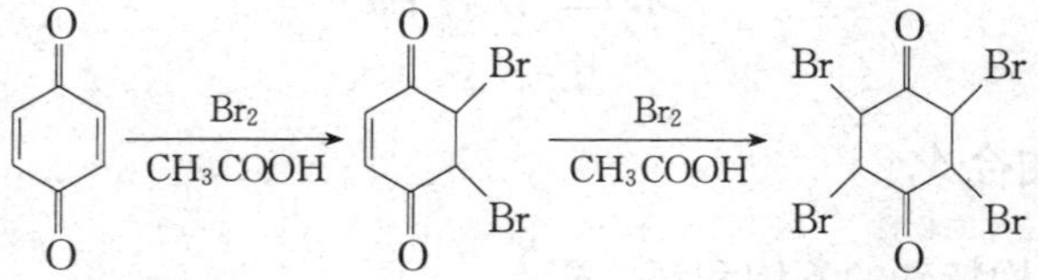

2. 羰基的加成

能与羰基试剂、格氏试剂等加成。

(1)对苯醌与羟胺作用生成单肟或双肟

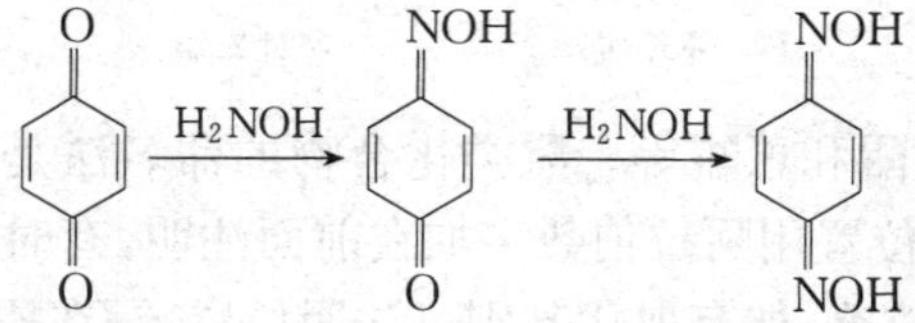

该反应必须在酸性溶液中进行，因为在碱性溶液中苯醌可以使羟胺氧化。

(2)与格氏试剂反应，生成醇

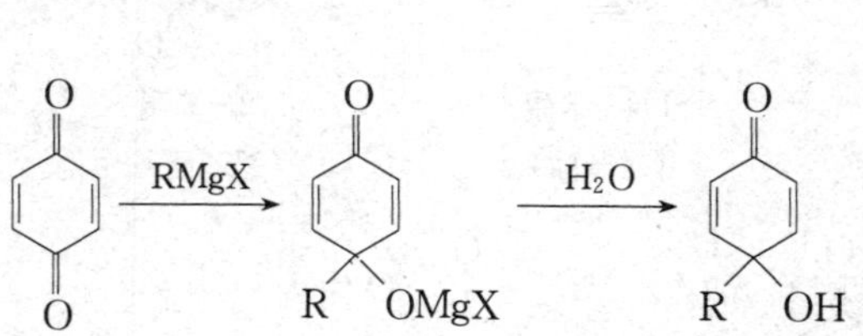

3. 1,4-加成

苯醌可看作是α,β-不饱和羰基化合物，由于碳碳双键与碳氧双键共轭，所以能与氢卤酸、氢氰酸、亚硫酸氢钠等许多试剂发生1,4-加成。例如，对苯醌与氯化氢发生加成反应生成2-氯-1,4-苯二酚。

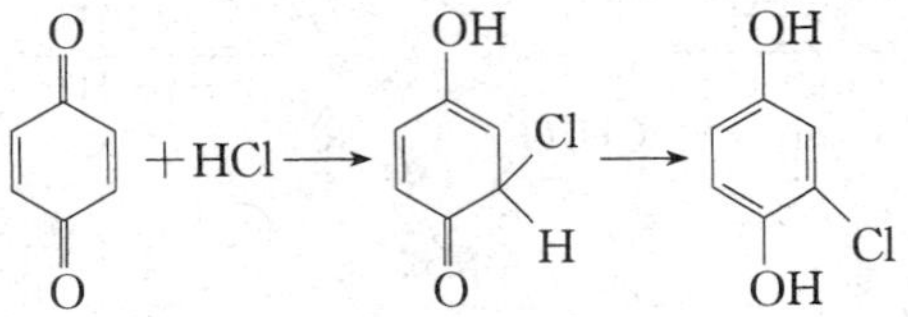

4. 还原反应

对苯醌很容易被还原为对苯二酚。

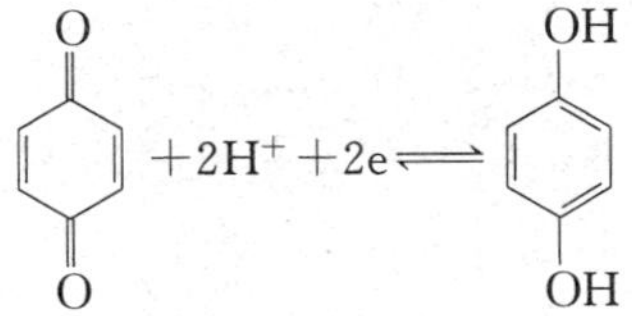

三、自然界中的醌

1. 维生素K

维生素 K_1 和维生素 K_2 都是1,4-萘醌的衍生物,具有凝血作用,因此可作止血剂。

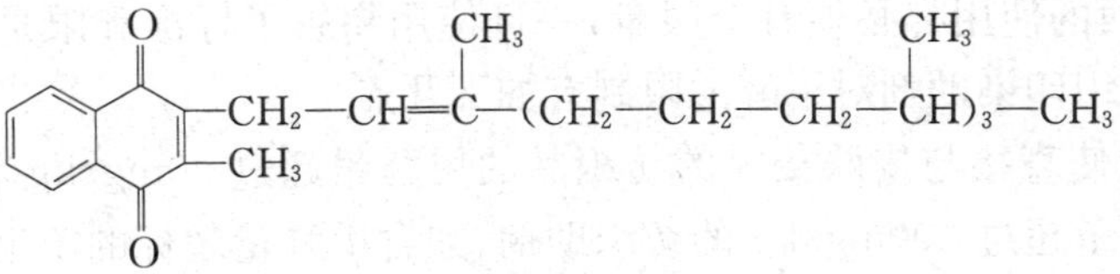

维生素 K_1

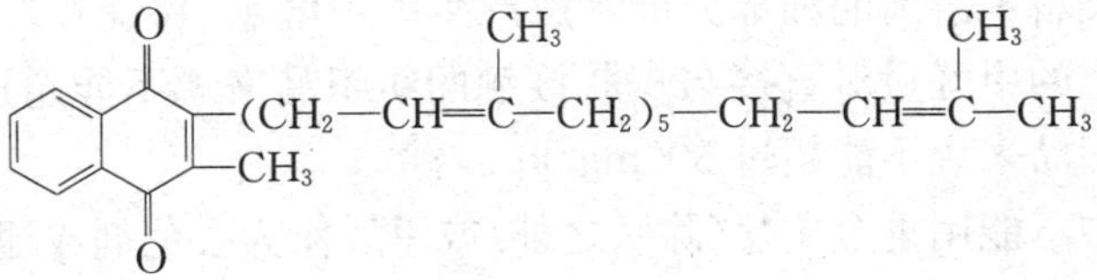

维生素 K_2

2. 泛醌(辅酶Q)

泛醌是脂溶性化合物,因其在动物体内广泛存在而得名,是生物体内氧化还原过程中极为重要的辅酶之一。

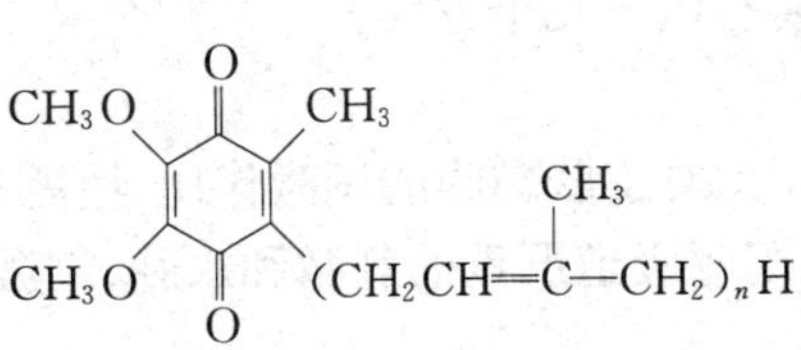

泛醌

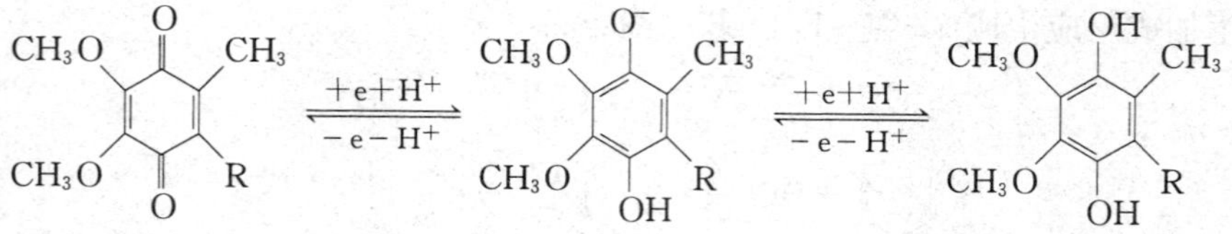

在哺乳动物中，$R\!=\!(CH_2CH\!=\!\underset{\displaystyle CH_3}{\underset{|}{C}}\!-\!CH_2)_{10}H$在反应中无变化。

知识窗

甲 醛

甲醛熔点－92℃，沸点－21℃，液态时的密度为0.815g/cm^3(20℃)，易溶于水和乙醇。35%～40%的甲醛水溶液称为福尔马林。甲醛的用途非常广泛，合成树脂、表面活性剂、塑料、橡胶、皮革、造纸、染料、制药、农药、照相胶片、炸药、建筑材料以及消毒、熏蒸和防腐过程中均要用到甲醛，可以说甲醛是化学工业中的多面手，但任何东西的使用都必须有个限量，一旦使用超越了标准和限量，就会带来不利的一面。纺织印染助剂对甲醛的限制有如下几点：

不能使用使直接与皮肤接触的纺织品的甲醛量超过30mg/kg和使所有其他纺织品的甲醛量超过300mg/kg的纺织助剂，如含甲醛量超标的羊毛保护剂、固色剂、交联剂、黏合剂等。

限制纺织染料中游离的和部分能水解产生的甲醛量，保证在织物上游离的和部分能水解产生的甲醛量对直接与皮肤接触的纺织品来说不能超过30mg/kg，而对所有其他纺织品来说不能超过300mg/kg。

在纺织品中不能用重金属盐(除铁之外)或甲醛作为去色剂或褪色剂。

1t甲醛价格在1600元上下，甲醛滥用的主要原因在于其低廉的价格。近几年以来我国纺织工业和建材工业的发展导致对甲醛的需求逐年递增，甲醛的使用面越来越广，使用量也没有明确的限制。但是人们已经认识到了甲醛对人体健康的危害，已经在研究替代甲醛的物质。

甲醛对健康危害主要有以下几个方面：

1. 刺激作用

甲醛的主要危害表现为对皮肤黏膜的刺激作用，甲醛是原浆毒物质，能与蛋白质结合，高浓度吸入时出现呼吸道严重的刺激和水肿、刺激眼睛、头痛。

2. 致敏作用

皮肤直接接触甲醛可引起过敏性皮炎、色斑、坏死，吸入高浓度甲醛时可诱发支气管哮喘。

3. 致突变作用

高浓度甲醛还是一种基因毒性物质。实验动物在实验室高浓度吸入的情况下，可引起鼻咽肿瘤。

本章小结

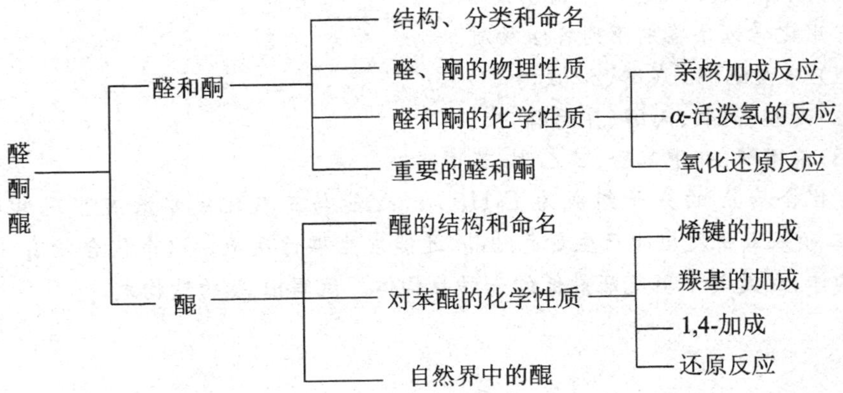

练 习 题

1. 命名下列化合物或写出其结构简式。

(1) 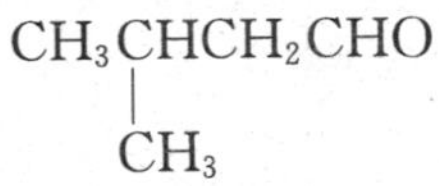

(2) 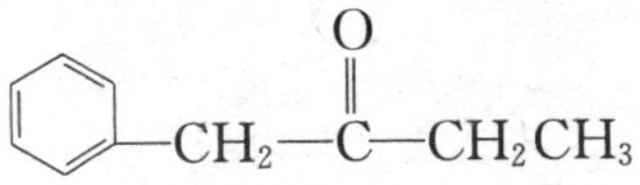

(3) 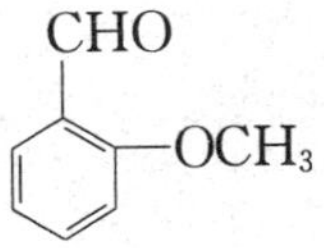

(4) 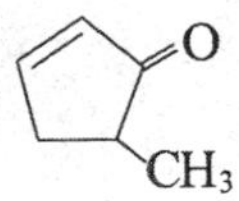

(5) 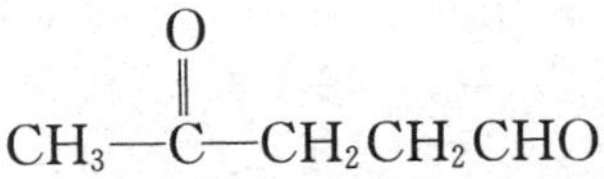

(6)4,5-二甲基-1,2-苯醌

(7)4-乙基-2,5-庚二酮

2. 完成下列化学反应式。

(1) 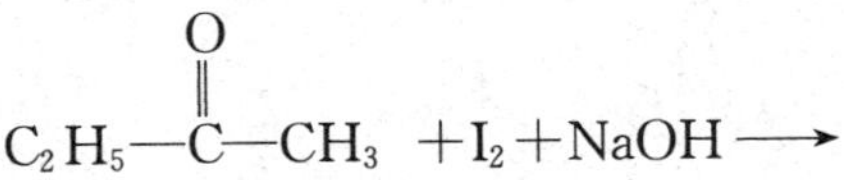

(2) $CH_3CHCH_2CH_2CHO + C_2H_5OH \xrightarrow{\text{干燥 HCl}} \xrightarrow[H_2O]{H^+}$

$\quad\quad |$

$\quad\quad CH_3$

(3) $C_2H_5MgCl + CH_3CH_2CHO \xrightarrow{\text{无水乙醚}} \xrightarrow[H_2O]{H^+}$

(4) 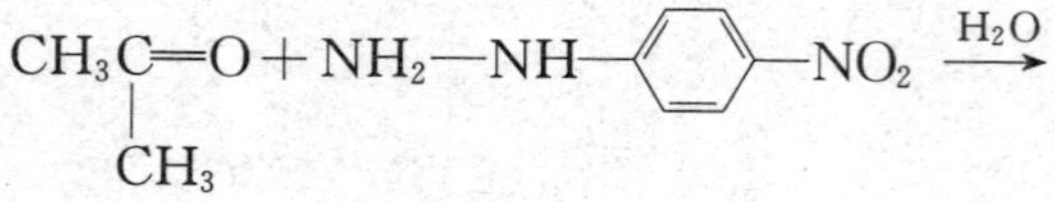

(5) $CH_3CHO + HCN \longrightarrow$

(6) $CH_3CHO + Cu^{2+} + NaOH \xrightarrow{\triangle}$

3. 用化学方法鉴别下列各组物质。

(1)2-戊酮、3-戊醇、2-戊醇

(2)丙醛、丙酮、丙醇、异丙醇

(3)苯甲醇、邻甲苯酚、苯乙酮、苯甲醛

4. 化合物 A 的分子组成为 $C_8H_8O_2$。A 能与三氯化铁水溶液显现紫色，与 2,4-二硝基苯肼反应能产生黄色结晶，还能发生碘仿反应。这个化合物有 3 种同分异构体，A 是其中蒸气压最低的一种异构体。试写出 A 的结构式。

第九章　羧　　酸

知识目标

(1)理解羧酸的结构。
(2)熟悉羧酸的分类,掌握羧酸的命名。
(3)了解羧酸的物理性质,掌握羧酸的重要化学性质。

能力目标

(1)学会根据羧酸的结构式写出名称或由名称写出结构式。
(2)能够根据化学性质鉴别羧酸。

第一节　羧酸的结构、分类和命名

由烃基(或氢原子)与羧基相连所组成的化合物称为羧酸,其通式为 RCOOH,羧基(—COOH)是羧酸的官能团。

一、结构

羧酸的官能团是羧基(—COOH)。羧基中的碳原子采取 sp^2 杂化形式,3 个 sp^2 杂化轨道分别与 2 个氧原子和烃基 α-碳原子形成 3 个 σ 键。这三个 σ 键在同一个平面上,碳原子未参与杂化的 p 轨道与氧原子的 p 轨道形成一个 π 键。同时羟基氧原子上的未共用电子对可与 π 键形成 p-π 共轭体系(图 9-1)。

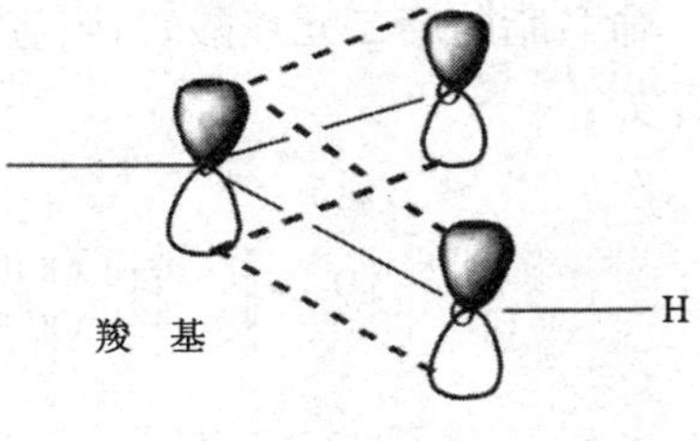

图 9-1　羧酸官能团结构示意图

p-π 共轭体系的存在使羟基氧原子上电子云密度降低,两个碳氧键的键长趋于平均化。

二、分类

根据羧基所连烃基种类可将羧酸分为脂肪族(又可分为饱和酸和不饱和酸)、脂环族 、芳香族、杂环族羧酸;根据分子中羧基的数目可将羧酸分为一元、二元和多元羧酸。

三、命名

一些常见的羧酸多用俗名，这是根据它们的来源命名的。如：

HCOOH	CH_3COOH	HOOC—COOH
蚁酸	醋酸	草酸

脂肪族羧酸的系统命名原则与醛相同，即选择含有羧基的最长的碳链做主链，根据主链上碳原子数目称为某酸，不饱和脂肪酸选择主链应包含不饱和键，称为某烯酸或某炔酸。从羧基中的碳原子开始给主链上的碳原子编号。取代基的位次用阿拉伯数字表明。有时也用希腊字母来表示取代基的位次，从与羧基相邻的碳原子开始，依次为 α、β、γ 等。

例如：

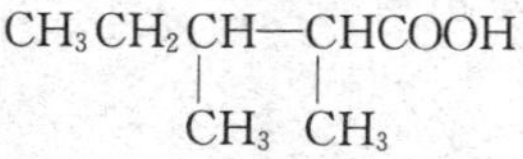

2,3－二甲基戊酸

（α,β－二甲基戊酸）

$CH_3CH=CHCOOH$

2－丁烯酸

α－丁烯酸（巴豆酸）

芳香族羧酸和脂环族羧酸，可把芳环和脂环作为取代基来命名。例如：

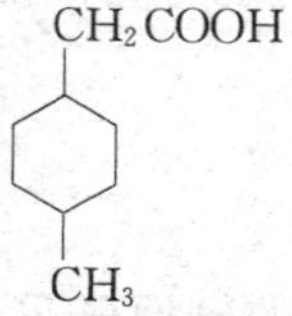

对甲基环己基乙酸

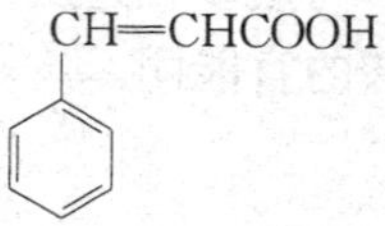

3－苯丙烯酸（肉桂酸）

命名脂肪族二元羧酸时，则应选择包含两个羧基的最长碳链做主链，称为某二酸。如：

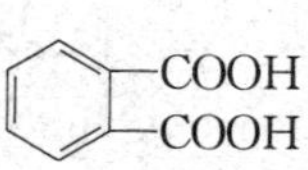

邻苯二甲酸

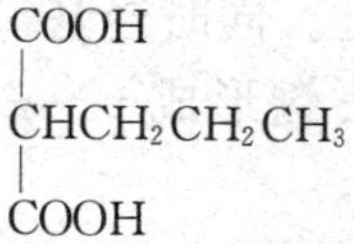

正丙基丙二酸

第二节　羧酸的物理性质

一、状态和气味

室温下，甲酸、乙酸、丙酸是液体，有较强的刺鼻气味，水溶液有酸味。4～9 碳原子酸也是液体，有难闻的酸臭味。10 个碳原子以上的羧酸是蜡状固体，无气味，挥发性很低。

二、溶解性

羧酸分子可与水形成氢键，所以低级羧酸能与水混溶，随着分子质量的增加，非极性的烃基愈来愈大，使羧酸的溶解度逐渐减小，6 个碳原子以上的羧酸则难溶于水而易溶于有机溶剂。

三、熔沸点

(一)熔点

随着 C 原子的增加呈锯齿状变化(偶数 C 原子酸的熔点比相邻的两个奇数 C 原子酸的熔点高)。

(二)沸点

由于羧酸分子间及羧酸分子与水分子间可以形成氢键而缔合成较稳定的二聚体或多聚体，羧酸的沸点高于分子质量相近的醇。

四、相对密度

一元羧酸：甲酸、乙酸相对密度大于 1，其他羧酸的相对密度小于 1。二元羧酸、芳香羧酸的相对密度大于 1。

常见羧酸的物理常数见表 9－1。

表 9－1　　羧酸的物理常数

化合物	熔点/℃	沸点/℃	溶解度	pK_a(25)
甲酸(蚁酸)	8.4	100.7	混溶	3.76
乙酸(醋酸)	16.6	117.9	混溶	4.75
丙酸	－20.8	141	混溶	4.87
丁酸	－4.3	163.5	混溶	4.61
戊酸	－33.8	186	5	4.82
己酸	－2	205	0.96	4.83
十二酸(月桂酸)	43.2	—	不溶	—
十四酸	54.4	—	不溶	—
十六酸(棕榈酸，软脂酸)	63	—	不溶	—
十八酸(硬脂酸)	72	—	不溶	—
苯甲酸(安息香酸)	122.4	249	不溶	4.19
苯乙酸	77	265.5	0.34	4.28

第三节　羧酸的化学性质

根据羧酸的分子结构，可以发生以下反应：

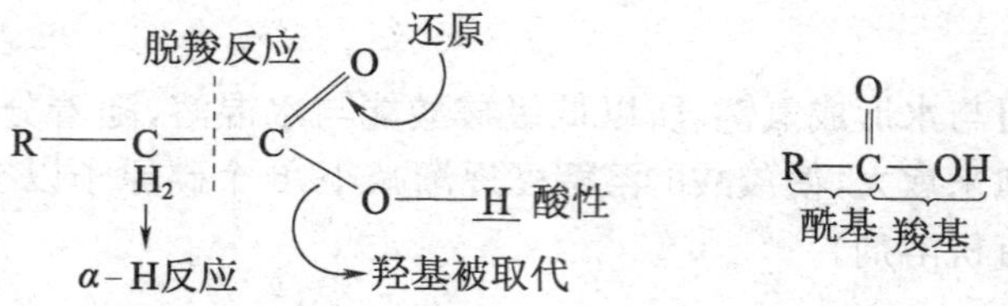

一、酸性

羧基中的氢可以离解为氢离子而显示酸性。表示为：

$$RCOOH \longrightarrow RCOO^- + H^+$$

羧酸是弱酸，具有酸的通性，能使石蕊变红，能与活泼金属、碱性氧化物、碱和某些盐发生反应。

$$RCOOH + NaOH \longrightarrow RCOONa + H_2O$$

羧酸的酸性比苯酚和碳酸的酸性强，因此羧酸能与碳酸钠、碳酸氢钠反应生成羧酸盐。但羧酸的酸性比无机酸弱，所以在羧酸盐中加入无机酸时，羧酸又游离出来。利用这一性质，可以鉴别羧酸和苯酚，还可以用来分离提纯有关化合物。

二、羧基中羟基的取代反应

羧基中 C—O 键是极性键，在一定条件下，羧酸分子中羧基上的羟基可被卤原子(X)、羧酸根(RCOO—)、烷氧基(—OR)、氨基(—NH_2)取代，分别生成酰卤、酸酐、酯及酰胺，这些统称为羧酸衍生物。

(一)酰卤的生成

酰卤是重要的有机试剂，酰氯是最常见的。羧酸与氯化亚砜、三氯化磷、五氯化磷等作用，生成酰氯。

$$RCOOH + PCl_3\,(PCl_5 \text{ 或 } SOCl_2) \longrightarrow RCOCl$$

(二)酸酐的生成

在脱水剂的作用下，羧酸加热脱水，生成酸酐。常用的脱水剂有五氧化二磷等。一元羧酸分子间脱水生成酸酐。

$$RCOOH + RCOOH \xrightarrow[\triangle]{P_2O_5} RCOOOCR$$

某些二元酸(如丁二酸、戊二酸、邻苯二甲酸等)不需要脱水剂，加热就可发生分子内脱水生成酸酐。

(三)酰胺的生成

在羧酸中通入氨气或加入碳酸铵，首先生成羧酸的铵盐，铵盐加热脱水生成酰胺。

$$RCOOH + NH_3 \longrightarrow RCOONH_4 \xrightarrow[\triangle]{-H_2O} RCONH_2$$

(四)酯的生成

在酸或碱的催化作用下羧酸与醇生成酯的反应，称为酯化反应。酯化反应是可逆的，其逆反应是酯的水解。

$$RCOOH + R'OH \overset{酸催化}{\rightleftharpoons} RCOOR' + H_2O$$

同位素标记证明：羧酸提供羟基，醇提供氢，即羧酸中的酰氧键断裂。

三、α-氢被取代

羧基和羰基一样，能使 α-H 活化。但羧基的致活作用比羰基小，所以羧酸的 α-H 卤代反应需用在红磷等催化剂存在下才能顺利进行。

$$CH_3COOH + Cl_2 \xrightarrow{P} CH_2ClCOOH \xrightarrow[Cl_2]{P} CHCl_2COOH \xrightarrow[Cl_2]{P} CCl_3COOH$$

四、还原反应

羧酸在一般情况下，和大多数还原剂不反应，但能被强还原剂——氢化锂铝还原成醇。用氢化铝锂还原羧酸时，不但产率高，而且分子中的碳碳不饱和键不受影响，只还原羧基而生成不饱和醇。例如：

$$RCH_2CH{=}CHCOOH \xrightarrow{LiAlH_4} RCH_2CH{=}CHCH_2OH$$

五、脱羧反应

羧酸中羧基和烃基之间的 C—C 键比醛、酮中羰基和烃基之间的 C—C 键弱，容易断裂。在一定条件下，羧酸可以脱去羧基生成二氧化碳的反应称为脱羧反应。羧酸钠与碱石灰（NaOH—CaO）共热，则分解出二氧化碳并生成烃：

$$CH_3COONa \xrightarrow[\triangle]{碱石灰} CH_4 + Na_2CO_3$$

这是实验室用来制取纯甲烷的方法。

六、二元羧酸的受热反应

二元羧酸中的乙二酸和丙二酸受热容易脱羧生成一元酸。丁二酸和戊二酸受热脱水（不脱羧）生成环状酸酐。己二酸和庚二酸在氢氧化钡存在下加热，分子失水脱羧生成环酮。

乙二酸 $HOOCCOOH \xrightarrow{\triangle} HCOOH + CO_2$ 失羧

丙二酸 $HOOCCH_2COOH \xrightarrow{\triangle} CH_3COOH + CO_2$ 失羧

丁二醇 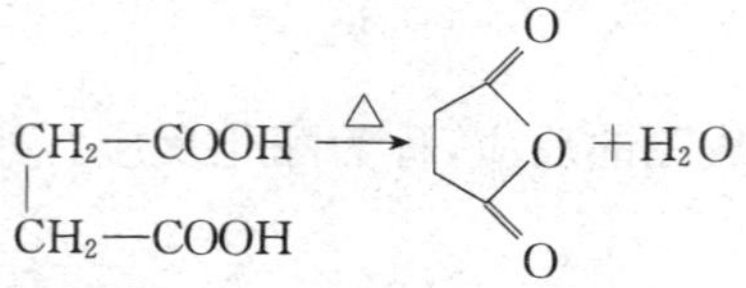 失水

戊二酸 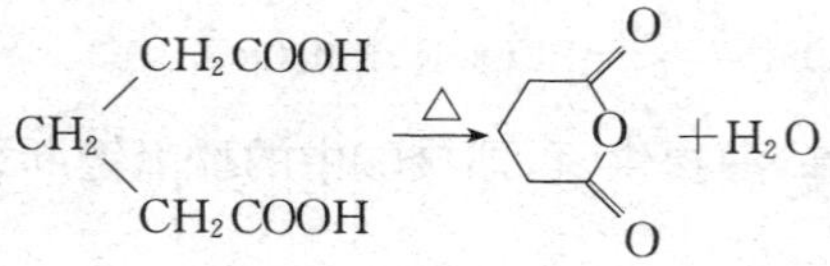 失水

己二酸 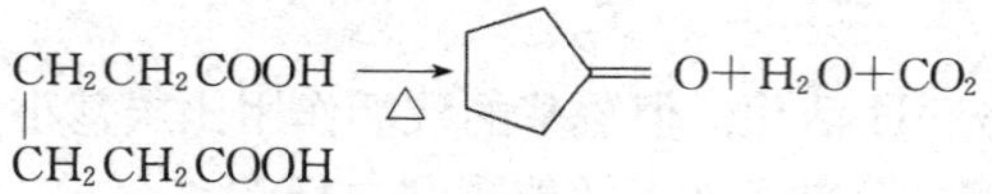 既失水又失羧

庚二酸 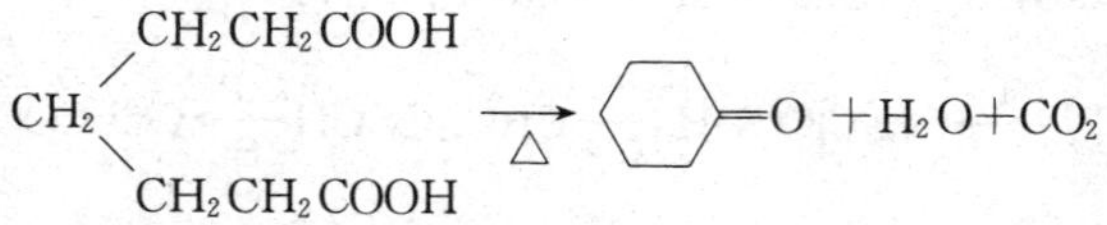 既失水又失羧

Blanc 规则：二元羧酸热分解时，可能的条件下尽可能生成五元或六元环。

第四节　自然界重要的羧酸

一、甲酸

甲酸俗名蚁酸，是无色有刺激性气味的液体，易溶于水，可溶于乙醇、乙醚等有机溶剂。甲酸的结构比较特殊，分子中羧基和氢原子直接相连，它既有羧基结构，又具有醛基结构，因此，它既有羧酸的性质，又具有醛类的性质。

甲酸具有羧酸的通性，酸性显著高于其他饱和一元酸。甲酸还具有还原性，能发生银镜反应，也能使高锰酸钾溶液褪色。由于甲酸具有杀菌力，在医药上可作消毒剂或防腐剂。

二、乙酸

乙酸俗称醋酸，是食醋的主要成分，一般食醋中含乙酸 6%～8%。纯的乙酸是无色有刺激性气味的液体。熔点 16.6℃，沸点 118℃，室温低于熔点时无水乙酸很容易凝结成冰状固体，因此常把无水乙酸称为冰醋酸。乙酸能与水按任何比例混溶，也可溶于乙醇、乙醚等有机溶剂。

乙酸是重要的基本化工原料，可以合成很多重要的有机物，在纺织、印染等工业中应用广泛。此外乙酸及其低级的酯是常用的有机溶剂。

三、丙酸和丁酸

丙酸和丁酸可用来合成丙酸纤维素和丁酸纤维素，这种纤维素不透水，可用来制造雨衣和其他防水的衣服。

四、苯甲酸

苯甲酸俗称安息香酸，是白色有光泽的结晶，微溶于水，易溶于沸水、乙醇、氯仿和乙醚。苯甲酸是有机合成的原料，可以合成染料、香料、药物等。苯甲酸具有抑菌防腐能力，常用作食品的防腐剂。

知 识 窗

人造纤维

人造纤维按照原料、化学组成和结构的不同，有以下几种。

一、再生纤维素纤维

用天然纤维素为原料的人造纤维。由于这种纤维的化学组成和天然纤维素相同，而物理结构已经改变了，所以称再生纤维素纤维。再生纤维素纤维主要包括黏胶纤维、铜铵纤维和皂化醋酸酯纤维三类。

黏胶纤维是 1905 年开始工业化生产的。先将纤维素原料在浓氢氧化钠溶液中浸渍生成碱纤维素，再与二硫化碳作用生成纤维素黄酸酯，使其溶解在稀氢氧化钠溶液中成为黏胶，然后通过喷丝头形成细流，在硫酸浴中分解并凝固，获得再生纤维素。黏胶纤维制造成本较低，原料（棉短绒、木材、芦苇等）丰富易得，吸湿性、透气性和染色性能好，适于纯纺和混纺，应用范围很广，是人造纤维中最主要的品种。

把纤维素溶解于铜铵溶液中制成黏稠溶液，然后以水为凝固浴纺成的纤维称为铜铵纤维。1899 年开始工业化生产。铜铵纤维的性质在许多方面与黏胶纤维相似，富有光泽，适于制长丝，手感柔软，适于织制高级丝织物或与羊毛、蚕丝和合成纤维等混纺或纯纺，制成各种针织品或针织内衣和绸缎。但铜铵纤维的制造工艺较为复杂。

把醋酸酯纤维在加压的水蒸气中进行高倍拉伸，随后在温和的条件下进行皂化处理，便获得皂化醋酸酯纤维，又称为强力再生纤维素纤维。可用于制造传送带、轮胎帘子线、消防水管和高压软管等。

再生纤维素纤维的发展总体上可以分为三个阶段，形成了三代产品。第一代是 20 世纪初为解决棉花短缺而面世的普通黏胶纤维。第二代是 20 世纪 50 年代开始实现工业化生产的高湿模量黏胶纤维，其主要产品包括日本研发的虎木棉（后命名为 Polynosic）和美国研发的变化型高湿模量纤维 HWM 以及兰精公司 20 世纪 80 年代后期采用新工艺生产的 Modal 纤维。第三代产品是以 20 世纪 90 年代推出的短纤 Tencel(天丝)、长丝 Newcell 为代表。

二、纤维素酯纤维

纤维素经酯化后成为纤维素酯纤维，其化学结构和物理结构均与起始物质不同。主要有醋酸酯纤维和硝酸酯纤维两类。

1. 醋酸酯纤维

简称醋酯纤维。醋酸酯纤维于 1916 年开始工业化生产，初期主要用作飞机上的涂料，第一次世界大战后才被纺制成纤维。醋酸酯纤维生产工艺比较简单，具有与蚕丝相近的优良性能，生产成本比黏胶纤维高，是人造纤维中第二大品种。

2. 硝酸酯纤维

1884 年法国人 H. B. 夏尔多内取得了用硝酸纤维素制造人造纤维的专利权，随后便建厂生产，为人类生产化学纤维的肇端。硝酸酯纤维易燃、易爆，纤维的质量较差，没有得到发展。

三、再生蛋白纤维

1935 年意大利人 A. 费雷蒂以牛乳酪素为原料生产所谓“意大利羊毛”。以后又陆续出现了玉米蛋白和花生蛋白纤维。由于这些纤维的原料都是蛋白质，经化学加工后再生为纤维，故名再生蛋白纤维。这类纤维具有类似羊毛的性质，俗称人造羊毛，但强度较差，而且原料是人类的食物，所以发展受到限制。

本章小结

- 羧酸
  - 羧酸的结构
  - 羧酸的物理性质
  - 羧酸的化学性质
    - 酸性
    - 羧基中羟基的取代反应
    - α-氢原子的取代反应
    - 还原反应
    - 脱羧反应
    - 二元羧酸的受热反应

练习题

1. 写出下列结构式。

(1)3,4-二甲基戊酸 (2)3-甲基-2-丁烯酸 (3)对甲酰基苯甲酸

(4)α-萘乙酸 (5)2,4-环戊二烯甲酸 (6)2,3-二甲基丁烯二酸

(7)邻羟基苯甲酸(水杨酸) (8)苹果酸 (9)柠檬酸 (10)邻苯二酸

2. 下列各物质受热时各生成什么。

(1)丁酸 (2)乙二酸 (3)2-甲基-3-乙基戊二酸

(4)柠檬酸 (5)4-甲基-3-戊酮酸 (6)丙酮酸(稀 H_2SO_4)

3. 用化学方法鉴别化合物。

(1)HCOOH、CH_3COOH (2)CH_2═CHCOOH、C_2H_5COOH

(3)乙醇、乙醛、乙酸 (4)草酸、环己醇、环己烯、己酸

(5)苄醇、水杨酸、苯甲酸

4. 有一种液体,分子式为 $C_6H_{12}O_2$,经酸水解为酸 A 和醇 B。B 用重铬酸钾的酸性溶液可氧化为 A。推导此液体的构造式。

5. 化合物 A ($C_6H_{12}O_3$)脱水得 B ($C_6H_{10}O_2$)。B 无旋光异构体,但有两个顺反异构体。B 加 1mol H_2 得 C($C_6H_{12}O_2$),C 可拆分为两个对映体。在一定条件下,C 与 1mol Cl_2 反应得 D。D 与 KOH-乙醇溶液反应生成 B 的钾盐。B 氧化时得 E (C_4H_8O)及草酸。E 无银镜反应,但能生成碘仿。推导 A 可能的构造式。

第十章　取代羧酸

知识目标

(1)了解取代羧酸的分类。
(2)掌握取代羧酸的系统命名与俗名。
(3)掌握羟基酸、羰基酸的化学性质以及乙酰乙酸乙酯在合成中的应用。

能力目标

(1)学会羟基酸的系统命名和俗名。
(2)学会羰基酸的系统命名及常见化合物的俗名。
(3)应用所学性质,完成反应式,鉴别化合物。

羧酸分子中烃基的氢原子被其他官能团取代后的生成物称为取代酸。根据取代基的种类不同,取代酸可分为卤代酸、羟基酸、羰基酸和氨基酸等,其中有些是有机合成的重要原料,有些则是生物代谢中的重要物质。取代酸属复官能团化合物,不仅具有羧基和另一官能团的典型反应,而且还具有两个官能团之间相互影响的特性,本章着重讨论羟基酸和羰基酸。

第一节　羟 基 酸

羟基酸:羧酸中与碳相连的氢被羟基取代的化合物称为羟基酸(分子中既有—OH,又有—COOH)。根据分子中—OH 所连碳原子的不同可分为醇酸和酚酸。

醇酸:羟基连在脂肪碳上。

酚酸:羟基连在芳香碳上。

根据分子中—OH 与—COOH 相对位置不同可分为 α-羟基酸、β-羟基酸和γ-羟基酸。

一、醇酸

1. 结构与命名

系统命名:选择含有羧基和羟基的最长碳链为主链,编号由距离羟基最近的羧基开始。根据 IUPAC 命名原则,一个无分支的直链直接与两个或两个以上羧基相连时,则以直接连接羧基最多的链烃的名称加后缀“某羧酸”来命名,如柠檬酸的命名。

许多由自然界取得的羟基酸多用俗名。

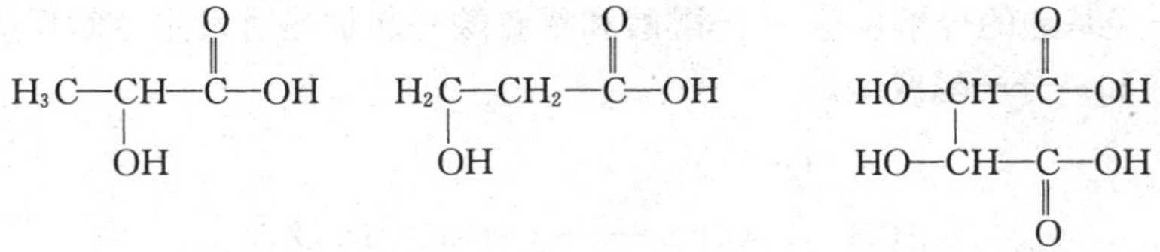

2-羟基丙酸　　　　3-羟基丙酸　　　　2,3-二羟基丁二酸

（α-羟基丙酸，乳酸）　（β-羟基丙酸）　（α,β-二羟基丁二酸，酒石酸）

2.物理性质

羟基酸一般为白色晶体或黏稠状液体，由于羟基酸分子中的羧基和羟基均能与水形成氢键，因此其水溶性大于相应的羧酸，熔点也比相应的羧酸高。许多羟基酸还有旋光性。

3.化学性质

羟基酸有醇和羧酸的典型反应性能，并且由于羧基和羟基间的相互影响，还表现出一些为羟基酸所特有的性质。这些性质又常根据羧基和羟基的相对位置而有所不同。

(1)酸性　由于羟基起吸电子诱导作用，羟基酸的酸性比相应的羧酸强。增强的程度视羟基在烃基上的位置而定，羟基距羧基越近，增强的程度越大。如：

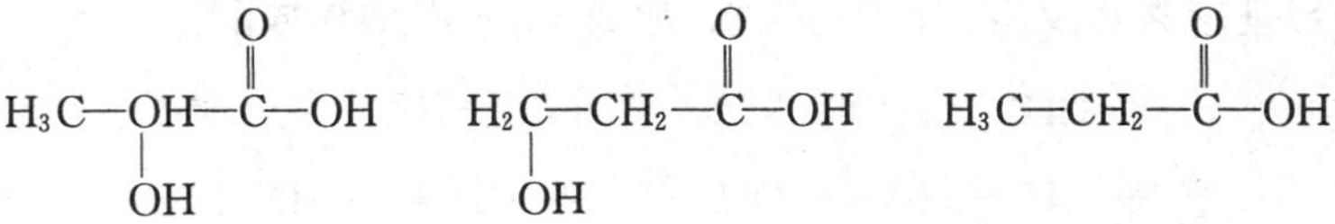

pK_a　3.86　　　　4.51　　　　4.88

酚酸中羟基既有吸电子诱导效应，又有斥电子共轭效应，且邻位酚酸还能形成分子内氢键，故酚酸的酸性有其特殊性。如：

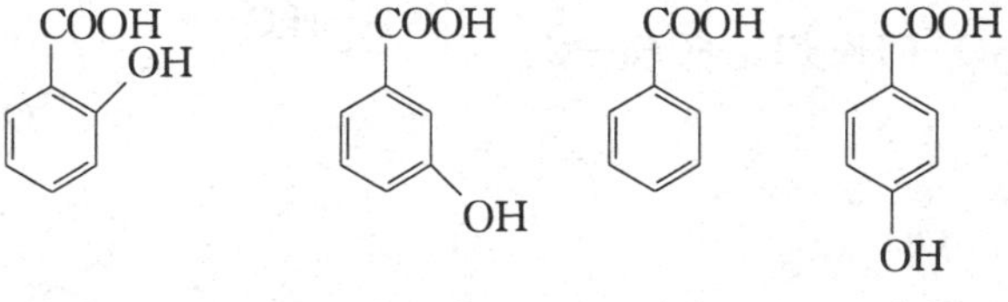

pK_a　2.98　　　　4.08　　　　4.20　　　　4.57

(2)氧化反应　α-醇酸中的羟基受羧基的影响，比醇中的羟基更容易氧化，生成相应的酮酸。例如：

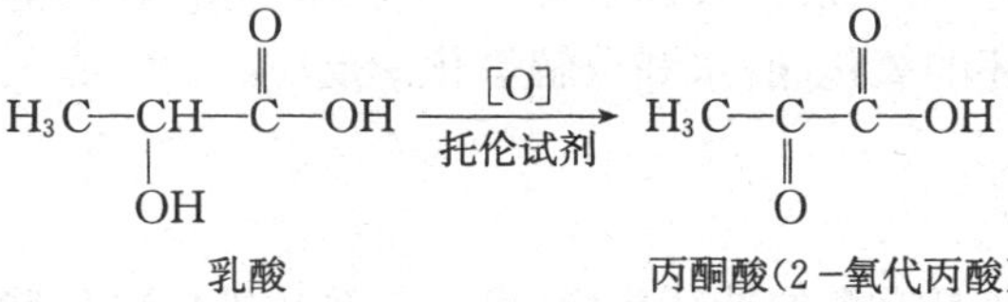

乳酸　　　　丙酮酸（2-氧代丙酸）

托伦试剂一般不能氧化醇,但可氧化α-羟基酸中的羟基。

(3)α-羟基酸的分解反应　α-醇酸和稀硫酸一起加热时发生分解反应,生成一分子甲酸和一分子醛或酮。

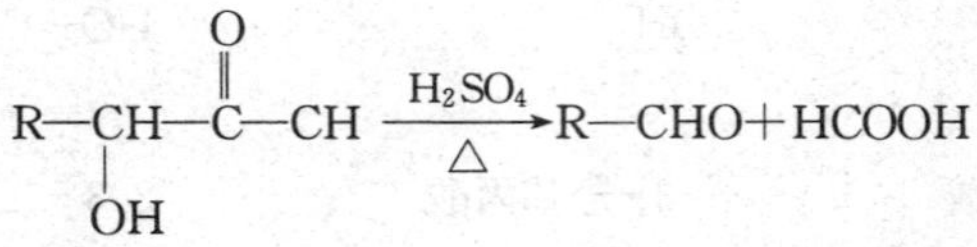

(4)失水反应　醇酸受热易发生脱水反应,其产物依羟基和羧基的相对位置而定。

①α-羟基酸失水反应:α-醇酸一般发生分子间交叉脱水生成交酯。

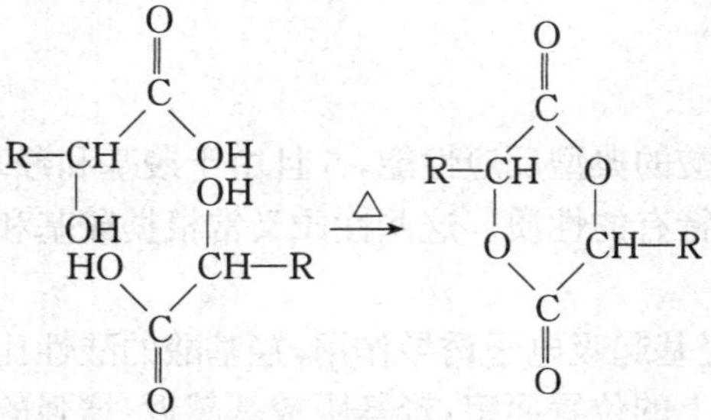

②β-羟基酸失水反应:分子内失水,形成α,β-不饱和羧酸。

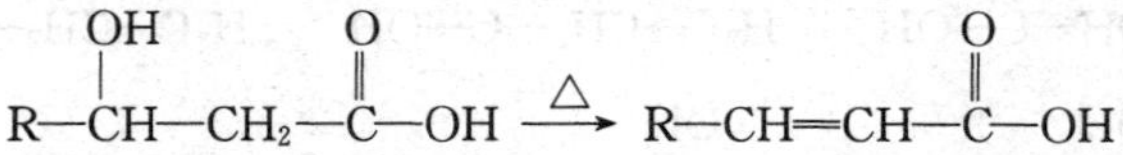

③γ、δ-羟基酸失水反应:分子内酯化反应,受热很快生成五元环或六元环的内酯。

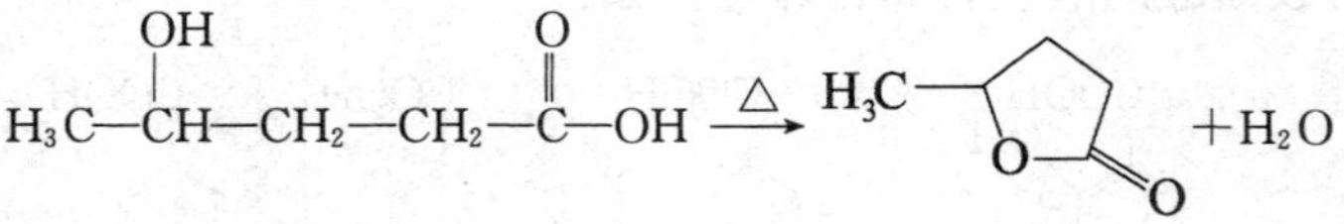

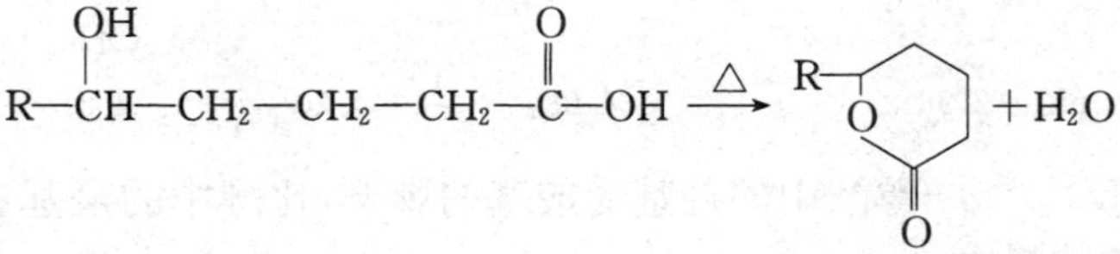

生物体内的糖类等物质在代谢过程中,常产生醇酸,这些醇酸在酶的催化作用下,也发生类似上述的氧化、脱水和分解等化学反应。

二、酚酸

酚酸均为固体,具有酚的特征反应,可与三氯化铁反应呈紫色。邻羟基苯甲酸

(水杨酸)也可与溴水反应生成白色沉淀,可作为水杨酸的定性鉴定方法。酚酸也可发生脱羧反应生成酚,例如邻羟基苯甲酸脱羧后生成苯酚。

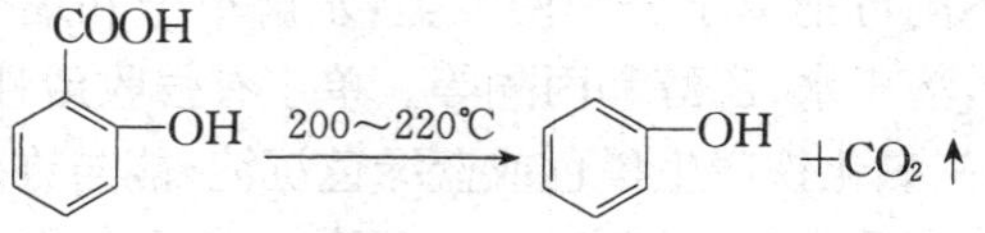

1.水杨酸

水杨酸因取自水杨柳而得名,又称柳酸,为白色针状晶体或结晶粉末,熔点为159℃,79℃时升华,微溶于冷水,易溶于乙醇、乙醚、氯仿和沸水中。

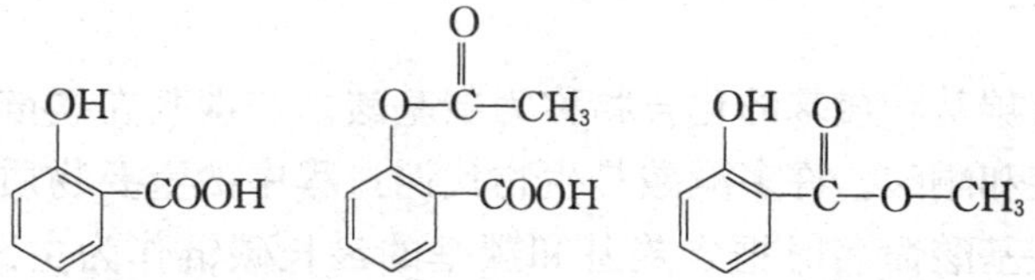

邻羟基苯甲酸(水杨酸)　乙酰水杨酸(阿司匹林)　水杨酸甲酯

水杨酸具有酚和羧酸的性质,与碱作用生成盐,与酸酐作用生成酚酯,其水溶液与三氯化铁作用生成紫色配合物。水杨酸的用途很广,可用作消毒剂、防腐剂,它还有解热镇痛和抗风湿作用,但对肠胃有刺激,常用其钠盐和衍生物。

2.五倍子酸

五倍子酸又称为没食子酸,学名为3,4,5-三羟基苯甲酸。它是植物中分布最广的一种有机酸,以游离态或结合成单宁存在于五倍子、槲树、茶叶及其他植物中。为白色结晶粉末,熔点253℃(分解),不纯物为棕色固体。微溶于水,溶于乙醇和乙醚,不溶于氯仿和苯。

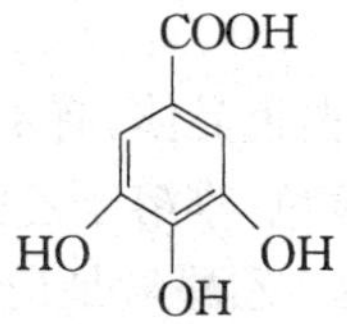

五倍子酸

五倍子酸在空气中能被氧化成暗褐色,故可作抗氧剂。其水溶液遇三氯化铁溶液能析出蓝黑色沉淀,常用作蓝黑墨水的原料。一般的蓝黑墨水中,加入少许的亚铁盐和五倍子酸,书写后亚铁离子氧化成铁离子,并与五倍子酸产生黑色沉淀,使墨迹永存不褪色。

五倍子酸有强还原性,可用作照片显影剂。五倍子酸加热到200℃以上会脱羧生成五倍子酚或称焦性五倍子酸。

3.单宁

单宁又称鞣质、鞣酸、单宁酸,是从植物中提取的一大类天然产物,存在于许多植物如石榴、咖啡、茶叶、柿子、苹果等中。根据不同的来源和提取条件可得到组成结构不同的单宁，但都是五倍子酸的衍生物。

根据化学结构不同可把单宁分为两大类：水解单宁和缩合单宁。单宁一般是无定形粉末，有涩味，溶于水、乙醇和丙酮等。单宁有强收敛性和还原性，易被氧化成黑褐色物质，能与三氯化铁产生黑色或蓝绿色沉淀，能与许多生物碱及重金属盐生成不溶性沉淀。单宁是生物碱试剂之一，医药上常用它作止血剂、收敛剂，以及生物碱、重金属中毒的解毒剂。它有杀菌、防腐、凝固蛋白质的作用。

第二节 羰基酸

分子中含有羰基和羧基的化合物称为羰基酸。按羰基在碳链中的位置不同，羰基酸又分醛酸和酮酸。许多酮酸是生物代谢过程中的重要物质，因此酮酸比醛酸更为重要。羰基酸命名时把含羧基和羰基的最长碳链作为主链，称为某酮（或醛）酸，用阿拉伯数字或希腊字母标出羰基的位置，放在主链名称之前，也可用酰基法命名，称为“某酰某酸”。

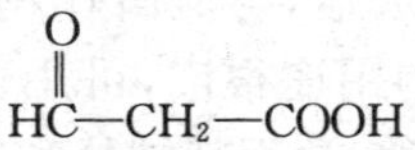

丙醛酸（3-氧代丙酸）

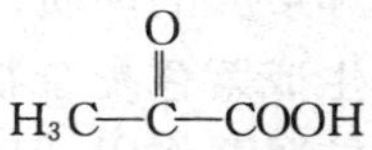

丙酮酸（2-氧代丙酸）

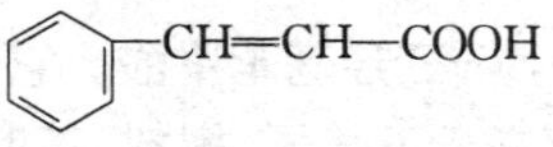

3-苯基丙烯酸

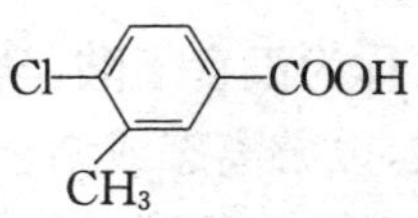

3-甲基-4-氯苯甲酸

一、乙醛酸

乙醛酸（CHOCOOH）是一种白色晶体，有不愉快气味，无水乙醛酸熔点 98℃，水合物熔点 70～75℃，水溶液呈黄色；难溶于乙醚、乙醇和苯等。暴露于空气中短时间即能吸潮变为浆状，有腐蚀性。乙醛酸是最简单的醛酸，有醛和羧酸的典型反应性能，并能进行康尼扎罗反应。

乙醛酸是一种基本的有机化工原料。由乙醛酸制成的乙基香兰素，广泛用于化妆品的调香剂和定香剂、日用化学品的香精，食品的赋香剂等。在医药方面，乙醛酸用作制备对羟基苯甘氨酸（羟氨苄青霉素及头孢氨苄的原料），对羟基苯乙酰胺（用作制造治疗心血管疾病和高血压的有效物——阿替洛尔）等医药产品。

二、丙酮酸

丙酮酸（pyruvic acid），为浅黄色液体，有乙酸气味。分子式：$C_3H_4O_3$，相对分子质量 88.06，是参与整个生物体基本代谢的中间产物之一。与许多酶反应都有关系，丙酮酸位于无氧分解和有氧分解的交界点上，是极为重要的中间产物。此外，从丙酮酸可直接生成丙氨酸，因为它可以与氨基转移反应相结合，故在氮代谢方面也起着重要的作用。

丙酮酸是一种用途非常广泛的有机酸，在化工、制药和农用化学品等工业及科学研究中有着广泛的用途。在医药工业中，丙酮酸是合成丙酮酸钙和α-羰基苯丁酸的重要原料；在农药方面，可作为阿托酸、谷物保护剂等多种农药的起始原料；在日化行业，丙酮酸可以用作防腐剂和抗氧化剂添加到化妆品和食品中；此外，丙酮酸还广泛用于生物技术诊断试剂、检测试剂等。

1. 脱羧反应

α-酮酸和β-酮酸都容易进行脱羧反应。

α-酮酸分子中的羰基与羧基直接相连，由于氧原子电负性较大，使得羰基与羧基碳原子间的电子云密度较低，因而碳-碳键容易断裂，在一定条件下脱羧生成醛。而β-酮酸只在低温下稳定，在室温以上易脱羧生成酮，这是β-酮酸的共性。如乙酰乙酸在室温下就能慢慢脱羧。例如：

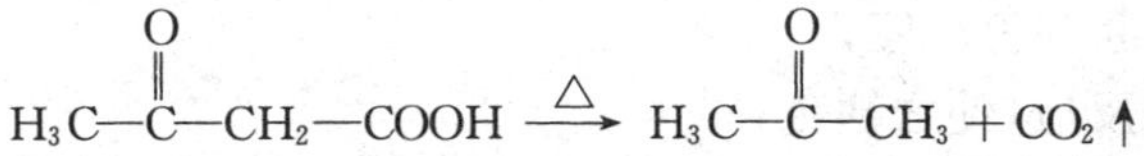

在生物体内，在酶催化下可以发生脱羧反应：

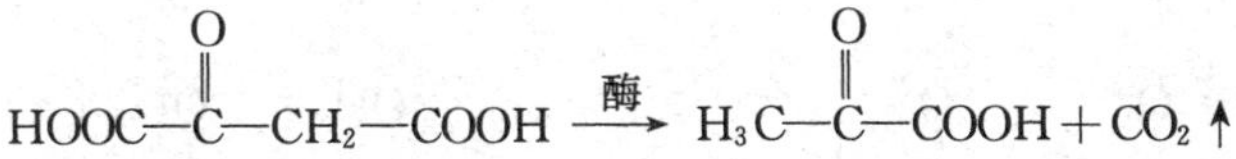

草酰乙酸　　丙酮酸

2. 氧化还原反应

酮和羧酸都不易氧化，但丙酮酸易氧化。

羟基酸能氧化成酮酸，而酮酸又可以还原成相应的羟基酸。酮酸不易氧化，只有α-酮酸在脱羧的同时才能被氧化成少一个碳的羧酸。

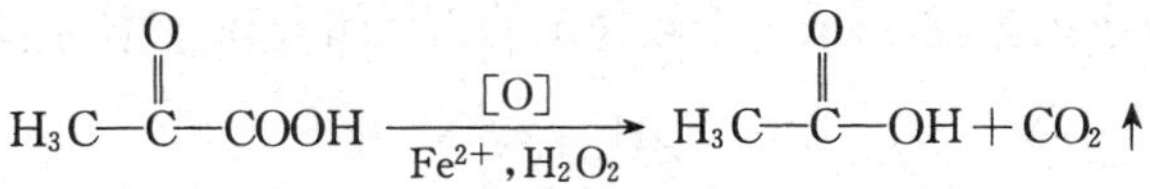

生物体内在氧化脱羧酶的催化下也能发生类似的氧化脱羧反应。

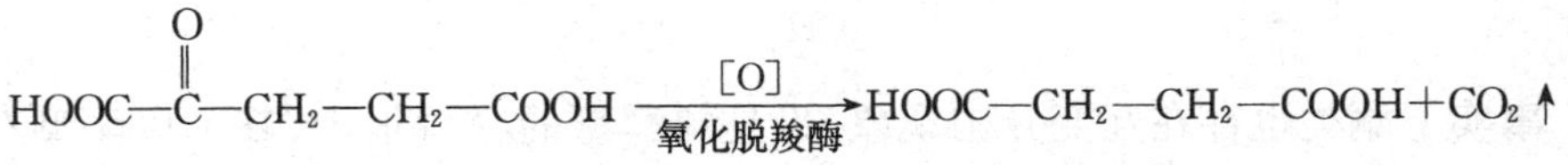

α-酮戊二酸　　丁二酸（琥珀酸）

三、乙酰乙酸及其酯

乙酰乙酸(acetoacetic acid)，无色油状液体或结晶。分子式 CH_3COCH_2COOH；相

对分子质量：102.09，熔点 36.5 ℃，可以与水和醇混溶。不稳定，加热到 100℃ 时便迅速分解为丙酮和二氧化碳（虽然乙酰乙酸不稳定但乙酰乙酸酯比乙酰乙酸稳定得多，因此用途也比较广）。乙酰乙酸是最简单的 β-酮酸，得到的方法很简单，由乙酰乙酸乙酯水解得到。一般都是在 0℃ 时制备，而且现配先用，具有弱酸性。

乙酰乙酸乙酯是无色液体，有愉快的香味，沸点 180℃，在水中有一定的溶解度，易溶于乙醇、乙醚等有机溶剂。乙酰乙酸乙酯具有特殊的化学性质，能发生多种反应，是一种十分重要的有机合成原料。

1. 互变异构现象

乙酰乙酸乙酯是乙酸乙酯在乙醇钠等碱性试剂作用下，发生克莱森（Claisen L.）酯缩合反应制得的：

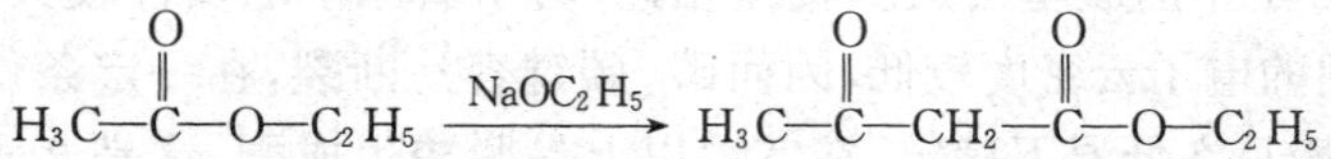

对乙酰乙酸乙酯进行实验有如下现象：

(1)与 $FeCl_3$ 起颜色反应；

(2)可与溴水反应，使之褪色；

(3)可与金属钠反应，放出氢气。

针对以上的实验事实，提出以下的解释：

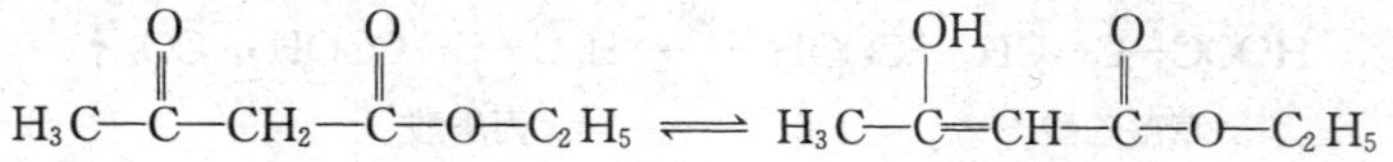

酮式(92.5%)　　　　烯醇式(7.5%)

酮式和烯醇式同时存在，组成一个动态的平衡体系。这种能够自发互变的异构体之间存在的动态平衡现象称为互变异构现象。乙酰乙酸乙酯所以能形成稳定的烯醇型结构，一方面是由于亚甲基上的氢受羰基和酯基的影响变得比较活泼，另一方面是由于烯醇型可以通过分子内氢键，形成一个较稳定的六元闭合环，使体系能量降低。

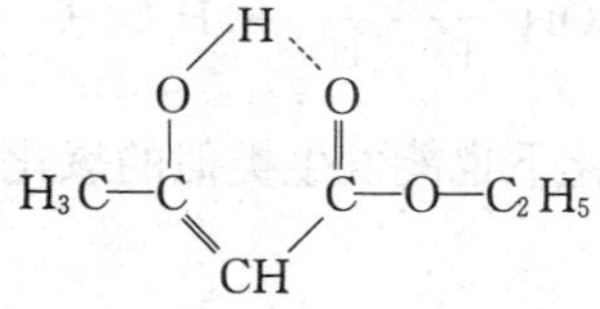

事实上酮类也存在互变异构现象，只是烯醇型的含量很少，基本以酮型存在。一般在非极性溶剂中烯醇型的含量较高，因为在此条件下，烯醇型易形成分子内氢键。而在极性溶剂中，酮型和烯醇型都能与溶剂形成氢键，使分子内氢键难于形成，因而降低了烯醇型的含量。生物体内的一些物质，如丙酮酸、草酰乙酸、嘧啶和嘌呤的某些衍生物等都能发生互变异构现象。

2. 成酮分解

乙酰乙酸乙酯在稀酸的作用下（或用稀碱处理，然后酸化），乙酰乙酸乙酯可以分解为丙酮，并放出二氧化碳，称为成酮分解或酮式分解。

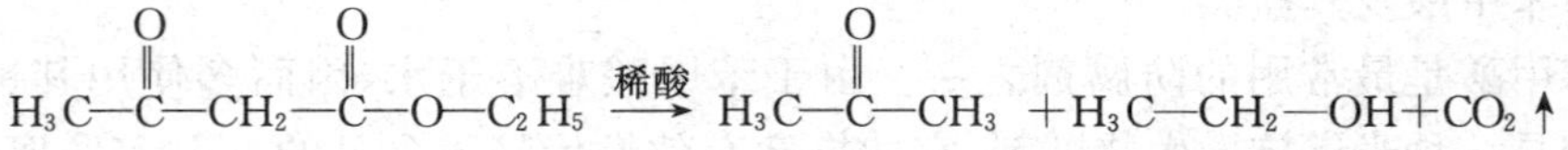

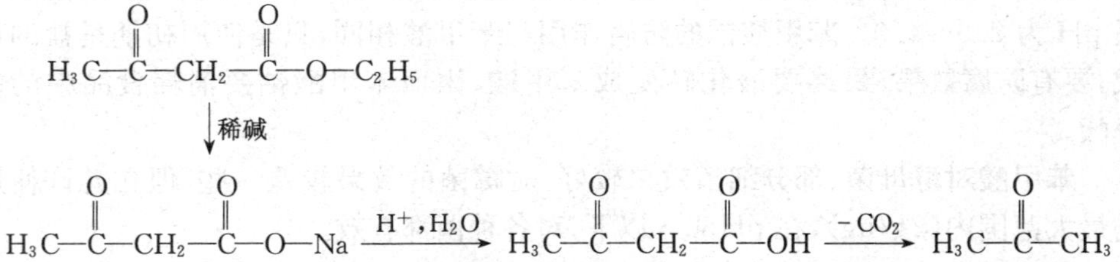

乙酰乙酸乙酯分子中的亚甲基由于受两个相邻极性基团的影响，亚甲基与相邻两个碳原子间的键容易断裂，在不同条件下可发生不同类型的分解反应。

3. 成酸分解

乙酰乙酸乙酯在浓碱作用下，α－与β－碳原子间的键发生断裂，生成酸。除乙酰乙酸乙酯外，其他β－酮酸酯也都能发生上述反应，油脂代谢或酸败中产生的小分子酮和羧酸就是由此而来的。

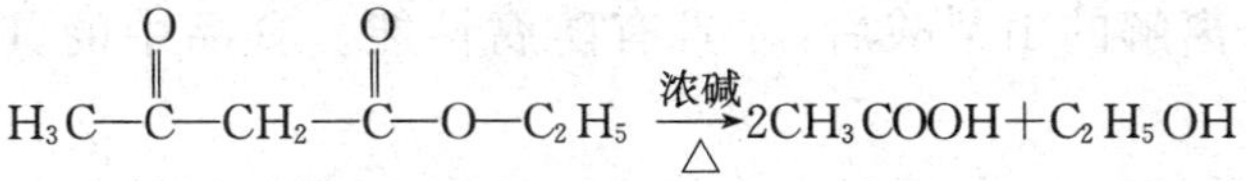

知识窗

食品防腐剂

食品防腐剂是指防止食品腐败、变质，延长食品保质期、抑制食品中微生物繁殖的物质。按照防腐剂来源和性质的不同，可将防腐剂分为四类（表10－1）。

表10－1　　**防腐剂的分类**

类别	特　点	示　例
酸性防腐剂	体系酸性较大，其防腐效果较好，在碱性条件下几乎无效	苯甲酸、山梨酸和苯酸及其盐类
酯型防腐剂	在很宽的pH范围内都有效，毒性也比较低，但其溶解性较低	尼泊金之类、没食子酸酯、抗坏血酸及棕榈酸酯等
无机盐防腐剂	残留的二氧化硫，能引起过敏反应	亚硫酸盐、焦亚硫酸盐等
生物防腐剂	在体内可以分解成营养物质，安全性很高，有很好的发展前景	乳酸链球菌素、溶菌酶等

目前,各国使用的食品防腐剂种类很多,美国允许使用的食品防腐剂有 50 多种,日本有四十多种。我国公布的食品防腐剂有苯甲酸及其钠盐、山梨酸及其钾盐、焦亚硫酸钠(钾)、丙酸钠(钙)、对羟基苯甲酸内酯等。

1. 苯甲酸及其盐类

苯甲酸是最常用的防腐剂之一。由于苯甲酸难溶于水,因而多使用其钠盐。苯甲酸是一种光谱抗微生物试剂,它的抗菌有效性依赖于食品的 pH,其防腐的最适 pH 为 2.5~4.0。苯甲酸钠的防腐作用与苯甲酸相同,只是使用初期是盐的形式,要有防腐效果,最终要酸化转变成苯甲酸,因而苯甲酸钠要消耗食品中的部分酸。

苯甲酸对酵母菌、部分细菌效果较好,对霉菌的效果较差一些,但在允许使用的最大范围内(2g/kg),在 pH 4.5 以下,对各种菌都有效。

苯甲酸类防腐剂是以其未分离的分子发生作用的,未离解的苯甲酸亲油性强,亦透过细胞膜进入细胞内,能抑制细胞的呼吸酶系的活性,对乙酰辅酶 A 缩合反应有很强的阻碍作用。

2. 山梨酸及其钾盐

山梨酸及其钾盐是使用最多的防腐剂。山梨酸对霉菌、酵母菌和好气性细菌的生长发育起抑制作用,而对嫌气性细菌几乎无效。山梨酸在酸性介质中对微生物有良好的抑制作用,适用于 pH 在 5~6 以下的食品防腐。山梨酸钾要转化为未离解的山梨酸后,才具有防腐性能。食品中的其他成分对防腐作用无影响。

山梨酸钾难溶于水,使用时先将其溶于乙醇,或碳酸氢钠(钾)溶液中,所以在使用时有可能引起食品的碱度升高。为防止氧化,溶解山梨酸时不得使用铜、铁等容器,因为这些离子的溶出会催化山梨酸的氧化过程。

3. 对羟基苯甲酸酯类

对羟基苯甲酸酯类又称尼泊金酯类,对霉菌、酵母菌与细菌有广泛的抗菌作用,且总体的抗菌作用较苯甲酸和山梨酸要强,在 pH 为 4~8 的范围内都有较好的抗菌效果。

该类防腐剂的主要作用方式是抑制微生物细胞的呼吸酶系与电子传递酶系的活性及破坏微生物的细胞膜结构。

4. 天然防腐剂

天然食品防腐剂一般是指从动植物体中直接分离出来的,或从它们的代谢产物中分离出来的一类具有防腐作用的物质,如乳球菌素、壳聚糖、溶菌酶等。这些物质一般安全性较好,能满足人们对食品越来越高的要求,开发这类防腐剂将成为今后食品添加剂的热点。

本章小结

- 取代羧酸
  - 羟基酸
    - 醇酸
      - 结构与命名
      - 物理性质
      - 化学性质——酸性、氧化、分解、失水反应
    - 酚酸——水杨酸、五倍子酸、单宁
  - 羰基酸
    - 乙醛酸
    - 丙酮酸——脱羧反应、氧化还原反应
    - 乙酰乙酸及其酯——互变异构、酮式分解、成酸分解

练 习 题

1. 写出下列化合物的结构式或命名。

(1) 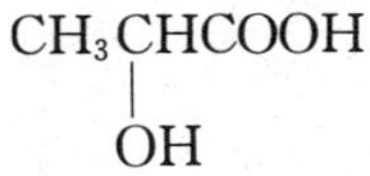

(2) 丙酮酸

(3) 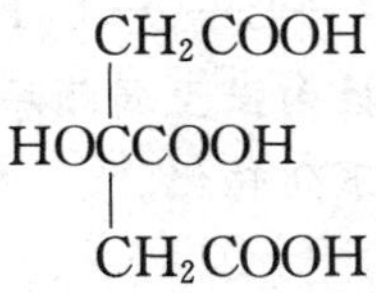

(4) 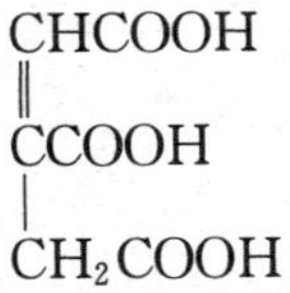

(5) 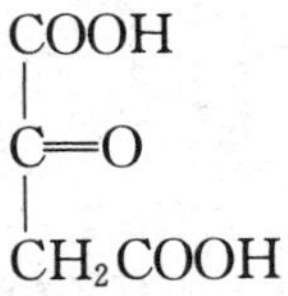

(6) 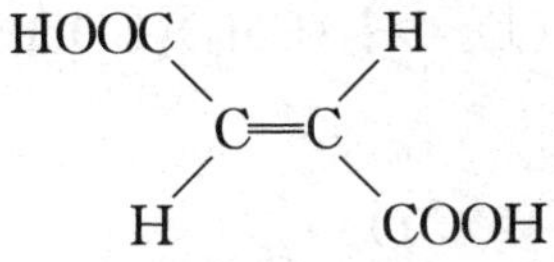

(7) 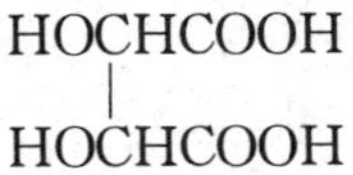

(8) 乙醛酸

(9) 羟基丁二酸

(10) 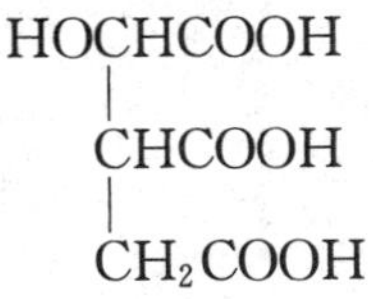

(11) CH_3COCH_2COOH

(12) 邻羟基苯甲酸

(13) 3－氯丁酸

(14) 4－戊酮酸

2. 选择题

(1) 乙酰水杨酸的通用名是(　　)。

A. 水杨酸　　B. 阿司匹林　　C. 乳酸　　D. 酒石酸

(2) 下列化合物中酸性最强的是(　　)。

A. 乙酸　　B. 草酸　　C. 苯酚　　D. 乙醇

(3)不属于羟基酸的是(　　)。

A. 草酸　　B. 乳酸　　C. 水杨酸　　D. 柠檬酸

3. 用简单方法鉴别下列化合物：乙酸、乙二酸、丙二酸

4. 写出下列反应的主要产物。

(1) 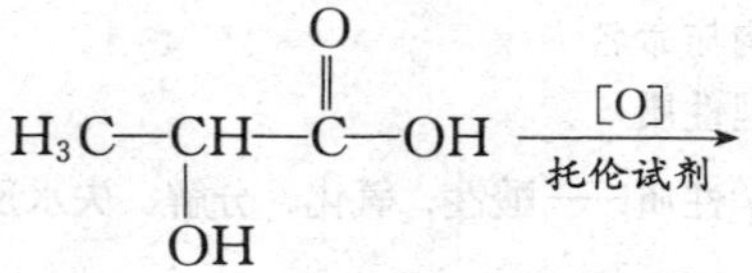

(2) 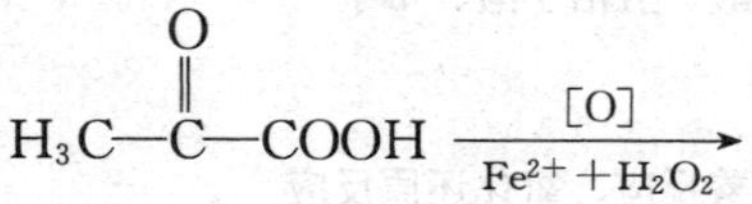

(3) 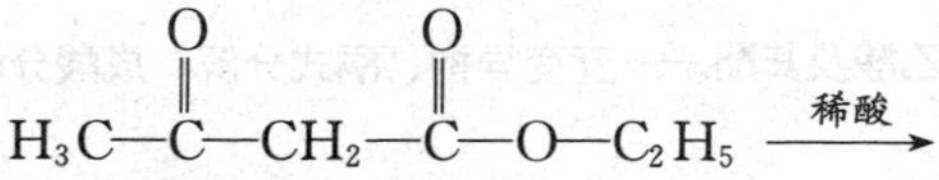

(4) 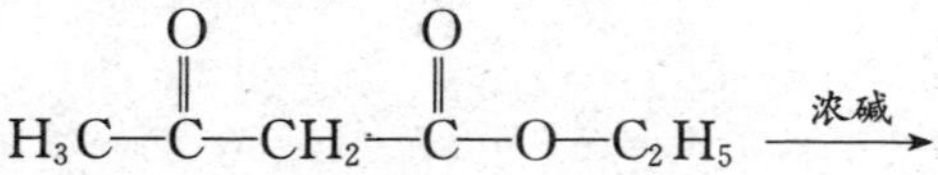

(5) 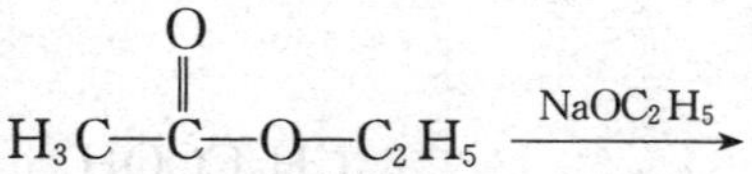

5. 按酸性由强至弱顺序排列：乙酸、草酸、苯酚、乙醇。

6. 完成下列转化。

(1) 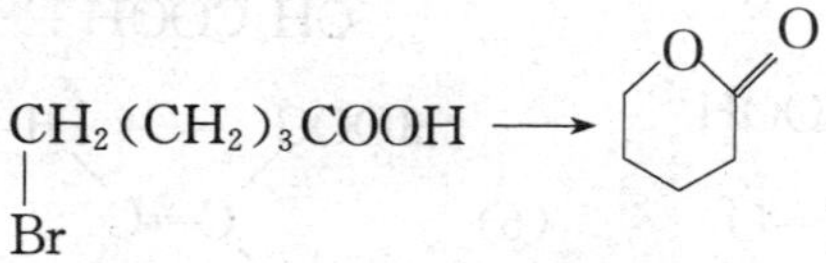

(2) 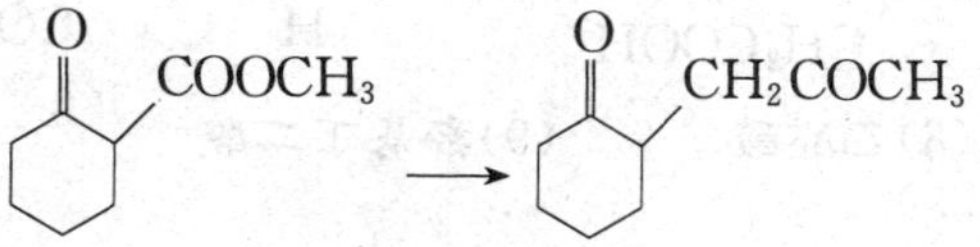

(3) 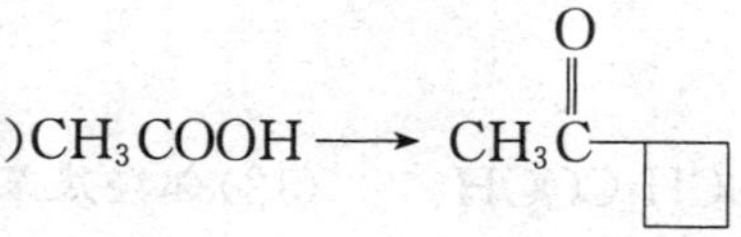

(4) 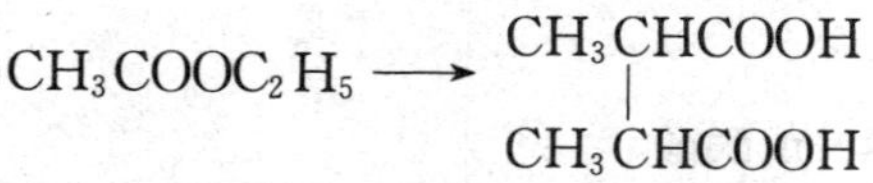

7. 某有机化合物分子式为 $C_7H_6O_3$，可溶于 $NaHCO_3$ 水溶液中，与 $FeCl_3$ 有颜色反应；在碱性条件下与乙酸酐反应生成 $C_9H_8O_4$；在酸催化下与甲醇反应生成 $C_8H_8O_3$；硝化后主要得到两种一元硝化产物。试推测该化合物的结构并写出各步反应式。

第二部分　拓展知识

第十一章　含氮有机化合物

知识目标

(1)掌握硝基化合物的分类、结构和命名。
(2)了解硝基化合物的物理性质。
(3)掌握硝基化合物的主要化学性质。
(4)掌握胺的结构和命名。
(5)了解胺的物理性质。
(6)了解胺的化学性质。

能力目标

(1)能根据结构式命名硝基化合物和胺。
(2)能分清有毒含氮有机化合物,有效保护自身及同学安全。
(3)熟悉实验室现有的含氮有机化合物的用途和使用方法。

前几章学习了含卤素和含氧的有机化合物,这些化合物中卤素原子、氧原子是和碳原子直接相连的。本章学习含氮有机化合物,含氮有机化合物指的是氮原子直接和碳原子相连的化合物。像醇、酚、醚可以看做是水的衍生物一样,含氮有机化合物也可以看做是相应的无机氮化合物的衍生物,如胺可以看做是氨分子中的氢被烃基取代的衍生物等。本章主要讨论硝基化合物和胺。

第一节　硝基化合物

一、硝基化合物的分类、结构和命名

硝基化合物是指分子中含有硝基($—NO_2$)的化合物,可以看做是烃分子中的

氢原子被硝基取代后得到的化合物，常用 RNO_2 或 $ArNO_2$ 表示。

1. 分类

(1)根据烃基不同可分为 脂肪族硝基化合物 $R—NO_2$ 和芳香族硝基化合物 $Ar—NO_2$。

(2)根据硝基的数目可分为 一硝基化合物和多硝基化合物。

(3)根据与硝基相连的 C 原子上 H 数目不同可分为 伯、仲、叔硝基化合物。

2. 结构

硝基是一个强吸电子基团，因此硝基化合物都有较高的偶极矩。通过键长的测定发现，硝基中的氮原子和两个氧原子之间的距离相同。根据杂化轨道理论，硝基中的氮原子是 sp^2 杂化的，它以三个 sp^2 杂化轨道与两个氧原子和一个碳原子形成三个共平面的 σ 键，未参与杂化的一对 p 电子所在的 p 轨道与每个氧原子的一个 p 轨道形成一个共轭 π 键体系。图 11－1 所示为硝基化合物的结构示意图。

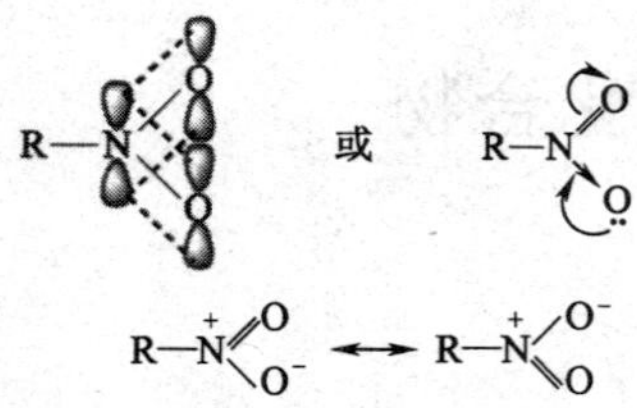

图 11－1 硝基化合物的结构示意图

3. 命名

与卤代烃相似，通常把硝基作为取代基。

CH_3NO_2

硝基甲烷

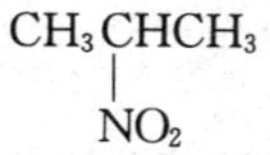

2－硝基丙烷

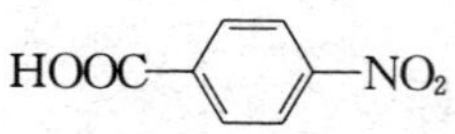

对硝基苯甲酸

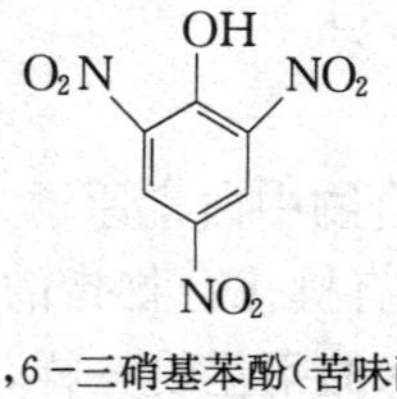

2,4,6－三硝基苯酚(苦味酸)

2,4,6－三硝基甲苯(TNT)

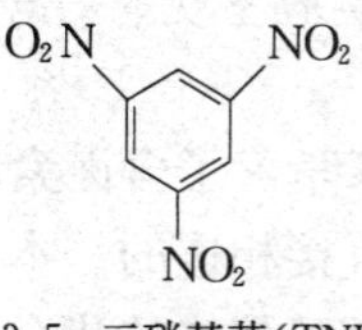

1,3,5－三硝基苯(TNB)

二、硝基化合物的物理性质

脂肪族硝基化合物一般为高沸点液体，芳香族硝基化合物除一硝基化合物为液体外，多数是黄色晶体，沸点比相应的卤代烃高，原因是其分子具有较大的极性，分子间的引力大。

液体硝基化合物是良好的有机溶剂，多数硝基化合物具有爆炸性，大多数硝基化合物都有毒性。

三、硝基化合物化学性质

1. 还原反应

硝基容易被还原，尤其是直接连在芳环上的硝基，还原产物随还原介质的不同而有所不同。硝基苯在酸性条件下，可用铁等金属还原为芳香族伯胺。

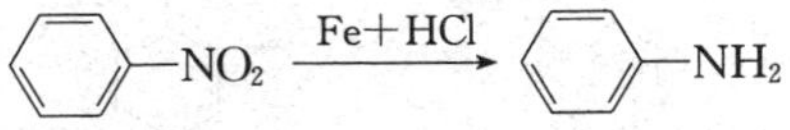

用催化氢化的方法也可还原硝基化合物。

$$R-NO_2+3H_2\xrightarrow{Ni}R-NH_2$$

2. 脂肪族硝基化合物的酸性

脂肪族硝基化合物中，硝基的 α 碳原子上有氢原子时，能产生互变异构现象。

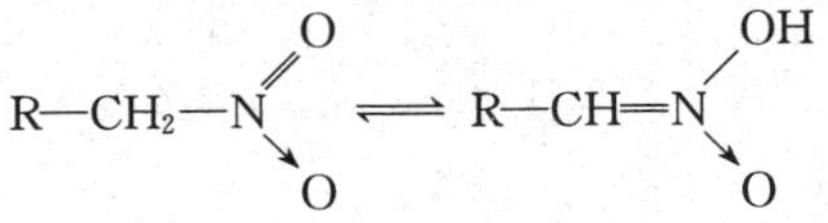

硝基式　　　　酸式

酸式含量较低，平衡主要偏向硝基式一方。加碱可使平衡向右移动，使全部转变为酸式的盐而溶解。例如：

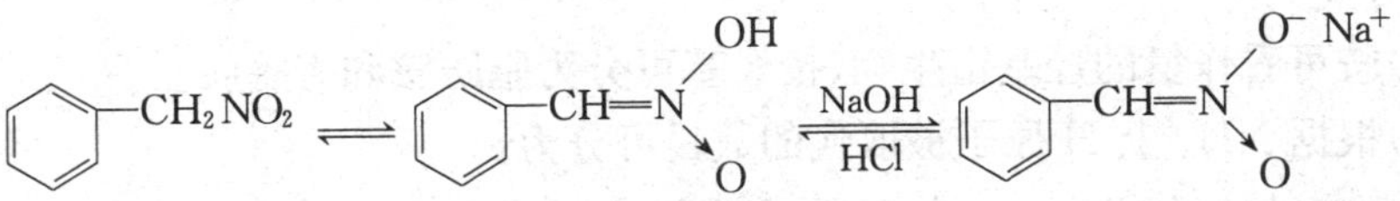

3. 硝基对苯环邻、对位基团的影响

硝基苯中，硝基的邻位或对位上的某些取代基常显示出特殊的活性。比如，氯苯是稳定的化合物，普通条件下要使氯苯与氢氧化钠作用转变为苯酚很困难。但在氯原子的邻位或对位上有硝基时，卤素的活性增大，容易被羟基取代，硝基越多，卤素的活性越强。

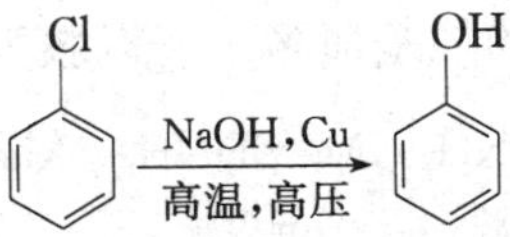

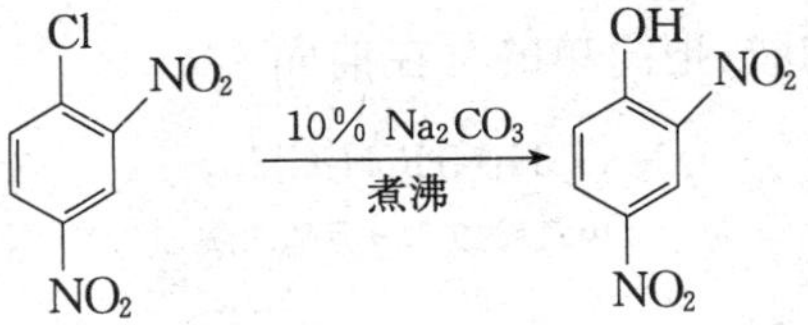

这是由于硝基的吸电子共轭效应使苯环上的电子云密度降低，特别是使硝基的邻位或对位碳原子上的电子云密度降低，使氯原子容易被取代。

由于同样原因，硝基也使苯环上的羟基或羧基，特别是处于邻位或对位的羟基或羧基上的氢原子质子化倾向增强，即酸性增强。例如，

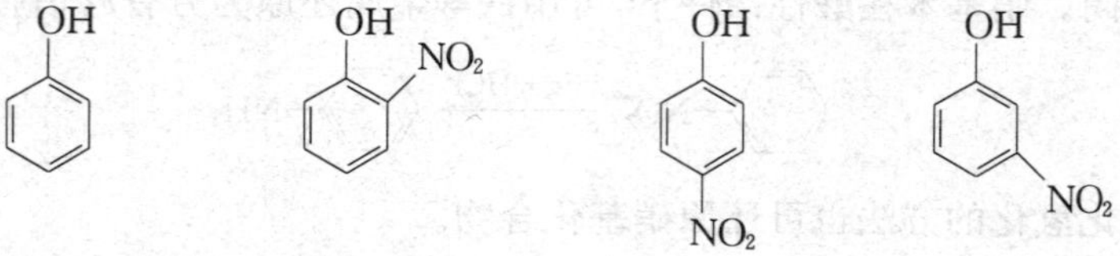

pK_a　10.00　　7.21　　7.16　　8.30

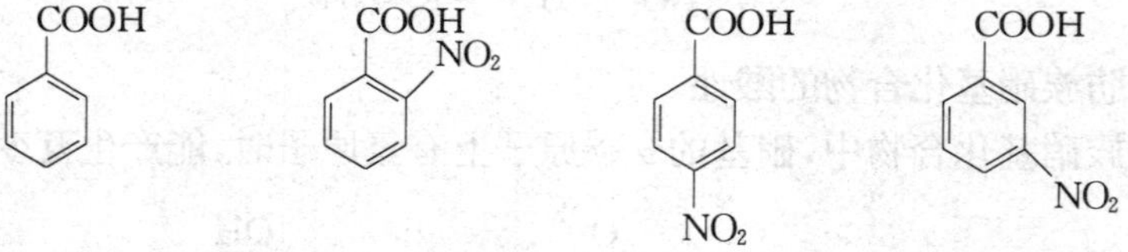

pK_a　4.17　　2.21　　3.40　　3.49

第二节　胺

一、胺的分类、结构和命名

1. 分类

(1)胺可看作氨的烃基衍生物，按烃基可分为脂肪胺和芳香胺。

(2)根据 NH_3 上 H 原子被取代的数目可分为：

第一胺(伯)(RNH_2)：一个 H 原子被取代；

第二胺(仲)(R_2NH)：两个 H 原子被取代；

第三胺(叔)(R_3N)：三个 H 原子被取代。

(3)根据氨基的数目可分为一元胺、二元胺和多元胺。

(4)根据季铵类型可分为季铵盐和季铵碱。

2. 命名

(1)简单的胺可用它所含的烃基命名——以胺为母体

CH_3NH_2　　Me_2CHNH_2　　Me_2NH

甲胺　　异丙胺　　二甲胺

(2)所连烃基不同的胺，把简单的写在前面

$CH_3NHCH_2CH_3$

甲乙胺或 *N*-甲基乙胺

(3)多烃基胺、多元胺

CH_3NHCH_3　$(CH_3)_3N$　$H_2NCH_2CH_2NH_2$

二甲胺　三甲胺　乙二胺

(4)复杂的胺可看作烃基衍生物来命名，以烃基为母体

$CH_3CHCH_2CHCH_3$（2位连 CH_3，4位连 NH_2）　$CH_3CH_2CHCH_3$（3位连 $N(CH_2CH_3)_2$）

2-氨基-4-甲基戊烷　2-二乙氨基丁烷

(5)季铵类

季铵碱：$Me_4N^+OH^-$　氢氧化四甲铵

季铵盐：$[Me_3NEt]^+Cl^-$　氯化三甲基乙基铵

$Me_2N^+H_2I^-$　碘化二甲铵

3. 结构

氨和胺分子具有四面体棱锥形结构。胺分子中氮原子为 sp^3 杂化，四个 sp^3 轨道形成三个 σ 键，还有一个 sp^3 轨道被未成对电子占据，分子为角锥形。理论上应存在对映体。季铵盐氮原子上连有四个不同基团时，则存在对映体。

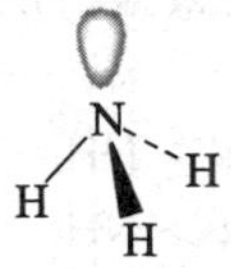

氨的结构

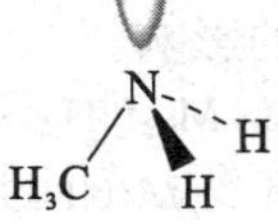

甲胺的结构

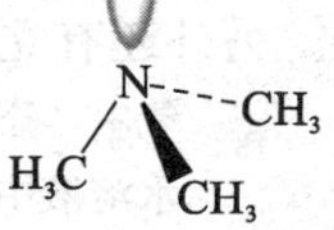

三甲胺的结构

二、胺的物理性质

(1)沸点　比相应的醇、酸低，并且伯胺>仲胺>叔胺。部分醇、胺的沸点见表11-1。

表 11-1　**部分醇、胺的沸点**

名称	沸点/℃	名称	沸点/℃
甲胺(31*)	-7	乙烷(30*)	-88
甲醇(32*)	64	正丙胺(伯)	47.8
甲乙胺(仲)	36.7	三甲胺(叔)	2.87

*表示相对分子质量。

伯、仲、叔胺的沸点差异，主要决定于它们分子间是否能形成氢键，和形成氢键能力的大小。显然，叔胺没有 N—H 键，因此不能形成氢键，沸点较低。

(2)水溶性　低级易溶于水，随烃基的增大，水溶解度降低。而所有的三类胺都能与水形成氢键，因此能溶于水，但随着相对分子质量的增加，其溶解度迅速降低。

(3)气味　有氨的刺激性气味及腥臭味。腌鱼的臭味就是由某些脂肪胺引起的，动物肌肉腐烂能产生极臭且剧毒的丁二胺和戊二胺。

$$H_2NCH_2CH_2CH_2CH_2NH_2 \qquad H_2NCH_2CH_2CH_2CH_2CH_2NH_2$$

1,4－丁二胺(腐胺)　　　　1,5－戊二胺(尸胺)

(4)毒性　芳胺的毒性很大。液体芳胺可透过皮肤而被吸收，空气中含 10^{-6} 的苯胺，连续呼吸 12h 就会产生中毒的征象。苯胺、α－萘胺和 β－萘胺都有致癌作用。

(5)状态　甲胺、二甲胺、三甲胺是气体，低级胺是液体，高级胺是固体。芳胺是高沸点液体或低熔点固体。

三、胺的化学性质

1. 碱性

胺与氨相似，氮上有未共用电子对，能接受质子，所以呈碱性。

$$RNH_2 + HCl \longrightarrow R\overset{+}{N}H_3Cl^- \xrightarrow{NaOH} RNH_2 + NaCl + H_2O$$

(1)脂肪胺的碱性　从电子效应考虑，烷基愈多碱性愈强。从溶剂化考虑，烷基愈多碱性愈弱。另外还有立体效应的影响。

气　　态：$Me_3N > Me_2NH > MeNH_2 > NH_3$

水溶液中：$Me_2NH > MeNH_2 > Me_3N > NH_3$

在有机化学中，习惯上胺的碱性强度往往可用它的共轭酸 RNH_3^+ 的强度来表示。显然，碱越强，它的共轭酸越弱，K_a 越小，pK_a 越大。

(2)芳香胺的碱性比氨弱　因为芳香胺氮原子上的未共用电子对能与苯环形成共轭体系，而使氮原子上的电子密度降低。因为芳香胺碱性太弱，不能用石蕊试纸检验其碱性。

芳胺＜NH_3＜脂肪胺

芳胺中碱性顺序：

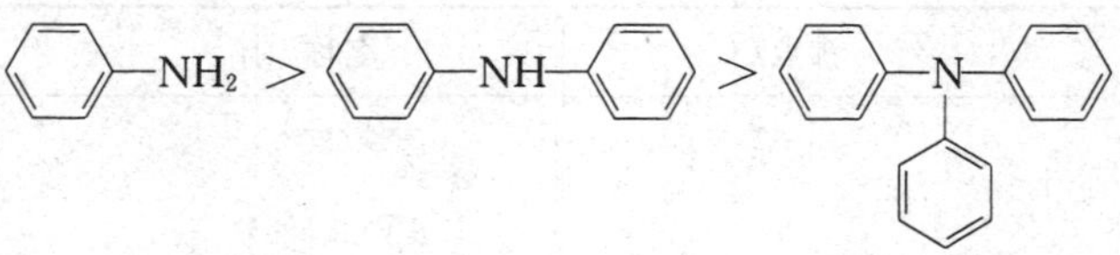

(3)取代芳胺的碱性　如果取代基为吸电基，则碱性减弱；如果取代基为供电基，则碱性增强，邻位吸电基降低碱性程度要比间位或对位大得多。

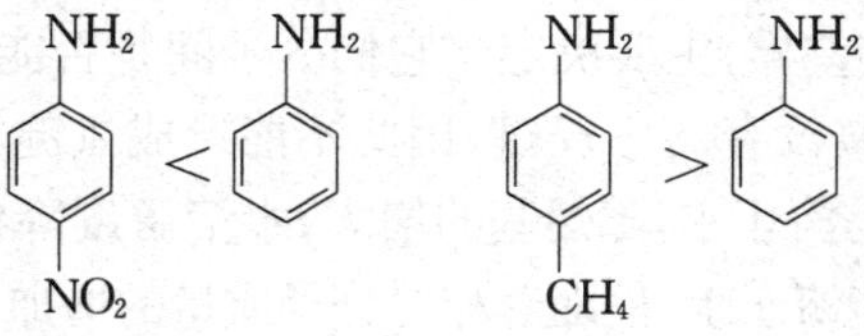

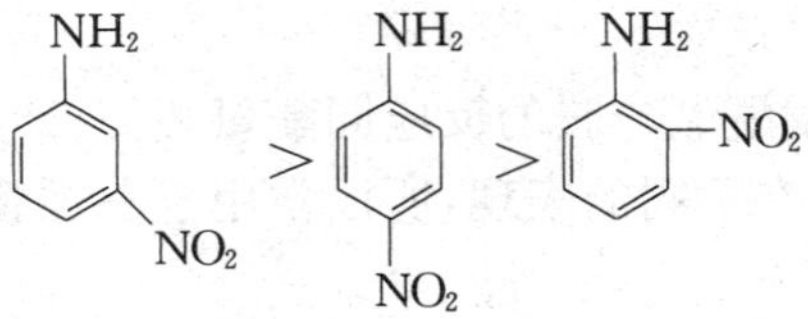

2. 酸性

伯胺和仲胺的氮原子上还有氢，能失去一个质子而显酸性。

$$CH_3NH_2 + Na \xrightarrow{Fe} Na^+ \overset{-}{N}HCH_3 + H_2$$

3. 烷基化

由于氨的氮原子上有未共用电子对，所以作为亲和试剂与氯代烷作用，生成伯胺盐，在过量氨的作用下可以得到伯胺，伯胺与氨一样，也是亲核试剂，可以继续和氯代烷作用，得到仲胺，同理，可得到叔胺、季铵盐。

$$NH_3 + R—Br \longrightarrow R—\overset{+}{N}H_3 \xrightarrow{OH^-} R—NH_2$$

$$R—NH_2 + R—Br \longrightarrow R_2—\overset{+}{N}H_3 \xrightarrow{OH^-} R_2—NH$$

$$R_2—NH + R—Br \longrightarrow R_3—\overset{+}{N}H \xrightarrow{OH^-} R_3—N$$

$$R_3—N + R—Br \longrightarrow R_4—N^+ Br^-$$

特点：产物是混合物，给分离提纯带来了困难；卤代烃一般用伯卤代烃；控制条件：使用过量的氨，则主要制得伯胺；使用过量的卤代烃，则主要得叔胺和季铵盐。

4. 酰基化

酰氯可以氨解得到酰胺。

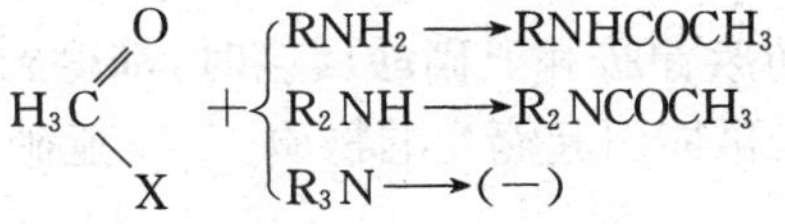

（酰卤、酸酐）

以上反应可以看做是胺分子中氮原子上的氢被酰基取代，所以称作胺的酰基化，由于叔胺的氮原子上没有氢，所以叔胺不能被酰化。绝大部分酰胺是具有一定熔点的固体，所以，通过酰基化反应可以从伯、仲、叔胺中分离出叔胺，并且通过测定酰胺的熔点鉴定胺。

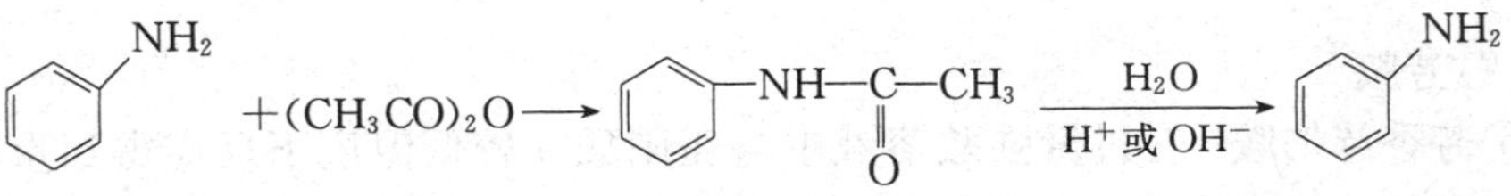

酰胺在酸或碱的作用下，可以水解释放出原来的胺，所以酰胺反应可用来作为保护氨基的方法。

5. 磺酰化(Hinsberg)反应

对甲苯磺酰氯或苯磺酰氯与胺的反应同酰氯相似，产物是对甲苯磺酰胺。由于在反应中，伯、仲、叔胺有不同的表现，所以常用于三类胺的分离或鉴别，称为兴斯堡(Hinsberg)反应。

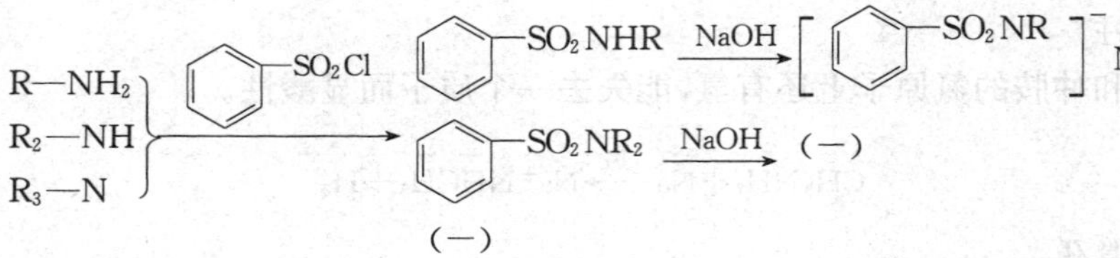

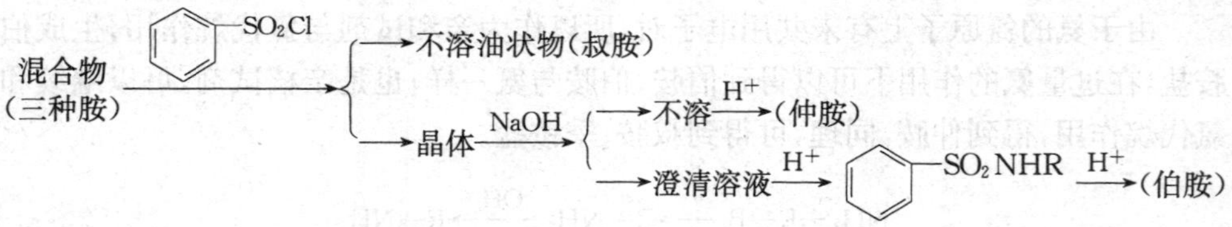

6. 与 HNO_2 反应

和亚硝酸反应可用于一、二、三级胺的鉴别。亚硝酸不稳定，只能在反应过程中由亚硝酸钠和盐酸或硫酸作用来产生。用不同类型的胺和亚硝酸作用时发生不同类型的反应。

(1)脂肪族胺

①脂肪族伯胺：脂肪族伯胺和亚硝酸反应，先生成重氮盐，脂肪族重氮盐很不稳定，立即分解生成醇、烯烃等的混合物，同时定量地放出氮气，因此这个反应可用于氨基的定量测定。

$$RNH_2 + HNO_2 \longrightarrow N_2 + \text{醇与烯烃的混合物}$$

②脂肪族仲胺：脂肪族仲胺和亚硝酸反应时，都得到 N-亚硝基胺。N-亚硝基胺为黄色油状液体，是可能引起癌变的物质。N-亚硝基胺与稀酸共热则分解为原来的胺。

$$R_2NH + HNO_2 \longrightarrow R_2-\underset{\displaystyle R_2-NH}{\underset{|}{N}}-N=O + H_2O$$

③脂肪族叔胺：脂肪族叔胺只能与亚硝酸形成不稳定的盐。

$$R_3N + HNO_2 \longrightarrow R_3N^+ HNO_2^-$$

(2)芳胺

①芳香族伯胺：在过量强酸溶液中与亚硝酸在较低温度下反应得到重氮盐，芳香族重氮盐只在水溶液和较低温度下稳定，重氮盐能发生很多反应，因此广泛用于芳香族化合物的合成。升高温度即分解放出氮气得到酚。

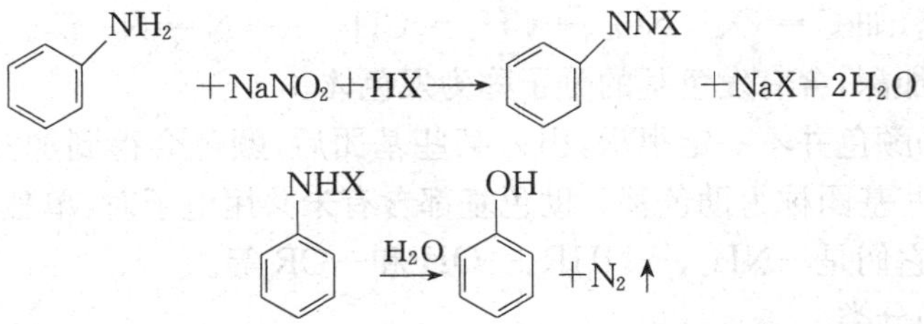

②芳香族仲胺：芳香族仲胺和亚硝酸反应时，都得到 N-亚硝基胺。

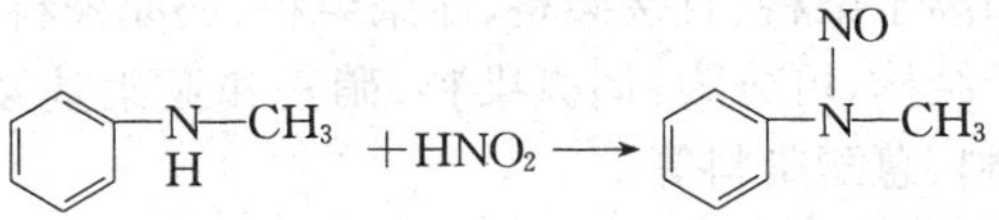

N-亚硝基甲苯胺（棕色油状）

③芳香族叔胺：芳香族叔胺和亚硝酸反应时，可在氨基的对位引入亚硝基，芳香族叔胺的对亚硝基衍生物一般为绿色片状晶体。

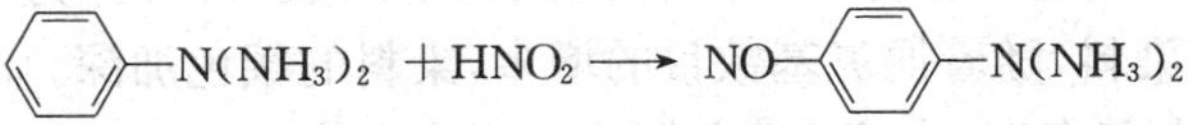

对亚硝基-N,N-二甲基苯胺

7. 氧化反应

胺比较容易被氧化，脂肪伯胺及仲胺的氧化产物多为混合物，无制备价值。脂肪叔胺与过氧化氢在室温放置可得氧化胺。

$$(CH_3)_3N + H_2O_2 \longrightarrow (CH_3)_3N{=}O$$

芳香胺，特别是芳香族伯胺极易被氧化，纯苯胺为无色透明的液体，在空气中放置会变为黄色、浅棕色甚至红棕色，这是由于苯胺部分被氧化，缩合成有色物质。利用芳胺易被氧化的性质，可用作抗氧化剂。芳香胺的盐对氧化剂不那么敏感，因此有时将芳胺变成盐后再储存。

知识窗

染料和指示剂

1. 化合物结构和颜色的关系

染料是能将被染物染成各种颜色的有机化合物。染料的颜色是它对入射的可见光发生选择性吸收的结果，若入射光全部被吸收则为黑色，若入射光全部被反射则为白色，若入射光中某一段波长的光线被吸收，则显示的颜色为反射光的颜色，即被吸收光的颜色和显示的颜色互为补色。

有机化合物分子中，必须有某些不饱和的基团存在时才能发色，这些不饱和基团称为发色基，如 $C=O$、$—NO_2$、$—CH_2=CH_2—$、$—N=N—$等。分子中共轭体系增长，颜色加深，含有发色基的分子称为发色体。

发色体的颜色并不一定很深，引入某些基团后，颜色会得到加深，并对纤维具有亲和力，这些基团称为助色基。助色基都含有未共用电子对，单独存在于分子中时并无颜色，它们是$—NH_2$、—NHR、—OH 和—OR 等。

2. 染料的分类

按照染料的应用对象、应用方法和应用性能，可分为：酸性染料、中性染料、活性染料、分散染料、阳离子染料、直接染料、冰染染料、还原染料、硫化染料等。

按照染料的分子结构，可分为：偶氮染料、硝基和亚硝基染料、芳甲烷染料、多亚甲基染料、酞菁染料、蒽醌染料等。

3. 偶氮染料和指示剂

偶氮染料是分子内有一个或几个偶氮基，偶氮基两端连接芳基的化合物，它是合成染料中品种最多的一类，广泛用于多种天然和合成纤维的染色和印花，也用于油漆、塑料、橡胶的着色。按分子中所含的偶氮基的数目，可分为单偶氮、双偶氮、三偶氮和多偶氮染料，随着偶氮基数目的增多，染料的颜色加深。

用单偶氮染料染色时，水溶性染料可在染浴中直接对纤维染色，不溶性染料则通过重氮化偶合而使染料在纤维上形成，通常的方法是将纤维先用偶连组分的碱溶液如α-萘酚、氢氧化钠溶液浸泡，然后用重氮盐的弱酸溶液，如重氮化的对硝基苯胺进行偶合显色。由于重氮化过程一般在低温加冰冷却情况下进行，这种染料称为冰染染料。

常用的酸碱指示剂中，许多是偶氮化合物。甲基橙在碱性和中性介质中为黄色，在酸性溶液中，黄色的甲基橙分子获得一个氢，转变为红色的醌式结构，变色范围在 pH 3.1 ～ 4.4。

本章小结

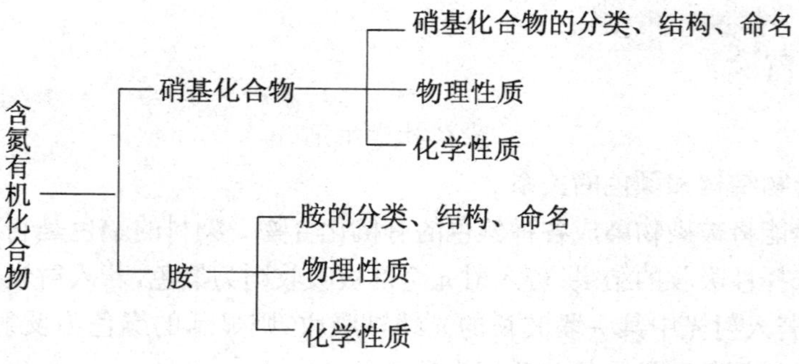

练习题

1. 按伯、仲、叔的分类法将胺和醇分类。

(1) 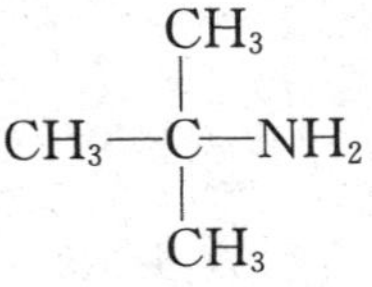

(2) 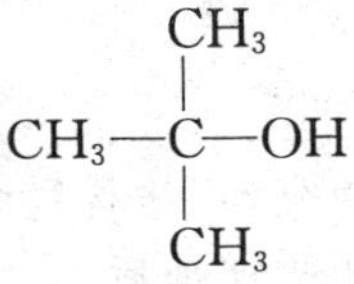

(3) 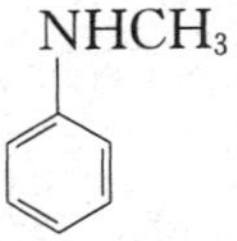

(4) 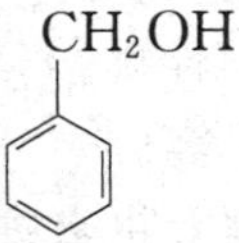

2. 试将下列化合物按碱性由强到弱排列。

(1)甲胺、二甲胺、苯胺、二苯胺

(2)对甲基苯胺、对硝基苯胺、苯胺

3. 命名下列化合物。

(1)$CH_3NHC_2H_5$

(2) 

(3)$(CH_3)_3\overset{+}{N}C_2H_5Cl^-$

(4) 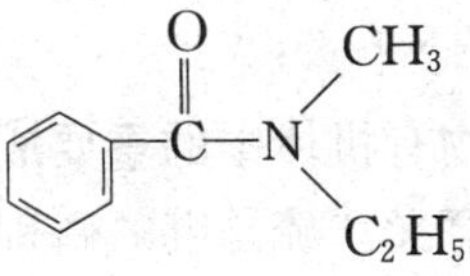

(5) 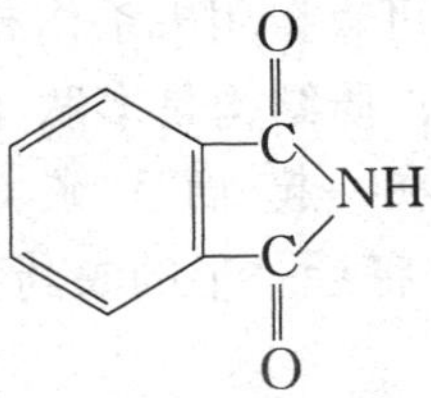

(6) 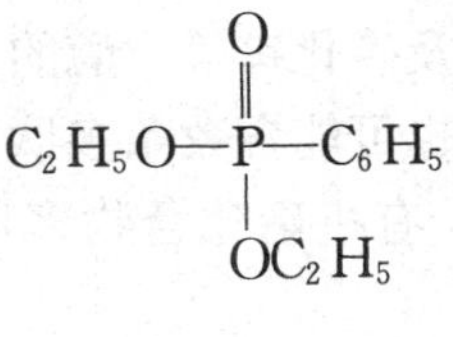

4. 写出下列化合物的结构式。

(1)苄胺

(2)2-甲基-3-二甲氨基己烷

(3)对甲苯胺盐酸盐

(4)氢氧化二甲基二乙基铵

第十二章　含硫和含磷有机化合物

知识目标

(1)掌握含硫有机化合物的分类、结构和命名。
(2)了解含硫有机化合物的物理性质。
(3)掌握含硫有机化合物的化学性质。
(4)掌握有机磷农药的结构和分类。
(5)掌握有机磷杀虫剂作用机理及中毒防治。
(6)了解有机磷农药的化学性质。

能力目标

(1)能根据结构式命名含硫有机化合物和有机磷农药。
(2)能掌握有机磷农药的作用机理及中毒防治措施。
(3)熟悉实验室现有的含硫有机化合物的用途和使用方法。

硫和磷是生物有机体中的重要成分。许多含硫和含磷化合物在农药和医药方面也有着重要的意义。硫是继氮磷钾三大元素后农作物所需的第四大营养素。目前中国硫肥亏缺约 120 万 t/年。有些天然含硫磷矿物可直接用来杀伤有害生物，如硫磺、硫酸铜以及磷化锌等。酶的本质是蛋白质，蛋白质结构是多肽，酶分子可能只含一条多肽，也可能含数条多肽，并以双硫键连接在一起，而且，硫、磷均是细胞膜的组成元素。有机磷化合物多用作杀虫剂。几乎将近一半的农药为有机磷农药。

第一节　含硫化合物

分子中碳和硫直接相连的有机化合物称有机硫化合物。氧和硫在周期表中同为第六主族元素，它们的电子构型分别是，氧为 $1s^2 2s^2 2p^4$，硫为 $1s^2 2s^2 2p^6 3s^2 3p^4$。由于这两个元素的价电子结构相似，因此硫能形成与含氧化合物相当的一系列含硫化合物，并且具有相似的化学性质。

一、硫醇、硫酚、硫醚及二硫化合物

1. 结构

硫原子可以形成与氧相似的低价含硫化合物，如硫醇可看作是醇分子中的氧

原子被硫原子替代的化合物，通式为 RSH。—SH 称为巯基，它是硫醇的官能团。硫醚可看作是醚分子中的氧原子被硫原子替代的化合物。其通式为 R—S—R，硫醚键（C—S—C）是硫醚的官能团。硫酚的通式是 ArSH，二硫化物的通式是 R—S—S—R′。

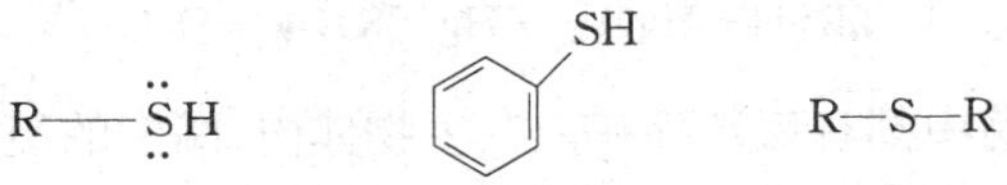

硫醇　　硫酚　　硫醚

2. 命名

硫醇和硫醚的命名与醇和醚相似，只是把“醇”改为“硫醇”，“醚”改为硫醚。在含有巯基的化合物中，巯基可作为取代基命名。

（1）含硫化合物的命名，只需在相应的含氧衍生物类名前加上“硫”字即可。

如：　$ClCH_2CH_2SCH_2CH_2Cl$　　$CH_3—CH(CH_3)—SH$

2,2-二氯二乙硫醚　　异丙硫醇

（2）—SH 作取代基命名时，与其他官能团的命名原则相同。

$HS—CH_2COOH$

巯基乙酸

3. 硫醇和硫醚的物理性质

相对分子质量较低的硫醇最特殊的物理性质是具有极其难闻的臭味，如乙硫醇在空气中的浓度达 10^{-11} g/L 时，即能被人闻到其臭味。工业上常把低级硫醇作为臭味剂使用，如在燃料气中加入少量叔丁硫醇或乙硫醇来引起人们对煤气管道漏气的警觉。随着硫醇碳原子数增加，臭味逐渐变弱，大于 9 个碳的硫醇已没有臭味。

由于硫的电负性比氧小，而原子半径又比氧大，硫醇分子之间及硫醇与水分子之间形成氢键的能力较弱，较难缔合。因此硫醇与同碳原子数的醇相比，硫醇在水中溶解度低，沸点也比相应醇低。例如，甲醇的沸点为 65℃，而甲硫醇的沸点为 6℃。

低级硫醚是一些有特殊气味的液体，如大蒜头和葱头中含有乙硫醚和烯丙基硫醚等。硫醚不能与水形成氢键而不溶于水，可溶于醇和醚中，沸点比相应的醚高。例如，甲硫醚沸点为 37.6℃而甲醚沸点为-24℃。

4. 硫醇和硫醚的化学性质

（1）硫醇的酸性　硫化氢（$pK_a=7.04$）是弱酸，酸性比水（$pK_a=15.7$）强，与此相似，硫醇的酸性也比相应的醇强。例如，乙硫醇（$pK_a=10$）的酸性比乙醇（$pK_a=18$）强得多。醇不能与氢氧化钠生成盐，而硫醇和氢氧化钠可形成稳定的盐。

$$CH_3CH_2SH + NaOH \longrightarrow CH_3CH_2SNa + H_2O$$

硫醇可与重金属(Hg^{2+}、Pb^{2+}、Ag^{+}、Cu^{2+})的氧化物或盐作用，生成不溶于水的硫醇盐。

$$2RSH + HgO \longrightarrow Hg(SR)_2\downarrow + H_2O$$

许多蛋白质和酶中都有巯基存在。在生物体内，酶中的巯基与重金属盐结合，就会使酶失去活性而丧失正常的生理功能，从而引起人畜中毒。医学上利用硫醇与重金属生成稳定盐的性质，制备了几种水溶性较大的邻二硫醇类化合物，作为重金属中毒的解毒剂。例如：

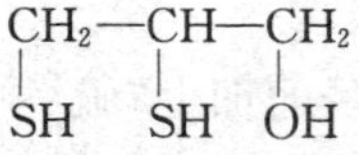
二巯基丙醇(BAL)

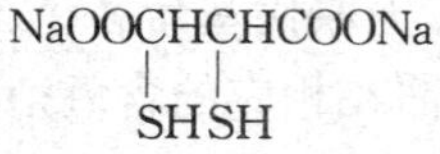
二巯基丁二酸钠

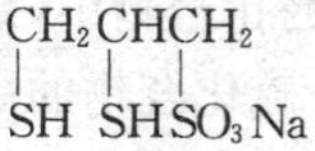
二巯基丙磺酸钠

这些解毒剂能与进入体内的汞、砷等离子结合成不易解离的无毒配合物，然后经尿排出体外，以保护酶体系的功能不受损害。

此外，这些解毒剂可以夺取已与体内蛋白质或酶结合的重金属，形成五元环的稳定配合物，而经尿中排出，使酶的活性恢复，从而达到解毒的目的。

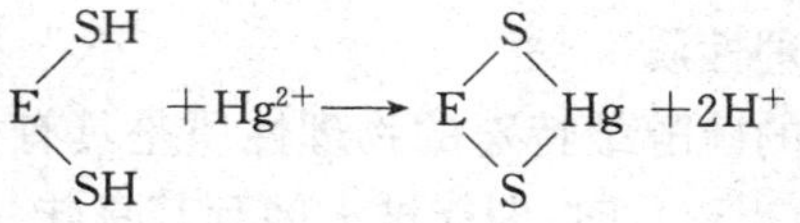
活性酶　　中毒酶

(2)硫醇的氧化反应　硫氢键比氧氢键容易断裂，所以硫醇远比醇易被氧化，并且硫醇的氧化不像醇那样发生在与羟基相连的 α-碳上，而是在硫原子上。在空气中或与弱氧化剂，如碘、稀过氧化氢等作用，硫醇被氧化成二硫化物。

$$2RSH \underset{[H]}{\overset{[O]}{\rightleftharpoons}} R—S—S—R$$

二硫化合物中含有二硫键(—S—S—)，它可以用温和的还原剂(如 $NaHSO_3$、Zn＋HAc)还原成硫醇。硫醇和二硫化合物之间的氧化还原反应在温和条件下就可以发生，这对于体内的蛋白质化学反应是很重要的。在生物体内，二硫键对多肽或蛋白质三维空间结构的形成具有重有意义。

(3)硫醇的酯化反应　与醇相似，硫醇也可以与羧酸作用生成羧酸硫醇酯。

$$R_1COOH + R_2SH \longrightarrow R_1CO—SR_2 + H_2O$$

硫醇与羧酸进行酯化时，羧酸分子提供羟基，而硫醇提供氢原子形成 H_2O。

(4)硫醚氧化　硫醚的一个重要性质是易被氧化，在室温下，硫醚可被硝酸、三氧化铬或过氧化氢氧化成亚砜。

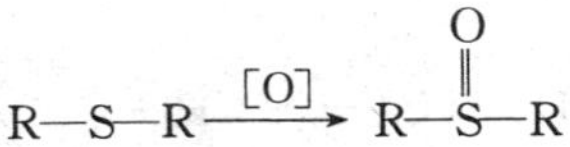

在高温下，硫醚被发烟硝酸、高锰酸钾等强氧化剂氧化成砜。

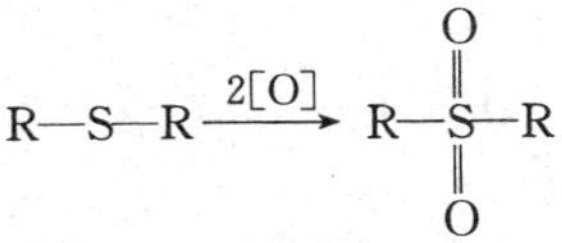

二、磺酸

1. 结构

R—SO_3H 可以看作为硫酸分子中的一个—OH 被烃基取代后的衍生物。

$C_2H_5SO_3H$

乙磺酸

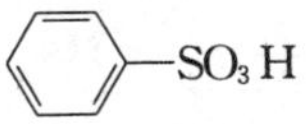

苯磺酸

对甲苯磺酸

2. 命名

一般在磺酸前加上相应的烃基的名称。但是遇到—COOH 时，将磺酸基作为取代基。

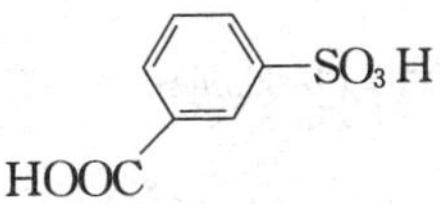

间磺酸基苯甲酸

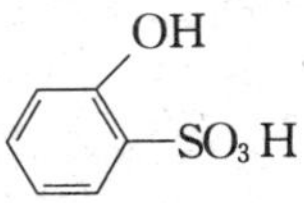

邻羟基苯磺酸

3. 性质

(1)物理性质　磺酸与硫酸一样，有极强的吸水性，易溶于水。它的 Ba、Ca、Pb 盐也溶于水，这与相应的硫酸盐不同。由于磺酸易溶于水，所以在染料、制药工业以及表面活性剂等工业中具有特别重要的意义——引入—SO_3H 基可增加有机物的水溶性。

芳香族磺酸通常为无色晶体，不易挥发，易溶于水，不溶于或微溶于非极性的有机溶剂。无水芳香族磺酸的熔点比相应的羧酸低；由于芳香族磺酸有很强的吸水性，同一芳香族磺酸因所含的结晶水分子数不同，因而其熔点也不同。

(2)化学性质

①酸性：磺酸是一类很强的有机酸，其酸性与硫酸相近。它可与碱作用成盐。在有机合成上被用作酸性催化剂。

②取代反应：和羧酸一样，磺酸中的羟基也可以被卤素、氨基、烷氧基取代，生成磺酸的衍生物。

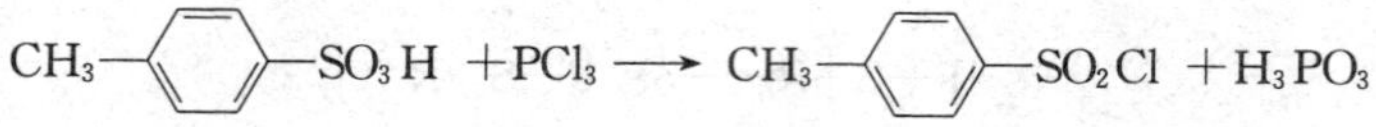

4. 制备

(1)脂肪族磺酸的制备　在过氧化氢，高锰酸钾，硝酸等强氧化剂的作用下，硫醇被氧化为脂肪族磺酸。

$$ClCH_2CH_2C(CH_3)_2{-}SH + 3H_2O_2 \xrightarrow{HOAc} ClCH_2CH_2C(CH_3)_2{-}SO_3H + 3H_2O$$

(2) 芳香族磺酸的制备　芳烃直接磺化制备芳香族磺酸，常用的磺化试剂有浓硫酸、发烟硫酸和氯磺酸。由于磺酸易溶于水且易潮解，通常在饱和食盐水中制成磺酸钠，而分离纯制。

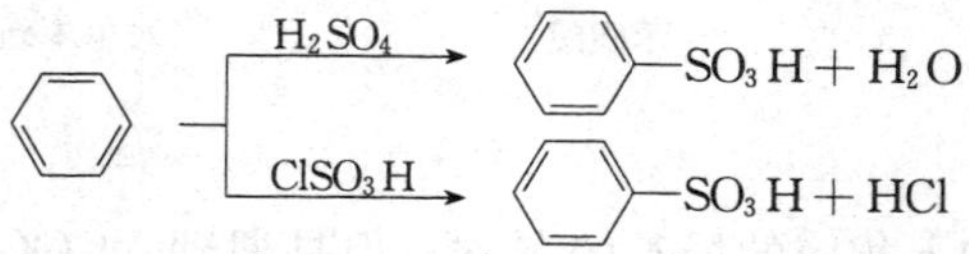

5. 用途

合成洗涤剂，在染料工业及强酸型离子交换树脂中都使用磺酸基。

第二节　含磷化合物

一、含磷化合物的分类

1. 膦的形成

膦的形成和胺相似，磷化氢中的氢被烃基取代后形成膦，形成过程如下：

$$NH_3 \xrightarrow{\text{H 被—R 取代}} \text{胺} \longrightarrow \text{铵盐}$$

$$PH_3 \longrightarrow \text{膦} \longrightarrow \text{膦盐}$$

根据膦中所含氢原子的多少分为：

伯膦　RPH_2；仲膦　R_2PH；叔膦　R_3P；　季膦盐　$R_4P^+X^-$

2. 亚磷酸(三价磷)及其衍生物

亚磷酸中的羟基被烃基取代后的衍生物为亚膦酸。

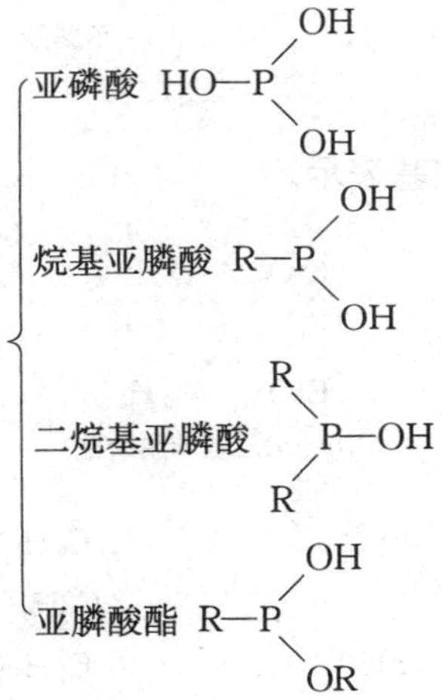

3. 磷酸(五价磷)及其衍生物

磷酸中羟基被烃基取代的衍生物为膦酸。

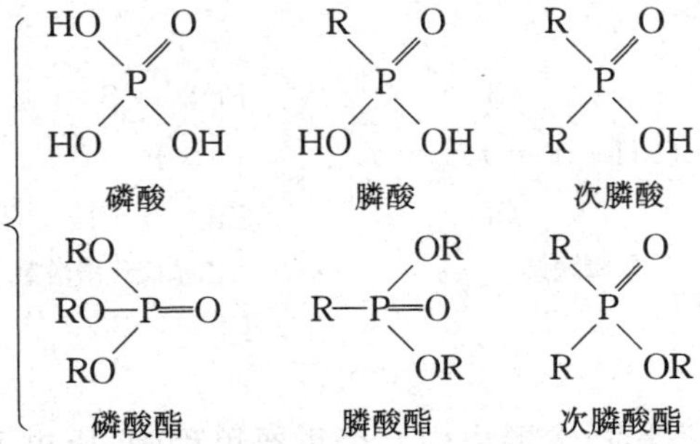

4. 膦烷(五价磷)

磷酸中的羟基和氧都被烃基取代为膦烷。

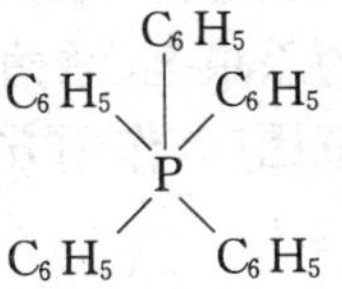
五苯膦

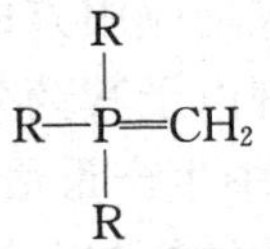
亚甲基三烃基膦

二、含磷化合物的命名

1. 膦

亚膦酸和膦酸的命名，在相应的类名前加上烃基的名称。

$(C_6H_5)_3P$

三苯膦

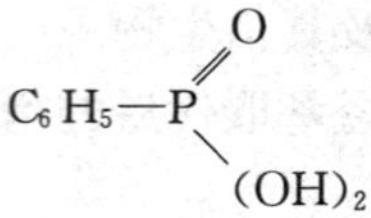

苯膦酸

2. 含氧的酯基

含氧的酯基用前缀 *O*-烷基表示。

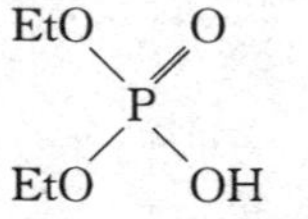

O,*O*-二乙基磷酸酯

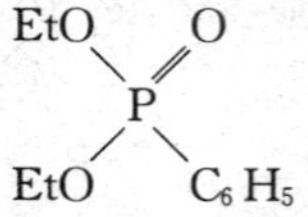

O,*O*-二乙基苯膦酸酯

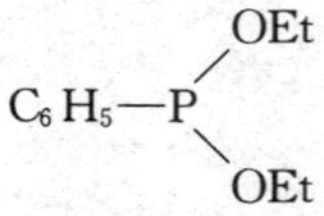

苯基亚膦酸乙酯

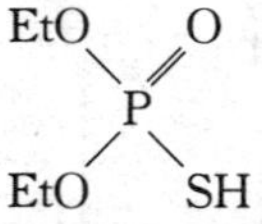

O,*O*-二乙基硫代磷酸酯

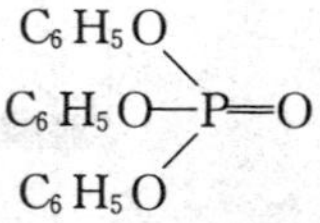

O,*O*,*O*-三苯基磷酸酯

3. 含 P—X 或 P—N 键的化合物

含 P—X 或 P—N 键的化合物可看作含氧酸的—OH 基被 X 或 NH_2 取代后所形成的酰卤和酰胺。

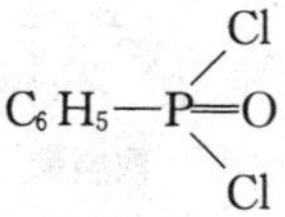

苯膦酰氯

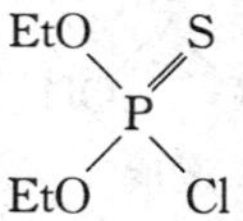

O,*O*-二乙基硫代磷酰氯

三、有机磷农药

农药的发明是人类科技发展史中一个重要里程碑,历史上各种病、虫、草害对人类社会所造成的严重危害是触目惊心的。近代科学发明农药后,才有能力对传播传染病的媒介——鼠、蚊、虱等和危害各种农作物的病虫草等有害生物进行有效的控制,因此农药和医药一样都是人类文明社会进步的物质保障。

有机磷化合物在农药应用方面,可以作为杀虫剂、杀菌剂、除草剂和植物生长调节剂。有机磷杀虫剂由于其药效高,应用范围广,作用方式好,无积累中毒等特点,而成为目前杀虫剂中生产量最大的品种。

1. 有机磷杀虫剂的结构与分类

有机磷杀虫剂可用下列通式表示:

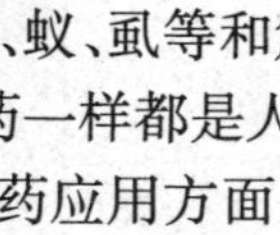

R^1,R^2=烷基、烷氧基、胺基

A=—OR 或—SR

按照化学结构的不同，有机磷杀虫剂可以分为以下几种主要类型：

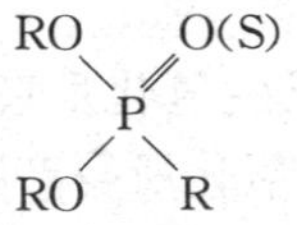
膦酸酯型

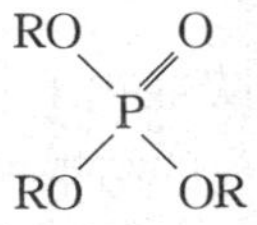
磷酸酯型

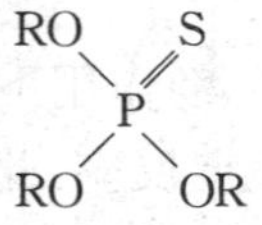
硫酮磷酸酯型

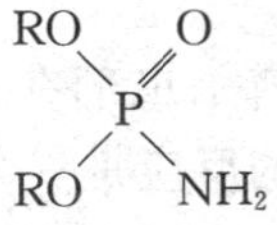
磷酰胺型

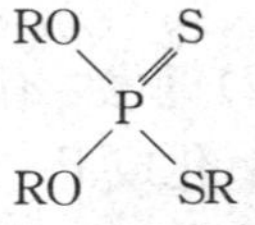
二硫代磷酸酯型

例如：

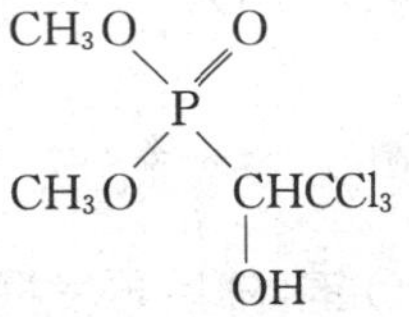
敌百虫（膦酸酯型）

O,*O*–二甲基–(1–羟基–2,2,2–三氯乙基)膦酸酯

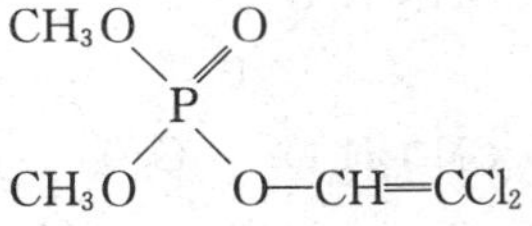
敌敌畏（磷酸酯型）

O,*O*–二甲基–O–(2,2–二氯乙烯基)磷酸酯

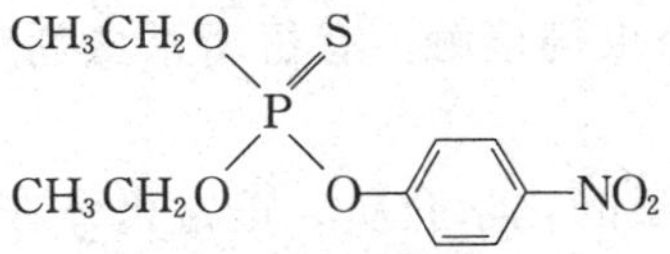
对硫磷（硫酮磷酸酯型）

O,*O*–二乙基–*O*–(对硝基苯基)硫代磷酸酯

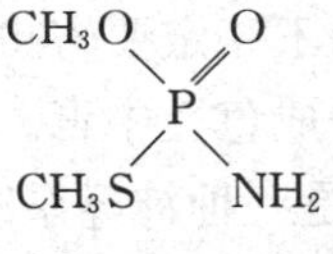
甲胺磷（磷酰胺型）

O,*S*–二甲基硫代磷酰胺

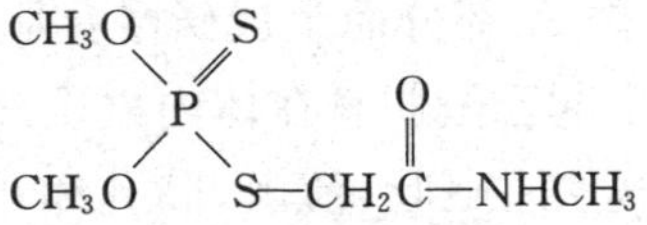
乐果（二硫代磷酸酯型）

O,*O*–二甲基–*S*–(*N*–甲基氨基甲酰甲基)二硫代磷酸酯

2. 化学性质

有机磷杀虫剂的主要化学性质为水解和氧化反应。

(1)水解反应　有机磷杀虫剂都是中性的磷酰基或硫代磷酰基化合物，大多为酯类化合物。它们的生物活性及生化行为，在很大程度上取决于磷酯的特征，因为水解断裂任何一个磷原子上的键都最终使杀虫剂失去活性。在酸性或碱性等条件下有助于有机磷杀虫剂水解反应的进行。

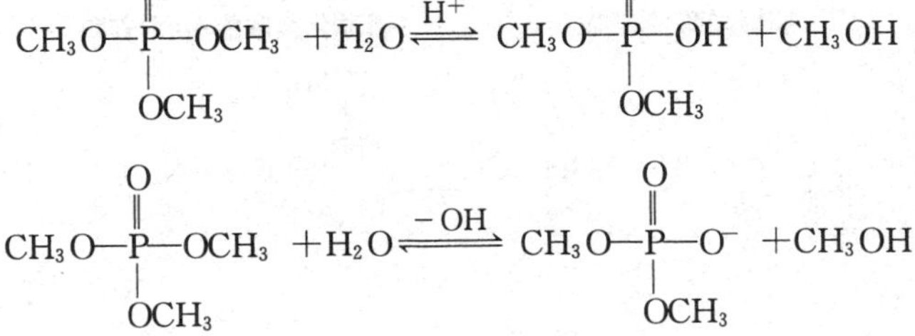

磷酸酯在酸催化下水解是 C—O 键断裂，而在碱性催化下水解是 P—O 键断裂。

(2)氧化　有机磷杀虫剂在氧化剂作用下或酶催化下易发生氧化反应，其中 P═S氧化成 P═O 的反应是一个重要反应，此反应的结果可使氧化所得产物的生物活性增加，产物变成更强力的胆碱酯酶抑制剂。例如，对硫磷被氧化时仅仅 P═S 键被氧化。

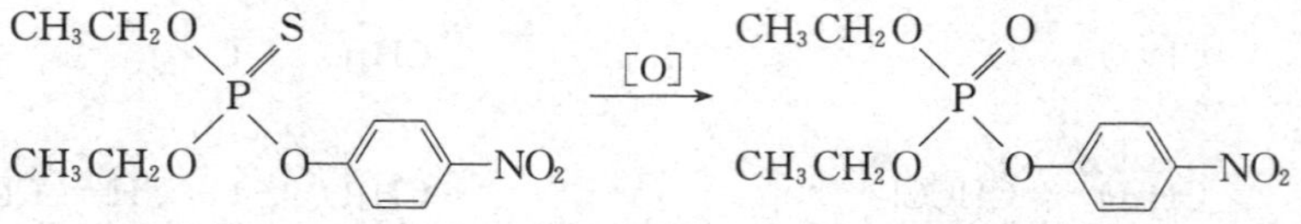

许多有机磷杀虫剂在生物体内先被氧化成 P═O 键，然后再发挥其毒效。

3. 有机磷杀虫剂作用机理及中毒防治

有机磷杀虫剂具有内吸性，可被植物吸收，这样只要害虫吃进含杀虫剂的植物即可被杀死，而不一定要害虫直接与杀虫剂接触。有机磷杀虫剂对哺乳动物的毒性也较大，易造成急性中毒。

乙酰胆碱是一种神经系统传导刺激的化学介质。正常机体在神经兴奋时，神经末鞘释放出乙酰胆碱而起作用，然后乙酰胆碱被胆碱酯酶水解为胆碱和乙酸而失去作用，机体以此来调节神经之间的刺激传导。有机磷农药进入机体后，与胆碱酯酶作用，有机磷杀虫剂脱去 A 部分而生成磷酰化胆碱酯酶，从而使胆碱酯酶丧失了水解乙酰胆碱的能力，引起乙酰胆碱在体内累积，造成神经功能过度兴奋。这样可引起眩晕、头痛、多汗、恶心、呕吐、流涎、瞳孔缩小、呼吸困难、心率减慢等症状，严重者可导致肌肉颤动，意识模糊乃至昏迷等中毒现象。因此有机磷杀虫剂是中枢神经系统的剧毒物。

临床上常用氯磷定和解磷定作为有机磷的解毒剂，它是恢复胆碱酯酶活性的药物。这些药物分子结构中均含有肟基(—CH ═NOH)，可以对有机磷的磷原子发生亲核反应，能从磷酰化胆碱酯酶的活性中心夺取磷酰基，解除有机磷对酶的抑制作用而使酶复活，故这种解毒剂又称为胆碱酯酶的复活剂。

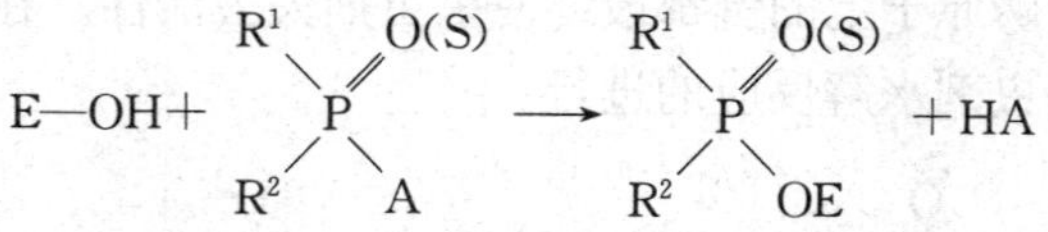

胆碱酯酶　农药　磷酰化胆碱酯酶(中毒酶)

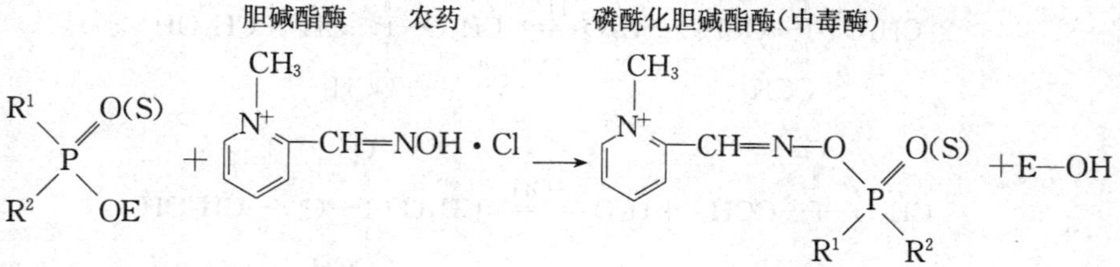

中毒酶　氯磷定　活化酶

阿托品可解除有机磷农药中毒引起的呼吸中枢抑制，也可作为有机磷农药中毒的解毒药。

有机磷农药中毒后，应根据中毒情况采取不同的紧急处理措施：皮肤被污染应立即用肥皂水彻底冲洗；喷洒引起中毒者应立即脱离现场，到空气新鲜处；溅入眼后，应使用清水冲洗，冲洗时间不少于 20min；因误口服者应立即用药物或手法催吐。中毒患者要迅速送医院治疗。阿托品、氯磷定和解磷定是特效解毒药。

知识窗

磺胺类药物

磺胺类药物是一类具有对氨基苯磺酰胺基本结构的药物。对氨基苯磺酰胺（简称磺胺）分子结构中有两个氨基，磺酰氨基中的氮原子称为 N^1，对氨基中的氮原子称为 N^4。

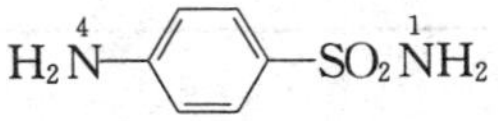

对氨基苯磺酰胺

磺胺类药物的发现，开创了化学药物治疗的新纪元，使死亡率很高的细菌性疾病如肺炎、脑膜炎等得到了有效控制。1935 年合成出对氨基苯磺酰胺并发现其在体内外均具有抑菌作用。此后，对磺胺结构进行了广泛的改造，合成了数千种磺胺的衍生物，从中筛选出了一些疗效高、副作用小的磺胺类药物。磺胺的构效关系研究表明：

(1)氨基与磺酰氨基在苯环上必须互成对位，邻位或间位异构体均无抑菌作用。

(2)N^1 -单取代的衍生物可使抑菌作用增强，而以杂环取代时的抑菌作用均明显增加，N^1，N^1 -双取代时均丧失活性。

(3)N^4 上的氢原子被其他基团取代后，如在体内不能被分解或还原成游离氨基，则无抗菌活性。故保持 N^4 -氨基的游离（或潜在状态）是产生抑菌作用的关键。

磺胺类药物的抑菌机制通常认为是磺胺类药物能与细菌生长所必需的对氨基苯甲酸（PABA）产生竞争性拮抗，干扰了细菌的酶系统对 PABA 的利用，而使细菌不能生长，因此有抑菌作用。磺胺类药物之所以能与 PABA 产生竞争性拮抗，是由于两者分子大小和电荷分布极为相似，使细菌在合成二氢叶酸时，二氢叶酸合成酶难于识别两者，磺胺类药物可取代 PABA 在叶酸结构中的位置，而生成无功能的二氢叶酸类似物，最终妨碍了二氢叶酸的合成供给，造成细菌不能生成，因此磺胺药也就成为二氢叶酸合成酶的抑制剂。人体可以自食物中摄取二氢叶酸，因此不受磺胺类药物的影响，而微生物靠自身合成二氢叶酸，一旦二氢叶酸合成受阻，微生物的生命就不能继续。

常见的磺胺类药物表见表 12－1。

表 12－1　　常见的磺胺类药物

药名	代号	结构式	效用
磺胺嘧啶	SD	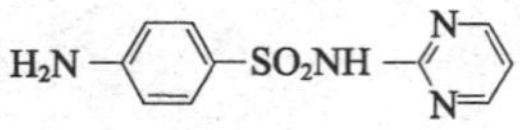	用于脑膜炎双球菌、肺炎球菌及溶血性链球菌的感染
磺胺二甲嘧啶	SM_2	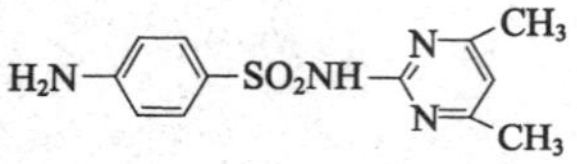	作用较 SD 弱，但尿中溶解度大，毒性低，与 SD、SM 配成三磺合剂
磺胺噻唑	ST	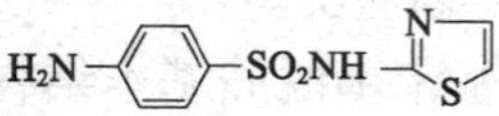	用于菌痢、溃疡性结肠炎、肠炎等
磺胺甲氧嗪	SMP	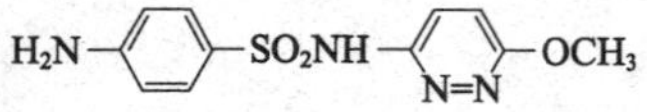	用于多数细菌感染疾病的治疗

本章小结

- 含硫含磷有机化合物
  - 含硫化合物
    - 硫醇、硫酚、硫醚及二硫化合物
      - 结构、命名
      - 硫醇、硫醚的物理性质
      - 硫醇、硫醚的化学性质
        - 硫醇的酸性
        - 硫醇的氧化
        - 硫醇的酯化
        - 硫醚的氧化
    - 磺酸
      - 结构、命名
      - 物理性质
      - 化学性质
        - 酸性
        - 取代反应
      - 制备和用途
  - 含磷化合物
    - 分类
    - 命名
    - 有机磷农药
      - 结构和分类
      - 化学性质
        - 水解反应
        - 氧化反应
      - 作用机理

练 习 题

1. 写出下列化合物的结构式。

(1)二甲硫醚　(2)对乙苯磺酸钠

2. 试写出分子式为 $C_4H_{10}S$ 的各种可能的化合物，并命名之。

3. 将下列化合物按酸性增强的顺序排列：

(1) 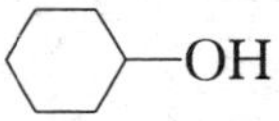　(2) 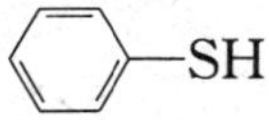　(3) 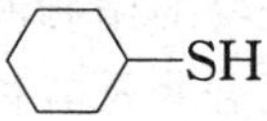　(4) 

4. 有机磷农药的中毒的机制是什么？

第十三章　杂环化合物

知识目标

(1)了解杂环化合物的分类和命名。
(2)掌握重要杂环化合物的结构和性质。
(3)了解重要的杂环化合物及其衍生物

能力目标

能够对简单杂环化合物进行系统命名，认识简单的杂环化合物。

杂环化合物的定义：在环状有机化合物中，构成环的原子除了碳原子外还含有其他原子，这种环状化合物就称为杂环化合物。除碳以外的其他原子称为杂原子，常见的杂原子有：氮、氧、硫。杂环化合物在自然界分布很广、功能很多，例如，中草药的有效成分生物碱大多是杂环化合物；动植物体内起重要生理作用的血红素、叶绿素、核酸的碱基都是含氮杂环；部分维生素、抗生素、一些植物色素、植物染料、合成染料都含有杂环。

第一节　杂环化合物的分类和命名

一、分　　类

杂环化合物一般根据分子内所含环的数目，分为单杂环和稠杂环。单杂环最常见的是五元环和六元环，稠杂环中有苯环并杂环和杂环并杂环。

1. 五元杂环

呋喃

吡咯

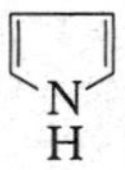

噻吩

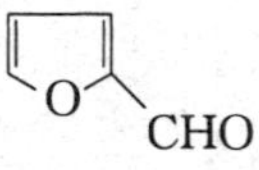

2-呋喃甲醛
α-呋喃甲醛

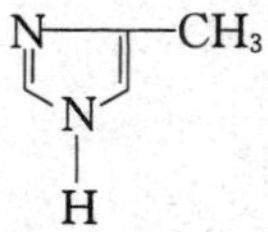

4-甲基咪唑
β-甲基吡啶

2. 六元杂环和稠杂环

吡啶

嘧啶

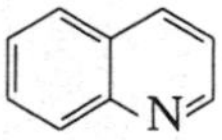

喹啉

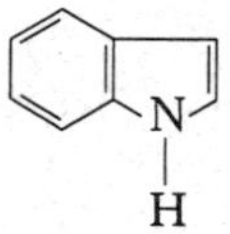

吲哚

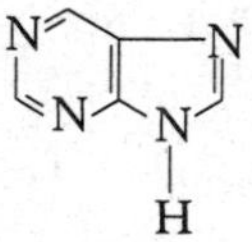

嘌呤

二、命　　名

1. 音译法

按外文名词译音，并以口做偏旁，表示环状化合物。例如：呋喃（Furan），读作“夫南”；噻吩（Thiophene），读作“塞分”。

2. 对杂环的衍生物命名时，采用系统命名方法

(1)选母体　与芳香族化合物命名原则类似，当杂环上连有—R、—X、—OH、—NH_2等取代基时，以杂环为母体；如果连有—CHO、—COOH、—SO_3H 等时，把杂环作为取代基。

(2)杂环编号　杂环上连有取代基时，需要给杂环编号，编号规则如下：

①从杂原子开始编号，杂原子位次为 1，当环上只有一个杂原子时，也可把与杂原子直接相连的碳原子称为 α 位，其后依次为 β 位和 γ 位。例如：

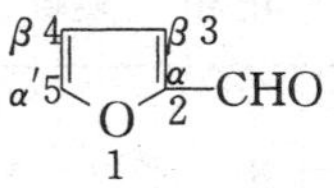

2-呋喃甲醛糠醛（α-呋喃甲醛）

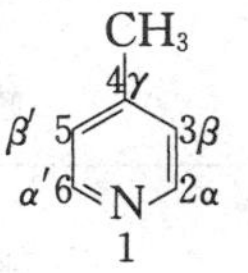

4-甲基吡啶（γ-甲基吡啶）

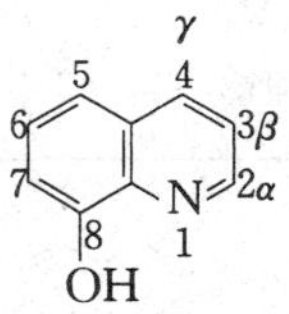

8-羟基喹啉（不称 8-喹啉酚）

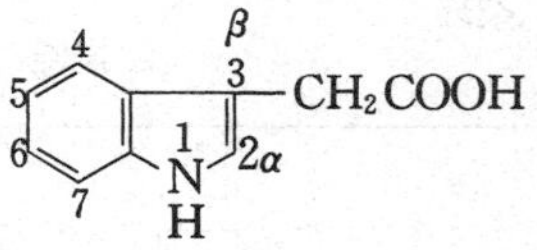

3-吲哚乙酸（β-吲哚乙酸）

②若含有多个相同的杂原子，则从连有氢或取代基的杂原子开始编号，并使其他杂原子的位次尽可能最小。如：

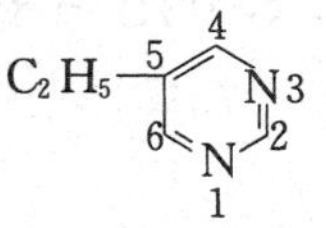

5-乙基嘧啶

③若含有不相同的杂原子，按 O、S、N 的顺序编号。如：

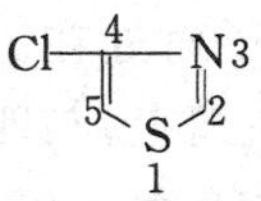

4-氯噻唑

某些特殊的稠杂环，不符合以上编号规则，有其特定的编号。如：

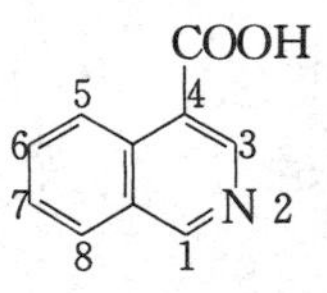

4-异喹啉甲酸

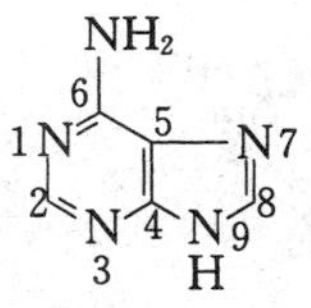

6-氨基嘌呤

当 *N* 上连有取代基时，往往用“*N*”表示取代基的位置。如：

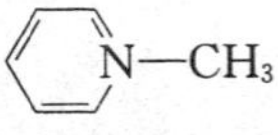

N-甲基吡啶

常见杂环化合物的分类及名称见表 13－1。

表 13－1　　常见杂环化合物的分类及名称

分类		含一个杂原子	含多个杂原子
单杂环	五元杂环	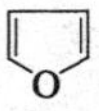 呋喃　 噻吩　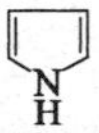 吡咯	 噻唑　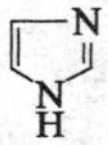 咪唑　 吡唑
单杂环	六元杂环	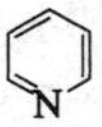 吡啶　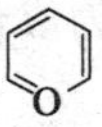 吡喃	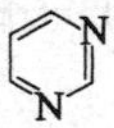 嘧啶　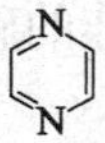 吡嗪　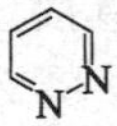 哒嗪
稠杂环		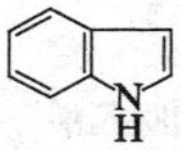 吲哚　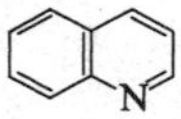 喹啉　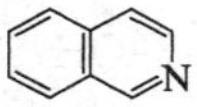 异喹啉	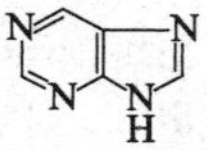 嘌呤　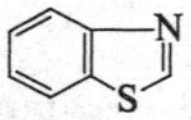 苯并噻唑

第二节　重要杂环化合物的结构和性质

一、结构

五元杂环化合物呋喃、噻吩、吡咯在结构上有共同点：组成五元杂环的五个原子都位于同一个平面上，碳原子和杂原子（O、S、N）彼此以 sp^2 杂化轨道形成 σ 键，每个杂原子各有一对未共用电子对处在 sp^2 杂化轨道与环共面，另外还各有一对电子处于与环平面垂直的 p 轨道上，与四个碳原子的 p 轨道相互重叠，形成了一个含有 6 个 π 电子的闭合共轭大 π 键。因此五元杂环化合物都具有芳香性。

吡啶的构造与苯的结构非常相似，是一个平面六元环。组成环的氮原子和五

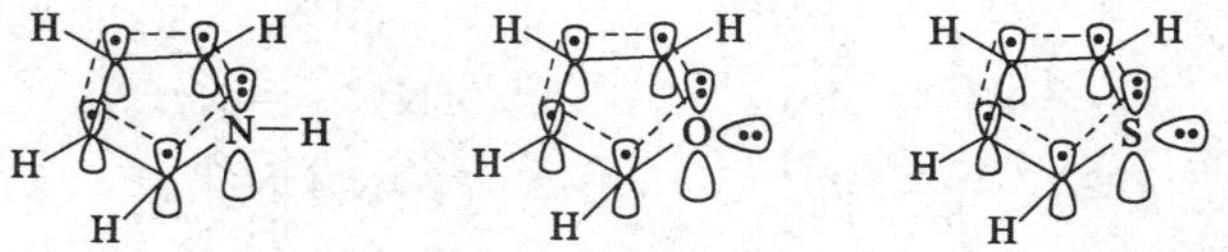

图 13－1　吡咯、呋喃和噻吩的 π 分子轨道示意图

个碳原子彼此以 sp^2 杂化轨道相互重叠形成 σ 键，环上每一个原子还有一个未参与杂化的 p 轨道，其对称轴垂直于环的平面，并且侧面相互重叠形成一个闭合共轭大 π 键。因此吡啶也具有芳香性。与苯不同的是由于氮原子的电负性较强，所以吡啶环上的电子云密度因向氮原子转移而降低，亲电取代比苯难，并且取代反应主要发生在 β 位上，与硝基苯类似。

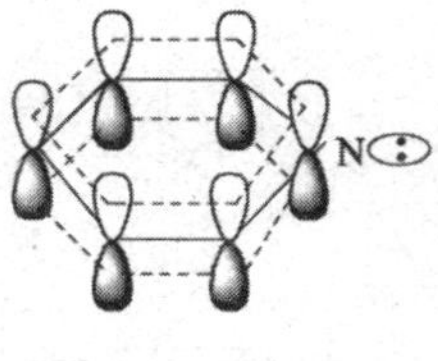

图 13－2　吡啶的结构

二、杂环化合物的性质

呋喃存在于松木焦油中，是无色易挥发的液体，沸点 31.36℃，难溶于水，易溶于有机溶剂，有类似氯仿气味。呋喃的蒸气遇到浸过盐酸的松木片时呈绿色，称为松木片反应，此现象可用来鉴定呋喃。

噻吩存在于煤焦油的粗苯及石油中，是无色而有特殊气味的液体，沸点 81.16℃。噻吩在浓硫酸存在下，与靛红一同加热显示蓝色，反应灵敏。可用来检验噻吩。

吡咯存在于煤焦油和骨焦油中，为无色油状液体，沸点 131℃，有弱的苯胺气味，难溶于水，易溶于醇或醚中。吡咯的蒸气或其醇溶液能使浸过盐酸的松木片呈红色，此反应可用来鉴定吡咯。

1. 取代反应——卤化、硝化、磺化

呋喃、吡咯、噻吩的取代反应主要发生在 α 位；吡啶的取代反应主要发生在 β 位。活性次序：吡咯＞呋喃＞噻吩＞苯＞吡啶。

(1)溴代反应

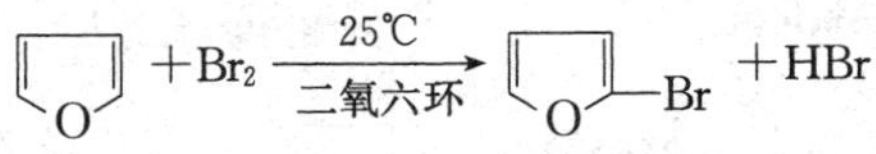

2－溴呋喃(75%)

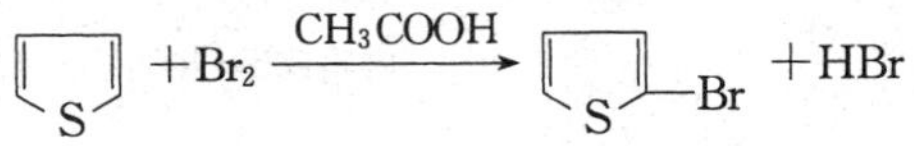

2－溴噻吩

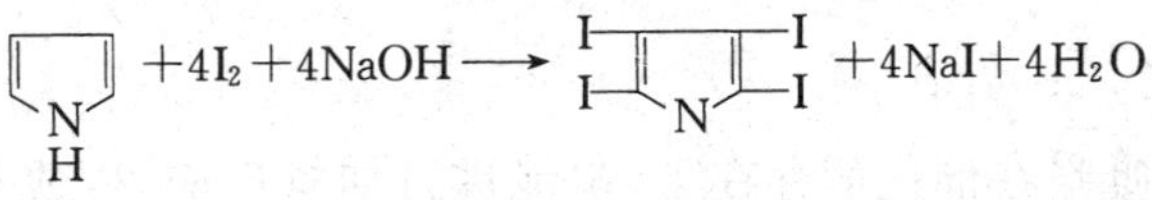

四碘吡咯

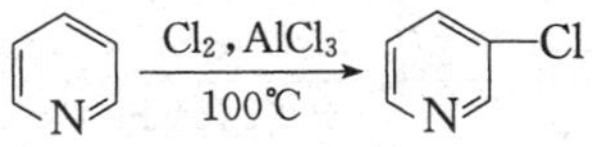

(2)硝化反应　呋喃、噻吩、吡咯不能采用一般的硝化试剂硝化，常使用比较缓

和的硝化剂(硝酸乙酰酯)在低温下进行硝化。

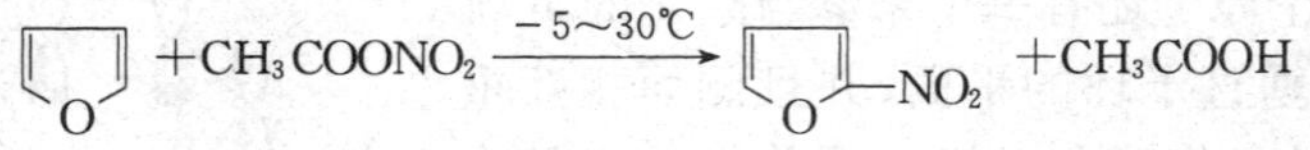

硝酸乙酰酯　　α-硝基呋喃(35%)

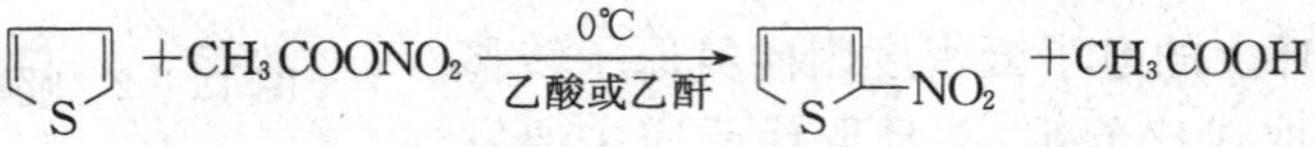

α-硝基噻吩(60%)

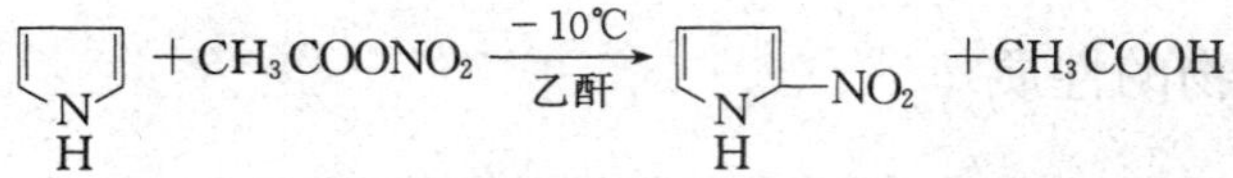

α-硝基吡咯(51%)

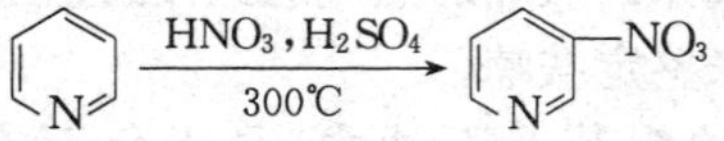

(3)磺化反应　噻吩在室温下可溶于浓硫酸,并发生磺化反应。

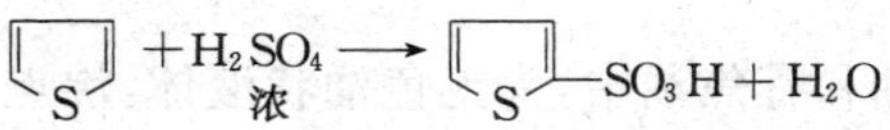

α-噻吩磺酸(70%)

由于呋喃和吡咯芳香性较弱,反应比较活泼。遇酸容易发生环的破裂,往往使用比较缓和的磺化剂(吡啶三氧化硫)。

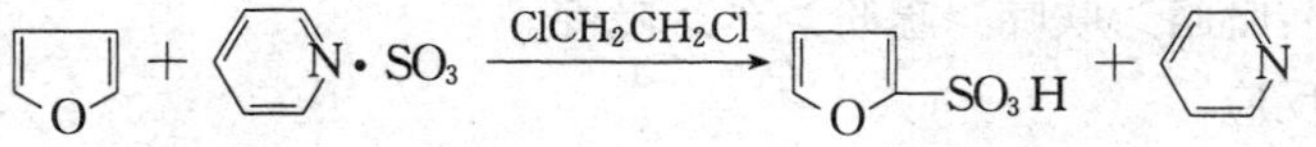

吡啶三氧化硫　　α-呋喃磺酸(41%)

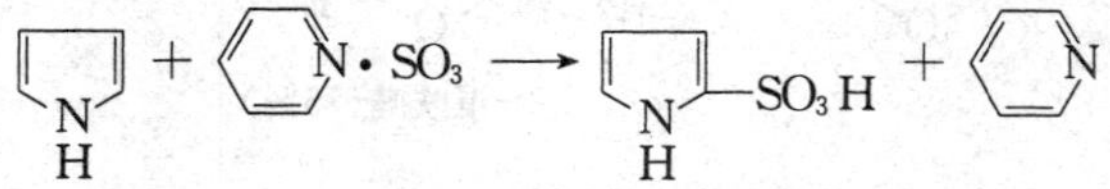

α-吡咯磺酸(90%)

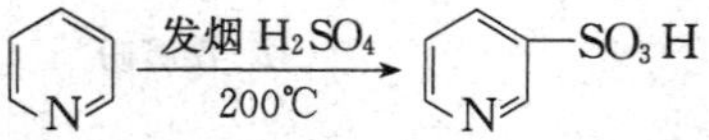

2.加成反应

呋喃、噻吩、吡咯在催化剂存在下,都能进行加氢反应,生成相应的四氢化物。吡啶比苯容易还原,经催化氢化或用醇钠还原都可以得到六氢吡啶。

四氢呋喃

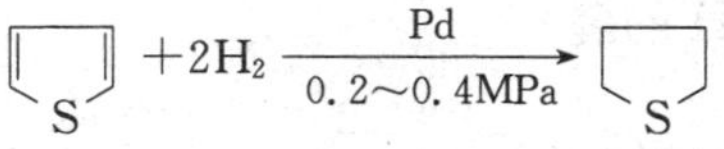

四氢噻吩

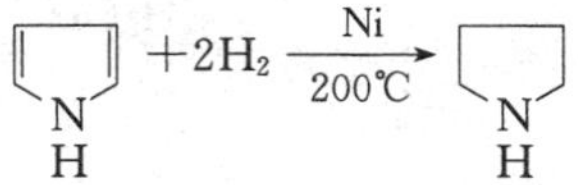

四氢吡咯

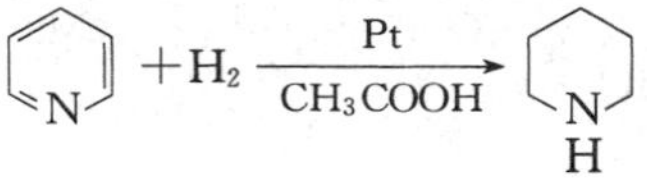

六氢吡啶

3.氧化反应

呋喃、吡咯、噻吩容易被氧化而开环，而吡啶环对氧化剂比苯稳定，不易被氧化剂氧化，当环上连有羟基侧链时，侧链容易被氧化成羧基。

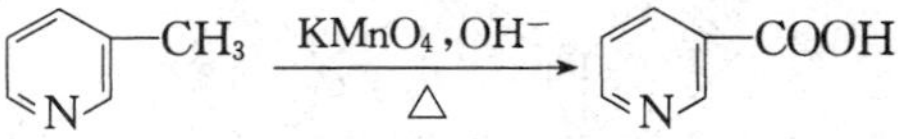

β-吡啶甲酸（烟酸）

三、重要的杂环化合物及其衍生物

1.糠醛（α-呋喃甲醛）

糠醛是呋喃的衍生物，为无色透明液体，糠醛在工业上由农副产物如甘蔗渣、花生壳、高粱秆、棉籽壳等用稀酸加热蒸煮制取。

糠醛是良好的溶剂：糠醛常用作精炼石油的溶剂，以溶解含硫物质及环烷等。还可以精制松香，脱除色素，溶解硝酸纤维等。

糠醛的主要化学性质如下。

(1)催化加氢

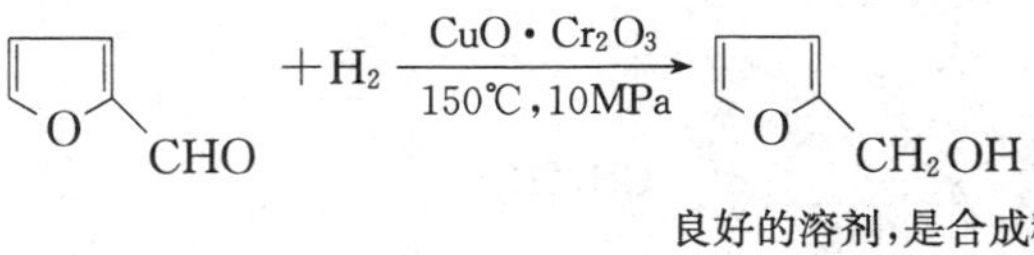

良好的溶剂，是合成糠醇树脂的单体

(2)氧化反应

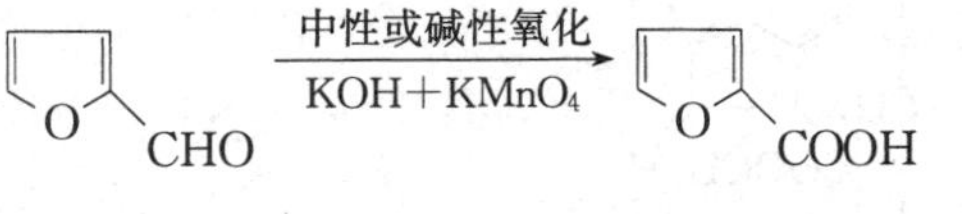

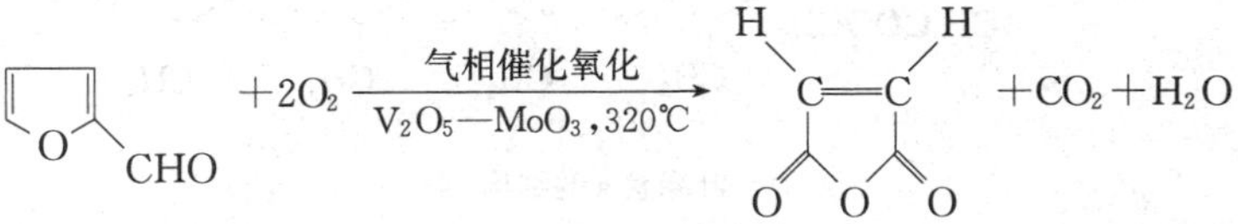

(3)歧化反应(无 $\alpha-H$ 的醛)

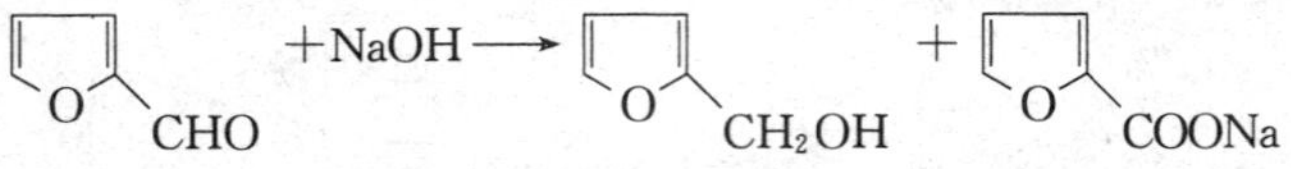

(4)合成四氢呋喃

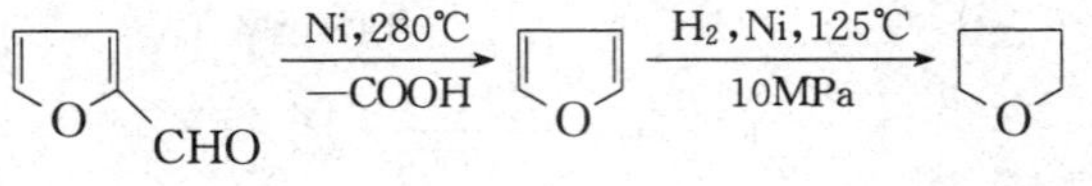

2. 叶吩化合物

四个吡咯环和四个次甲基交替相连组成的大环,称为叶吩环。含叶吩环的化合物称卟啉化合物。

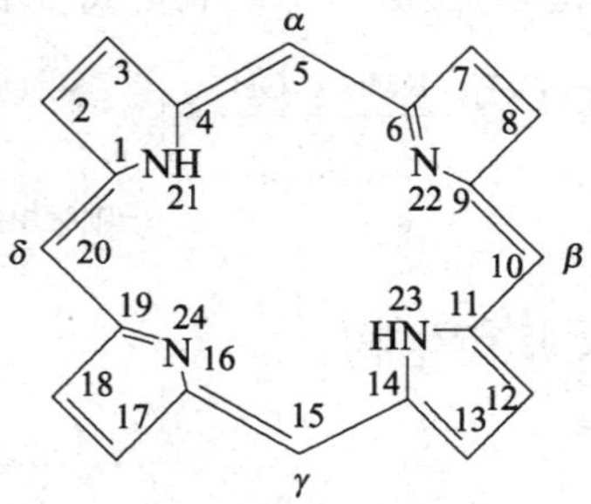

叶吩

叶吩环碳上氢原子部分或全部被取代后形成的化合物,称为卟啉。叶吩化合物广泛分布于自然界,例如血红素和叶绿素。血红素存在于哺乳动物的红血球中,它与蛋白质合成为血红蛋白,血红蛋白的功能是运载氧气及二氧化碳。叶绿素存在于植物的叶和绿色的茎中。植物光合作用时,叶绿素吸收太阳能转变为化学能。

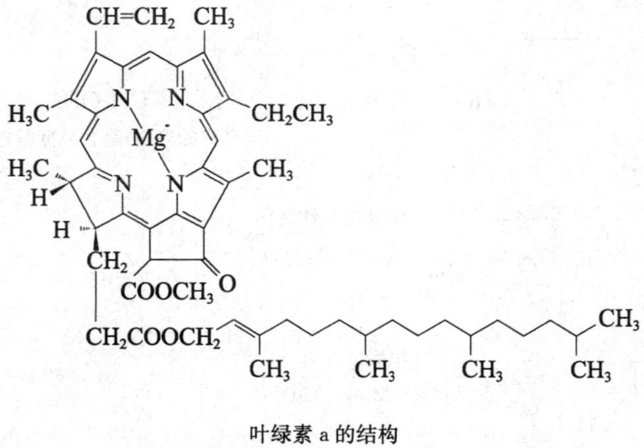

叶绿素 a 的结构

维生素 B_{12} 是含钴的类似卟啉环化合物，但其卟啉环在 δ 位少一个碳原子，它具有强的医治贫血的功能。

3. 噻唑及其衍生物

噻唑是含一个硫原子和一个氮原子的五元杂环，无色，有吡啶臭味的液体，沸点 117℃，与水互溶，有弱碱性，是稳定的化合物。

一些重要的天然产物及合成药物含有噻唑结构，如青霉素、维生素 B_1 等。

青霉素是一类抗生素的总称，已知的青霉素大约一百多种，它们的结构很相似，均具有稠合在一起的四氢噻唑环和 β-内酰胺环。

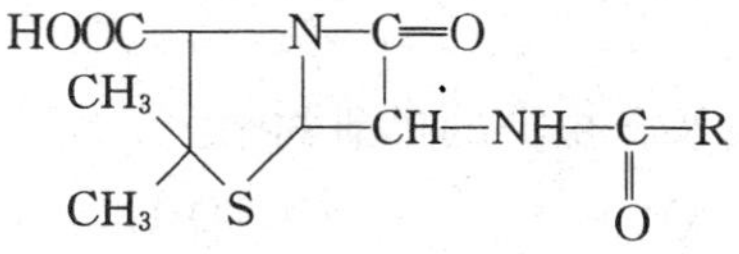

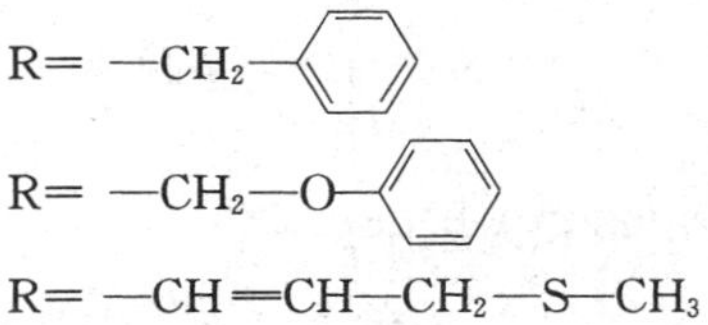

为青霉素 G
为青霉素 V
为青霉素 O
（以上三种为）常用青霉素

青霉素具有强酸性（$pK_a \approx 2.7$），在游离状态下不稳定（青霉素 O 例外），故常将它们变成钠盐、钾盐或有机碱盐用于临床。

4. 吲哚及其衍生物

吲哚是白色结晶，熔点 52.5℃，极稀溶液有香味，可用作香料，浓的吲哚溶液有粪臭味。素馨花、柑橘花中含有吲哚。吲哚环的衍生物广泛存在于动植物体内，与人类的生命、生活有密切的关系。

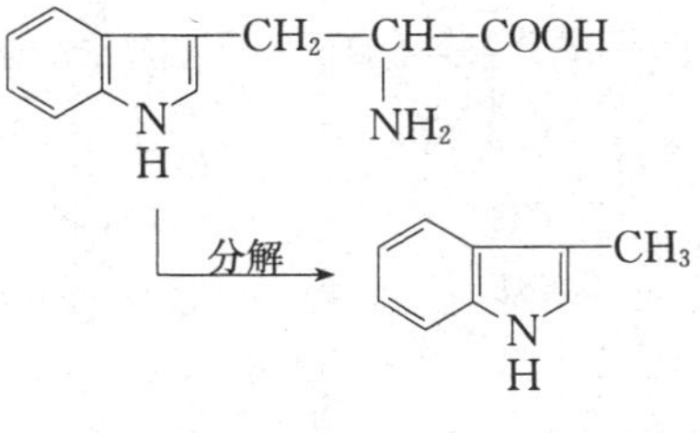

色氨酸
构成蛋白质的重要成分

β-甲基吲哚（粪臭素）
很稀时有茉莉香味

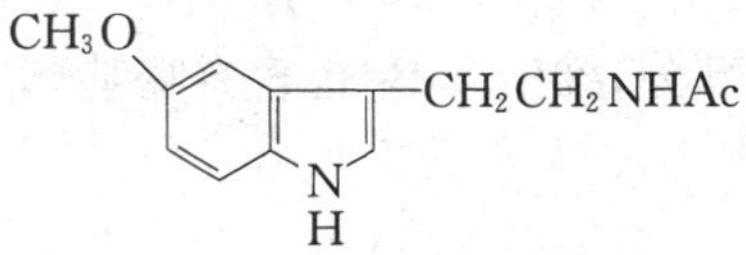

Melatonine
脑白金

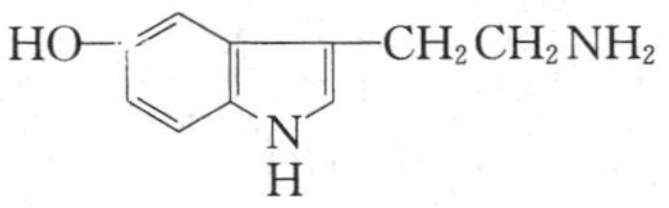

5-羟基色胺
动物激素，参与神经思维的物质

5. 嘌呤及其衍生物

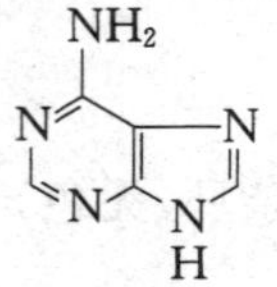

腺嘌呤(A)

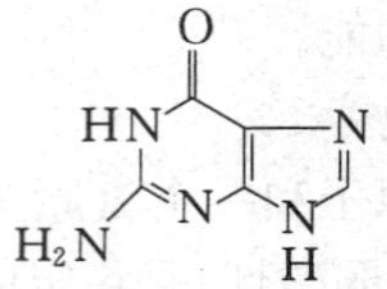

鸟嘌呤(G)

嘌呤衍生物广泛存在于动植物体内,比如具有兴奋作用的植物性生物碱咖啡因、茶碱、可可碱都含有嘌呤环系。嘌呤环类化合物还有抗肿瘤、抗病毒、抗过敏、降胆固醇、利尿、强心、扩张支气管等作用。因此嘌呤衍生物在生命过程中起着非常重要的作用。

(1)尿酸　存在于鸟类及爬虫类的排泄物中。

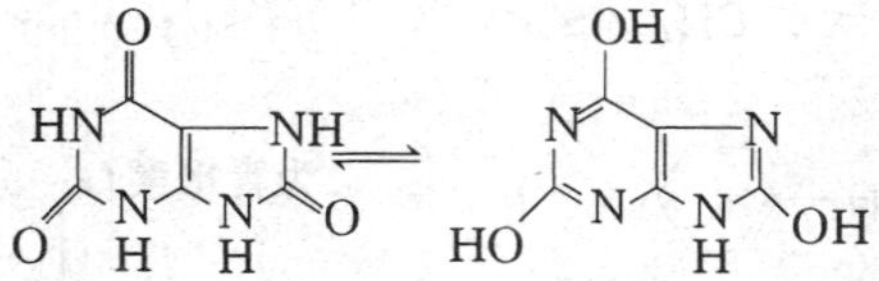

(2)黄嘌呤　存在于茶叶及动植物组织和人尿中。

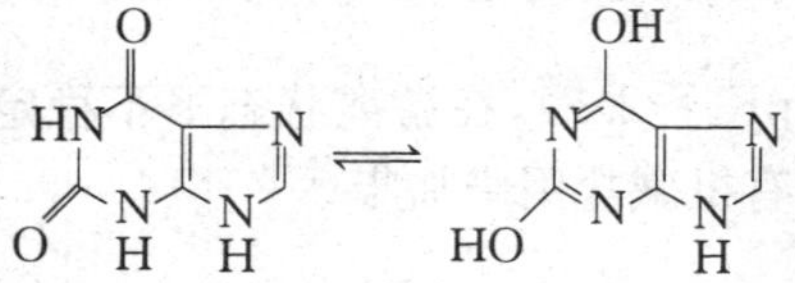

(3)咖啡碱、茶碱和可可碱　都是黄嘌呤的甲基衍生物。存在于茶叶、咖啡和可可中,有兴奋中枢作用。

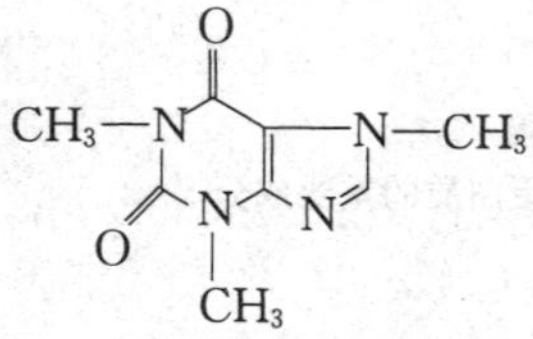

咖啡碱

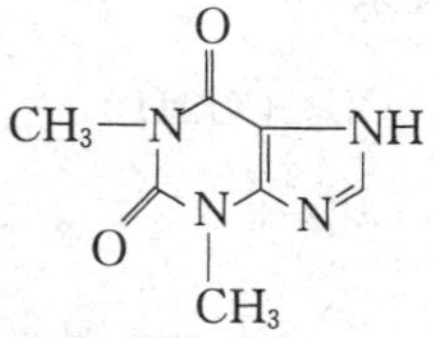

茶碱

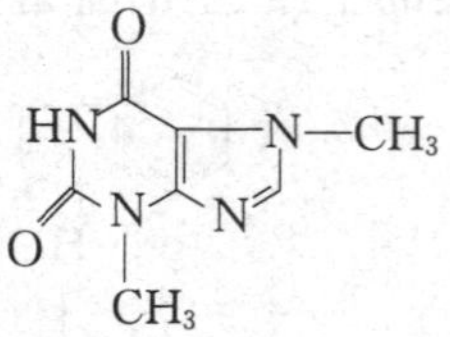

可可碱

6. 嘧啶及其衍生物

嘧啶本身不存在于自然界,其衍生物在自然界分布很广,脲嘧啶、胞嘧啶、胸腺嘧啶是遗传物质核酸的重要组成部分,维生素 B_1 也含有嘧啶环。合成药物的磺胺嘧啶也含这种结构。

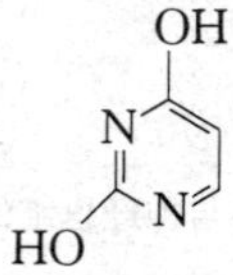

尿嘧啶(U)

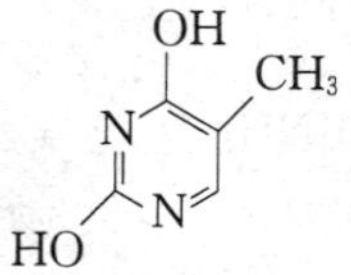

胸腺嘧啶(T)

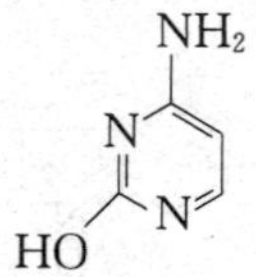

胞嘧啶(C)

知识窗

与生物有关的杂环化合物——生物碱

生物碱是一类存在于生物体内，对任何动物有强烈生理作用的含氮碱性有机化合物，如烟叶中的主要生物碱组分是尼古丁。

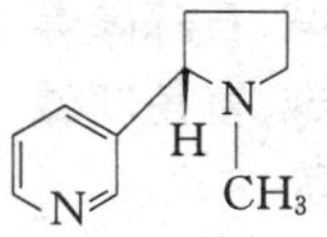

生物碱在植物体内常与有机酸（果酸、柠檬酸、草酸、琥珀酸、醋酸、丙酸等）结合成盐而存在，也有和无机酸（磷酸、硫酸、盐酸）结合的。中草药治病有效成分有生物碱，如黄连中的小檗碱（黄连素）具有抗菌消炎作用；罗芙木中的利血平具有降压作用；长春花中的长春新碱具有抗癌活性；罂粟中的吗啡具有镇痛作用；延胡索中的去氢紫堇具有抗血栓的作用；包公藤中的包公藤甲素具有缩小瞳孔、降低眼压的作用，可用于治疗青光眼；海洋生物海绵中的甾体生物碱 plakinamina A、B 具有抗菌的作用。生物碱的研究促进有机合成药物的发展，为合成新药提供线索，如古柯碱化学的研究导致局部麻醉剂普鲁卡因的合成。

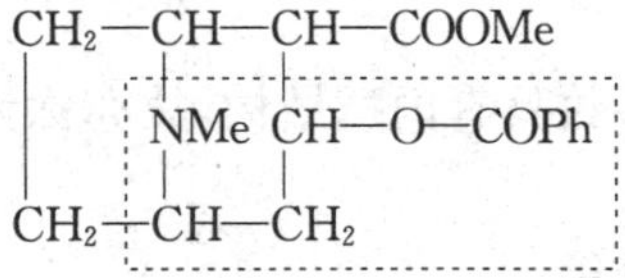

古柯碱

古柯碱具有局部麻醉的效能，上面结构式中虚线部分代表有效部分。但古柯碱毒性大，具有易产生毒瘾等缺点，于是进行代用品的研究，药学家合成出许多比古柯碱分子简单而更有效的麻醉药——普鲁卡因等，它是良好的局部麻醉药。

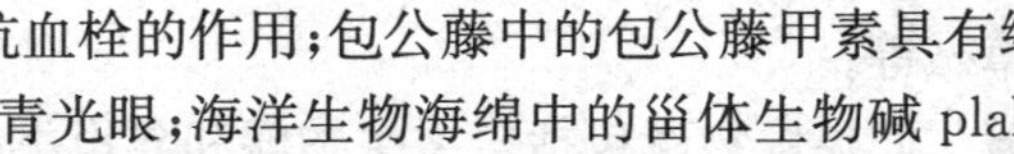

同时归纳出局部麻醉药具有下式的基本结构：

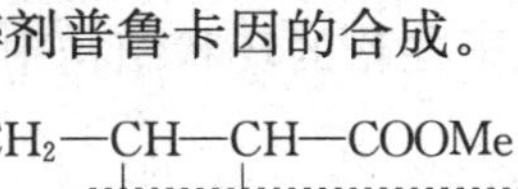

X=O,S,NH

生物碱的分类：

按其植物来源可分为茄科生物碱、毛茛科生物碱、百合科生物碱、罂粟科生物碱等。

按其生理作用可分为降压生物碱、驱虫生物碱、镇痛生物碱、抗疟生物碱等。

按其性质可分为挥发碱、酚性碱、弱碱、强碱、水溶性碱、季铵碱等。

按其化学结构进行分类。

(1)吡啶衍生物类　如烟碱、金雀花碱等。

(2)吡咯嘧啶衍生物类　如红古豆碱、野百合碱等。

(3)莨菪烷衍生物类　如阿托品、古柯碱等。

(4)异喹啉衍生物类　如小檗碱、罂粟碱、吗啡等。

(5)菲啶衍生物类　如白屈菜碱、石蒜碱等。

(6)吲哚衍生物类　如长春花碱、麦角新碱、利血平等。

(7)吡嗪衍生物类　如川芎碱等。

(8)喹唑酮衍生物类　如常山碱等。

(9)嘌呤衍生物类　如咖啡碱等。

(10)喹啉衍生物类　如茵芋碱、奎宁、喜树碱等。

(11)咪唑衍生物类　如毛果芸香碱等。

(12)有机胺类　此类生物碱的化学结构特点是氮原子在环外侧链上，如麻黄碱、秋水仙碱、益母草碱等。

(13)甾体生物碱　此类生物碱包括甾类生物碱和异甾类生物碱，氮原子大多数在甾环中，有的以与低聚糖结合的形式存在，如藜芦碱、茄碱、贝母碱等。

(14)萜类生物碱　其氮原子在萜的环状结构中或在萜结构的侧链上，如关附甲素、乌头碱等。

(15)大环生物碱　大多数具有内酯结构，故亦称为大环内酯类生物碱，如美登木碱等。

(16)其他　如哈林通碱等。

本章小结

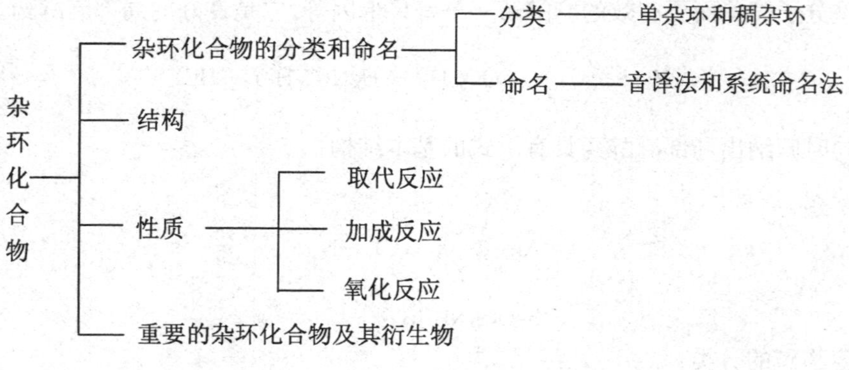

练习题

1. 命名下列有机化合物。

(1) 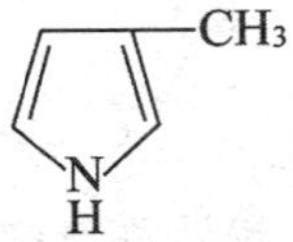

(2) 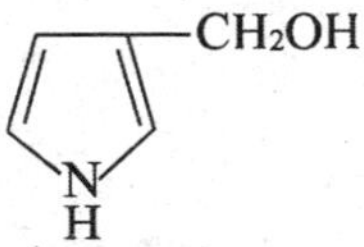

(3) 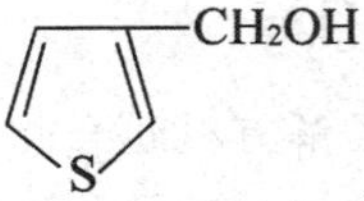

(4) 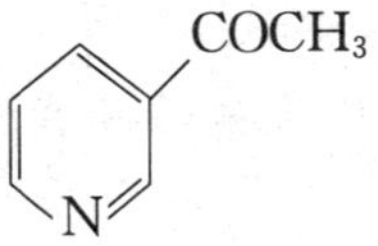

(5) 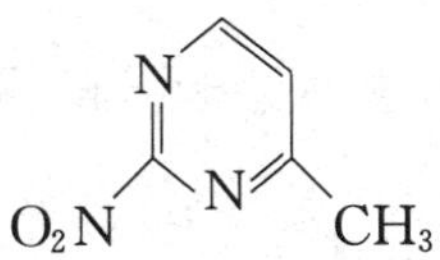

(6) 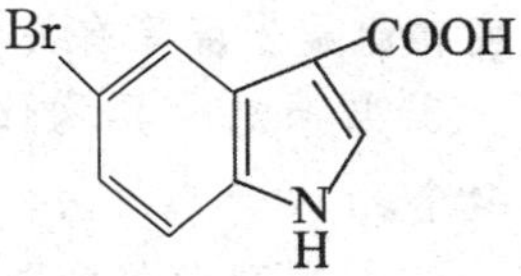

(7) 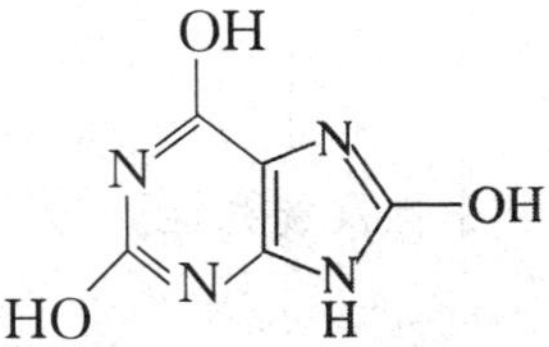

(8) 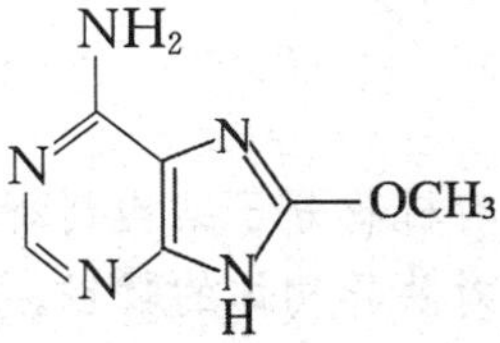

2. 写出下列化合物的结构式。

(1)六氢吡啶　(2)2-溴呋喃　(3)3-甲基吲哚　(4)2-氨基噻吩

(5)*N*,*N*-二甲基四氢吡咯　(6)胸腺嘧啶　(7)尿嘧啶　(8)鸟嘌呤

3. 完成下列反应方程式。

(1) 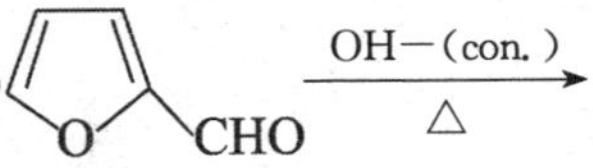

(2) 

(3) 

(4) 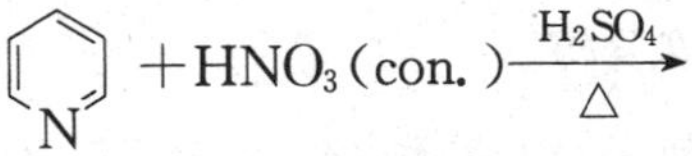

(5) 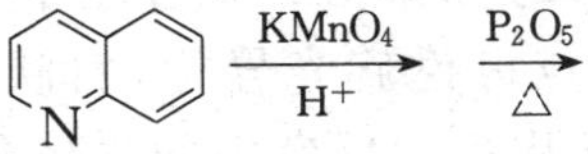

(6) 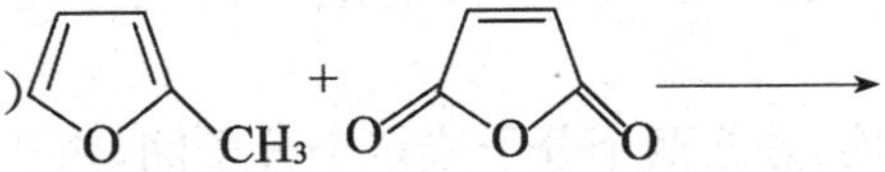

4. 用简单的化学方法区别下列化合物。

(1)吡啶、γ-甲基吡啶、苯胺　　(2)吡咯、四氢吡咯、*N*-甲基六氢吡啶

5. 什么是杂环化合物？它可分为哪几类？

第十四章 旋光异构

知识目标

(1)了解有机化合物异构的分类。

(2)掌握对映异构、手性、手性分子、非手性分子、旋光活性、旋光活性物质、旋光度和比旋光度等有关概念。

(3)掌握对映异构体数目的计算方法和对映、非对映、外消旋体和内消旋体的概念。

(4)掌握费歇尔投影式和投影规则。

能力目标

(1)能够根据有机物分子结构判断分子的手性和非手性及旋光性。

(2)能够计算对映异构体的数目。

(3)能够快速判断费歇尔投影式的构型。

同分异构是有机化合物的普遍现象,是研究组成有机物分子中的各个原子在空间的不同排布方式所引起的异构。有机物的同分异构可归纳为以下几种:

- 同分异构
  - 构造异构
    - 碳干异构
    - 位置异构
    - 官能团异构
    - 互变异构
  - 立体异构
    - 构型异构
      - 顺反异构
      - 对映异构
    - 构象异构

我们已在前面几章讨论了某些异构现象,比如烷烃的碳干异构、构象异构,烯烃的官能团异构、顺反异构等。本章重点讨论旋光异构(对映异构)现象,为进一步学习碳水化合物、蛋白质、核酸以及各类反应中的立体化学现象打好基础。

旋光异构又称对映异构或光学异构,是指两个分子或多个分子间,由于构型的差异而表现出不同的旋光性能的现象,这些分子互为旋光异构体,与物质的旋光性有关。

第一节　物质的旋光性

一、偏振光与物质的旋光性

光波是一种电磁波，电场和磁场振动的方向相垂直，而电场和磁场振动的平面又相互垂直，因此，普通光在垂直于它的传播方向上的各个不同片面上振动。将普通光(或单色光)通过尼科尔棱镜或人造的偏晶片，则只有振动平面与晶轴相平行的光才能够通过，这种在一个平面上振动的光称为平面偏振光，简称偏振光或偏光。如图 14－1 所示。

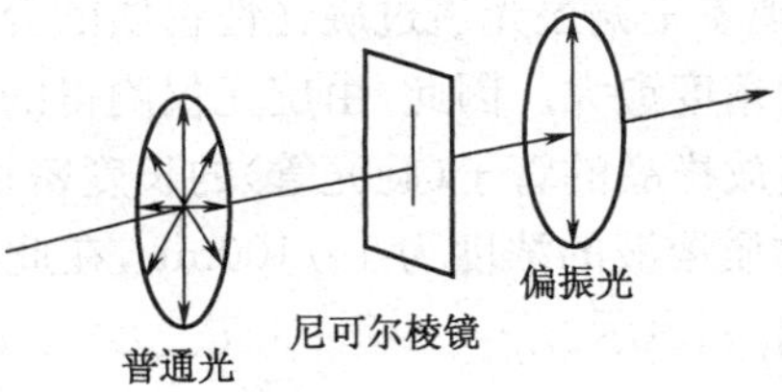

图 14－1　偏振光示意图

实验发现，当偏振光通过水、酒精、乙酸等物质时，偏振光不发生变化，维持原来的振动平面，当偏振光通过某些天然有机物(如乳酸、葡萄糖等)的溶液时，振动平面旋转了一定的角度(α)如图 14－2 所示

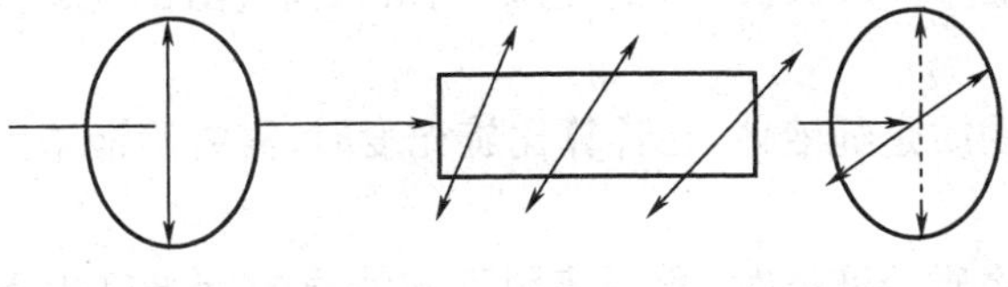

图 14－2　物质的旋光性

这种使偏振光振动平面旋转的性质称为物质的旋光性，具有旋光性的物质称为旋光性物质。能使偏振光振动平面向右旋转的物质为右旋体，一般用(＋)表示；能使偏振光振动平面向左旋转的物质为左旋体，一般用(－)表示。

二、旋光度和比旋光度

旋光性物质的旋光度和旋光方向可用旋光仪(图 14－3)进行测定。旋光仪主要由一个光源、两个尼科尔棱镜和一个盛测试样品的盛液管组成。普通光经第一个棱镜(起偏镜)变成偏振光，然后通过盛液管，再由第二个棱镜(检偏镜)检验偏振光的振动方向是否发生了旋转，以及旋转的方向和旋转的角度。

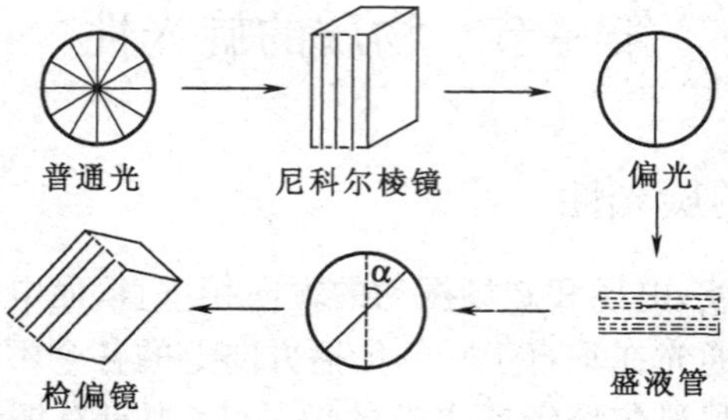

图 14－3　旋光仪的构造示意图

由旋光仪测得的旋光度，甚至旋光方向，不仅与物质的结构有关，而且与测定的条件有关。因为旋光现象是偏振光透过旋光性物质的分子时所造成的。透过的分子愈多，偏振光旋转的角度愈大。因此，由旋光仪测得的旋光度与被测样品的浓度（如果是溶液），以及盛放样品的管子（旋光管）的长度密切相关。通常，规定旋光管的长度为 1dm，待测物质溶液的浓度为 1g/100mL，在此条件下测得的旋光度称做该物质的比旋光度，用[α]表示。

$$[\alpha]_{\lambda}^{t}=\frac{\alpha}{l\times c}$$

测定温度：t；旋光度（旋光仪上的读数）：α；比旋光度：$[\alpha]$；波长（钠光 D）：λ；溶液的浓度（g/mL）：c；盛液长度（dm）：l

最常用的光源是钠光（D），λ＝589.3nm，表示比旋光度务必指出旋光方向。例如，在 20℃时，用波长为 589.3nm 的光源，测得肌肉乳酸的比旋光度$[\alpha]_{D}^{20}=+3.8°$（水）。

如果旋光性物质是纯液体，在计算比旋光度时，需将溶液浓度换成液体的密度 ρ(g/mL)。

当所测旋光物质为液体时，所用溶剂不同物质的旋光度也不同，因此，表示物质的比旋光度还要注明溶剂的名称，例如，右旋酒石酸在乙醇中浓度为 5%时，其比旋光度表示为$[\alpha]_{D}^{20}=+3.79°$（乙醇，5%）。

比旋光度是旋光性物质的物理常数，在一定条件下测得物质的旋光度，通过上述换算式即可算出物质的比旋光度，也可以计算出物质的浓度。例如某葡萄糖溶液在 20℃，液层厚度为 10cm 时，测得的旋光度为＋5.25°，葡萄糖的比旋光度为＋52.5°，计算此葡萄糖溶液的浓度：

$$c=\frac{\alpha}{l[\alpha]_{D}^{20}}=\frac{+5.25}{(+52.5)\times 1}=0.1$$

第二节 分子的手性、对称性与旋光异构

一、手性、手性分子和手性碳原子

实物与其镜像不能重合的特征称为手性，有如左右手的关系。生活中还有其他一些物体也具有手性，如风扇叶片、螺钉、鞋等。

1. 手性分子

物质的分子与其镜像不能完全重叠，它们之间相当于左手和右手的关系，把这种特征称为物质的手性。具有手性的分子称为手性分子，手性分子具有旋光性，具有旋光性的分子一定是手性分子。

2. 对称面

能将分子分成互为镜像两部分的平面称为分子的对称面。

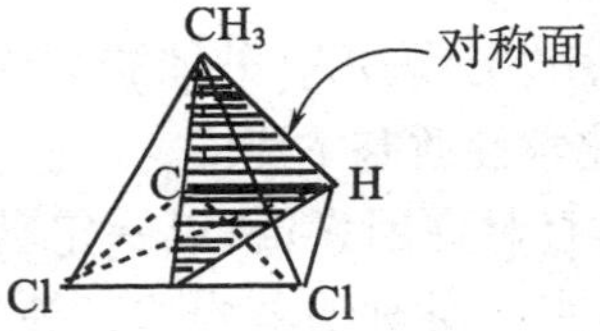

1,1-二氯乙烷

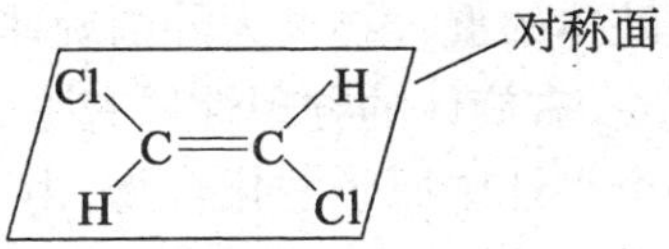

1,2-二氯乙烯

1,1-二氯乙烷分子有一对称面。1,2-二氯乙烯分子中所有原子都在同一平面上，该平面就是分子的对称面，分子无手性。

3. 对称中心

从分子中任何一原子或原子团向分子的中心作连线，延长此连线至等距离处，若出现相同的原子或原子团，该点称为分子的对称中心。对称面和对称中心统称对称因素。不具有对称因素的分子是手性分子，或者说手性分子不具有对称因素。

有对称面或对称中心的分子（见图14-4），都能与其镜像重叠，它们是非手性化合物。因此，只要一个分子既没有对称面也没有对称中心，一般就可初步断定它是手性分子。

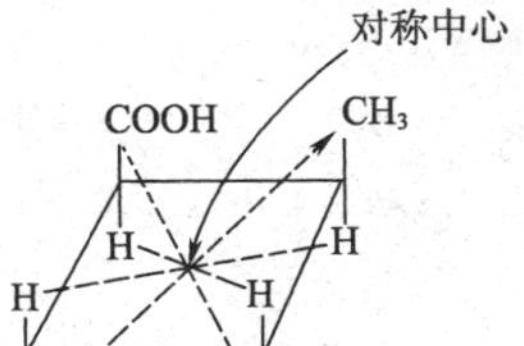

图 14-4 有对称中心的分子

4. 手性碳原子

连有四个不同原子或原子团的碳原子有不对称性，称为手性碳原子或不对称碳原子，用“C*”表示，是分子的不对称中心或手性中心。手性是指整个物质的性质，手性中心是指其中某一原子的性质。如图 14-5 所示 2-丁醇中的 2-位碳原子就是手性碳原子：

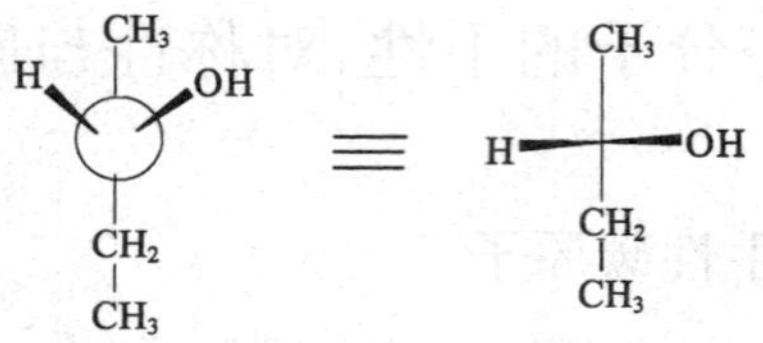

图 14－5　2－丁醇的手性碳原子

二、含一个手性碳原子化合物的旋光异构

1. 对映体

彼此呈实物与镜像的对映关系，但又不能完全重叠的一对旋光异构体称为对映异构体，简称对映体。分子有手性，就存在对映异构体。对映异构体的物理性质和化学性质一般都相同，比旋光度相等，但旋光方向相反。

2. 外消旋体

等量对映体的混合物称为外消旋体，通常用“±”表示。外消旋体无旋光性，外消旋体与其左、右旋体的物理性质有差异，但化学性质基本相同。

含有一个手性碳原子的化合物，由于不具有对称因素，所以一定具有旋光性。有两个旋光异构体，一个左旋体，一个右旋体，为一对对映异构体。等量混合组成一个外消旋体。

三、旋光异构体构型的表示方法

有机化学中常用透视式和费歇尔投影式表示其构型。

1. 透视式

透视式是用三种类型的线条表示的构型式。优点：形象生动，一目了然；缺点：书写不方便。乳酸的透视式见图 14－6。

图 14－6　乳酸的透视式

2. 费歇尔(Fischer)投影式

费歇尔投影式投影规则如下：①把碳链竖直放置，命名时编号最小的碳原子位于碳链最上端。②手性碳原子位于纸平面上，与手性碳原子相连的横线表示指向纸平面前方的键，竖线表示指向纸平面后方的键，横线与竖线的交点代表手性碳原子。乳酸对映体的费歇尔投影式见表 14－7。

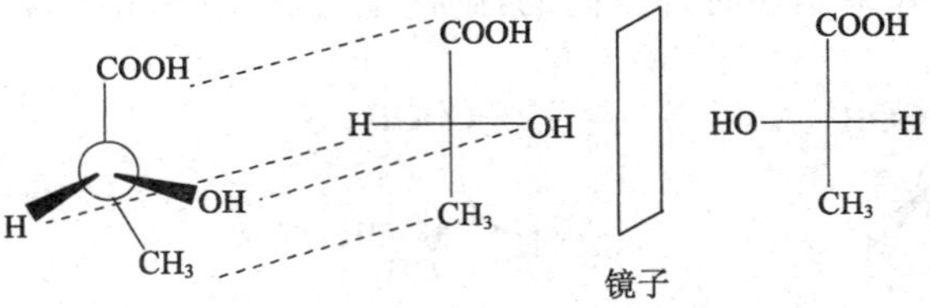

图 14－7　乳酸对映体的费歇尔投影式

使用费歇尔投影式应注意的问题：①基团的位置关系是“横前竖后”；②不能离开纸平面翻转 180°；也不能在纸平面上旋转 90°或 270°；③将投影式在纸平面上旋转 180°，仍为原构型。

3. 旋光异构体构型的表示法

(1)D、L 标记法　1951 年前，人为规定用Ⅰ式表示右旋甘油醛，用Ⅱ式表示左旋甘油醛。

（Ⅰ）　　（Ⅱ）

分别命名为：　D－(＋)－甘油醛　　L－(－)－甘油醛

标准物质的构型确定后，凡由 L－甘油醛转变而成的或能转变为 L－甘油醛的其他化合物构型都是 L 型的；由 D－甘油醛转变而成的或能转变为 D－甘油醛的其他化合物构型则为 D 型。

如：

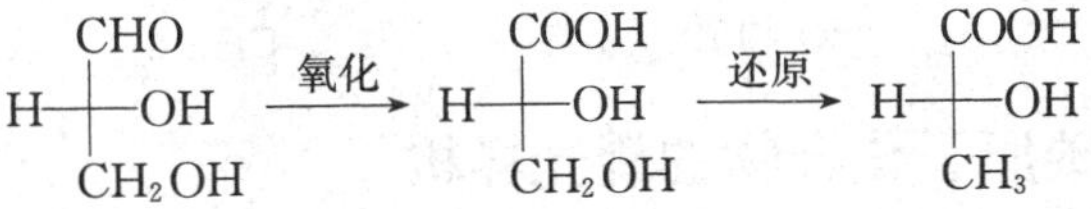

D－(＋)－甘油醛　　D－(＋)－甘油酸　　D－(＋)－乳酸

注意　所选择的变化过程不要涉及手性 C 原子的 4 个化学键。

用 D/L 标记法确定的构型是相对于标准物质而言的，不一定与其真实构型相符，因此也称相对构型。

(2)R、S 标记法　R、S 标记法是根据手性碳原子所连四个原子或基团在空间的排列顺序来标记的。用这种方法标记的构型称绝对构型。

①R、S 标记法规则

a. 手性碳原子上所连的四个原子或基团根据次序规则排列，较优先基团在前，如：a＞b＞c＞d。

b. 把排序最小的 d 放在离我们最远的位置上，然后按先后顺序观察其他三个基团。若 a→b→c 是按顺时针方向排列的，其构型是 R 型（R 是拉丁文 Rectus 的字头，意思为右）；如果是逆时针方向的，则构型是 S 型（Sinister，意思为左）。

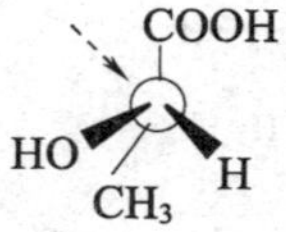

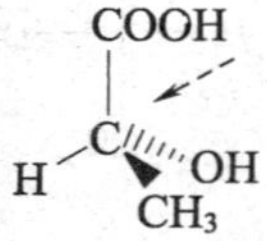

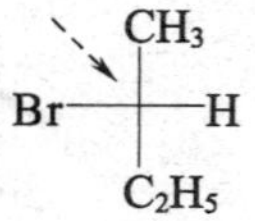

按次序规则

$OH > COOH > CH_3 > H$

↶反时针排列　S 型

↶反时针排列　S 型

基团顺序

$Br > C_2H_5 > CH_3 > H$

↷顺时针排列　R 型

c. 若最小的基团 d 不是处在距离我们最远的位置，则可通过任意两个基团的两次交换，使之处于最远的位置，然后再根据 a→b→c 的走向判断其构型。

② 快速判断费歇尔投影式构型的方法

a. 当最小基团位于横线时，若其余三个基团由大→中→小为顺时针方向，则此投影式的构型为 S 型，反之为 R 型。

b. 当最小基团位于竖线时，若其余三个基团由大→中→小为顺时针方向，则此投影式的构型为 R 型，反之为 S 型。

实例：

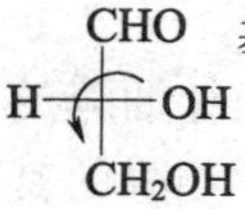

基团次序 $OH > CHO > CH_2OH$

最小基团（H）位于横线

R-构型

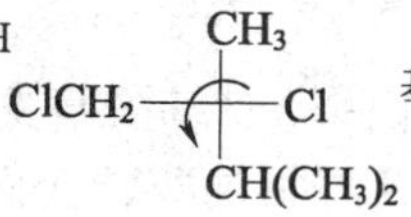

基团次序 $ClCH_2 > CH(CH_3)-CH_3 > CH_3$

最小基团（CH_3）位于竖线

S-构型

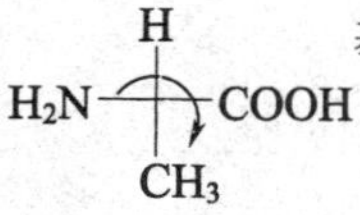

基团次序 $NH_2 > COOH > CH_3 > H$

最小基团（H）位于竖线

R-构型

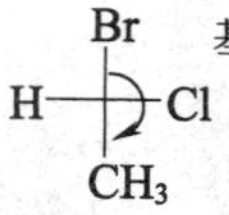

基团次序 $Br > Cl > CH_3 > H$

最小基团（H）位于横线

S-构型

四、含两个手性碳原子化合物的旋光异构

1. 两个不同手性碳原子化合物的旋光异构

以 2，3，4-三羟基丁醛为例，其分子中有两个不相同的手性碳原子，有四个旋光异构体，组成两对对映体。

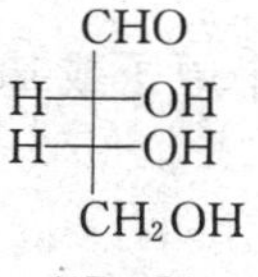

（2R，3R）

（－）-赤藓糖

（Ⅰ）

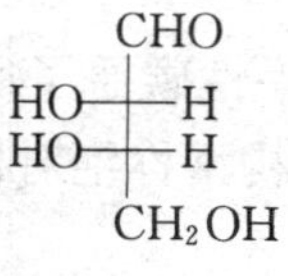

（2S，3S）

（＋）-赤藓糖

（Ⅱ）

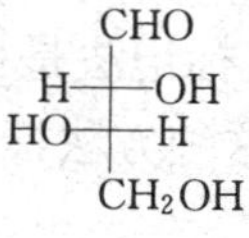

（2R，3S）

（＋）-苏阿糖

（Ⅲ）

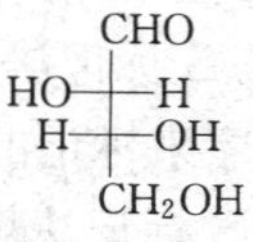

（2S，3R）

（－）-苏阿糖

（Ⅳ）

其中Ⅰ和Ⅱ、Ⅲ和Ⅳ是对映体。Ⅰ和Ⅱ或Ⅲ和Ⅳ等量混合，均可组成外消旋体。而Ⅰ和Ⅲ、Ⅳ，Ⅱ和Ⅲ、Ⅳ是旋光异构体，但它们不能互为镜像，故不是对映体，这种不是镜像的立体异构体称非对映异构体，简称非对映体。

对于含多个手性碳原子的化合物，必须逐个注明每个手性碳原子的构型，如(2R,3R)-(－)-赤藓糖。凡是投影式中两个相同基团在同侧的，与赤藓糖的构型相似，称为“赤型”或“赤式”；在异侧的，与苏阿糖的构型相似，称为“苏型”或“苏式”。

2. 两个相同手性碳原子化合物的旋光异构

以酒石酸为例，其分子式是：HOOCCHOHCHOHCOOH。它的两个手性碳原子上均连着—H、—OH、—COOH 和—CHOHCOOH，可能有下面四种构型：

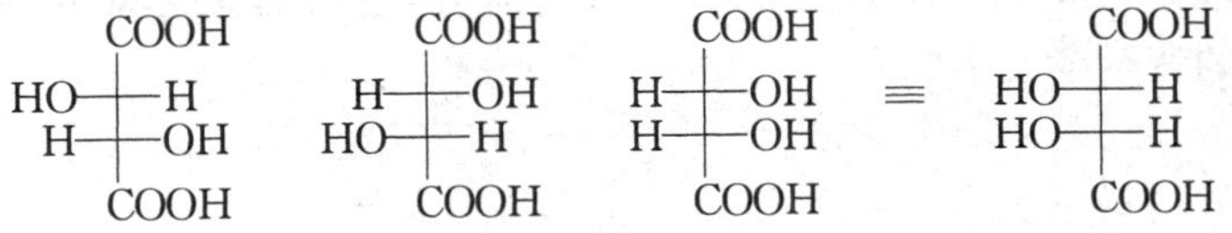

(2S,3S)　(+)-酒石酸　(Ⅰ)　　(2R,3R)　(－)-酒石酸　(Ⅱ)　　(2R,3S)　meso-酒石酸　(Ⅲ)　　(2S,3R)　meso-酒石酸　(Ⅳ)

Ⅰ和Ⅱ 是对映体，Ⅲ 和Ⅳ是同一种化合物，能相互重叠。这是由于在 III 中存在一对称因素(对称面)，因此分子无手性。这种虽然含有手性碳原子，但由于分子中存在对称因素，分子并无手性的化合物称内消旋体，常用 meso 或 m 表示。

内消旋体虽无旋光性，但同外消旋体不同。内消旋体是纯粹的化合物，而外消旋体是混合物，可以拆分。

对于含相同手性碳原子(手性碳原子数为 n)的化合物，旋光异构体的数目都小于 2^n，外消旋体的数目小于 2^{n-1}。酒石酸的旋光异构体中有一内消旋体，因此它只有三个异构体。

知识窗

巴斯德和旋光物质

Louis Pasteur(1822—1895)被认为是细菌学之父。他对科学的贡献是巨大的，特别是在各门科学开始建立的早期阶段。巴斯德最初是个化学家，他的科学生涯起始于对晶体的研究。他当时研究两个化合物：酒石酸和消旋酒石酸(tartaric acid and paratartaric acid)，它们是在酒桶中形成厚痂壳的物质。尽管这两种物质形成的晶体具有相同的原子数和原子排列，但当光透过这些晶体的时候，它们对光的平面有不同程度的扭曲。酒石酸扭曲光，而消旋酒石酸却不扭曲。因此，这两种物质尽管化学成分“相同”，在某些方面，它们定有不同之处。巴斯德受到这一有趣现象的启发开始研究这两种晶体有何不同。在显微镜下，酒石酸的晶体看上去都是一样的，而消旋酒石酸却由两种不同的晶体组成。他用镊子小心地把这两种晶体分开，分别溶解到水里，然后他用光照射这两个溶液，发现一个把光偏向左，一个把光偏向右。当他把两个溶液等量地混合在一起时，光没有被扭曲。显然，混合液中的两种物质相互抵消了它们对光的偏转。巴斯德总结道：消旋酒石酸中的两种物质是互为镜像的光学异构体或手性分子，就像人的左右手一样可互为镜像但不能重叠。

化合物的光学异构体常常在性质上有很大差异。比如亮氨酸，代糖阿斯巴甜的主要成分，它的一种构像使阿斯巴甜为甜味，而另一种构像却使其为苦味。当时，巴斯德研究这个比较直观的化学现象的意义远远超出了他自己的想象。所以，我们常常很难预料我们的研究会把我们引向何方，也很难猜测那些有趣但似乎不重要的现象的背后含义。

本章小结

- 旋光异构
  - 物质的旋光性
    - 偏振光与物质的旋光性
    - 旋光度和比旋光度
  - 分子的手性、对称性、旋光异构
    - 手性、手性分子和手性碳原子
    - 含一个手性碳原子化合物的旋光异构
    - 旋光异构体构型的表示方法
    - 含两个手性碳原子化合物的旋光异构

练习题

1. 命名下列化合物，并标出R、S构型。

(1) 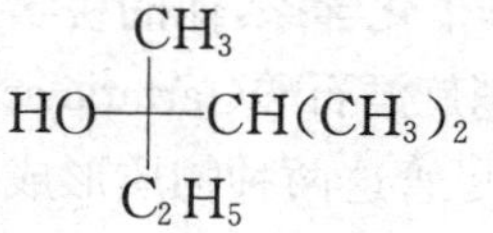

(2) 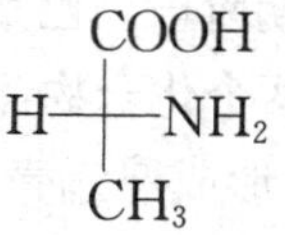

(3) 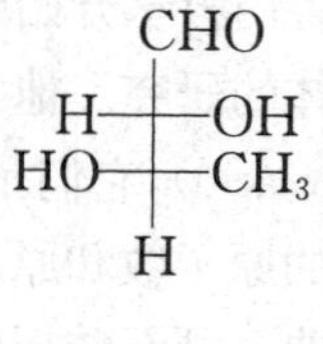

2. 下列化合物各有多少个旋光异构体？为什么？

(1) $CH_3CH_2CH(OH)CHClCH_3$

(2)$(CH_3)_2CHCH_2CH(CH_3)COOH$

(3)$C_6H_5CHBrCH_2CH(OH)CH_2CH(NH_2)COOH$

(4)$CH_2(OH)CH(OH)CH(OH)CH(OH)CHO$

(5)$CH_3CH_2CHClCHClCH_2CH_3$

3. 下列化合物是否具有旋光性？为什么？

(1) 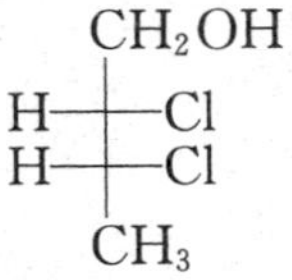

(2) 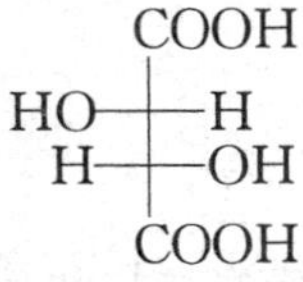

(3) 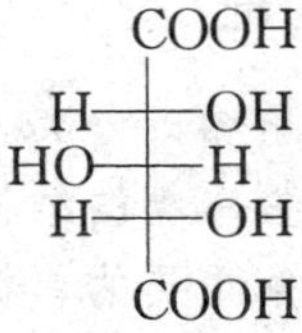

(4) 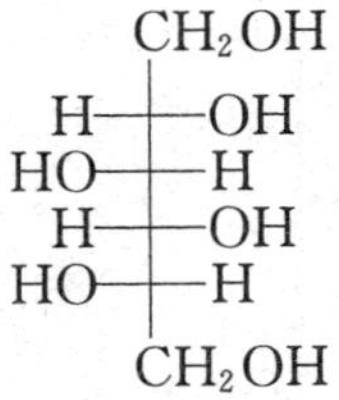

(5) 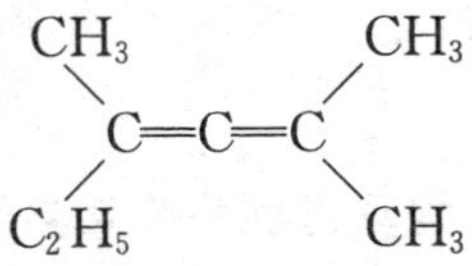

4. 标记出下列化合物的构型是 R 还是 S，并指出 B～E 的表示方法及它们与化合物 A 的关系。

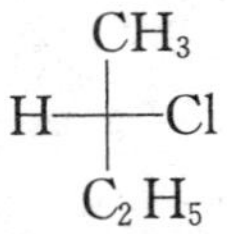

A

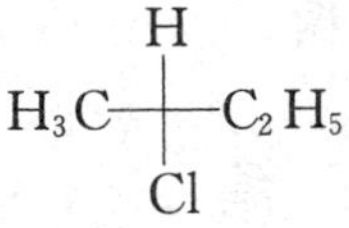

B

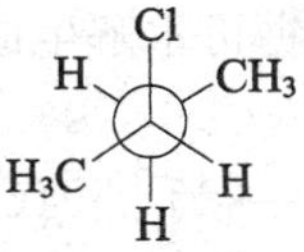

C

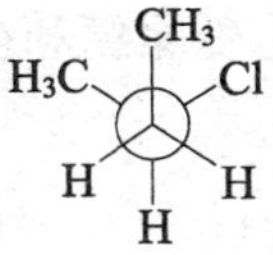

D

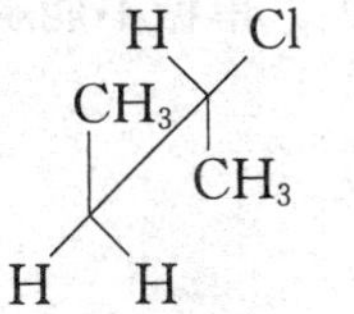

E

5. 下列各对化合物哪些是相同的，哪些是对映体，哪些是非对映体，哪些是内消旋体？

(1) 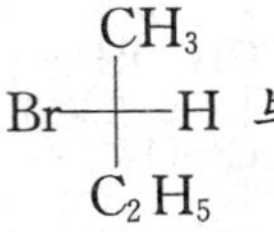 与 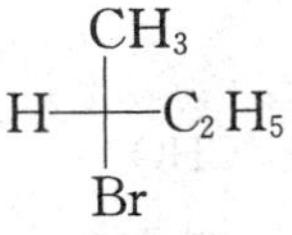

(2) 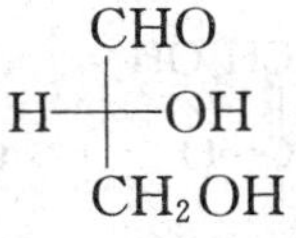 与 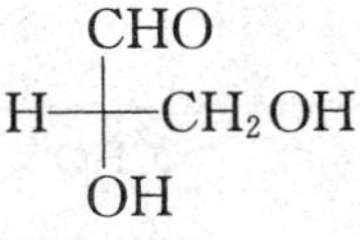

(3) 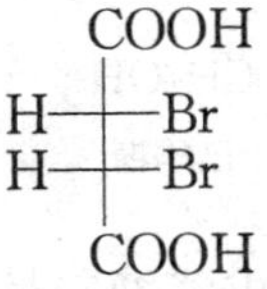 与 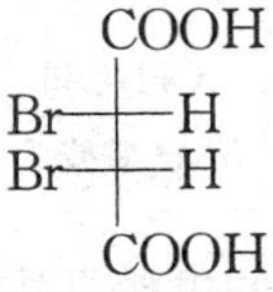

(4) 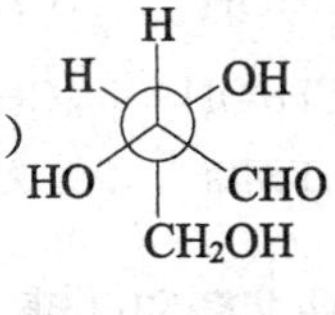 与 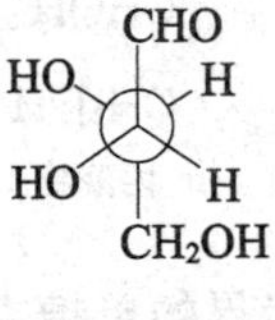

6. 化合物 A 分子式为 $C_6H_{11}Cl$，具有旋光性，能使溴水褪色，与氢氧化钠的乙醇溶液加热反应生成 B，B 无旋光性，B 经臭氧氧化后还原水解生成的产物之一是 2－甲基丙二醛，试推测 A、B 的构造式并写出各步反应。

第十五章　碳水化合物

知识目标

(1)了解糖的分类。

(2)掌握单糖的结构和性质。

(3)了解重要的单糖、双糖及多糖的结构和性质用途。

(4)掌握重要双糖的结构。

能力目标

(1)能够根据糖的链式结构写出糖的哈沃斯透视式。

(2)学会各类糖的鉴别方法。

碳水化合物又称糖，是广泛存在于动、植物体内非常重要的一类有机化合物；主要由碳、氢和氧三种元素组成；根据结构和性质，可以分为单糖、低聚糖和多糖三类。单糖不能水解，低聚糖和多糖可水解生成单糖。

第一节　单　　糖

单糖：不能发生水解反应的多羟基醛和多羟基酮称为单糖。单糖根据分子的结构可分为醛糖和酮糖；根据分子中所含碳原子的数目，又可分为丙糖、丁糖、戊糖和己糖等。这两种分类方法常合并使用。例如：

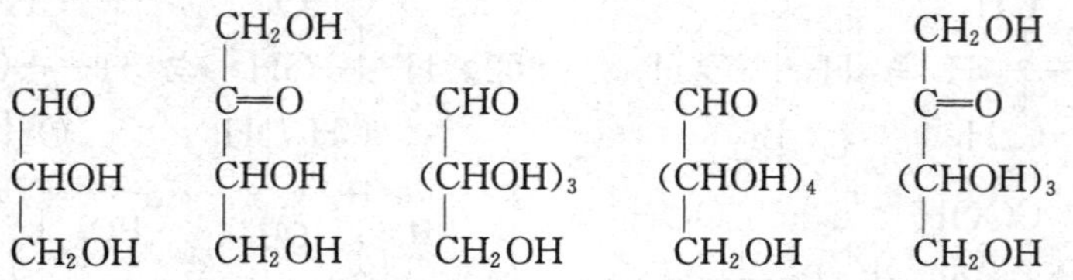

丙醛糖　　丁酮糖　　戊醛糖　　己醛糖　　己酮糖

自然界的单糖主要是戊糖和己糖，最重要的戊糖是核糖（戊醛糖），最重要的己糖是葡萄糖（己醛糖）和果糖（己酮糖）。

单糖有开链结构，也有环状结构。

一、单糖的开链结构

葡萄糖是开链的五羟基己醛糖，其结构式：

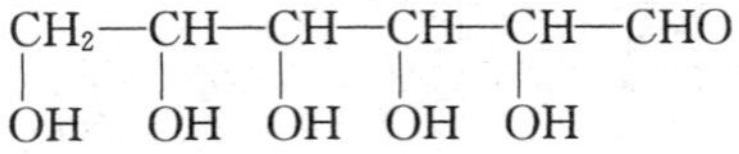

果糖是开链的五羟基-2-己酮，其结构式：

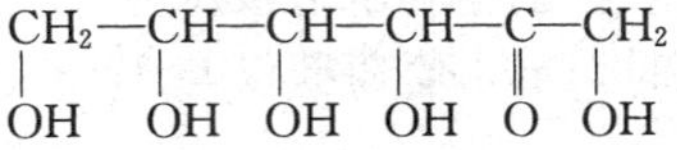

单糖分子中都含有手性碳原子，所以都有立体异构体。例如五羟基己醛分子中有四个手性碳原子，其立体异构体总数应为 24 个，天然葡萄糖是其中的一个，其构型如下：

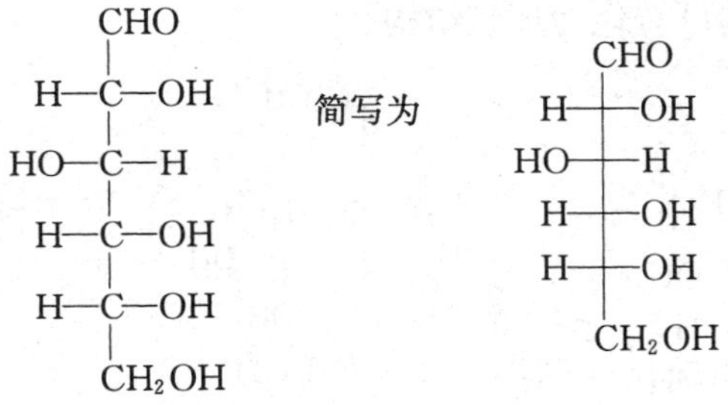

（费歇尔投影式）

在书写单糖的开链结构时，一般将碳链竖写，羰基写在上端。碳链的编号从靠近羰基的一端开始。

单糖的名称可用 R/S 标记法，表示时需要把每一个手性碳原子标记出来。如天然葡萄糖的名称是：(2R,3S,4R,5R)-2,3,4,5,6-五羟基己醛。单糖的名称还可以用 D/L 标记法表示，就是凡分子中离羰基最远的手性碳原子的构型，与 D-甘油醛的构型（—OH 在右侧）相同的碳水化合物，其构型属于 D 型。反之，则属于 L 型。

天然存在的单糖大多数是 D 型的，例如天然的葡萄糖和果糖都是 D 型糖。

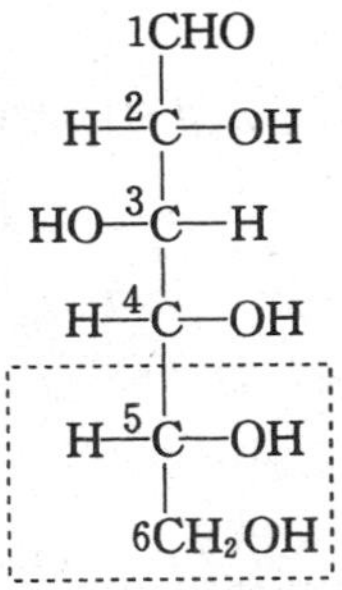

D-葡萄糖

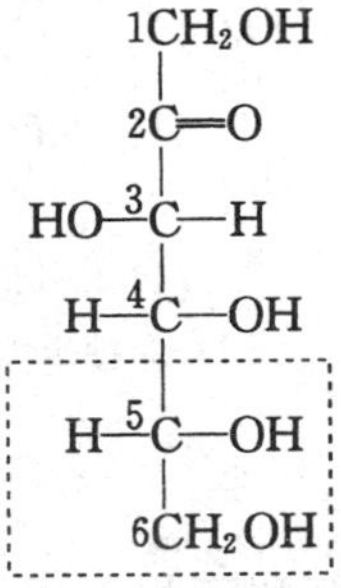

D-果糖

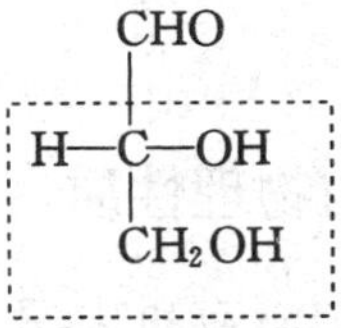

D-甘油醛

二、单糖的环形结构

单糖的开链结构虽然是根据它的性质推断出来的，但此结构还不能很好地解释以下性质和现象：

(1)葡萄糖不能与亚硫酸氢钠饱和水溶液反应。

(2)葡萄糖与乙醇反应时，1mol 葡萄糖仅与 1mol 乙醇而不是 2mol 乙醇生成缩醛。

(3)用新配制的葡萄糖水溶液测定其比旋光度，所得数值是＋112°。且随着时间的推移，比旋光度数值连续下降，直至降到＋52.7°才不发生变化。这种比旋光度会发生变化的现象，称为变旋光现象。这个现象用开链式结构无法解释。

为解释以上现象，人们提出了单糖为环状结构的假设，现已得到证实。在溶液中单糖的开链式结构可转化为环状结构。

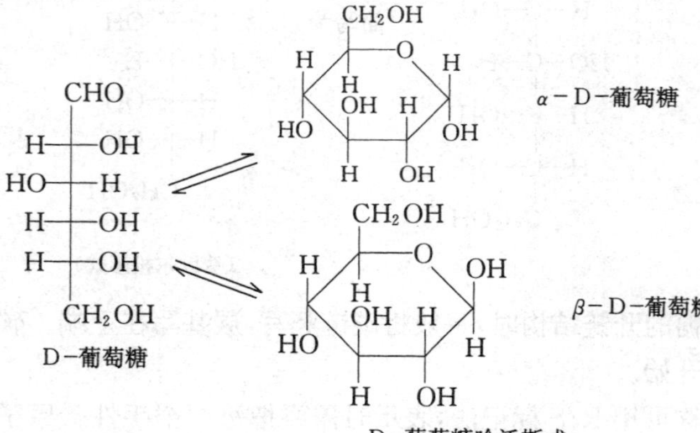

D-葡萄糖哈沃斯式

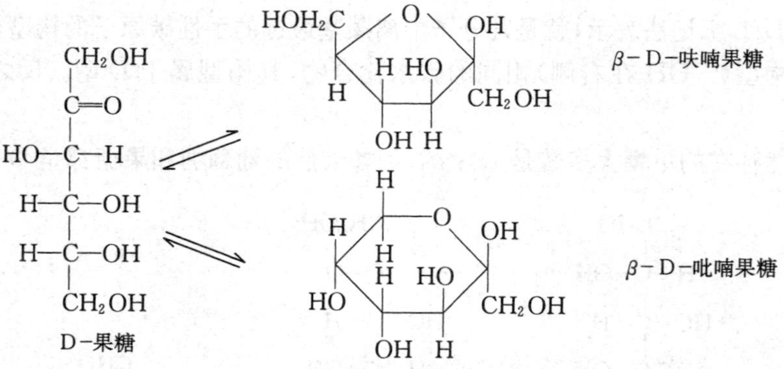

D-果糖哈沃斯式

三、单糖的物理性质

白色晶体，有甜味，不同的单糖甜度相差很大，如以蔗糖的甜度为 100，其他糖的甜度与之比较，则葡萄糖的甜度为 74，果糖的甜度为 173，果糖是已知的单糖和二糖中甜度最大的糖。单糖由于分子中有多个羟基，在水中溶解度很大(常能形成过饱和溶液——糖浆)。沸点很高，易分解。

四、单糖的化学性质

1. 氧化反应

单糖用不同的试剂氧化生成氧化程度不同的产物。

(1)与托伦试剂、斐林试剂的反应　凡是能被托伦试剂和斐林试剂氧化的糖称为还原糖，不能被氧化的糖称为非还原糖。单糖都是还原糖。可以利用这两个反应来区别还原糖和非还原糖。

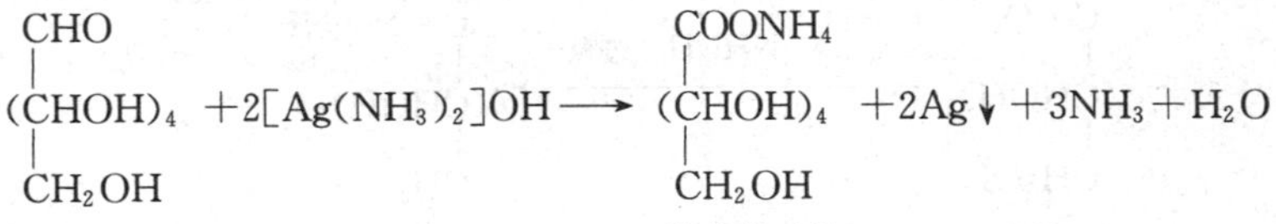

葡萄糖酸铵

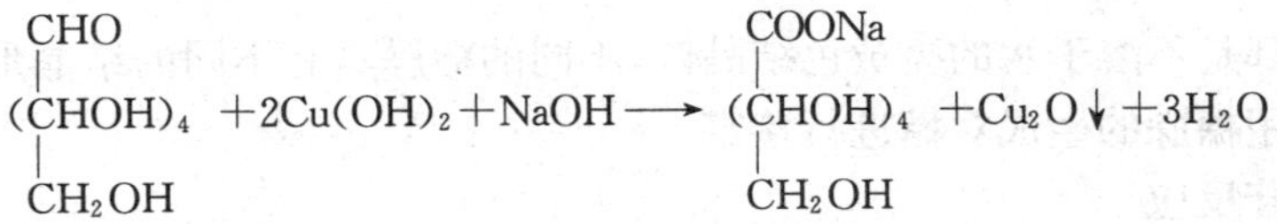

葡萄糖酸钠

(2)与溴水的反应　醛糖可以被溴水氧化成糖酸，酮糖不与溴水反应，因此可用溴水来区别醛糖和酮糖。

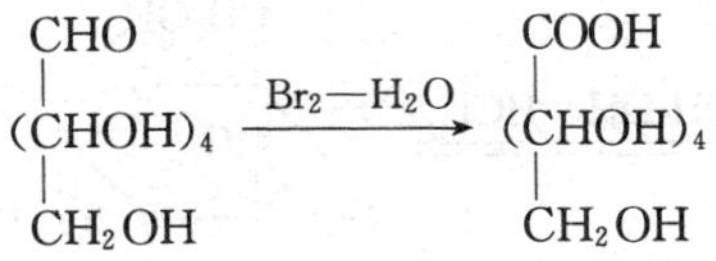

葡萄糖酸

(3)与稀硝酸的反应　在温热的稀硝酸作用下，醛糖可被氧化成糖二酸，酮糖易发生碳链断裂，生成小分子的二元酸。

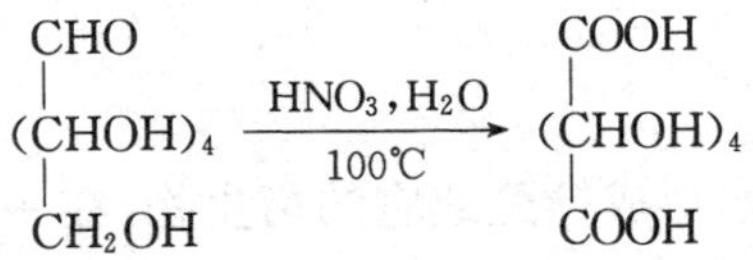

葡萄糖二酸

2. 还原反应

单糖可经催化加氢或用还原剂($NaBH_4$、Na－Hg 齐)还原得到糖醇。例如：

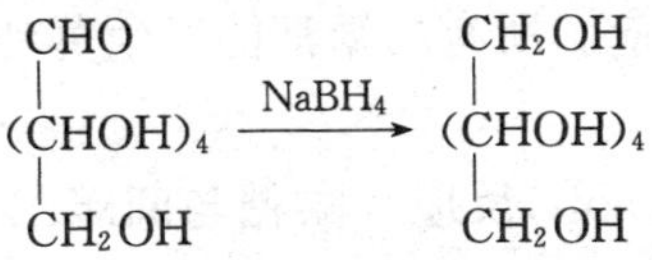

葡萄糖醇(山梨醇)

3. 成脎反应

单糖与过量的苯肼作用，会生成难溶于水的黄色结晶物质，称为糖脎。例如：

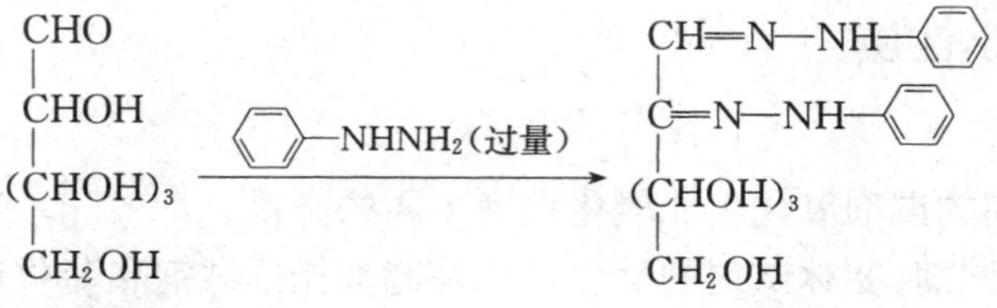

葡萄糖　　葡萄糖脎

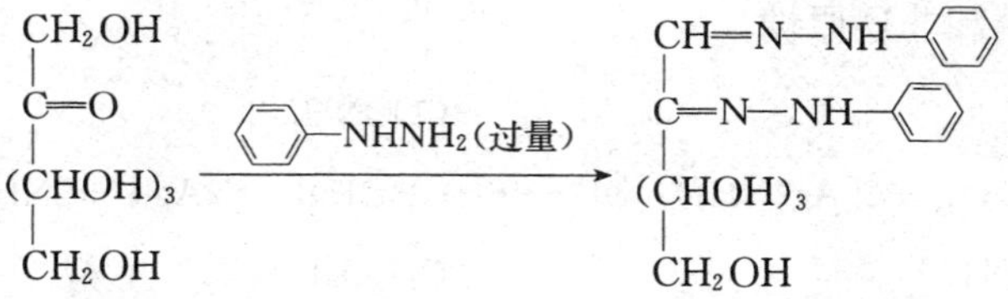

果糖　　果糖脎(葡萄糖脎)

糖脎都是不溶于水的亮黄色结晶体，不同的糖脎具有不同的结晶形态和熔点，因此可利用糖脎的生成对糖进行鉴定。

4. 成苷反应

在酸的催化下，单糖的环状结构中的半缩醛羟基可与其他含羟基的化合物(醇或酚)反应，生成的化合物称为苷。

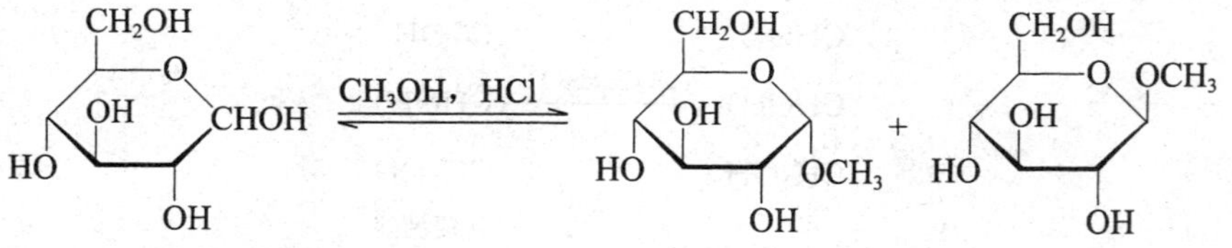

(α和β构型的混合物)　　α-D-葡萄糖甲苷　　β-D-葡萄糖甲苷

苷由糖和非糖部分组成，非糖部分称为糖苷配基。糖和糖苷配基之间连接的键(如—O—)称为苷键。

5. 显色反应

单糖与浓酸作用，脱水形成糠醛或它的衍生物，在一定条件下，糠醛或它的衍生物能与某些酚类物质反应生成有色物质，可用于糖类的定性鉴定。

(1)莫利许(Molisch)反应　在糖的水溶液中加入α-萘酚的乙醇溶液，摇匀，然后沿试管壁小心滴入浓硫酸，不要摇动试管，在两层液面的交界处会出现一个紫色环，这一反应为莫利许反应。所有的糖都能发生莫利许反应，这是鉴别糖类物质常用的方法。

(2)西列凡诺夫(Seliwanoff)反应　酮糖与间苯二酚在浓盐酸存在下加热，溶液很快变为红色，这一反应为西列凡诺夫反应。醛糖也有类似反应，但是速度要慢很多,因此可用此反应鉴别醛糖和酮糖。

五、重要的单糖

1. D-核糖及D-脱氧核糖

D-核糖及D-脱氧核糖是极为重要的戊糖,常与磷酸及某些杂环化合物结合存在于核蛋白中,是核糖核酸与脱氧核糖核酸的重要组成之一。它们的开链结构及环状结构如下:

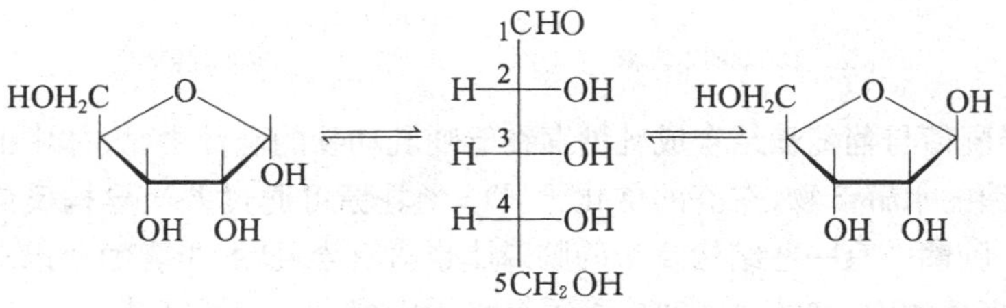

α-D-核糖　　D-核糖　　β-D-核糖

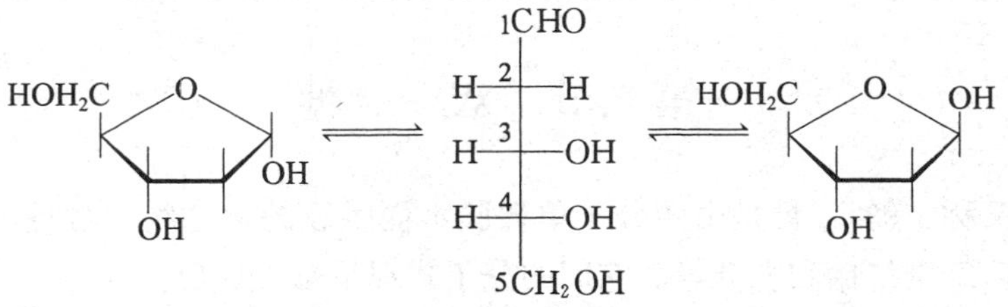

α-D-脱氧核糖　　D-脱氧核糖　　β-D-脱氧核糖

2. D-葡萄糖

D-葡萄糖是无色晶体,甜度约为蔗糖的70%,易溶于水,微溶于乙醇,比旋光度为+52.7°。由于D-葡萄糖是右旋的,在商品中,常以"右旋糖"代表葡萄糖。

D-葡萄糖广泛存在于自然界中,正常人血液中含有70～1000mg/100mL的葡萄糖,称为血糖。糖尿病患者的尿中含有葡萄糖,含量随病情的轻重而不同。D-葡萄糖也是许多双糖、多糖的组成成分。淀粉、纤维素水解可得葡萄糖。

D-葡萄糖在医药上做营养剂,以供给能量,并有强心、利尿、解毒等作用,也是制备维生素C等药物的原料。

3. D-果糖

D-果糖是无色晶体,是最甜的单糖,甜度约为蔗糖的133%,易溶于水,可溶于乙醇和乙醚中,比旋光度为-92°。D-果糖是左旋的,所以又称左旋糖。

D-果糖以游离状态存在于水果和蜂蜜中,蜂蜜的甜度来源于果糖。动物的前列腺和精液中也含有相当量的果糖。菊科植物根部储藏的碳水化合物菊粉是果糖的高聚体。工业上用酸或酶水解菊粉制取果糖。

4. D-半乳糖

D-半乳糖是无色晶体，有甜味，能溶于水及乙醇，比旋光度为+83.8°。其两种环状结构如下：

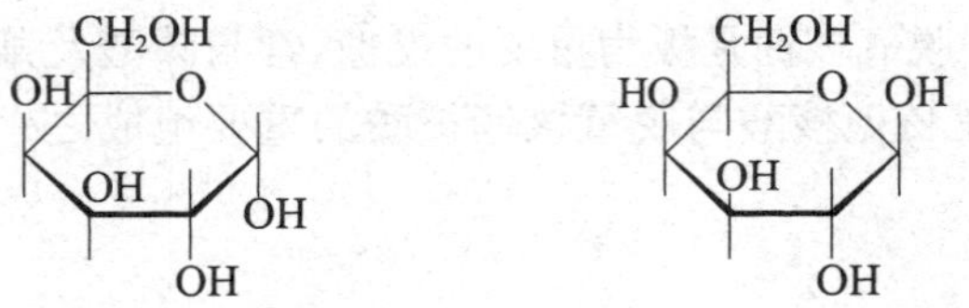

α-D-吡喃半乳糖　　β-D-吡喃半乳糖

D-半乳糖与葡萄糖结合成乳糖存在于哺乳动物的乳汁中，人体中的半乳糖是食物中乳糖的水解产物，在酶的催化下，D-半乳糖可通过差向异构反应转变为D-葡萄糖。脑髓中有一些结构复杂的脑磷脂也含有半乳糖，半乳糖还以多糖的形式存在于许多植物中，如黄豆、咖啡、豌豆等种子中都含这一类多糖。

总结：单糖都能形成环状半缩醛结构，有变旋现象，能发生还原和成脎反应。

第二节　双　　糖

双糖又称二糖，二糖是由两分子单糖脱水而生成的化合物。常见的二糖有蔗糖、麦芽糖、纤维二糖和乳糖等。它们的分子式都是 $C_{12}H_{22}O_{11}$。

一、还原性双糖

1. 麦芽糖

自然界中不存在游离的麦芽糖。麦芽中含有淀粉酶，它能使淀粉水解成麦芽糖，麦芽糖由此而得名。我国饴糖中的主要组分就是麦芽糖。

在人体中，食物中的淀粉被水解生成麦芽糖，再经麦芽糖酶水解为D-葡萄糖。故麦芽糖是淀粉水解过程中的中间产物。

$$\underset{\text{淀粉}}{2(C_6H_{10}O_5)_n} + nH_2O \xrightarrow{\text{淀粉酶}} \underset{\text{麦芽糖}}{nC_{12}H_{22}O_{11}}$$

$$\underset{\text{麦芽糖}}{C_{12}H_{22}O_{11}} + H_2O \xrightarrow{\text{麦芽糖酶}} \underset{\text{D-葡萄糖}}{2C_6H_{12}O_6}$$

2. 纤维二糖

纤维二糖也是还原糖，化学性质与麦芽糖相似，纤维二糖与麦芽糖的唯一区别是苷键的构型不同，麦芽糖为α-1,4-苷键，而纤维二糖为β-1,4-苷键。纤维二糖的结构式为：

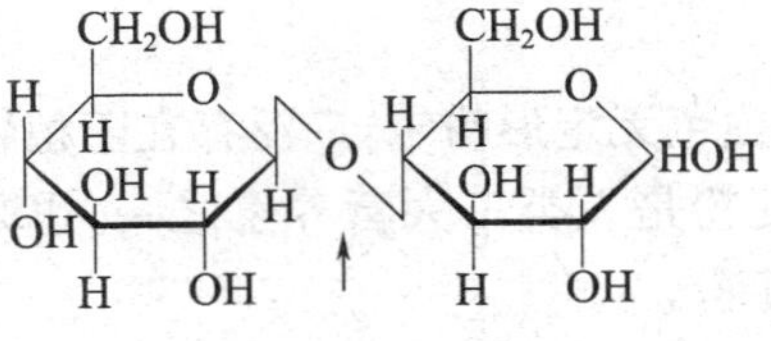

β-1,4-苷键

3. 乳糖

存在于哺乳动物的乳汁中，人乳中含乳糖5%～8%，牛乳中含乳糖4%～6%。乳糖的甜味只有蔗糖的70%。

由β-D-吡喃半乳糖的半缩醛羟基与D-吡喃葡萄糖C_4上的羟基缩合而成的半乳糖苷，具有还原糖的通性。

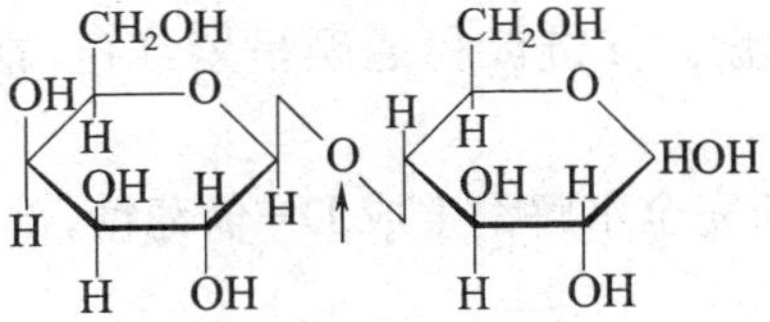

β-1,4-苷键

β-D-吡喃半乳糖　　D-吡喃葡萄糖

二、非还原性双糖

蔗糖又名甜菜糖。分子式为$C_{12}H_{22}O_{11}$，为白色晶体，易溶于水，熔点180℃。具有旋光性，天然蔗糖是右旋糖。其甜味超过葡萄糖，但不及果糖。

蔗糖既不能被托伦试剂及斐林试剂氧化，也不能与苯肼作用生成糖脎，属于非还原性糖。蔗糖也无变旋现象。蔗糖在转化酶的作用下水解生成等量的葡萄糖和果糖的混合物。

$$\underset{\text{蔗糖}}{C_{12}H_{22}O_{11}} + H_2O \xrightarrow{\text{转化酶}} \underset{\text{葡萄糖}}{C_6H_{12}O_6} + \underset{\text{果糖}}{C_6H_{12}O_6}$$

由于转化糖中含有果糖，所以它比蔗糖甜。蜂蜜中大部分是转化糖，所以很甜。

第三节　多　　糖

它是由许多单糖分子脱水缩合而成的聚合物，可用通式$(C_6H_{10}O_5)_n$表示。多糖的性质与单糖、二糖差别较大，一般为无定形固体，没有甜味，不溶于水。没有还原性和变旋现象。

一、淀粉

淀粉是无臭、无味的白色无定形粉末，广泛存在于植物的种子、茎和块根中，谷类植物中含淀粉较多。淀粉是人类三大营养素之一，也是重要的工业原料。淀粉可分为直链淀粉和支链淀粉。

1. 直链淀粉

直链淀粉又称可溶性淀粉，在淀粉中占10%～20%，在玉米、马铃薯中含量较高，含20%～30%。直链淀粉是由1000个以上的葡萄糖脱水缩合而成的直链多糖，相对分子质量为150000～600000，能溶于热水而成为透明的胶体溶液。直链淀粉遇碘呈蓝色。

2. 支链淀粉

支链淀粉又称胶淀粉或淀粉精，在淀粉中占80%～90%，是由6000～37000个葡萄糖分子脱水缩合而成含有支链的多糖，相对分子质量为100万～600万，不溶于冷水，在热水中形成浆糊。支链淀粉遇碘呈紫红色，常利用此性质鉴别这两种淀粉。

直链淀粉和支链淀粉完全水解都生成D-葡萄糖，部分水解都可生成麦芽糖。水解过程如下：

$$\underset{\text{淀粉}}{(C_6H_{10}O_5)_n} \xrightarrow[\text{淀粉酶}]{H_2O} \underset{\text{麦芽糖}}{C_{12}H_{22}O} \xrightarrow[\text{麦芽糖酶}]{H_2O} \underset{\text{D-葡萄糖}}{C_6H_{12}O_6}$$

淀粉没有还原性，不发生银镜反应、斐林反应，也不能与苯肼生成脎。

淀粉不溶于水、醇和醚等有机溶剂，能吸收空气中的水分。在冷水中容易膨胀，干燥后又收缩为粒状，工业上利用这一性质来分离淀粉。

以淀粉为原料生产酒精时，先将淀粉水解成葡萄糖，葡萄糖受酒化酶的作用，转变成酒精，同时放出二氧化碳。

$$C_6H_{12}O_6 \xrightarrow{\text{酒化酶}} 2C_2H_5OH + CO_2\uparrow$$

二、糖　原

糖原是动物体内的储备糖，就像淀粉是植物的储备糖一样，所以又称为动物淀粉。以肝脏和肌肉中含量最大，因而也称肝糖。它的分子结构与支链淀粉相同，结构与支链淀粉一样，含有α-1,4-和α-1,6-苷键，但其侧链较支链淀粉多、密和短。相对分子质量可高达1亿。

糖原是无定形粉末，比较容易溶于热水，不成糊状，而成胶体溶液；溶液与碘作用，呈紫红到红褐色。

三、纤维素

纤维素是自然界中分布最广的有机化合物。它是植物细胞壁的主要成分。木材中纤维素含量50%～70%，亚麻含纤维素约80%，棉花含纤维素92%～95%。这三种物质是工业上纤维素的主要来源。此外，已经发现某些动物体内也有动物纤维素。

1.纤维素的物理性质

纤维素纯品是无色、无味、无臭的纤维状物质，不溶于水、稀酸或稀碱，也不溶于一般有机溶剂，但能溶于浓硫酸。

2.纤维素的化学性质

(1)水解反应　纤维素水解比淀粉困难，在酸性水溶液中加热、加压水解可以得到纤维二糖，完全水解产物是D-葡萄糖。

人体内不存在水解纤维素的酶，故纤维素在人体内不能被水解成葡萄糖，因而不能被人体消化吸收。而食草动物如马、牛、羊等的消化道中寄存的微生物能分泌水解纤维素的酶，使之转化为D-葡萄糖，所以纤维素可以作为它们的食物。

(2)纤维素酯的生成　在一定条件下，纤维素中的部分羟基发生酯化反应生成纤维素酯，从而使纤维素转化成多种有用的衍生物。

纤维素的最大用途是直接用于纺织、造纸工业。

四、半纤维素

半纤维素是由几种不同类型的单糖构成的异质多聚体，这些糖是五碳糖和六碳糖，包括木糖、阿拉伯糖、甘露糖和半乳糖等。半纤维素木聚糖在木质组织中占总量的50%，它结合在纤维素微纤维的表面，并且相互连接，这些纤维构成了坚硬的细胞相互连接的网络。

构成半纤维素的糖基主要有D-木糖、D-甘露糖、D—葡萄糖、D-半乳糖、L-阿拉伯糖、4-甲氧基-D-葡萄糖醛酸及少量L-鼠李糖、L-岩藻糖等。半纤维素主要分为三类，即聚木糖类、聚葡萄甘露糖类和聚半乳糖葡萄甘露糖类。

半纤维素具有亲水性能，造成细胞壁的润胀，可赋予纤维弹性。在纸页成型过程中有利于纤维构造和纤维间的结合。因此，半纤维素的加入影响了表面纤维的吸附，对纸张强度产生影响。纸浆中保留或加入半纤维素有利于打浆，这是因为半纤维素比纤维素更容易水化润胀，半纤维素吸附到纤维素上，增加了纤维的润胀和弹性，使纤维精磨而不是被切断，因此能够降低打浆能耗，得到理想的纸浆强度。

半纤维素的工业利用正在开发，制浆废液可制酵母，酵母又可抽提出10%的核糖核酸，再衍生为肌苷单磷酸酯和鸟苷单磷酸酯，可用作调味剂、抗癌剂或抗病毒剂等。林产化学品法是先用有机酸使纤维原料预水解，水解残渣仍可制浆，质量可与未预水解的浆相媲美，而从水解液可分离出戊糖和己糖组分，所得木糖经处理后制成木糖醇，可作增甜剂、增塑剂、表面活性剂；木糖酸可作胶黏剂；聚木糖硫酸酯可作抗凝血剂。

知识窗

纤维素食物

膳食纤维是食物中不被人体消化的成分。根据溶解特性的不同，膳食纤维可分为两大类：

1. 水溶性膳食纤维

不被人体消化酶消化，但可溶于水，主要为一些胶类物质，如果胶、树胶等，以燕麦、大麦、豆类、胡萝卜、柑橘、苹果、葡萄、杏等食物中含量为多。

2. 非水溶性膳食纤维

不被人体消化道酶消化且不溶于水，主要为植物细胞壁的组成部分，包括纤维素、木质素和部分半纤维素，主要来自食物中的小麦糠、玉米糠、芹菜、果皮和根茎蔬菜。

水溶性膳食纤维和非水溶性膳食纤维在促进健康和预防疾病方面的作用各有侧重。大多数植物都含有水溶性与非水溶性纤维，均衡摄取水溶性与非水溶性纤维才能获得最大的益处。

常见食品的纤维素含量如下：麦麸：31%；谷物：4%～10%，从多到少排列为小麦粒、大麦、玉米、荞麦面、薏米面、高粱米、黑米；麦片：8%～9%；燕麦片：5%～6%；马铃薯、白薯等薯类的纤维素含量大约为3%；豆类：6%～15%，从多到少排列为黄豆、青豆、蚕豆、芸豆、豌豆、黑豆、红小豆、绿豆；无论谷类、薯类还是豆类，一般来说，加工得越精细，纤维素含量越少；蔬菜类：笋类的含量最高，其中笋干的纤维素含量达到30%～40%；辣椒超过40%。其余含纤维素较多的有：蕨菜、菜花、菠菜、南瓜、白菜、油菜；菌类(干)：纤维素含量最高的为松蘑，其纤维素含量接近50%，含纤维素30%以上的菌类(干)，按照从多到少的排列顺序为：发菜、香菇、银耳、木耳；坚果：纤维素含量为3%～14%，其中含量10%以上的有黑芝麻、松子、杏仁，10%以下的有白芝麻、核桃、榛子、胡桃、葵花子、西瓜子、花生仁；水果：含量最多的是红果干，纤维素含量接近50%，其次有桑椹干、樱桃、酸枣、黑枣、大枣、小枣、石榴、苹果、鸭梨；各种肉类、蛋类、乳制品、各种油、海鲜、酒精饮料、软饮料都不含纤维素；各种婴幼儿食品的纤维素含量都极低。

本章小结

- 碳水化合物
  - 单糖
    - 单糖结构
    - 单糖的性质：氧化、还原、成脎、成苷等反应
    - 重要的单糖：核糖、葡萄糖、果糖、半乳糖
  - 双糖
    - 还原性双糖：麦芽糖、纤维二糖、乳糖
    - 非还原性双糖：蔗糖
  - 多糖
    - 淀粉
    - 糖原
    - 纤维素
    - 半纤维素

练习题

1. 写出 D-(+)-甘露糖与下列物质的反应、产物及其名称。

(1)羟胺　(2)苯肼　(3)溴水　(4)HNO_3　(5)HIO_4　(6)乙酐

(7)苯甲酰氯、吡啶　(8)CH_3OH、HCl

(9)CH_3OH、HCl，然后$(CH_3)_2SO_4$、NaOH

(10)上述反应后再用稀 HCl 处理

2. D-(+)-半乳糖怎样转化成下列化合物的？写出其反应式。

(1)甲基-β-D-半乳糖苷

(2)甲基-β-2,3,4,6-四-O-甲基-D-半乳糖苷

(3)2,3,4,6-四-O-甲基-D-半乳糖

(4)D-酒石酸

3. 在甜菜糖蜜中有一三糖称作棉籽糖。棉籽糖部分水解后得到双糖称作蜜二糖。蜜二糖是个还原性双糖，是(+)-乳糖的异构物，能被麦芽糖酶水解但不能为苦杏仁酶水解。蜜二糖经溴水氧化后彻底甲基化再酸催化水解，得 2,3,4,5-四-O-甲基-D-葡萄糖酸和 2,3,4,6-四-O-甲基-D-半乳糖。写出蜜二糖的构造式及其反应。

4. 柳树皮中存在一种糖苷称作糖水杨苷，当用苦杏仁酶水解时得 D-葡萄糖

和水杨醇(邻羟基甲苯醇)。水杨苷用硫酸二甲酯和氢氧化钠处理得五-O-甲基水杨苷,酸催化水解得 2,3,4,6-四-O-甲基-D-葡萄糖和邻甲氧基甲酚。写出水杨苷的结构式。

第十六章　脂类化合物

知识目标

(1)掌握油脂的组成、结构、特征。
(2)掌握油脂的性质。
(3)掌握蜡的组成、结构、特征。
(4)了解磷脂的组成、结构、特征及主要理化性质。

能力目标

(1)油脂性质的应用。
(2)油脂品质的评判。
(3)油脂特性参数的测定方法。

脂类化合物也称脂质，是从动植物体内提取的不溶或微溶于水、易溶于有机溶剂的一类化合物的总称。其化学本质是脂肪酸和醇所形成的酯类及其衍生物。通常可以把脂类物质分为油脂和类脂两大类。

油脂是由多种高级脂肪酸和甘油生成的酯。而脂类化合物是结构或性质上与油脂相似的天然化合物，主要包括磷脂、糖脂、蜡和甾族化合物。

本章主要介绍油脂、肥皂、蜡和磷脂。

第一节　油　　脂

油脂是油和脂肪的总称，习惯上把在常温下为液体的称为油，它们多来自植物种子(可可脂例外)，也称植物油脂。常温下呈固态的称为脂肪，它们多来自动物体(鱼油例外)，也称动物油脂。从化学组成来看，它们都是高级脂肪酸与甘油所生成的酯，即高级脂肪酸甘油酯。油是不饱和高级脂肪酸的甘油酯，脂肪是饱和高级脂肪酸的甘油酯，其结构可表示如下：

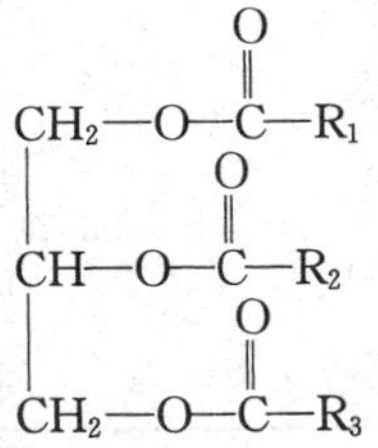

其中，R_1、R_2、R_3 为同一种烃基的油脂称为单甘油酯；R_1、R_2、R_3 不全相同的油脂称为混甘油酯。这里要注意：混甘油酯并不是混合物。天然油脂大多是多种混甘油酯组成的混合物，其中的脂肪酸大多是含偶数碳原子的饱和或不饱和的脂肪酸，常用食用油脂中主要脂肪酸的组成见表 16－1 和表 16－2。

油脂、蛋白质和碳水化合物是人类生存的三大基本营养素。后两者属于天然高分子化合物，而油脂不属于高分子化合物。但在代谢中可以提供的能量比碳水化合物和蛋白质约高一倍。1g 油脂在体内完全氧化时，大约可以产生 39.8kJ 的热能。油脂对人体的主要作用是：作为能源，供给热量；提供必需脂肪酸（人体自身不能合成且是生理必需的脂肪酸——亚油酸和亚麻酸）；帮助脂溶性维生素（如维生素 A、维生素 D、维生素 E 等）的吸收。

油脂不仅作为人类必须的营养成分应用于人们日常生活及食品加工中，它还是重要的工业生产原料，可用来生产肥皂、甘油、高级脂肪酸及其衍生物等；也可用作润滑剂；在高分子材料、涂料、纺织、食品、塑料、皮革、造纸、石油等方面也有重要应用。

一、油脂的物理性质

油脂的密度比水小，黏度较大，不溶于水，易溶于有机溶剂。凝固点比其熔点低 1～5℃，组成油脂的脂肪酸的饱和度越高，熔点越高。天然油脂一般为混合物，所以没有恒定的熔点、沸点。纯净的油脂无色、无味，天然油脂因来源不同含有不同的维生素、色素及挥发性短链脂肪酸，而具有不同的色和味。

表 16－1　　食物中常见的饱和脂肪酸

符号*	系统名称	俗名	脂肪来源
$C_{4:0}$*	丁酸	酪酸	黄油
$C_{6:0}$	己酸	羊油酸	黄油
$C_{8:0}$	辛酸	羊脂酸	椰子油
$C_{10:0}$	癸酸	羊蜡酸	椰子油
$C_{12:0}$	十二(烷)酸	月桂酸	椰子油
$C_{14:0}$	十四(烷)酸	豆蔻酸	椰子油、黄油
$C_{16:0}$	十六(烷)酸	棕榈酸(软脂酸)	多数油脂
$C_{18:0}$	十八(烷)酸	硬脂酸	多数油脂
$C_{20:0}$	二十(烷)酸	花生酸	多数油脂
$C_{22:0}$	二十二(烷)酸	山嵛酸	猪油、花生油
$C_{24:0}$	二十四(烷)酸	木脂酸	花生油

* 此处的“4”代表饱和脂肪酸分子所含碳原子数，“0”代表不含双键，其他类似。

表 16－2　　食物中常见的不饱和脂肪酸

符号	系统名称	俗名	脂肪来源
$C_{14:1}$，ω－5*	9－十四碳烯酸	豆蔻油酸	黄油
$C_{16:1}$，ω－7	9－十六碳烯酸	棕榈油酸	棕油
$C_{16:1}$，ω－7	9－十六碳烯酸	反棕榈油酸	氢化植物油
$C_{18:1}$，ω－9	9－十八碳烯酸	油酸	多数油脂
$C_{18:1}$，ω－9	9－十八碳烯酸	反油酸	黄油牛脂
$C_{18:2}$，ω－6	9,12－十八碳二烯酸	亚油酸	植物油
$C_{18:3}$，ω－6	6,9,12－十八碳三烯酸	γ－亚麻酸	植物油
$C_{18:3}$，ω－3	9,12,15－十八碳三烯酸	α－亚麻酸	植物油
$C_{20:4}$，ω－6	5,8,11,14－二十碳四烯酸	花生四烯酸	植物油
$C_{20:5}$，ω－3	5,8,11,14,17－二十碳五烯酸	EPA	鱼油
$C_{22:1}$，ω－9	13－二十二碳烯酸	芥酸	菜籽油
$C_{22:6}$，ω－3	4,7,10,13,16,19－二十二碳六烯酸	DHA	鱼油

*不饱和脂肪酸中不饱和双键的位置。目前国际上习惯从甲基端的碳原子数起的第一个双键碳的位次表示，记为 ω－x（或 $n-x$）。如亚油酸的表示方式为：$C_{18:2}$，ω－6，这里 18 表示分子中碳原子数，2 表示双键数目，ω－6 表示从脂肪酸甲基端数起的第一个双键碳原子的位置为 6。不饱和脂肪酸按照双键所在的位置不同，分为 ω－3、ω－6、ω－7 和 ω－9 系列（或称 $n-3$、$n-6$、$n-7$ 和 $n-9$ 系列）。

目前认为，营养学上最具价值的脂肪酸有 2 类：①ω－6 系列不饱和脂肪酸，如亚油酸、花生四烯酸等；②ω－3系列不饱和脂肪酸，如 α－亚麻酸。

二、油脂的化学性质

油脂属于酯类，首先具有酯的性质，如水解。含不饱和脂肪酸成分的，又具有不饱和烃的性质，如加成、氧化等。

1. 水解和皂化

油脂可在酸性或碱性条件下水解，以硬脂酸甘油酯为例。

(1)酸式水解

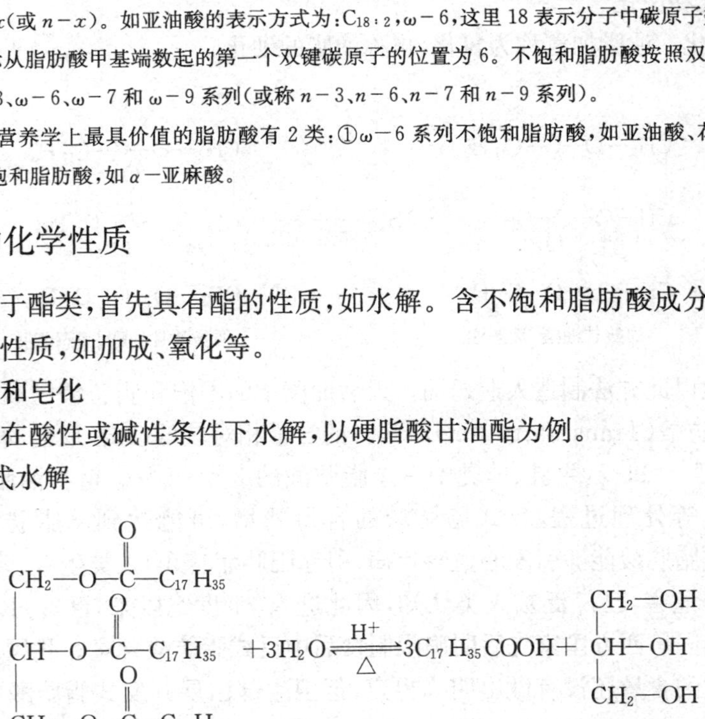

油脂酸式水解在工业上用于制取高级脂肪酸、甘油。

(2)碱式水解——皂化反应

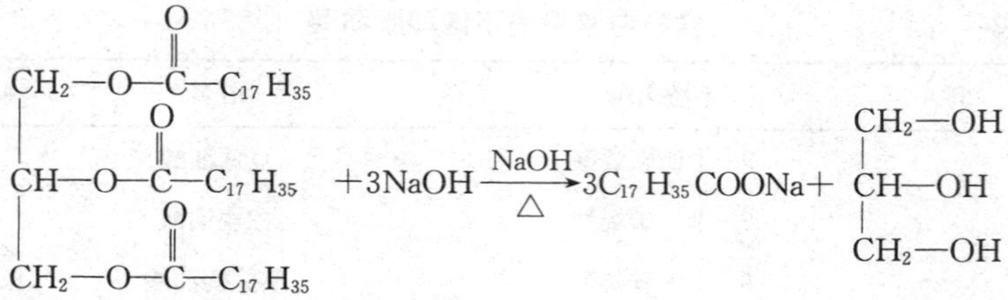

当碱足量时，可以使油脂完全水解。

碱式水解生成的高级脂肪酸盐是肥皂的主要成分，所以油脂在碱性条件下的水解反应也称皂化反应，其目的是制肥皂，副产物是甘油。

天然油脂都是多种高级脂肪酸甘油酯的混合物。工业上将1g油脂皂化时所需KOH的毫克数，称作油脂的皂化值。由皂化值可计算油脂的平均相对分子质量：

$$平均相对分子质量=\frac{56\times3\times1000}{皂化值}$$

皂化值越小，油脂的平均相对分子质量越大。一般油脂的皂化值约为200mgKOH/g。

2. 氢化和卤化

(1)氢化　油脂加氢称为氢化，也称油脂的硬化。

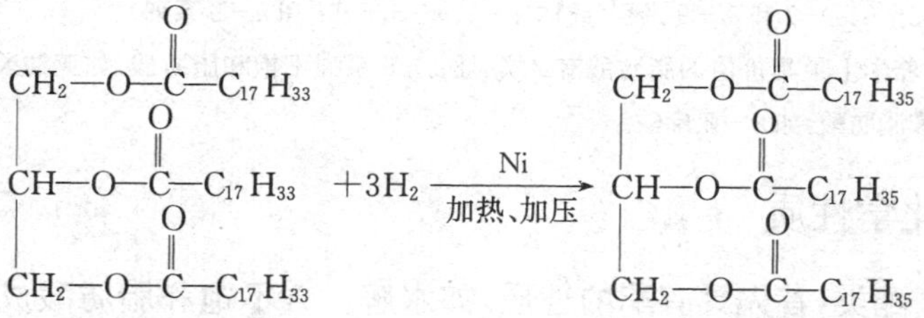

油酸甘油酯、液态油　　　　硬脂酸甘油酯、固态脂肪

工业上以此方法制造人造奶油。天然油脂中的不饱和脂肪酸以顺式脂肪酸为主，反式脂肪酸（Trans Fatty Acid，TFA）的含量相对较低，如在反刍动物体中占总脂肪酸的4%～11%，牛乳、羊乳中占总脂肪酸的3%～5%。植物油脂经过高温、氢化或除臭等处理过程，反式脂肪酸的含量骤增，可能达到总脂肪酸的8%～70%。反式脂肪酸能够引发心血管疾病、引起肥胖症、影响人类生育、降低记忆力、诱发癌症等危害，已广泛被人类认知，因此进入21世纪以来，已有丹麦、法国、瑞典、美国、英国等西方国家先后明确限制食品中反式脂肪酸含量。我国目前虽然对反式脂肪酸的含量还没有做出明确界定，但卫生部已展开反式脂肪酸的风险监测评估工作，并将在此基础上，按程序进行标准的制订、修订。在GB 10765—2010《食品安全国家标准　婴儿配方食品》中，已经规定了婴幼儿食品原料中不得使用氢化油脂，反式脂肪酸最高含量应当小于总脂肪酸的3%。并且，在食品营养标签

管理规范中，明确要求了反式脂肪酸的标识要求。同时提示生产者注意控制生产环节产生的反式脂肪酸。我们期待着相关标准的颁布与实行。

（2）卤化　不饱和油脂与卤素能发生加成反应，常用加碘的方式判断油脂的不饱和程度。100g 油脂与碘发生加成反应时所需碘的克数称为碘值。碘值越大，油脂的不饱和程度越大。

3. 酸败与自动氧化

首先油脂和空气中的氧在室温下，未经任何直接光照，未加任何催化剂等条件下也能发生完全自发的氧化反应生成过氧化物，这类反应是自由基的连锁反应，随反应进行，其中间状态及初级产物又能加快其反应速度（故又称自动催化氧化），使得油脂的氧化酸败具有很强的“传染性”。同时，空气中的氧气、霉菌及水分，也能引发油脂的氧化反应。所以油脂在空气中久置，会发生部分氧化而生成过氧化物并进一步降解产生挥发性的小分子羧酸、醛、酮等，使其颜色变深，出现难闻气味，这种现象称为油脂的酸败（俗称哈喇）。

油脂的酸败过程可以分为诱导期、传播期、终止期和二次产物的形成期等四个阶段。影响油脂氧化的因素是多方面的。如油脂的脂肪酸的不饱和度、温度、氧气浓度、水分活度、某些过渡金属等。

油脂中过氧化物和游离脂肪酸的含量是油脂被氧化程度的体现。1kg 油脂中的活性氧含量以过氧化物的毫摩尔数来表示称为油脂的过氧化值。中和 1g 油脂中游离脂肪酸所需 KOH 的毫克数称为油脂的酸值（也称酸价）。两者都用于说明油脂的被氧化程度。一般情况下，新鲜油脂的酸值和过氧化值极低，保存或加工不当的油脂因氧化等原因会使两者增大。酸值超过 6 的油就不宜食用。GB 2716—2005《食用植物油卫生标准》中规定食用植物油的酸值≤3mgKOH/g，过氧化值≤2.5mmol/kg。通常，酸值、过氧化值在此限量以内的植物油都是卫生安全的，不会对人体产生危害。但是超过此范围，两值越高，油脂被氧化酸败的程度越深，油脂中的脂溶性维生素被破坏得越严重。不仅使油脂失去应有的营养价值，而且会对人体的消化道产生刺激作用，引起恶心、呕吐、腹痛、腹泻等症状。长期食用酸值、过氧化值过高的油脂对人体健康非常不利。

4. 干化

一些油在空气中放置可生成一层具有弹性而坚硬的固体薄膜，这种现象称为油脂的干化。如熟桐油涂在物体平面上和空气接触时，很快结为一层干硬而有韧性的膜。这种干化过程的机理目前还不清楚，一般认为与油脂的不饱和程度及C＝C的共轭有关，所以，按碘值大小将油脂分为三大类：

干性油：碘值大于 130gI/100g，如，桐油、亚麻油；

半干性油：碘值为 100～130gI/100g，如，向日葵油、棉籽油；

不干性油：碘值小于 100gI/100g，如，花生油、蓖麻油。

第二节 肥 皂

肥皂是传统的洗涤剂，在当今各种新型洗涤剂层出不穷的时代，肥皂仍是我们生活中不可缺少的洗涤用品之一。

一、肥皂的组成

如前所述，肥皂的制造原理是油脂皂化，其成分因使用的油脂不同而不同。又因为天然油脂是多种高级脂肪酸的甘油酯的混合物，所以肥皂的成分也是多种高级脂肪酸的盐类。通常以硬脂酸钠（$C_{17}H_{35}COONa$）代表肥皂的有效成分。日用肥皂中的脂肪酸碳数一般为10～18，金属离子主要是钠或钾等，钠盐肥皂也称硬肥皂，钾盐肥皂也称软肥皂。如现在公共场合使用的液体肥皂多是以椰子油为原料制得的钾盐肥皂。

我们生活中常见的肥皂种类及主要添加成分：

通常使用的洗衣皂是黄色的，一般是因为加入了松香，其目的是增加肥皂的溶解度和泡沫产生量。

透明皂，首先要使用高度纯净的主原料，且生产中不分离甘油以增加其透明度。一种是透明状的，通常加入多元醇、蔗糖、乙醇等作透明剂；另一种是半透明状的，生产中是通过多次机械研磨、挤压等加工使原来不透明的肥皂晶型转变成透明状态的晶型而制得的。

白色洗衣皂是加入了碳酸钠和水玻璃。把白色洗衣皂干燥后切成薄片，即得皂片，用以洗涤高级织物。

香皂是用比较高级的主原料（如牛油或棕榈油与椰子油混用）制得的肥皂为原料，再加入香料、染料而制得。

在肥皂中加入适量的苯酚和甲酚的混合物（俗称来苏尔，具有防腐，杀菌的作用）或硼酸或硫磺，即得不同的药皂；加入漂白成分就得到漂白皂等。

二、肥皂的乳化作用

肥皂的分子中既具有亲水基（羧基）又具有憎水（亲油）基（长链烃基）：

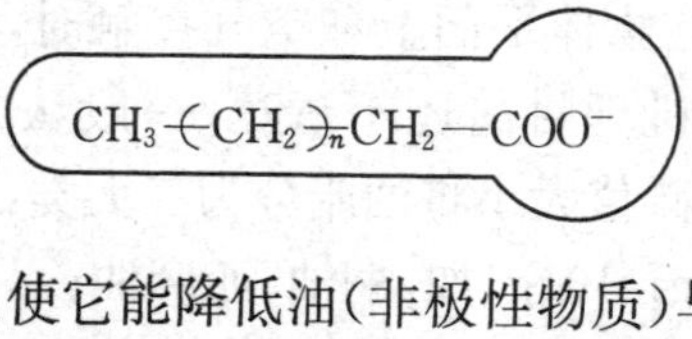

肥皂的这种特殊结构，使它能降低油（非极性物质）与水间的表面张力，从而使油以极微小的液滴均匀地分散在水中，形成乳化液。所以肥皂具有较好的乳化性能和分散油的能力。但以肥皂为乳化剂制得的乳化液易被破坏。碱金属皂还可被钙、镁盐破坏，电解质亦可使之盐析。

肥皂的去污本性，也是基于此原理，在洗涤时，高级脂肪酸钠分子的憎水基(烃基)插入油污内，亲水基(羧基)一端则在油污外面而插入水中。这样油污就被肥皂分子包围起来，再经摩擦、振动，污垢中的油脂分散成细小的油滴，最后脱离被洗的纤维织品，分散并悬浮于水中形成乳浊液，最终被大量水漂洗而去(图 16－1)。这就是肥皂的去污原理。但普通肥皂不宜在硬水或酸性水中使用。在硬水中因生成难溶于水的硬脂酸钙和硬脂酸镁，在酸性水中则生成难溶于水的脂肪酸，不但不能去除油污，反而使生成的难溶物质沉积于衣物上而形成黏性污垢。

图 16－1　肥皂的去污原理示意图

1—亲水基　2—亲油基　3—油污　4—纤维织品

第三节　蜡和磷脂

一、蜡

天然蜡的主要成分是含有偶数碳原子的高级脂肪酸与高级一元醇形成的酯。蜡结构中最常见的脂肪酸是软脂酸和二十六(烷)酸；最常见的醇是十六、二十六和三十醇。此外蜡中还含有少量游离高级脂肪酸、游离高级脂肪醇和高级烷烃等成分。存在于动物皮肤、毛皮、羽毛、植物叶片、果实以及许多昆虫的外骨骼的表面，其生物功能是作为生物体对外界环境的保护层。下面介绍几种应用较多的蜡。

1. 蜂蜡

工蜂腹部下面四对蜡腺分泌的物质，可从蜂巢中提取获得。熔点范围在 62～65℃，主要成分是十六烷酸($C_{15}H_{31}COOH$)蜂蜡醇(三十烷醇：$C_{30}H_{61}OH$)酯。在日用化工业中常用于护肤、洗浴、化妆美容及制蜡烛等，以蜂蜡为主要原料制造的蜡烛，具有燃烧时间长、清香、无烟、不掉泪等特点；在医药工业中，蜂蜡广泛用作软膏、药膏及新型软胶囊的基料及制造牙科铸造蜡、基托蜡、粘蜡等，蜂蜡本身也是一味中药，具有收涩、敛疮、生肌、止痛的功效；在食品工业中可用作食品的涂料、包装和外衣等；在农业及畜牧业上可用作制造果树接木蜡和害虫黏着剂，养蜂业上可用于制造巢础（人工制造的蜜蜂巢房的房基）、蜡碗；此外，蜂蜡还用于生产地板蜡、各种上光蜡、蜡笔、熨烫用蜡等以及民间的蜡染工艺中。

2. 虫蜡

虫蜡也称白蜡，主要产于我国四川，是寄生在女贞或白蜡树上的白蜡虫所分泌的物质。白色或淡黄色固体；熔点 80～85℃；其主要成分为二十六烷酸二十六烷醇酯。用于制造蜡烛和电器绝缘材料等。

3. 鲸蜡

鲸蜡也称软脂酸鲸蜡酯，是从抹香鲸等海产哺乳动物头部提取的液体状蜡，经冷却和压榨可得固体蜡。主要成分为鲸蜡醇（学名十六烷醇，也称棕榈醇）十六烷酸酯。凝固点 41～49℃，可用作钟表和精密仪表的润滑剂，也用于制作药膏和化妆品等。

4. 巴西棕榈蜡

巴西棕榈蜡主要成分是由蜡酸（三十烷酸）与蜡醇（$C_{26}H_{53}OH$）或蜂蜡醇形成的酯，存在于巴西棕榈叶中，可用作地板蜡和汽车蜡。

另外还有一些习惯上不称为蜡而属于蜡的物质。如羊毛脂，是由硬脂酸、油酸及十六烷酸等分别与胆固醇或蜡醇形成的酯。它是附着在羊毛上的油状分泌物，是羊毛碱洗过程中所得的副产品；又如霍霍巴油，是由 36～48 碳高级不饱和脂肪酸与 18～22 碳饱和醇或不饱和（烯）醇组成的酯。也有称蜡却不是蜡的物质，如石蜡。我们现在常用的蜡烛等蜡制品多是石蜡。石蜡形似蜡，是从石油、页岩油等矿物油中提取出来的碳原子数为 18～30 的烃类混合物，主要组分为直链烷烃。

二、磷脂

磷脂主要包括甘油磷脂和鞘磷脂两大类，它们都是细胞膜的组成成分，在生物膜的结构与功能中占重要地位，少量存在于细胞的其他部位，是形成生命的最重要基础物质之一。甘油磷脂是机体含量最多的一类磷脂，它除了构成生物膜外，还是胆汁和细胞膜表面活性物质等的成分之一，并参与细胞膜对蛋白质的识别和信号传导。鞘磷脂类是构成神经组织膜的主要成分。磷脂化学结构的微小变化就能导致其生物活性发生改变。因此磷脂的性质、功能多在生物化学中介绍。此处只扼要介绍它们的化学组成、结构及重要理化性质。

1. 磷脂的组成与结构

最简单的甘油磷脂是由一分子甘油与两分子脂肪酸、一分子磷酸形成的复合酯（指酯类中除含脂肪酸和醇外，尚有其他称为非脂分子的成分），称为磷脂酸。它是其他甘油磷脂的母体化合物，磷脂酸进一步被其他醇酯化，则形成各种磷脂：

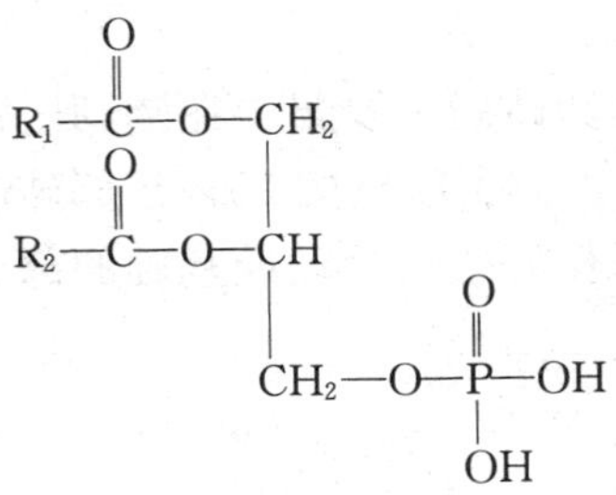

（L－α－磷脂酸）

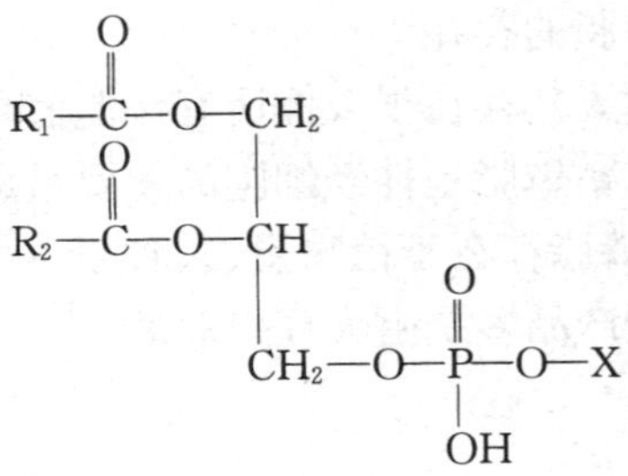

（甘油磷脂）

X一般为含氮碱，当X为胆碱[$—CH_2—CH_2—\overset{+}{N}(CH_3)_3$]，形成的是磷脂酰胆碱，也叫卵磷脂；当X为乙醇胺（$—CH_2—CH_2—\overset{+}{N}H_3$），形成的是磷脂酰乙醇胺，也叫脑磷脂（脑磷脂有时也包括磷脂酰丝氨酸）；当X为丝氨酸（$—CH_2—\underset{COO^-}{\underset{|}{CH}}—\overset{+}{N}H_3$），形成的是磷脂酰丝氨酸。

鞘磷脂也称神经鞘磷脂，是动物组织中含量最丰富的鞘脂类，其组成特点是不含甘油而含鞘氨醇（鞘氨醇分子中C1～C3的结构与甘油相似），鞘磷脂是鞘氨醇分子中C2上的$—NH_2$与脂肪酸形成酰胺键、C1上的羟基被磷酰胆碱或磷酰乙醇胺酯化所形成的化合物：

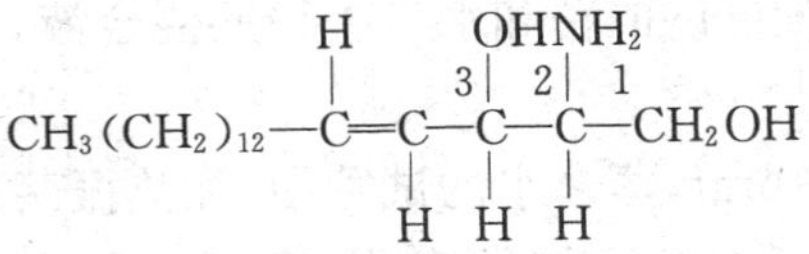

（鞘氨醇）

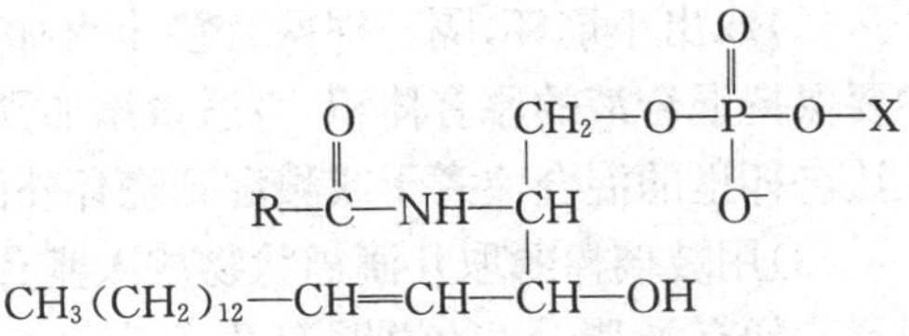

（鞘磷脂）

2.磷脂的主要理化性质

（1）磷脂不溶于水，不同的磷脂在不同有机溶剂中的溶解性相差很大，利用它们溶解性的差异可以分离、提纯不同的磷脂。

（2）磷脂不溶于丙酮和乙酸乙酯，利用这一性质可分离磷脂和油脂。

（3）磷脂能在弱碱性、强碱性及酸性溶液中水解，不同条件下水解产物不尽相同且种类多样，甘油磷酯在磷脂酶的作用下更易水解，所以磷脂酶能破坏生物细胞膜而使细胞受损或受害。

（4）由磷脂的分子结构可知其具有双亲（亲油、亲水）性，可用作表面活性剂，食品工业中广泛用作乳化剂。

（5）磷脂接触空气或在阳光照射下极不稳定，易氧化酸败而色泽变深。但在无水分的油脂中比较稳定。磷脂中的不饱和键也能氢化、卤化等。

3. 磷脂的存在

磷脂天然存在于人体所有细胞和组织中，卵磷脂主要集中在脑、肝、肾等重要器官中。鞘磷脂是神经细胞的重要组成成分，人体干脑重的25%是卵磷脂。在植物界，卵磷脂存在于植物蛋白、种子、根茎和果核等生命活动最基础的部分中。市售卵磷脂产品多是由大豆提取的。

知识窗

肥皂的制作方法

一、原理

油脂的碱式水解，产物中的高级脂肪酸钠不溶于饱和食盐溶液，经盐析分离加工成型后就是肥皂。

二、仪器与药品

150mL 烧杯一个，水浴(或大烧杯)一只、玻璃棒、酒精灯、石棉网，三脚架，植物油，NaOH，95%酒精，饱和食盐水。

三、操作步骤

(1)在一个小烧杯中加入 10mL 植物油(如大豆油)，10mL 30%的氢氧化钠溶液和 6 mL 乙醇，水浴加热 20min，同时搅拌小烧杯中的溶液。

(2)取出小烧杯，隔石棉网直接小火加热，至溶液变成奶油般的糊状物。过程中要保持混合液的原有体积，可适量添加预先配好的酒精和水(1∶1)的混合液，不能让烧杯里的混合液煮干或溅溢到烧杯外面。

(3)用玻璃棒蘸取几滴糊状物放入盛有 5～6mL 蒸馏水的试管中，加热振荡后静置。如有油脂分出，说明皂化不完全。可滴加碱液继续皂化，直至油脂完全皂化。

(4)向完全皂化的混合物中加入 10mL 热的饱和氯化钠溶液并搅拌，静置，冷却，肥皂便盐析上浮。待肥皂全部析出、凝固后取出、成形，即制成肥皂。

四、说明

(1)油脂不易溶于碱水，酒精可以增加油脂在碱液中的溶解度，加快皂化反应速度。

(2)加热若不用水浴，则须用小火，并谨慎防止混合液煮干或溅溢到烧杯外面。

(3)氢氧化钠是腐蚀性化学药品。操作过程中防止其与皮肤直接接触。加热过程中防止液体浓稠后飞溅伤及眼睛或皮肤等。

本章小结

- 油脂
  - 油脂的结构与组成
    - 高级脂肪酸的甘油酯
    - 多种混甘油酯的混合物
  - 油脂的性质
    - 溶解性
      - 不溶于水等极性溶剂
      - 易溶于油等非极性溶剂
    - 具有酯的性质——水解
      - 碱式水解—皂化—制肥皂
      - 酸式水解—制高级脂肪酸
      - （两者）同时制得甘油
    - 油又具有烯烃的性质
      - 加成
      - 氧化
  - 特性指标
    - 碘值
    - 皂化值
    - 酸值
    - 过氧化值
- 蜡
  - 组成——高级脂肪酸与高级一元醇形成的酯
  - 性质
    - 不溶于水等极性溶剂
    - 易溶于油等非极性溶剂
    - 具有酯的性质等
- 磷脂
  - 组成——由一分子甘油与两分子脂肪酸、一分子磷酸及其他非脂分子组成
  - 性质
    - 不溶于水等极性溶剂
    - 在有机溶剂中的溶解性相差较大——用于分离
    - 具有酯的性质等
    - 能水解
    - 分子具有双亲性，可用作表面活性剂
  - 对生命细胞活性具有重要作用

练习题

1.填空

(1)油脂是由________和______生成的______，结构可用__________来表示，____________称单甘油酯，____________称混甘油酯。天然油脂多为____________，且属于混合物。

(2)常温下呈液态的高级脂肪酸的甘油酯称为________，呈固态的称为______，它们统称为________。油脂分子烃基里所含的不饱和键越多，熔点越______。油脂的密度比水______，______溶于水。

(3)磷脂酰胆碱(卵磷脂)由________、________、________和________组成。

(4)必需脂肪酸是指________和________。

(5)反映脂肪特性的几个重要指标是______、______、______和______。

(6)皂化1g纯油脂所需KOH的毫克数称为________,中和1g纯油脂中游离脂肪酸所需KOH的毫克数称为________。100g油脂与碘发生加成反应时所需碘的克数称为______。

2. 是非题

(1)自然界中常见的不饱和脂肪酸多具有反式结构。( )

(2)植物油和动物脂都是脂肪。( )

(3)油脂的水解称做皂化反应。( )

(4)单甘油酯是纯净物,混甘油酯是混合物。( )

(5)脂肪的皂化值高表示含低相对分子质量的脂肪酸少。( )

(6)天然油脂大多数是由多种混甘油酯分子构成的混合物。( )

(7)酸值越高,油脂的品质越好。( )

(8)若油脂的皂化值低于正常范围,可推断混入了其他高相对分子质量的脂肪或不皂化物。( )

(9)油脂都能使溴水褪色。( )

(10)天然存在的脂肪酸几乎全是偶数碳原子的。( )

3. 选择题

(1)下列有关甘油三酯的叙述,不正确的是( )。

A. 甘油三酯是由一分子甘油与三分子脂肪酸所组成的酯

B. 任何一个甘油三酯分子总是包含三个相同的脂酰基

C. 在室温下,甘油三酯可以是固体,也可以是液体

D. 甘油三酯可以制造肥皂

(2)脂肪的碱式水解称为( )。

A. 酯化 B. 还原 C. 皂化 D. 氧化

(3)下列叙述中,不正确的是( )。

A. 油脂有固定的熔点 B. 油脂属于酯类

C. 油脂属于混合物 D. 油脂的氢化也叫油脂的硬化

(4)区别植物油和矿物油的正确方法是( )。

A. 加酸性$KMnO_4$溶液,振荡 B. 加NaOH溶液,煮沸

C. 加Br_2水,振荡 D. 加新制碱性$Cu(OH)_2$悬浊液,煮沸

(5)下列叙述正确的是( )。

A. 所有的磷脂分子中都含有甘油基

B. 碳链越长，脂肪酸越易溶解于水

C. 磷脂的分子结构具有双亲性，可用作表面活性剂

D. 磷脂易溶于丙酮和乙酸乙酯

(6)下列物质是饱和脂肪酸的为(　　)。

A. 亚麻酸　　B. 亚油酸　　C. 花生四烯酸　D. 棕榈酸

(7)某种直链饱和脂肪酸甘油酯 22.25g 皂化时耗 NaOH 质量 3.00g，则脂肪酸中的碳原子个数最接近数值是(　　)。

A. 15　　B. 16　　C. 17　　D. 18

(8)某学生做完实验后，采用下列方法清洗仪器，其中错误的是(　　)。

A. 用稀 HNO_3 清洗做过银镜反应的试管

B. 用酒精清洗做过酚醛树脂实验的试管

C. 用 NaOH 溶液清洗盛过苯酚的试管

D. 用 NaOH 溶液清洗做过植物油和 Br_2—H_2O 反应的试管

(9)下列各组液体混合物中两种成分，可用分液漏斗分离的是(　　)。

A. 甲苯和油脂　B. 乙酸和乙酸乙酯　C. 豆油和水　D. 豆油和四氯化碳

(10)将肥皂溶于热水中，然后加入稀盐酸，最后所得固体是(　　)。

A. 硬脂酸　　B. 乙烯　　C. 苯酚　　D. 植物油

4. 为什么肥皂可以洗掉衣服上的油污？

5. 用硬脂酸甘油酯进行皂化反应制取 18.4t 甘油，若反应中硬脂酸甘油酯的皂化率为 80%，求需这种硬脂酸甘油酯多少吨？同时能生产含硬脂酸钠 70% 的肥皂多少吨？

第十七章　氨基酸、多肽和蛋白质

知识目标

(1)掌握氨基酸、多肽、蛋白质的结构及性质。

(2)了解几种重要的氨基酸。

(3)了解多肽的测定及合成过程。

能力目标

(1)能举例说明蛋白质与生命的关系。

(2)了解蛋白质的主要用途,能列举出蛋白质含量较高的几种食品。

蛋白质是生物体中不可缺少的一类生物大分子,没有蛋白质就没有生命,生物界大约有几百万种不同的蛋白质,它们的结构各不相同,形态千差万别,在生物体中承担着各种各样的生理功能。组成蛋白质的基本单位是氨基酸,多种不同的氨基酸通过酰胺键形成复杂的蛋白质。

第一节　氨基酸

氨基酸是指含有氨基的羧酸。组成蛋白质的氨基酸有 20 多种,根据氨基酸的分子中含有氨基和羧基的相对位置不同,氨基酸可分为 α-氨基酸,β-氨基酸,γ-氨基酸,而自然界当中存在的氨基酸,主要是 α-氨基酸,α-氨基酸即氨基酸中的氨基和羧基都连接在 α-碳原子上。本章主要介绍的是 α-氨基酸。

氨基酸常用的名称不是根据系统命名法命名的,而多是根据其来源或性质而采用俗名,如从蚕丝中得到的丝氨酸,微具甜味的甘氨酸等。

一、氨基酸的构型

氨基酸的构型分为 L 型和 D 型。书写时以距离羧基最近的手性碳原子(α-氨基酸中以 α-碳原子)为准,将羧基写在碳原子的上端,则氨基写在左边的为L-型,氨基写在右边为 D-型。蛋白质水解得到的 α-氨基酸(除甘氨酸外)都是L-型。

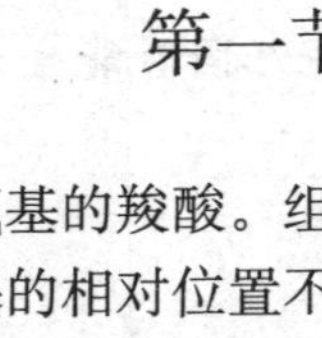

L-氨基酸

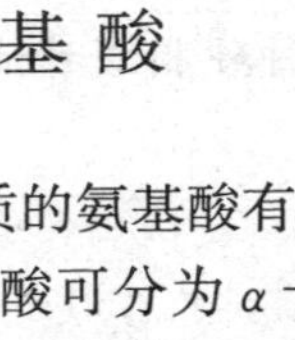

D-氨基酸

R 基团可以是烷基、芳香基和杂环基等，如果 R 基中还有氨基或者其他的碱性基团（如胍基，咪唑基等）称为碱性氨基酸；如果 R 基中含有羧基或其他酸性基团（如酰胺基）称为酸性氨基酸。分子中氨基和羧基的数目相等的氨基酸称为中性氨基酸。

二、氨基酸的物理性质

氨基酸为小分子物质，无色晶体，高熔点（一般在 200℃以上），大多数的氨基酸易溶于水而不溶于有机溶剂，通常用乙醇和乙醚就可以使氨基酸从溶液中沉淀析出。

三、氨基酸的化学性质

（一）两性解离和等电点

氨基酸能溶于水而不溶于有机溶剂，分子内含有氨基和羧基，可以与强酸、强碱生成盐，因此可以推断氨基酸为离子化合物。通过实验证明，氨基酸在一般情况下，是以偶极离子的形式存在。它在内部发生酸碱反应生成一个偶极离子，或称为两性离子。氨基酸在水溶液中，形成下列平衡体系。

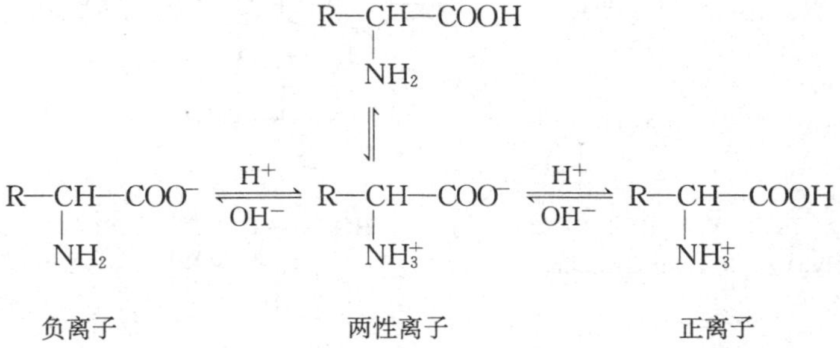

因为氨基酸是两性离子，因此既可以作为碱和质子反应，也可以作为酸和碱反应。但是，每个氨基酸分子中的—COO^- 接受质子的能力和—NH_3^+ 给出质子的能力并不相等，因此在纯水中，氨基酸的正离子、负离子存在的量并不相等。在一定的酸度条件下，可以使氨基酸的酸性解离的程度和碱性解离的程度正好相等。此时，氨基酸处于中性状态，这种状态下溶液的 pH 称为该氨基酸的等电点（p*I*）。如果溶液的 pH 大于等电点时，有利于负离子的生成，在电场中会向阳极移动；反之，当溶液 pH 小于等电点时，氨基酸则主要以正离子的形式存在，在电场中会向阴极移动。

由于每个氨基酸分子中所含的基团不同，所以每种氨基酸中—COO^- 结合质子的能力与—NH_3^+ 给出质子的能力不同，因此不同的氨基酸等电点各不相同（表 17－1）。

表 17－1　　常见氨基酸及其等电点

中文名称(缩写符号)	英文名称	结构式	等电点
中性氨基酸			
甘氨酸(Gly)	Glycine	$CH_2(NH_2)COOH$	5.79
丙氨酸(Ala)	Alanine	$CH_3CH(NH_2)COOH$	6.02
丝氨酸(Ser)	Serine	$CH_2(OH)CH(NH_2)COOH$	5.68
半胱氨酸(Cys)	Cysteine	$CH_2(SH)CH(NH_2)COOH$	5.02
苏氨酸(Thr)	Threonine	$CH_3CH(OH)CH(NH_2)COOH$	6.53
缬氨酸(Val)	Valine	$(CH_3)_2CHCH(NH_2)COOH$	5.96
蛋氨酸(Met)	Methionine	$CH_3SCH_2CH_2CH(NH_2)COOH$	5.74
亮氨酸(Leu)	Leucine	$(CH_3)_2CHCH_2CH(NH_2)COOH$	5.98
异亮氨酸(Ile)	Isoleucine	$CH_3CH_2CH(CH_3)CH(NH_2)COOH$	6.02
苯丙氨酸(Phe)	Phenylalanine		5.48
酪氨酸(Tyr)	Tyrosine	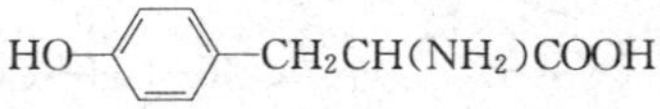	5.66
脯氨酸(Pro)	Proline	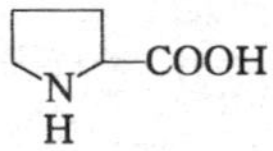	6.30
羟脯氨酸(Hyp)	Hydroxyproline	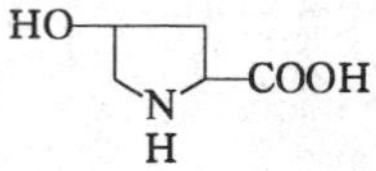	5.83
色氨酸(Trp)	Tryptophan	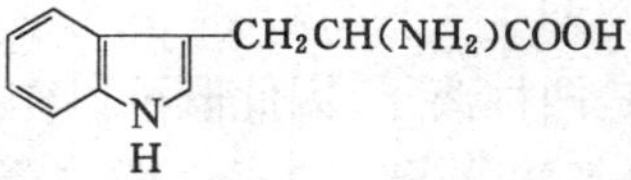	5.89
酸性氨基酸			
天冬氨酸(Asp)	Aspartic acid	$HOOCCH_2CH(NH_2)COOH$	2.77
谷氨酸(Glu)	Glutamic acid	$HOOCCH_2CH_2CH(NH_2)COOH$	3.22
碱性氨基酸			
精氨酸(Arg)	Arginine	$H_2N-C(=NH)-NH(CH_2)_3CH(NH_2)COOH$	10.76
赖氨酸(Lys)	Lysine	$H_2N(CH_2)_4CH(NH_2)COOH$	9.74
组氨酸(His)	Histidine	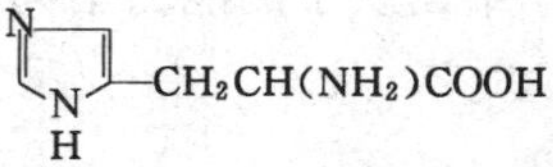	7.59

对于中性氨基酸而言，$—NH_3^+$ 给出质子的能力要大于$—COO^-$结合质子的能力，因此溶液一般会呈现酸性。因此中性氨基酸的 p*I* 在 5.6～6.3，碱性氨基酸的 p*I* 为 7.6～10.6，酸性氨基酸的 p*I* 为 2.8～3.2。等电点时，氨基酸的溶解度最小，容易沉淀，利用这一性质可以分离制备某些氨基酸。例如，生产谷氨酸时，可以将发酵液温度调节到谷氨酸的等电点 3.22 而使谷氨酸沉淀析出。

(二)与亚硝酸作用

氨基酸中的氨基表现出的典型反应除了烃基化和酰基化外，还可以与亚硝酸反应生成 α-羟基酸并快速放出氮气。

$$R—\underset{\displaystyle NH_2}{\underset{|}{CH}}—COOH + HNO_2 \longrightarrow R—\underset{\displaystyle OH}{\underset{|}{CH}}—COOH + N_2\uparrow + H_2O$$

这是一个定量的反应，可以根据放出的氮气的量计算出氨基酸中的氨基的含量。

(三)与茚三酮的反应

α-氨基酸与水合茚三酮溶液一起加热，经氧化脱氨变成相应的 α-酮酸，酮酸进一步脱水变成醛，水合茚三酮被还原成还原型茚三酮。在酸性溶液中，还原型茚三酮、氨和另一分子水合茚三酮反应，缩合成蓝紫色的物质。其反应过程如下：

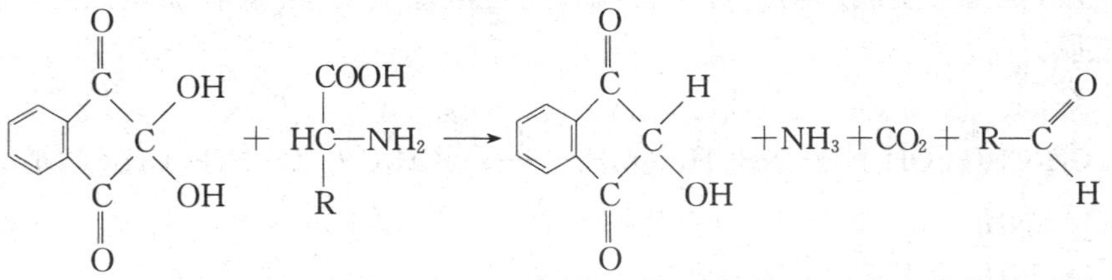

茚三酮　　氨基酸　　还原型茚三酮　　醛类

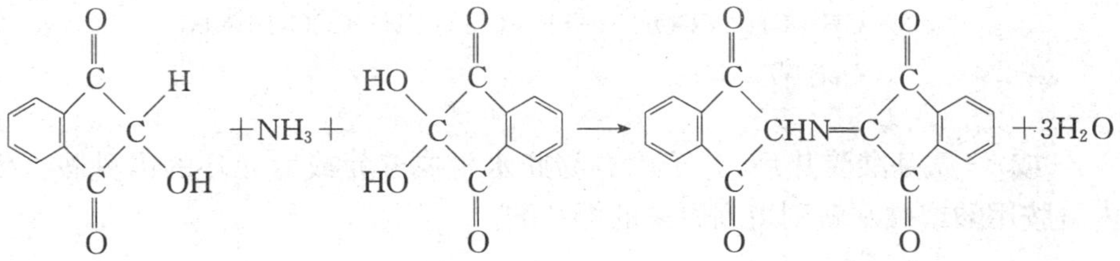

蓝紫色产物

脯氨酸和羟脯氨酸的 α-氨基是在环中的仲氨基，与茚三酮不发生同样的反应，其余所有的 α-氨基酸与茚三酮反应均产生蓝紫色物质。氨基酸与茚三酮反应非常灵敏，几微克氨基酸就能显色。根据蓝紫色的深浅，在 570nm 波长下测定光吸收值，通过与标准样的光吸收值进行比较，就可以测定样品中氨基酸的含量。

(四)与甲醛反应

与甲醛反应后氨基酸的氨基转化成亚胺或醇胺，碱性消失，可以用碱来测定羧基的量，该法被称为甲醛滴定法。

$$R-\underset{NH_2}{\underset{|}{CH}}-COOH+HCHO\longrightarrow R-\underset{N=CH_2}{\underset{|}{CH}}-COOH+H_2O$$

(五)氨基酸的受热反应

不同的氨基酸随氨基和羧基的位置不同，在加热的情况下所生成的产物不同。α-氨基酸受热时两分子的氨基酸可以各出一个氨基和羧基进行分子间脱水生成吡嗪二酮的衍生物。

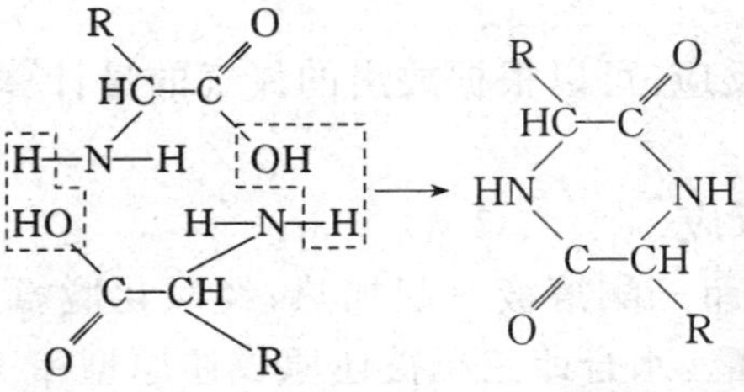

交酰胺(二酮吡嗪)

两分子的α-氨基酸受热时还可只脱去一分子水而生成二肽，但因为交酰胺更容易生成，是主要生成产物。若将交酰胺用盐酸短时处理，或者加碱振摇，也能转化成二肽。

$$CH_3\underset{NH_2}{\underset{|}{CH}}\overset{O}{\overset{\|}{C}}-OH+H-NHCH_2COOH\xrightarrow{-H_2O}CH_3\underset{NH_2}{\underset{|}{CH}}-\overset{O}{\overset{\|}{C}}-NH-CH_2COOH$$

β-氨基酸受热时则会失去氨基形成不饱和酸。

$$R-\underset{NH_2}{\underset{|}{CH}}-\underset{H}{\underset{|}{CH}}-COOH\xrightarrow{\triangle}R-CH=CH-COOH+NH_3$$

γ-或δ-氨基酸受热后，分子内容易脱水生成五元或六元环的内酰胺。生成的内酰胺用酸或碱水解则得到原来的氨基酸。

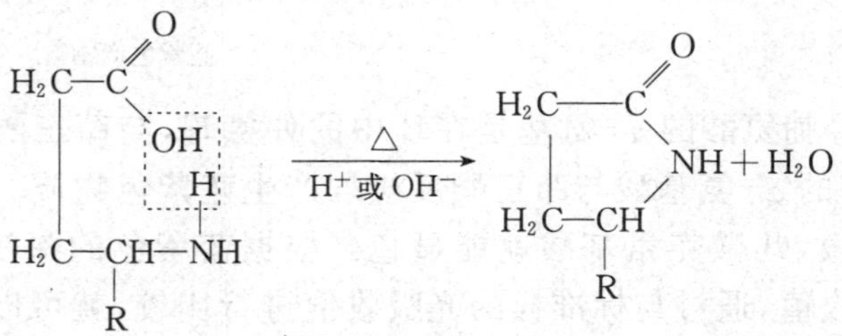

γ-内酰胺

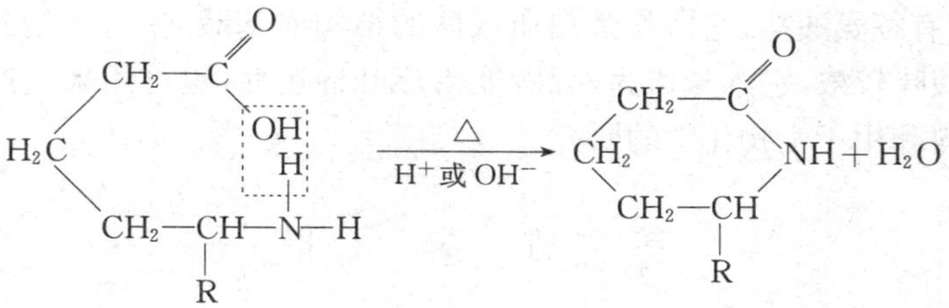

δ-内酰胺

当氨基和羧基位置相隔更远时，受热后多个分子间的氨基和羧基会失水生成聚酰胺。

此外，氨基酸还可以发生脱羧、脱氨、成酯等一系列化学反应。

四、重要的氨基酸

(一)甘氨酸

甘氨酸，白色结晶性粉末，无臭，味甜。在水中溶解，在乙醇或乙醚中几乎不溶，是最简单的天然氨基酸，非手性分子，是人体内的一种非必需氨基酸，在体内可以由葡萄糖转变而来。

甘氨酸在医药工业上应用十分广泛，主要用于合成头孢唑啉、头孢拉宗、咪唑酸乙酯等药物，以及用作金霉素的缓冲剂。在农药工业上，甘氨酸又是十分重要的农药中间体。在食品工业上，甘氨酸又是用途极广的调味剂、食品添加剂以及其他氨基酸的原料。

(二)色氨酸

色氨酸是一种芳香族、杂环、非极性 α-氨基酸，是哺乳动物的必需氨基酸和生糖氨基酸，有三种异构体。消旋体是白色晶体，微溶于水，在碱性溶液中稳定，被强酸分解。左旋体是片状晶体，无味，溶于水和热乙醇，不溶于氯仿，在碱性溶液中稳定。右旋体是白色晶体，有特殊甜味，溶于水、热乙醇和氢氧化碱溶液。

色氨酸是植物体内生长素生物合成重要的前体物质，其结构与 IAA 相似，在高等植物中普遍存在。可由酪蛋白碱性水解、精制而得，或由 β-吲哚醛和马尿酸合成。

(三)缬氨酸

缬氨酸为白色结晶或粉末，无臭，味微甜而后苦。在水中溶解，在乙醇中几乎不溶解。天然品为 L-型缬氨酸，是人体所需八种必需氨基酸之一，主要用作营养剂及制取药物，也用于生物化学的研究。

(四)谷氨酸

谷氨酸是生物机体内氮代谢的基本氨基酸之一，在代谢上具有重要意义。L-谷氨酸是蛋白质的主要构成成分，谷氨酸盐在自然界中普遍存在。多种食品以及人体内都含有谷氨酸盐，它即是蛋白质或肽的结构氨基酸之一，又是游离氨基酸。L－型谷氨酸味较浓，它本身作为药品，能治疗肝昏迷症，也可用来生产味精、食品添加剂、香料和用于生物化学的研究。

第二节　多　肽

一、多肽的结构及其测定

(一)多肽的结构

一分子氨基酸中的羧基和另一分子氨基酸中的氨基之间脱水缩合形成的酰胺键被称之为肽键，得到的化合物就是肽。

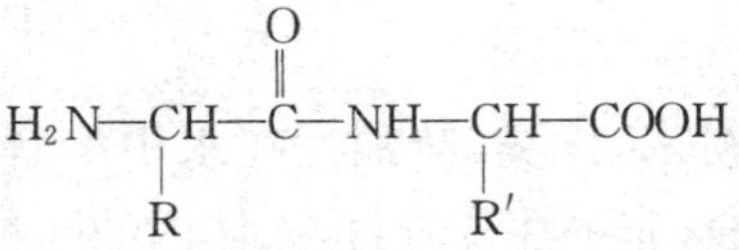

肽

由两个氨基酸分子脱水缩合形成的肽称为二肽，由三个氨基酸分子缩合形成的肽称之为三肽，多个氨基酸分子由多个肽键连接起来形成的肽称为多肽。多肽为链状结构，所以多肽也称之为多肽链。蛋白质分子就是由几十个到几百个甚至几千个氨基酸分子借肽键相互连接起来的多肽链。肽键是氨基酸在蛋白质分子中的主要连接方式。

形成肽键的氨基酸可以是相同的，也可以是不同的。两个不同的氨基酸形成肽时，会有两种可能的结合方式，例如，由甘氨酸与丙氨酸形成的二肽可有以下两种：

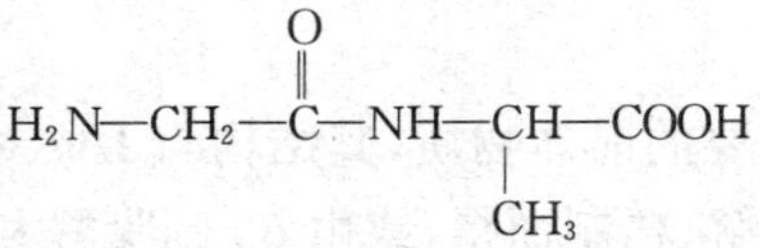

(1)

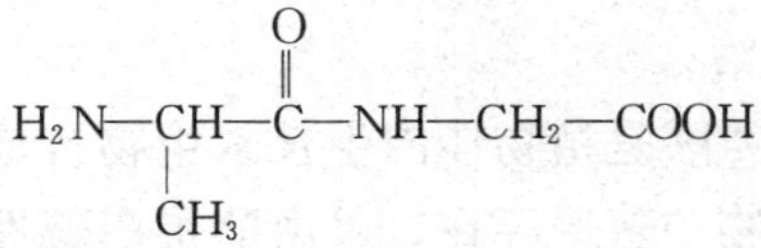

(2)

(1)中的肽键是由甘氨酸的羧基与丙氨酸的氨基缩合形成的，而(2)中的肽键则是由丙氨酸的羧基与甘氨酸的氨基生成的。这样，在(1)中的甘氨酸保留有游离的氨基，称之为N－端；丙氨酸保留有游离的羧基，称之为C－端。为了研究和交流方便，科学家在描述肽链时都遵从规定，将肽链中带有游离氨基的一端即N－端放在结构式的左端，而带游离羧基的一端即C－端放在结构式的右端。肽的书写和命名都是根据此模式从N－端开始书写和命名到C－端为止，称之为某酰某酰某酸。如：

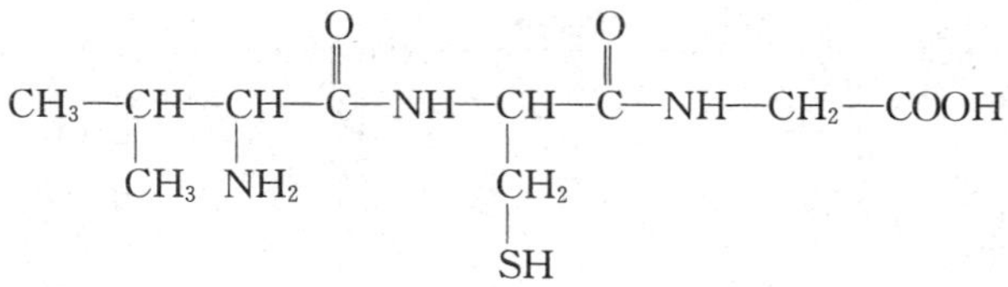

上述三肽被命名为缬氨酰半胱氨酰甘氨酸，可简写为缬－半胱－甘肽（Val－Cys－Gly）。

（二）多肽结构的测定

要研究肽及由肽组成的蛋白质，首先必须测定肽的结构。而要确定肽的结构就必须要知道肽是由哪几种氨基酸组成、每种氨基酸的相对含量及每个氨基酸在肽链中排列的位置。

首先用超离心法、渗透法和 X 衍射法测定多肽的分子质量，然后用盐酸在120℃加热可使其彻底水解为游离的氨基酸，然后通过纸层析分离或者氨基酸自动分析仪来确定多肽的组成及各种氨基酸的相对含量，从而得到各种氨基酸的数目。但要测定氨基酸在肽链中排列的顺序则困难得多，一般是借助于部分水解和端基标记这两个方法相结合进行的。

部分水解法是将多肽分子分解成多个小分子的方法，许多蛋白质水解酶通常只能水解一定类型的肽键，具有高度专一性，因此利用不同的蛋白质水解酶可以将肽链分解成不同的小肽产物。

端基标记法可分为 N－端和 C－端两种方法。利用这两种方法可以确定 N－端和 C－端的氨基酸。如，肽链的 N－端和 2，4－二硝基氟苯（DNFB）作用生成黄色的 *N*－（2，4－二硝基苯基）氨基酸，通过纸层析法便可确定 N－端是哪种氨基酸。

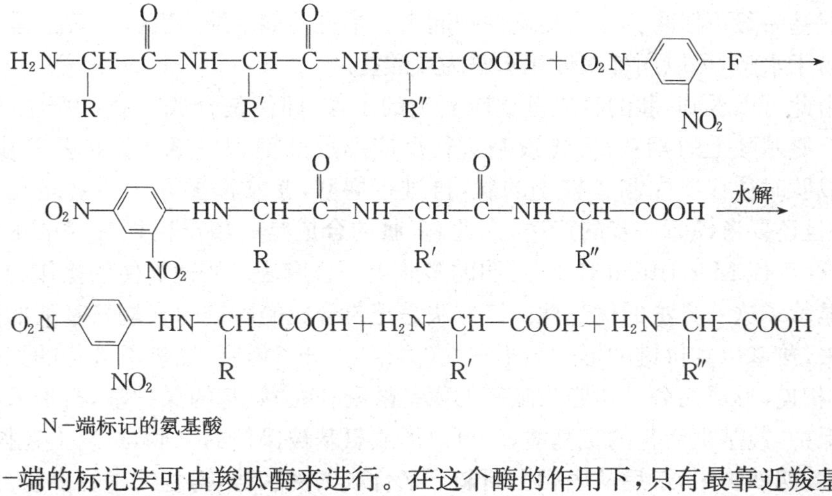

N－端标记的氨基酸

C－端的标记法可由羧肽酶来进行。在这个酶的作用下，只有最靠近羧基的那个肽键水解，从而确定 C－端的氨基酸。

$$\cdots NH\underset{\substack{|\\ R}}{C}HCONH\underset{\substack{|\\ R'}}{C}HCOOH \xrightarrow{\text{羧肽酶}} \cdots NH\underset{\substack{|\\ R}}{C}HCOOH + H_2N\underset{\substack{|\\ R'}}{C}HCOOH$$

二、多肽的合成

要使氨基酸按照特定的顺序排列合成一个多肽是一项艰巨而复杂的任务，因为要使各种氨基酸按照一定的次序在指定的氨基和羧基之间排列成肽，需要解决好两个问题。一个是使羧基和氨基活化，使其在温和的条件下就能反应；另一个是将氨基酸分子中的氨基和羧基中的一个保护起来不反应，选择性地留下一个羧基或氨基去构成所需的肽键，待反应完成后再定量去掉保护基，同时还不能影响分子中的其他部分。

在合成中可以从某一氨基酸开始，保护其氨基，由羧基脱水缩合形成肽键；也可以保护羧基，由氨基形成肽键。保护氨基和羧基的方法很多。如，常用的保护氨基的方法是将其和氯甲酸苄酯反应，反应如下：

$$\underset{\text{氯甲酸苄酯}}{C_6H_5CH_2OCOCl} + H_2N\underset{\substack{|\\ R}}{C}HCOOH \longrightarrow C_6H_5CH_2OCONH\underset{\substack{|\\ R}}{C}HCOOH$$

然后将反应产物与亚硫酰氯作用，将羧基活化，就可以与另一分子氨基酸的氨基作用形成二肽。

$$C_6H_5CH_2OCONH\underset{\substack{|\\ R}}{C}HCOOH + SOCl_2 \longrightarrow C_6H_5CH_2OCONH\underset{\substack{|\\ R}}{C}H\underset{\substack{\|\\ O}}{C}Cl$$

用上面的二肽和亚硫酰氯作用，再与第三分子的氨基酸作用，则可以形成三肽，最后，可以用催化氢化或在醋酸中用冷 HBr 水解方法还原分解出氨基。

羧基一般可以将其作为酯基保护起来。常见的如甲酯、乙酯和苄酯，酯基比酰胺键易于水解，可以用稀碱催化水解为羧酸盐。

由此可以看到，肽的合成是比较复杂的工作，即使是合成二肽，也至少包括保护一个氨基酸上的氨基、活化羧基进行反应形成肽键和去氨基保护基三步过程。而合成肽时往往要先制备较小的肽，再进行偶联，常常需要几十步甚至几百步反应，并且还要考虑每一步的产率，因此，多肽的合成是一项艰巨而耗时的工作。20 世纪 60 年代 Merrifield R. B. 发明的多肽固相合成法以快速简便的操作和较高的效率显示了这一方法的优越性。该方法是把要合成的肽链的末端氨基酸的氨基保护起来，羧基以共价键的形式与不溶性（固相）高分子树脂（如氯甲基化的聚苯乙烯小球）相连，形成高分子树脂为酯基的氨基酸酯；除去氨基的保护基，再加入一个氨基被保护，羧基被活化的氨基酸，就可以形成氨基被保护的二肽，重复上述操作，形成三肽、四肽……，最后从固相上断裂下来合成的多肽链，得到纯净的多肽。

上述步骤可简单表示如下，式中的—P 表示保护基：

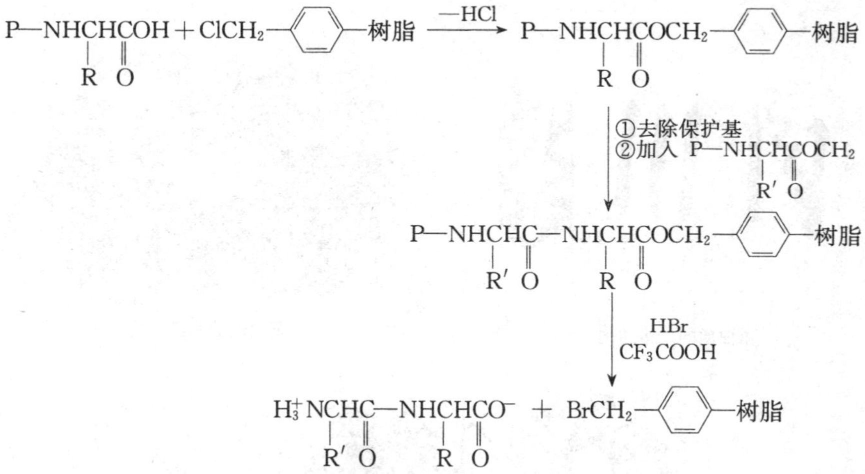

固相多肽合成的方法已经应用于自动化的仪器操作上，使合成的速度大大加快，大大缩短了合成所需要的时间并提高了产率。Merrrifield 也由于发展了多肽固相合成法获得了 1984 年度诺贝尔化学奖。

第三节 蛋白质

蛋白质是存在于细胞中的高分子化合物，它在机体中承担着各种各样的生理功能。实验证明，蛋白质是由各种氨基酸通过肽键连接而形成的多肽链，再由一条或一条以上的多肽链按各自特殊的方式组成具有完整生物活性的分子。随着肽链的数目、氨基酸组成及其排列顺序的不同，就有不同的三度空间结构，也就形成不同的蛋白质。

一、蛋白质的结构

蛋白质分子中氨基酸的排列顺序就构成了蛋白质的一级结构。但是，肽链并不是以线性伸展的形式存在，各种蛋白质中由于氨基酸相互靠近的构象关系，肽链按一定的规律卷曲或折叠形成特定的空间结构，这是蛋白质的二级结构。在二级结构的基础上，多个肽链还按照一定的空间结构进一步形成更复杂的三级结构。肽链之间依靠次级键作用缔合在一起组成蛋白质的四级结构(图 17－1)。

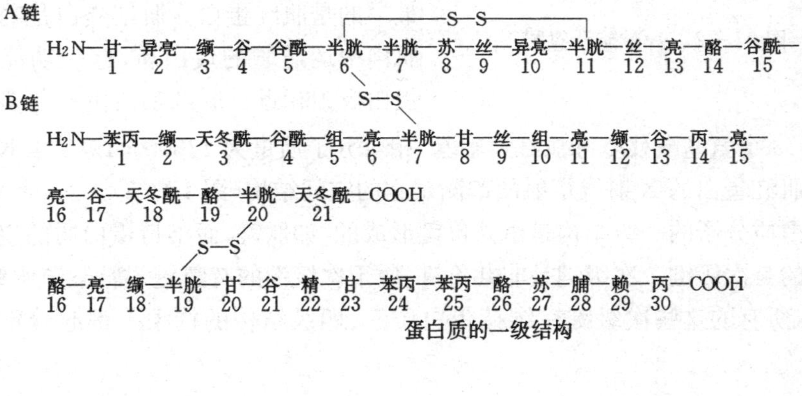

蛋白质的一级结构

蛋白质的二级结构

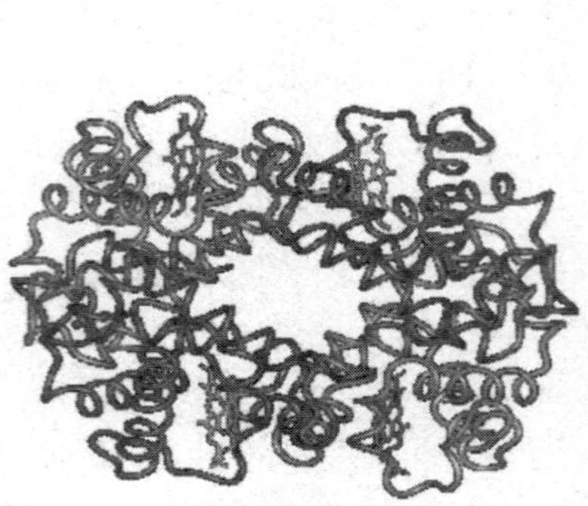

蛋白质的三级结构

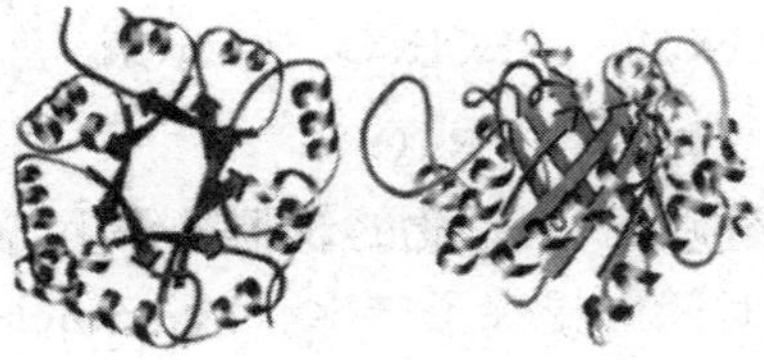

蛋白质的四级结构

图 17－1　蛋白质的一级、二级、三级、四级结构

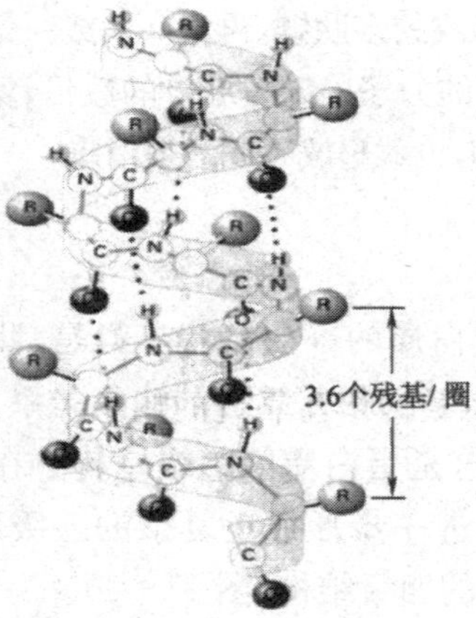

图 17－2　α－螺旋示意图

蛋白质肽键中的氨基酸顺序决定后，它的一级结构就完成了。由于肽链不是直线型的，键键之间有一定的角度，而且分子中有很多的酰胺键，因此一条肽链可以通过一个酰胺键中 C═O 的氧与和其相隔三个酰胺键的 N—H 的氢形成氢键而绕成螺旋形，形成 α－螺旋(图 17－2)，这是蛋白质的一种二级结构。另外，二级结构还包含 β－折叠以及 β－折角两种结构。

蛋白质的三级结构是指多肽链上的所有原子在三维空间的分布。三级结构研究最早的是肌红蛋白。肌红蛋白是哺乳动物肌肉中运送氧的蛋白质，这一功能与血红蛋白极为相近。肌红蛋白由一条多肽链构成，有 153 个氨基酸残基和血红素辅基，相对分子质量为 17800。1963 年 Kendrew 等从鲸肌红蛋白的 X 射线衍射图谱测定它的空间结构(图 17－3)。

蛋白质分子的一级结构是由共价键形成的，如肽键，而维持蛋白质的空间构象稳定性的是次级键。次级键是非共价键，属于次级键的有氢键、盐键、疏水键、范德华力等，所有的这些次级键在维持蛋白质三、四级结构的构象上都起着重要的作

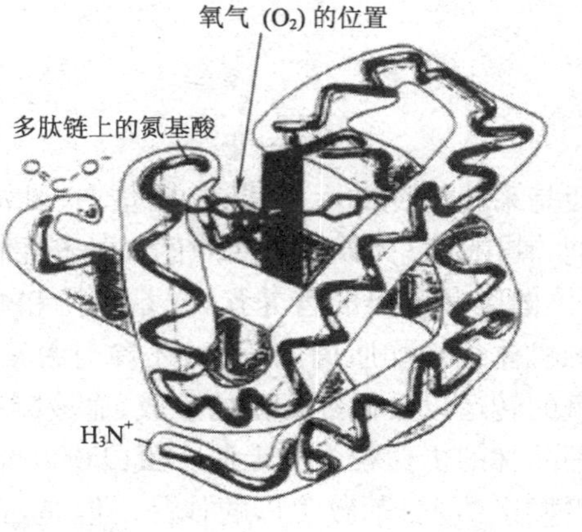

图 17－3 鲸肌红蛋白的 X 射线衍射图谱

用。而稳定的构象赋予蛋白质某些特殊的生理功能，从而使蛋白质在生物体中发挥着重要的作用。

二、蛋白质的重要性质

蛋白质是两性电解质，它的酸碱性质取决于肽链上的可解离的 R 基团。不同蛋白质所含有的氨基酸的种类、数目不同，所以具有不同的等电点。当蛋白质所处环境的 pH 大于 p*I* 时，蛋白质分子带负电荷，pH 小于 p*I* 时，蛋白质带正电荷，pH 等于 p*I* 时，蛋白质所带净电荷为零，此时溶解度最小。

蛋白质分子表面带有许多亲水基团，使蛋白质成为亲水的胶体溶液。蛋白质颗粒周围的水化膜(水化层)以及非等电状态时蛋白质颗粒所带的同性电荷的互相排斥是使蛋白质胶体系统稳定的主要因素。当这些稳定因素被破坏时，蛋白质会产生沉淀。高浓度中性盐可使蛋白质分子脱水并中和其所带电荷，从而降低蛋白质的溶解度并沉淀析出，即盐析，但这种作用并不引起蛋白质的变性，这个性质可用于蛋白质的分离。

蛋白质受到某些物理或化学因素作用时，引起生物活性的丧失，溶解度的降低以及其他性质的改变，这种现象称为蛋白质的变性作用。变性作用的实质是由于维持蛋白质高级结构的次级键遭到破坏而造成天然构象的解体，但未涉及共价键的断裂。有些变性是可逆的，有些变性是不可逆的。当变性条件不剧烈时，变性是可逆的，除去变性因素后，变性蛋白又可重新回复到原有的天然构象，恢复或部分恢复其原有的生物活性，这种现象称为蛋白质的复性。

知识窗

蛋白粉

所谓蛋白粉，一般是采用提纯的大豆蛋白、酪蛋白、乳清蛋白或上述几种蛋白的组合体，构成的粉剂，其用途是为缺乏蛋白质的人补充蛋白质。

蛋白质是保证机体健康最重要的营养素，它是维持和修复机体以及细胞生长所必需的，它不仅影响机体组织如肌肉的生长，还参与激素的产生、免疫功能的维持、其他营养物质和氧的转运以及血红蛋白的生成、血液凝结等多方面。

如今，市场上各种品牌的蛋白粉十分走俏。蛋白粉以健康、营养的特色吸引了广大消费者，成为人们探亲访友、孝敬父母的佳品。但是，正常人该不该食用蛋白粉呢？

《中国居民膳食营养素参考摄入量》中推荐成人每人每天蛋白质的摄入量是65～90g，或者按总能量计占10%～12%即可满足代谢需要。此外，蛋白质摄入量因人的年龄、体重及劳动强度不同而存在一定的差异。生长发育期的儿童和青少年、怀孕期或哺乳期的妇女，蛋白质的需要量一般高一些。对于健康人而言，只要坚持正常饮食，蛋白质缺乏这种情况一般不会发生。奶类、蛋类、肉类、大豆、小麦和玉米含必需氨基酸种类齐全、数量充足、比例适当。因此，我们只要坚持食物丰富多样，就完全能满足人体对蛋白质的需要，没有必要再补充蛋白粉。而且，食物带给人的心理享受和感官刺激，是蛋白粉所不能替代的。

蛋白粉食用要适量。对于有需要的特殊人群，除了通过食物补充必需氨基酸以外，可以适当选择蛋白粉作为蛋白质的补充，但是一定要注意蛋白粉的用量。蛋白质经胃肠道消化吸收后，需要经肝脏加工转化为人体自身物质供人体使用，同时，蛋白质在体内代谢的产物氨、尿素、肌酸酐等含氮物质需要经过肾脏排泄。一个人如果食入过多的蛋白质，会增加肝、肾负担，对人体产生不利影响。因此，蛋白质绝不是多多益善。《中国居民膳食指南》提出的最高蛋白质摄入量是每千克体重0.92g，如果超过这个量，就有可能损害人体健康。事实上，蛋白质只要能维持人体代谢的需要即可。多余的蛋白质在消化吸收后，肝脏会将它们转变成肝糖原或肌糖原贮存起来；如果肝糖原或肌糖原已经足够，则转变成脂肪贮存起来；这种转变产生的其他代谢产物必须从肾脏排出来。蛋白质过剩，不但使人肥胖，还增加肝脏和肾脏的代谢负担，久而久之就可能影响它们的功能。需要提醒的是，在我们补充蛋白质的同时，也要注意补充碳水化合物（糖类）、脂类、维生素和矿物质。因为这些营养素缺乏，不但会影响蛋白质的利用和代谢，同时会引起一些疾病，对健康非常不利。

另外，肾脏疾病患者、肝昏迷、肝硬化晚期患者，应限制动物蛋白。新生儿不宜食用蛋白粉，他们应选择蛋白质含量在10%～20%的乳粉。痛风病人要避免食用以大豆蛋白为主要成分的蛋白粉。因为大豆中的嘌呤可以造成体内尿酸增高，导致或加重痛风。

本章小结

- 氨基酸
  - 概念：是指含有氨基的羧酸
  - 分类 —— α-氨基酸(自然界主要存在的)，β-氨基酸，γ-氨基酸
  - 构型 —— L型、D型
  - 物理性质
  - 化学性质 —— 两性解离和等电点，与亚硝酸、茚三酮、甲醛反应，氨基酸的受热反应以及脱羧、脱氨、成酯等
  - 重要的氨基酸 —— 甘氨酸、色氨酸、缬氨酸
- 多　肽
  - 结构 —— 一分子氨基酸中的羧基和另一分子氨基酸中的氨基之间脱水缩合形成化合物
  - 结构测定 —— 通过超离心法、渗透法和X衍射、纸层析分离以及部分水解和端基标记方法相结合进行
  - 合成
- 蛋白质
  - 由各种氨基酸通过肽键连接而形成的多肽链，再由一条或一条以上的多肽链按各自特殊的方式组成具有完整生物活性的分子
  - 随着肽链的数目、氨基酸组成及其排列顺序的不同，就有不同的三度空间结构 —— 一级、二级、三级、四级 —— 形成不同的蛋白质
  - 重要性质 —— 两性解离，胶体性质，盐析，变性，复性等

练习题

1. 填空题

(1)氨基酸的结构通式为______________。

(2)氨基酸在等电点时，主要以______________离子形式存在，在 pH>pI 的溶液中，大部分以__________离子形式存在，在 pH<pI 的溶液中，大部分以__________离子形式存在。

(3)皮肤遇茚三酮试剂变成__________色，是因为皮肤中含有__________所致。

(4)实验室常用的甲醛滴定是利用氨基酸的氨基与中性甲醛反应，然后用碱(NaOH)来滴定________上放出的________。

(5)蛋白质的二级结构最基本的有两种类型，它们是______________和______________。

(6)天然蛋白质中的α-螺旋结构，其主链上所有的羰基氧与亚氨基氢都参与了链内__________键的形成，因此构象相当稳定。

2. 选择题

(1)下列哪一种氨基酸不属于人体必需氨基酸(　　)。

A. 亮氨酸　　B. 异亮氨酸　　C. 苯丙氨酸　　D. 酪氨酸

(2)下列哪一组氨基酸为酸性氨基酸(　　)。

A. 精氨酸，赖氨酸　　B. 谷氨酸，谷氨酰胺

C. 组氨酸，精氨酸　　D. 谷氨酸，天冬氨酸

(3)含硫的必需氨基酸是(　　)。

A. 半胱氨酸　　B. 蛋氨酸　　C. 苏氨酸　　D. 亮氨酸

(4)芳香族必需氨基酸包括(　　)。

A. 蛋氨酸　　B. 酪氨酸　　C. 亮氨酸　　D. 苯丙氨酸

(5)含四个氮原子的氨基酸是(　　)。

A. 赖氨酸　　B. 精氨酸　　C. 酪氨酸　　D. 色氨酸

(6)没有旋光性的氨基酸是(　　)。

A. 丙氨酸　　B. 脯氨酸　　C. 甘氨酸　　D. 谷氨酸

(7)对哺乳动物来说，下列哪种氨基酸是非必需氨基酸(　　)。

A. 苯丙氨酸　　B. 赖氨酸　　C. 酪氨酸　　D. 蛋氨酸

(8)下列氨基酸中哪个含有吲哚环(　　)。

A. 蛋氨酸　　B. 酪氨酸　　C. 色氨酸　　D. 组氨酸

(9)蛋白质的一级结构是指(　　)。

A. 蛋白质氨基酸的种类和数目　　B. 蛋白质中氨基酸的排列顺序

C. 蛋白质分子中多肽链的折叠和盘绕　　D. 包括 A,B 和 C

3. 回答问题

(1)下列氨基酸溶于水后,其溶液的酸碱性情况如何?

a. 亮氨酸　　b. 赖氨酸　　c. 丙氨酸　　d. 天冬氨酸

(2)写出下列化合物的结构式。

a. 丝氨酸—甘氨酸—亮氨酸　　b. 谷氨酸—苯丙氨酸—苏氨酸

(3)什么是蛋白质的一级结构? 为什么说蛋白质的一级结构决定其空间结构?

(4)简述蛋白质变性作用的机制。

第十八章　核　　酸

知识目标

(1)掌握核酸的种类、分布和化学组成。

(2)掌握嘌呤、嘧啶的种类、结构及区别。

(3)掌握核苷、核苷酸的种类及代号。

(4)掌握 tRNA 的反密码环和 CCA—OH 的作用,tRNA 所含稀有碱基的种类。

(5)了解核苷、增色效应、减色效应、变性、复性、溶解温度等概念。

能力目标

(1)能够说出 DNA 双螺旋结构和 tRNA 三叶草结构特点。

(2)能利用 DNA 的理化性质进行 DNA 的分离、纯化及鉴定。

第一节　核酸的化学组成、结构与种类

从 1868 年瑞士的科学家 F. Miescher 发现核酸起,经过不断的研究证明,核酸(nucleic acid)存在于任何有机体中,包括病毒、细菌、动植物等。核酸是生物高分子,它的基本构成单位是单核苷酸。核酸分脱氧核糖核酸(deoxyribonucleic acid,DNA)和核糖核酸(ribonucleic acid,RNA)两大类。

核酸的基本组成元素:C 、H、O 、N 、P;基本单位:核苷酸(nucleotide)。

核苷酸由一个含 N 碱基,一个五碳糖,一个磷酸组成,由于五碳糖的不同,核苷酸分为脱氧核糖核苷酸及核糖核苷酸,脱氧核糖核苷酸组成脱氧核糖核酸即 DNA,核糖核苷酸组成核糖核酸即 RNA。

一、核酸的化学组成

核酸的基本构成单位是核苷酸。核苷酸是由核苷和磷酸组成的。而核苷又是由碱基和戊糖组成的。

核酸中的戊糖有两类:D -核糖(D - ribose)和 D - 2 -脱氧核糖(D - 2 - deoxyribose)。核酸的分类就是根据两种戊糖种类不同而分为 RNA 和 DNA 的,见表 18 - 1。

碱基在 RNA 中主要有四种:腺嘌呤、鸟嘌呤、胞嘧啶、尿嘧啶,DNA 中也有四种碱基,与 RNA 不同的是胸腺嘧啶代替了尿嘧啶。

(一)碱基

核酸中的碱基主要分为两类:嘧啶碱和嘌呤碱。

表 18－1 两种核酸的基本化学组成

核酸的成分	DNA	RNA
嘌呤碱 (purine bases)	腺嘌呤(adenine) 鸟嘌呤(guanine)	腺嘌呤 鸟嘌呤
嘧啶碱 (pyrimidine bases)	胞嘧啶(cytosine) 胸腺嘧啶(thymine)	胞嘧啶 尿嘧啶(uracil)
戊 糖	D－2－脱氧核糖	D－核糖
酸	磷 酸	磷 酸

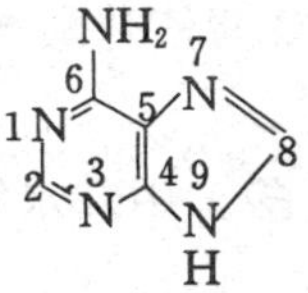

腺嘌呤

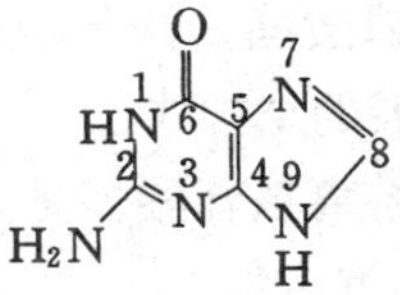

鸟嘌呤

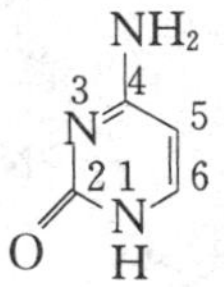

胞嘧啶

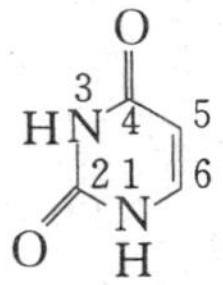

尿嘧啶

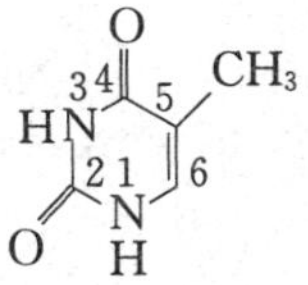

胸腺嘧啶

(1)嘧啶碱　嘧啶碱是母体化合物嘧啶的衍生物。核酸中常见的嘧啶有三类:胞嘧啶、尿嘧啶和胸腺嘧啶。植物 DNA 中有相当量的 5′－甲基胞嘧啶。在一些大肠杆菌噬菌体中 5′－羟甲基胞嘧啶代替了胞嘧啶。

(2)嘌呤碱　嘌呤碱是母体化合物嘌呤的衍生物。核酸中常见的嘌呤有两类:腺嘌呤和鸟嘌呤。

(3)稀有碱基　除以上五类基本的碱基外,核酸中还有一些含量极少的碱基称为稀有碱基。稀有碱基种类十分多。大多数都是五类基本碱基衍生出的甲基化碱基。tRNA 中含有较多的稀有碱基。

(二)核苷

核苷由戊糖和碱基缩合而成,并以糖苷键相连接。糖环上的 C1 与嘧啶碱的 N1 和嘌呤碱的 N9 相连接。这种糖与碱基之间的连接键是 N—C 键,称为 *N*－糖苷键。

核苷中的 D－核糖与 D－2－脱氧核糖均为呋喃型环状结构。糖环中 C1 是不对称碳原子,所以有 α－及 β－两种构型。但核酸分子中的糖苷键均为 β－糖苷键。核苷的碱基与糖环平面互相垂直。

核苷可分为核糖核苷和脱氧核糖核苷两大类。腺嘌呤核苷、胞嘧啶脱氧核苷的结构如下图(为区别碱基环中的标号,糖环中的碳原子标号用1′,2′,…表示):

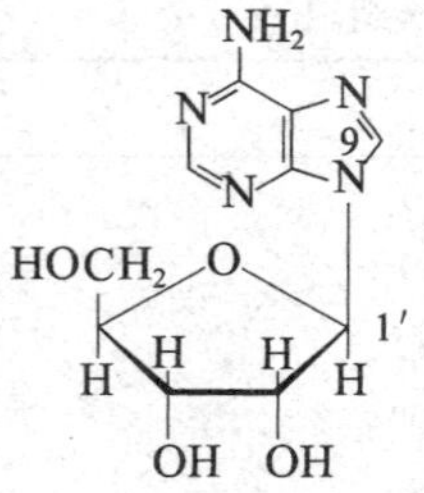

腺嘌呤核苷

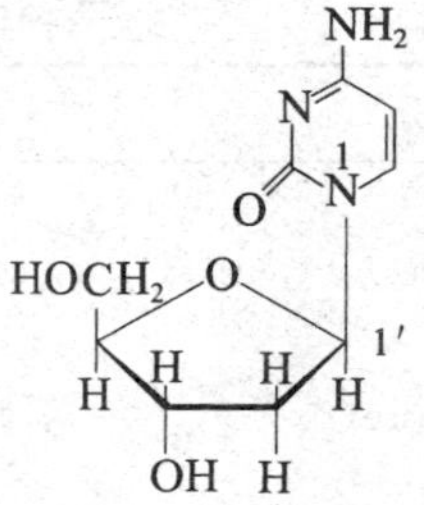

胞嘧啶脱氧核苷

(三)核苷酸

核苷酸是核苷的磷酸酯。核苷酸可分为核糖核苷酸与脱氧核糖核苷酸两大类。下面为两种核苷酸的结构式。

生物体内存在的游离核苷酸多是5′-核苷酸。用碱水解RNA时,可得到2′-核苷酸与3′-核苷酸的混合物。

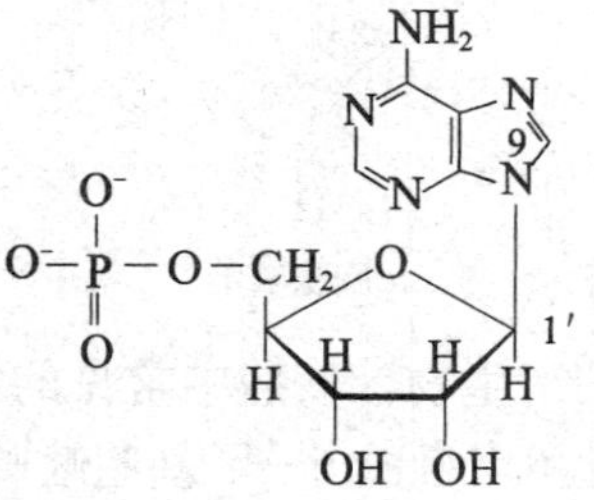

5′-腺嘌呤核苷酸

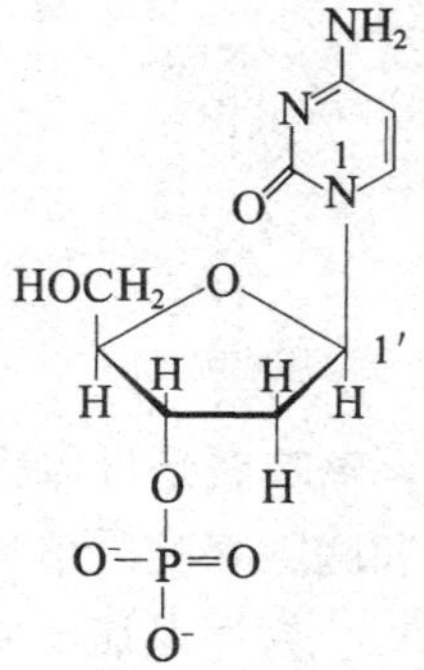

3′-胞嘧啶脱氧核苷酸

二、脱氧核糖核酸(DNA)的分子结构

1. DNA的一级结构

DNA的一级结构是由数量极其庞大的四种脱氧核糖核苷酸,即脱氧腺嘌呤核苷酸、脱氧鸟嘌呤核苷酸、脱氧胞嘧啶核苷酸和脱氧胸腺嘧啶核苷酸,通过3′,5′-磷酸二酯键连接起来的直线形或环形多聚体。由于脱氧核糖中C2上不含羟基,C1又与碱基相连接,所以唯一可以形成的键是3′,5′-磷酸二酯键。故DNA没有侧链,图18-1表示DNA多核苷酸链的一个小片段。

图18-1的右侧是多核苷酸的几种缩写法。B为线条式缩写,竖线表示核糖的碳链,A、C、T、G表示不同的碱基,P代表磷酸基,由P引出的斜线一端与C3相

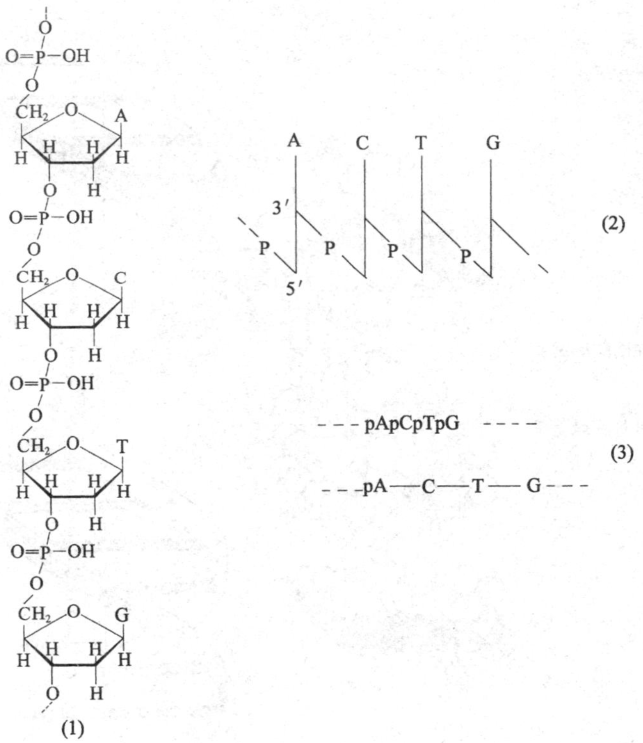

图 18－1　DNA 中多核苷酸链的一个小片段及缩写符号

(1)DNA 中多核苷酸链的一个小片段　(2)为条线式缩写　(3)为文字式缩写

连，另一端与 C5 相连。C 为文字式缩写，P 在碱基之左侧，表示 P 在 C5 位置上。P 在碱基之右侧，表示 P 与 C3 相连接。有时，多核苷酸中磷酸二酯键上的 P 也可省略，而写成…PA—C—T—G…。这两种写法对 DNA 和 RNA 分子都适用。

2. DNA 的二级结构

1953 年，在剑桥大学卡尔文许实验室工作的 J. D. Wastson 和 F. H. C. Crik 主要根据 Wilkins 和 Franklin 的研究成果及 E. Chargaff 对 DNA 碱基组成的研究提出了 DNA 二级结构模型(图 18－2)，从此开创了分子生物学的新纪元。

(1)DNA 双螺旋结构模型的主要依据　对于 DNA 高级结构的研究，主要依赖于 20 世纪 40 年代 X－射线衍射技术用于核酸结构的研究，不少人做出了大量核酸 X－射线衍射图谱，特别是英国伦敦大学的 M. Wilkins 和 R. Franklin 用高纯度 DNA 纤维拍摄的高质量 X－射线衍射图，对 DNA 结构模型的提出做出了重大的贡献。

(2)DNA 双螺旋结构的模型特征

①主链：两条反向平行的脱氧多核苷酸链围绕同一“中心轴”相互缠绕，形成双

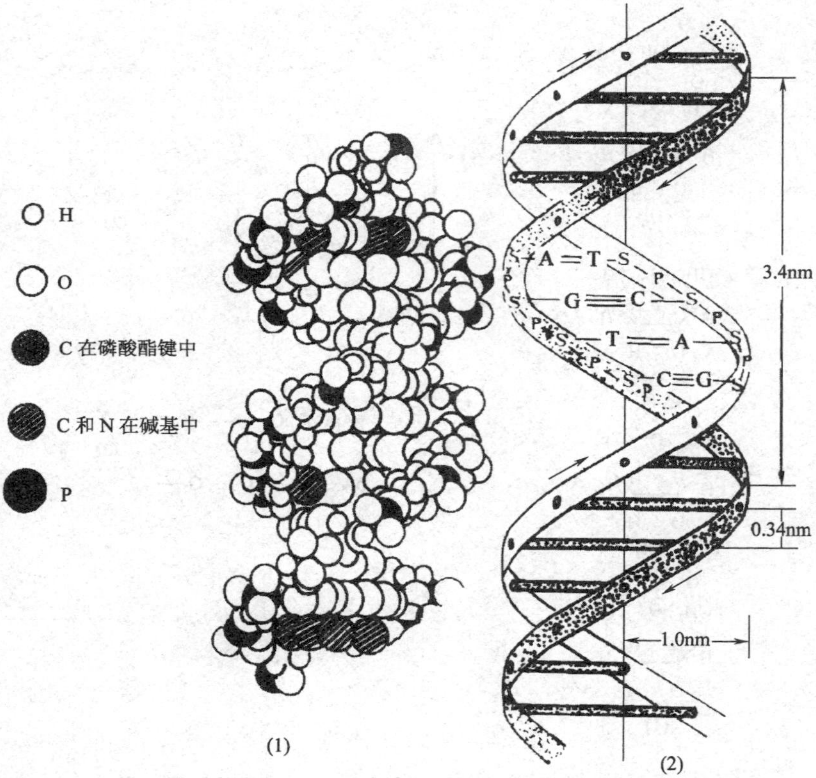

图 18－2　DNA 分子双螺旋结构模型(1)及其图解(2)

螺旋，碱基对位于双螺旋的内侧；碱基平面与纵轴垂直，糖环平面平行于纵轴；两条链均为右手螺旋，其磷酸二酯键的方向相反，即一条为 5′－3′，另一条为 3′－5′，其中 3′－5′者为正向链。

②碱基配对：两条核苷酸链依靠彼此碱基之间形成的氢键而结合在一起。为了让碱基间尽可能多地形成氢键，A 只能与 T 配对，形成两个氢键；G 与 C 配对，形成 3 个氢键，因此在 DNA 分子中一个单位是一个碱基对。碱基配对规律是 DNA、RNA 生物合成的分子基础。不同来源 DNA 的碱基组成见表 18－2。

③螺旋参数：双螺旋的平均直径为 2nm，两个相邻的碱基对之间的高度即碱基垂直堆积距离为 0.34nm，两个脱氢核苷酸之间的夹角是 36°，所以每圈螺旋含有 10 个核苷酸，螺距为 3.4nm。

④螺旋表面：配对碱基并不充满双螺旋的全部空间，而且碱基对占据的空间不对称，因而在双螺旋的表面形成两条螺形凹沟，一条较深称为大沟，一条较浅称为小沟。

(3)DNA 双螺旋结构的稳定因素

表 18－2 不同来源 DNA 的碱基组成

来源	碱基的相对含量/mol %				来源	碱基的相对含量/mol %			
	腺嘌呤	鸟嘌呤	胞嘧啶*	胸腺嘧啶		腺嘌呤	鸟嘌呤	胞嘧啶*	胸腺嘧啶
人	30.9	19.9	19.8	29.4	扁豆	29.7	20.6	20.1	29.6
牛胸腺	28.2	21.5	22.5	27.8	酵母	31.3	18.7	17.1	32.9
牛 脾	27.9	22.7	22.1	27.3	大肠杆菌	24.7	26.0	25.7	23.6
牛精子	28.7	22.2	22.0	27.2	金黄色葡萄球菌	30.8	21.0	19.0	29.2
大鼠(骨髓)	28.6	21.4	21.5	28.4	结核分枝杆菌	15.1	34.9	35.4	14.6
母鸡	28.8	20.5	21.5	29.2	ϕ×174(单链)	24.6	24.1	18.5	32.7
蚕	28.6	22.5	21.9	27.2	ϕ×174(复制型)	26.3	22.3	22.3	26.4
小麦(胚)	27.3	22.7	22.8	27.1	噬菌体 λ	21.3	28.6	27.2	22.9

*包括 5－甲基胞嘧啶。

①氢键：两条链间碱基的相互作用，A 与 T 间两个氢键，G 与 C 间三个氢键，虽然氢键是一个弱键，但 DNA 中氢键数量大，所以氢键是比较重要的因素。

②碱基堆积力：是一条链上相邻两个平衡碱基环间相互作用，这是来自芳香族碱基 π 电子之间的相互作用，是维持 DNA 双螺旋稳定的主要因素。碱基堆积使双螺旋内部形成疏水核心，从而有利于碱基间形成氢键。

③离子键：DNA 分子中磷酸基团在生理条件下解离，使 DNA 成为一种多阴离子，这有利于与带正电荷的组蛋白或介质中的阳离子之间形成静电作用，能减少双键间的静电排斥，有利于双螺旋的稳定。

(4)DNA 双螺旋的结构类型　每个核苷酸残基都有 6 个可自由旋转的单键，使得 DNA 分子具有柔性，并具有不同的构象形式。根据对天然及合成核酸的 X 线衍射分析，DNA 主要可分为三种类型(见表 18－3)，主要取决于制备 DNA 晶体时的相对湿度、盐的种类及盐的浓度。

表 18－3 A－DNA，B－DNA 和 Z－DNA 的比较

比较项	螺旋类型		
	A	B	Z
外形	粗短	适中	细长
每对碱基的距离	0.23nm	0.34nm	0.38nm
螺旋直径	2.55nm	2.37nm	1.84nm
螺旋方向	右手	右手	左手

续表

比较项	螺旋类型		
	A	B	Z
糖苷键构型	反式	反式	C、T 反式,G 顺式
每匝螺旋碱基对数目	11	10.4	12
螺距	2.46nm	3.32nm	4.56nm
碱基对与中心轴的倾角	19°	1°	9°
大沟	狭,很深	宽,深	平坦
小沟	很宽,浅	狭,很深	很狭,深

① A－DNA 的结构:在相对湿度为 75%以下所获得的 DNA 纤维的 X 光衍射分析资料表明,这种 DNA 纤维具有不同于 B－DNA 的结构特点,称为 A－DNA。A－DNA 也是由反向的两条多核苷酸链组成的双螺旋,也为右手螺旋,但是螺体较宽而短,碱基对与中心轴的倾角也不同,呈 19°。RNA 分子的双螺旋区以及 RNA－DNA 杂交双链也具有与 A－DNA 相似的结构。RNA 分子由于在糖环上有 2′－OH 存在,从空间结构上说不可能形成 B－型结构。

②B－DNA 的结构:也是右手螺旋,且 B－DNA 有两条沟:绕 B－DNA 双螺旋表面上出现的螺旋槽(沟),宽的沟称为大沟,窄沟称为小沟。大沟,小沟都是由于碱基对堆积和糖-磷酸骨架扭转造成的。DNA 大沟所带遗传信息比小沟多;沟的宽窄深浅直接影响到调控蛋白对 DNA 遗传信息的识别。Watson 和 Click 在研究 DNA 的时候所用的资料来自在相对湿度为 92%是所得到的 DNA,这种 DNA 称为 B 型 DNA。一般认为,B 构型最接近细胞中的 DNA 构象,它与双螺旋模型非常相似。

③Z－DNA 分子的结构:除了 A－DNA 和 B－DNA 以外,自然界中还发现有一种 Z－DNA。A. Rich 在研究 CGCGCG 寡聚体的结构时发现了这类 DNA。虽然 CGCGCG 在晶体中也呈双螺旋结构,但它不是右手螺旋,而是左手螺旋,所以这种 DNA 称为左旋 DNA。那么 Z－DNA 的名称是从何而来的呢?在 CGCGCG 晶体中,磷酸基在多核苷酸骨架上的分布为 Z 字形(图 18－3)。所以也称它为 Z－DNA。Z－DNA 只有一条大沟,而无小沟。

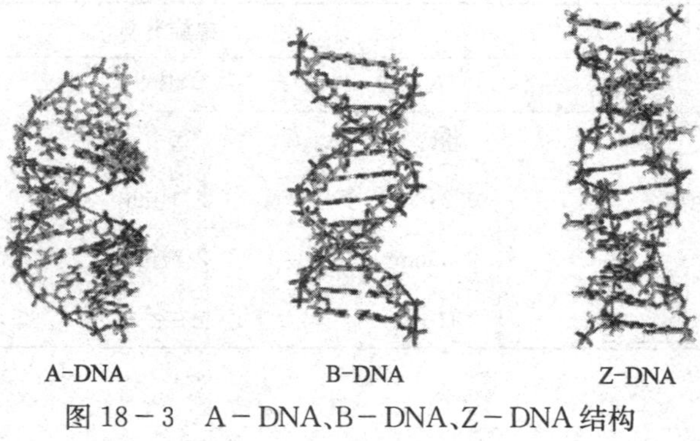

图 18－3 A－DNA、B－DNA、Z－DNA 结构

天然 B－DNA 的局部区域可以出现 Z－DNA 结构，说明 B－DNA 与 Z－DNA 之间是可以互相转变的。目前仍然不清楚 Z－DNA 究竟具有何种生物学功能。

3. DNA 的三级结构

双链 DNA 多数为线形，少数为环形。某些小病毒、线粒体、叶绿体以及某些细菌中的 DNA 为双链环形。在细胞内，这些环形 DNA 进一步扭曲成“超螺旋”的三级结构，如图 18－4 所示。

真核细胞染色质和一些病毒的 DNA 是双螺旋线形分子，染色质 DNA 的结构极其复杂。双螺旋 DNA 先盘绕组蛋白形成核粒（超螺旋），许多核粒（或称核小体）由 DNA 链连在一起构成念珠状结构，念珠状结构进一步盘绕成更复杂更高层次的结构，如图 18－5 所示。据估算，人的 DNA 大分子在染色质中反复折叠盘绕，共压缩 8000～10000 倍。

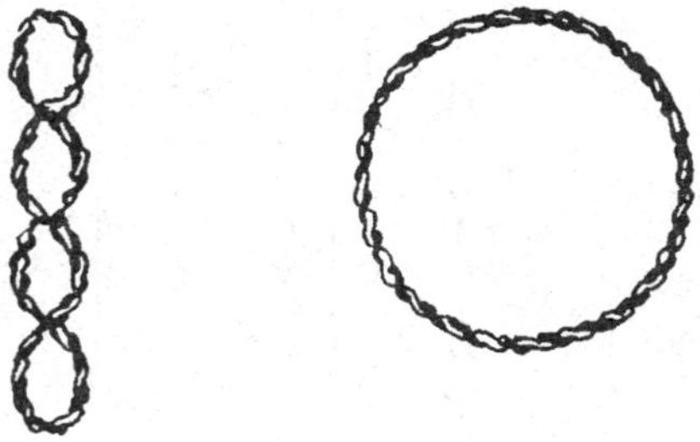

图 18－4 多瘤病毒的环状分子和超螺旋结构

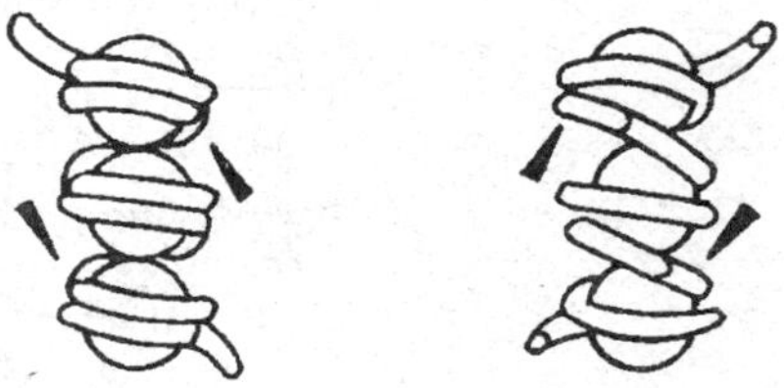

(1)前面 (2)背面

图 18－5 核小体结构示意图
圆球代表组蛋白，缠绕在组蛋白上的带子为 DNA

三、核糖核酸（RNA）的分子结构

RNA 也是无分支的线形多聚核糖核苷酸，主要由四种核糖核苷酸组成，即腺嘌呤核糖核苷酸、鸟嘌呤核糖核苷酸、胞嘧啶核糖核苷酸和尿嘧啶核糖核苷酸。这些核苷酸中的戊糖不是脱氧核糖，而是核糖。RNA 分子中也还有某些稀有碱基。图 18－6 所示为 RNA 分子中的一小段结构。

组成 RNA 的核苷酸也是以 3′，5′－磷酸二酯键彼此连接起来的。尽管 RNA 分子中核糖环 C′2 上有一羟基，但并不形成 2′，5′－磷酸二酯键。用牛脾磷酸二酯酶降解天然 RNA 时，降解产物中只有 3′－核苷酸，并无 2′－核苷酸，就支持了上述结论。

天然 RNA 并不像 DNA 那样都是双螺旋结构，而是单链线形分子。只有局部区域为双螺旋结构。这些双链结构是由于 RNA 单链分子通过自身回折（图 18－7）使得互补的碱基对相遇形成氢键结合而成的，同时形成双螺旋结构。不能配对的区域形成突环(loop)，被排斥在双螺旋结构之外。RNA 中的双螺旋结构为 A－DNA 类型的结构。每一段双螺旋区至少需要有 4～6 对碱基才能保持稳定。一般说来，双螺旋区约占 RNA 分子的 50%。

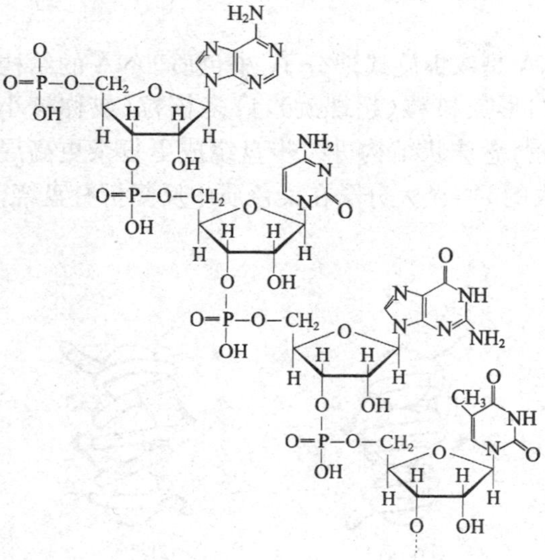

图 18－6 RNA 分子中一小段结构

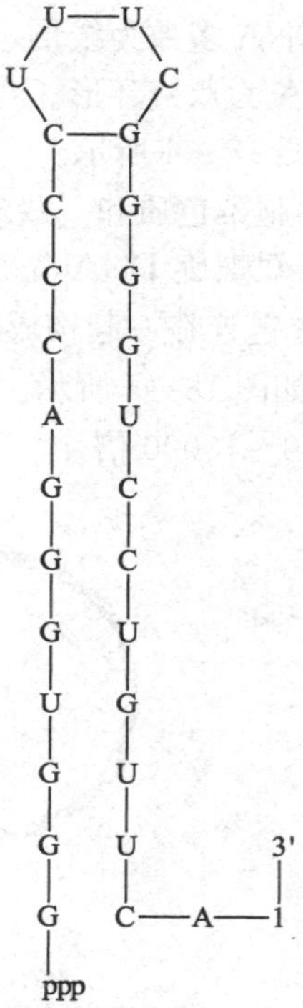

图 18－7 RNA 分子自身回折图

1. RNA 的类型

动物、植物和微生物细胞内都含有三种主要 RNA，即核糖体 RNA (rRNA)、转运 RNA(tRNA)、信使 RNA(mRNA)。表 18－4 中列出了大肠杆菌中三类 RNA 的主要特性。此外，真核细胞中还有少量核内小 RNA(small nuclear RNA，缩写成 snRNA)。

表 18－4 大肠杆菌中的 RNA

RNA 类型	相对含量%	沉降系数/S	相对分子质量	分子长度/个核苷酸
rRNA	80	23	1.2×10^3	3700
		16	0.55×10^3	1700
		5	3.6×10	120
tRNA	15	4	2.5×10	75
mRNA	5	—	变化范围大	—

2. RNA 的结构

真核细胞 mRNA 的结构有某些特点：绝大多数真核细胞 mRNA 在 3′-末端有一段长约 200 个核苷酸的 polyA(Polyade nylicacid)。PolyA 是在转录后经 PolyA 聚合酶的作用而添加上去的。polyA 聚合酶对 mRNA 专一，也不作用于 rRNA 和 tRNA。原核生物的 mRNA 一般无 3′- polyA，但某些病毒 mRNA 也有 3′- polyA。polyA 可能有多方面功能：与 mRNA 从细胞核到细胞质的转移有关；与 mRNA 的半衰期有关；新合成的 mRNA polyA 链较长，而衰老的 mRNA polyA 链缩短。

真核细胞 mRNA5′-末端还有一个特殊的结构：3′- mG5′- Nm - 3′- P，称为 5′-帽子(cap)。5′-末端的鸟嘌呤 N7 被甲基化。鸟嘌呤核苷酸经焦磷酸与相邻的一个核苷酸相连，形成 5′，5′-磷酸二酯键。这种结构有抗 5′-核酸外切酶降解的作用。目前认为 5′-帽子可能与蛋白质合成的正确起始作用有关，它可能协助核糖体与 mRNA 相结合，使翻译作用在 AUG 起始密码子处开始。某些真核细胞病毒也有 5′-帽子结构。

3. tRNA 的二级结构和三级结构

细胞内 tRNA 的种类很多，每一种氨基酸都有其相应的一种或几种 tRNA。

许多 tRNA 的一级结构早就被阐明，tRNA 的二级结构和三级结构也比较清楚。

(1)相对分子质量在 2.5 万左右，由 70～90 个核苷酸组成，沉降系数在 4S 左右；

(2)碱基组成中有较多的稀有碱基；

(3)3′-末端都为…CPCPAOH，用来接受活化的氨基酸，所以这个末端称为接受末端；

(4)5′末端大多为 PG…，也有 PC…的；

(5)tRNA 的二级结构都呈三叶草形，如图 18 - 8 所示。双螺旋区构成了叶柄，突环区好像是三叶草的三片小叶。由于双螺旋结构所占比例甚高，tRNA 的二级结构十分稳定。三叶草形结构由氨基酸臂、二氢尿嘧啶环、反密码环、额外环和 TψC 环等五个部分组成。

氨基酸臂(amino acid arm)由 7 对碱基组成，富含鸟嘌呤，末端为一 CCA，接受活化的氨基酸。

二氢尿嘧啶环(dihydrouridine loop)由 8～12 个核苷酸组成，具有两个二氢尿嘧啶，故得名。通过由 3～4 对碱基组成的双螺旋区(也称二氢尿嘧啶臂)与 tRNA 分子的其余部分相连。

反密码环(anticodon loop)由 7 个核苷酸组成。环中部为反密码子，由 3 个碱基组成。次黄嘌呤核苷酸(也称肌苷酸，缩写成 I)常出现于反密码子中。反密码环通过由 5 对碱基组成的双螺旋区(反密码臂)与 tRNA 的其余部分相连。

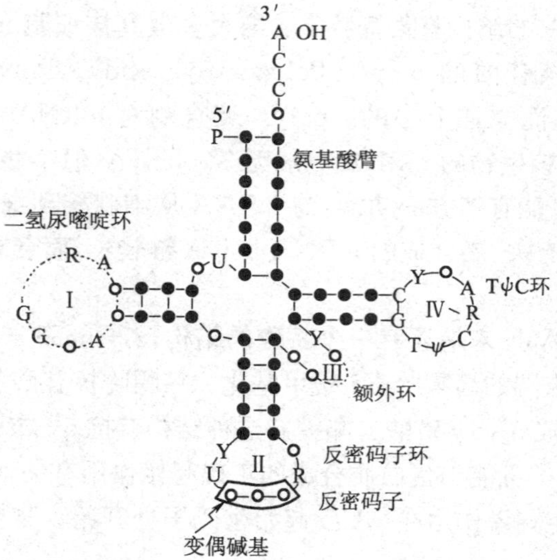

图 18－8　tRNA 的三叶草结构模型

R 为嘌呤核苷酸，Y 为嘧啶核苷酸，T 为胸腺嘧啶核苷酸，ψ 为假尿嘧啶核苷酸。带星号的表示可以被修饰的碱基，黑的圆点代表螺旋区的碱基，白色圆圈代表不互补的碱基。

额外环(extra loop)由 3～18 个核苷酸组成。不同的 tRNA 具有不同大小的额外环，所以是 tRNA 分类的重要指标。

TψC 环因其含有 TψC 三联体而得名(ψ 代表假尿嘧啶，一种修饰碱基)。

(6)tRNA 的三级结构　tRNA 三级结构的形状像一个倒写的字母 L(如图 18－9)。Kim(1973)和 Robertus(1974)应用 X 光衍射分析法对 tRNA 晶体进行研究，并先后阐明了 tRNA 的三级结构。

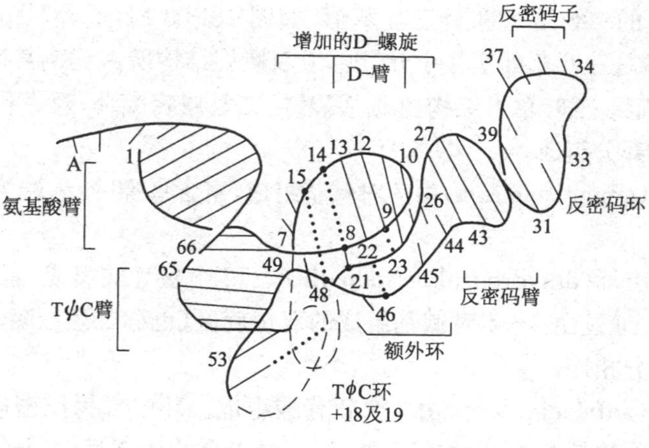

图 18－9　酵母苯丙氨酸 tRNA 的三级结构

4. rRNA 的结构

rRNA 含量大，占细胞 RNA 总量的 80%左右，是构成核糖体的骨架。大肠杆菌核糖体中有三类 rRNA：5*S* rRNA，16*S* rRNA，23*S* rRNA。动物细胞核糖体 rRNA 有四类：5*S* rRNA，5.8*S* rRNA，18*S* rRNA，28*S* rRNA。许多 rRNA 的一级结构及由一级结构推导出来的二级结构都已阐明，但是对许多 rRNA 的功能迄今仍不十分清楚。图 18－10 所示为大肠杆菌 5*S* rRNA 的结构。

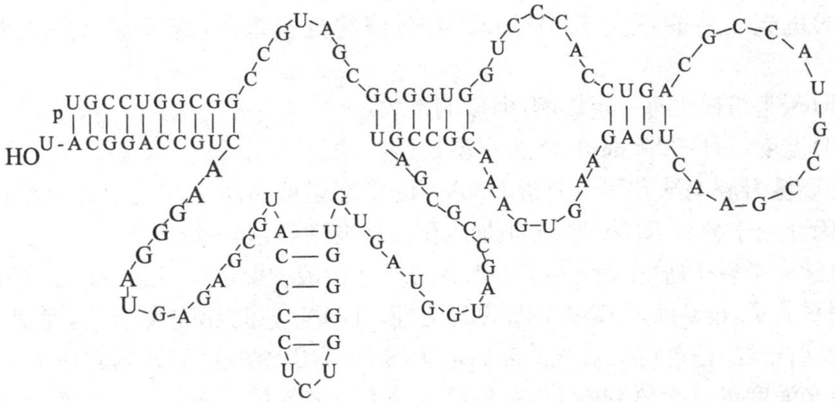

图 18－10　大肠杆菌 5*S* rRNA 的结构

第二节　核酸的物理性质

一、一般性质

1. 溶解度

DNA 和 RNA 均微溶于水，它们的钠盐在水中的溶解度较大。DNA 和 RNA 均能溶于 2－甲氧乙醇，但不溶于乙醇、乙醚等有机溶剂，所以在分离核酸时，加入乙醇即可使之从溶液中沉淀出来。

2. 分子大小、形状和黏度

大多数 DNA 为线形分子，分子极不对称，其长度可以达到几个厘米，而分子的直径只有 2nm。因此 DNA 溶液的黏度极高。RNA 溶液的黏度要小得多。

二、凝胶电泳

凝胶电泳可算是当前核酸研究中最常用的方法了。它有简单、快速、灵敏、成本低等优点。常用的凝胶电泳有琼脂糖(agarose)凝胶电泳和聚丙烯酰胺(polyacrylamide)凝胶电泳。凝胶电泳可以在水平或垂直的电泳槽中进行。凝胶电泳兼有分子筛和电泳双重效果，所以分离效率很高。

1. 琼脂糖凝胶电泳

以琼脂糖为支持物，电泳的迁移率决定于以下因素：

(1)核酸分子大小　迁移率与相对分子质量对数成反比。

(2)胶浓度　迁移率与胶浓度成反比，常用1%的胶分离DNA。

(3)DNA的构象　一般条件下超螺旋DNA的迁移率最快，线形DNA其次，开环形最慢。但在胶中加入过多的菲啶溴红时，上述分布次序会发生改变。

(4)电流　一般不大于5V/cm。有适当的电压差时，迁移率与电流大小成正比。

(5)碱基组成　有一定影响，但影响不大。

(6)温度　4～30℃都可，常为室温。

琼脂糖凝胶电泳常用于分析DNA。由于琼脂糖制品中往往带有核糖核酸酶杂质，因此用于分析RNA时，必须加入蛋白质变性剂，如甲醛等。

电泳完毕后，将胶在荧光染料菲啶溴红的水溶液中染色(0.5μg/mL)。菲啶溴红为一扁平分子，很易插入DNA的碱基对之间。DNA与菲啶溴红结合后，经紫外光照射，可发射出红-橙色可见荧光。0.1 μg DNA即可用此法检出，所以此法十分灵敏。根据荧光强度可以大体判断DNA样品的浓度。若在同一胶上加一已知其浓度的DNA作参考，则所测得的样品浓度更为准确。可以用灵敏度很高的负片将凝胶上所呈现的电泳图谱在紫外光照射下拍摄下来，做进一步分析与长期保留之用。

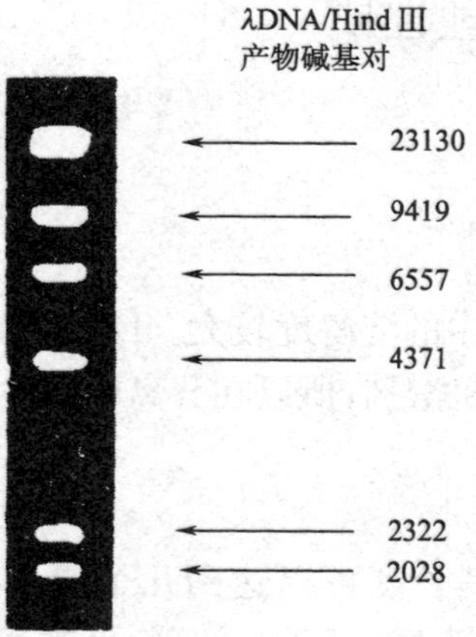

图18－11　λDNA/HindⅢ片段琼脂糖凝胶电泳图

应用凝胶电泳可以正确地测定DNA片段的分子大小。实用的方法是在同一胶上加一已知相对分子质量的样品(如图18－11中的λDNA/HindⅢ的片段)。电泳完毕后，经菲啶溴红染色、照相，从照片上比较待测样品中的DNA片段与标准作品中的哪一条带最接近，即可推算出未知样品中各片段的大小。最常用的方法是将胶上某一区带在紫外光照射下切割下来，将切下的胶条放在透析袋中，装上电泳液，在水平电泳槽中进行电泳，让胶上的DNA释放出来并进一步粘在透析袋内壁上，电泳3～4h后，将电极倒转，再通电30～60s，粘在壁上的DNA重新又释放到缓冲液中。取出透析袋内的缓冲液(丢弃胶条)，用苯酚抽提1～2次，水相用乙醇沉淀。这样回收的DNA纯度很高，可供进一步进行限制酶分析、序列分析或作末端标记。回收率在50%以上。

2. 聚丙烯酰胺凝胶电泳

以聚丙烯酰胺作支持物。单体丙烯酰胺在加入交联剂后就成了聚丙烯酰胺。由于这种凝胶的孔径比琼脂糖胶的要小，所以可用于分析小于1000bp的DNA片段。聚丙烯酰胺中一般不含有RNase，所以可用于RNA的分析。

聚丙烯酰胺凝胶上的核酸样品，经菲啶溴红染色，在紫外光照射下，发出的荧光很弱，所以浓度很低的核酸样品用此法检测不出来。

三、核酸的紫外吸收

嘌呤碱与嘧啶碱具有共轭双键，使碱基、核苷、核苷酸和核酸在240～290 nm的紫外波段有一强烈的吸收峰，最大吸收值在260 nm附近。不同核苷酸有不同的吸收特性。所以可以用紫外分光光度计加以定量及定性测定。

实验室中最常用的是定量测定少量的DNA或RNA。检验待测样品是否纯品可用紫外分光光度计读出260 nm与280 nm的OD值，从OD_{260}/OD_{280}的值即可判断样品的比纯度。纯DNA的OD_{260}/OD_{280}应为1.8，纯RNA的应为2.0。样品中如含有杂蛋白及苯酚，OD_{260}/OD_{280}的值即明显降低。不纯的样品不能用紫外吸收法作定时测定。对于纯的样品，只要读出260nm的OD值即可算出含量。通常按1OD值相当于50μg/mL双螺旋DNA，或40μg/mL单螺旋DNA（或RNA），或2μg/mL寡核苷酸计算。这个方法既快速又准确，而且不会浪费样品。对于不纯的核酸可以用琼脂糖凝胶电泳分离出区带后，经菲啶溴红染色而粗略地估计其含量。图18－12所示为DNA的紫外吸收光谱。

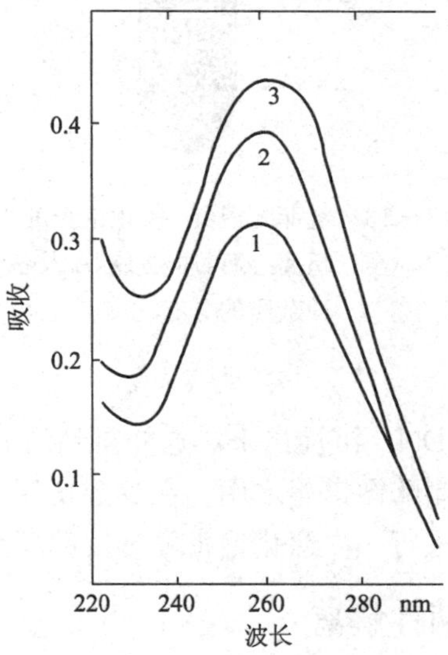

图18－12　DNA的紫外吸收光谱

1—天然DNA　2—变性DNA　3—核苷酸总吸收

第三节　核酸的化学性质

一、沉降特性

溶液中的核酸分子在引力场中可以下沉。不同构象的核酸（线形、开环、超螺旋结构)，蛋白质及其他杂质，在超离心机的强大引力场中，沉降的速率有很大差异，所以可以用超离心法纯化核酸或将不同构象的核酸进行分离，也可以测定核酸的沉降常数与相对分子质量。

用不同介质组成密度梯度进行超离心分离核酸时，效果较好。RNA 分离常用蔗糖梯度。分离 DNA 时用得最多的是氯化铯梯度。氯化铯在水中有很大溶解度，可以制成浓度很高(80mol/L)的溶液。

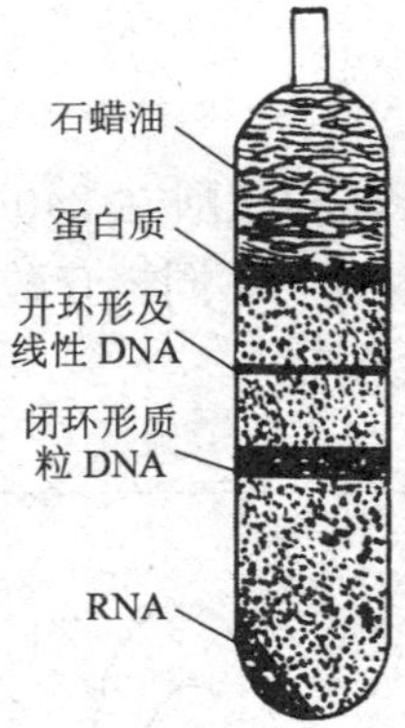

图 18－13 经非啶溴红-氯化铯密度超离心后，质粒 DNA 及各种杂质的分布

应用非啶溴红-氯化铯密度梯度平衡超离心，很容易将不同构象的 DNA、RNA 及蛋白质分开。这个方法是目前实验室中纯化质粒 DNA 时最常用的方法。如果应用垂直转头，65000r/min(Beckman L－70 超离心机)，只要 6h 就可以完成分离工作。但是如果采用角转头，转速为 45000r/min 时，则需 36h。离心完毕后，离心管中各种成分的分布可以在紫外光照射下显示得一清二楚(如图 18－13)。蛋白质漂浮在最上面，RNA 沉淀在底部。超螺旋 DNA 沉降较快，开环及线形 DNA 沉降较慢。用注射针头从离心管侧面在超螺旋 DNA 区带部位刺入，收集这一区带的 DNA。用异戊醇抽提收集到的 DNA 以除去染料，然后透析除去 CsCl，再用苯酚抽提 1～2 次，即可用乙醇将 DNA 沉淀出来。这样得到的 DNA 有很高的纯度，可供 DNA 重组、测定序列及限制酶图谱等之用。在少数情况下，需要特别纯的 DNA 时，可以将此 DNA 样品再进行一次氯化铯密度梯度超离心分离。

二、两性解离

核酸的碱基、核苷和核苷酸均能发生解离，核酸的酸碱性质与此有关。

1. 碱基的解离

由于嘧啶和嘌呤化合物杂环中的氮以及各取代基具有结合和释放质子的能力，所以这些物质既有碱性解离又有酸性解离的性质。胞嘧啶环所含氮原子上有一对未共用电子，可与质子结合，使═N— 转变成带正电的═$\overset{+}{N}$H— 基团。此外，胞嘧啶上的烯醇式羟基与酚基很相像，具有释放质子的能力，呈酸性。

碱基在嘧啶碱中所呈的碱性极弱，这是因为嘧啶环与苯环相似，具有吸引电子的能力，使得氨基氮原子上的未共用电子对不易与氢离子结合。氢离子主要是与环中第三位上的氮原子相结合。

尿嘧啶及胸腺嘧啶环上无氨基，N3 酸性解离的 pH_1 分别为 9.5 与 9.9。

腺嘌呤中，质子结合于 N1 上，其 pH9.8 的解离在咪唑环的—NH—基上发生，在它的核苷及核苷酸中，由于 N9 上形成了糖苷键，所以没有 pH 9.8 的解离。

鸟嘌呤和次黄嘌呤中，质子则结合于 N7 上。以鸟嘌呤为例，N7 上的解离 $pH_1=3.2$。N1 上的解离，$pH_2=9.6$。咪唑环 N9 上的解离 $pH_3=12.4$。鸟嘌呤咪唑环上的 pK 值如此之大，可能是受到环上烯醇式羟基的影响所致。

2. 核苷的解离

由于戊糖的存在，核苷中碱基的解离受到一定的影响，例如，腺嘌呤环的 pK_1 原为 4.15，在核苷中则降至 3.63。胞嘧啶 pK_1 为 4.6，胞嘧啶核苷酸中则降至 4.15。pK'的下降说明糖的存在增强了碱基酸性解离。核糖中的羟基也可以发生解离，其 pK_1 通常在 12 以上，所以一般不去考虑它。

3. 核苷酸的解离

由于磷酸基的存在，使核苷酸具有较强的酸性。在核苷酸中，碱基部分的 pK' 与核苷的相似，额外两个解离常数是由磷酸基引起的。这两个解离常数分别为 $pK_1=0.7\sim1.6$，$pK_2=5.9\sim6.5$。某些碱基、核苷和核苷酸的解离常数见表 18-5。

表 18-5　　某些碱基、核苷和核苷酸的解离常数

碱基种类	碱基的 pK'	核苷的 pK'	核苷酸的 pK'
腺嘌呤	4.15，9.8	3.5，12.5①	0.9，3.8，6.2
鸟嘌呤	3.2，9.6，12.4	1.6，9.2，12.4①	0.7，2.4，6.1，9.4
胞嘧啶	4.6，12.2	4.15，12.3①，12.5	0.8，4.5，6.3
尿嘧啶	9.5	9.2，12.5①	1.0，6.4，9.5
胸腺嘧啶②	9.9	9.8>13①	~1.6，6.5，10.0

①戊糖羟基的 pK'。

②其核苷和核苷酸中的戊糖为脱氧核糖。

但是在多核苷酸中，除了末端磷酸基外，磷酸二酯键中的磷酸基只有一个解离常数，$pK_1=1.5$。

综上所述，由于核苷酸含有磷酸与碱基，为两性介质，它们在不同 pH 的溶液中解离程度不同，在一定条件下可形成兼性离子。在腺苷酸、鸟苷酸、胞苷酸中，pK_1 值是由于第一磷酸基——PO_3H_2 的解离，pK_2是由于含氮环 $=\overset{+}{N}H-$的解离，而 pK_3 则是由于第二磷酸基——PO_3H^- 的解离。从核苷酸的解离曲线可以看出，在第一磷酸基和含氮环解离曲线的交叉处，带负电荷的磷酸基正好与带正电荷的含氮环数目相等，这时的 pH 即为此核苷酸的等电点。

核苷酸的等电点可以按下式计算：$pI=(pK_1+pK_2)/2$

在等电点时，上述核苷酸主要呈兼性离子存在。当溶液 pH 小于 pI 时，核苷酸的—PO_3H^-基即开始与H^+结合成—PO_3H_2，因此═$\overset{+}{N}$H—数量为多，核苷酸带正电荷。反之，当溶液的 pH 大于 pI 时，═$\overset{+}{N}$H—上的氢离子解离下来，核苷酸即带负电荷。尿甘酸的碱基酸性极弱，实际上测不出其含氮环的解离曲线，故不能形成兼性离子。

核苷酸中磷酸基在糖环上的位置对 pK 值略有影响，一般来说，磷酸基与碱基之间的距离越小，由于静电场的作用，其 pK' 值越大。例如 2′-胞苷酸的 pK_1'(4.4)比 3′-胞苷酸的 pK_1(4.3)大。

研究核苷酸的解离不仅对了解核酸的物理性质极其重要，而且在核苷酸的制备及分析中有很大的实用价值。应用离子交换柱层析和电泳等方法分级分离核苷酸及其衍生物，主要利用它们在一定 pH 条件下具有不同的解离特性这一特性。

三、变性及复性

(一)DNA 的变性

DNA 的变性指 DNA 分子由稳定的双螺旋结构松解为无规则线性结构的现象。确切地就是维持双螺旋稳定性的氢键和疏水键的断裂。断裂可以是部分的或全部的，是可逆的或是非可逆的。DNA 变性不涉及其一级结构的改变。凡能破坏双螺旋稳定性的因素都可以成为变性的条件，如加热、极端的 pH、有机试剂甲醇、乙醇、尿素及甲酰胺等，均可破坏双螺旋结构，引起核酸分子变性。变性能导致 DNA 以下一些理化及生物学性质的改变。

(1)溶液黏度降低　DNA 双螺旋是紧密的“刚性”结构，变性后代之以“柔软”而松散的无规则单股线性结构，DNA 黏度因此而明显下降。

(2)溶液旋光性发生改变　变性后整个 DNA 分子的对称性及分子局部的构型改变，使 DNA 溶液的旋光性发生变化。

(3)增色效应或高色效应　指变性后 DNA 溶液的紫外吸收作用增强的效应。DNA 分子具有吸收 250～280nm 波长的紫外光的特性，其吸收峰值在 260nm。DNA 分子中碱基间电子的相互作用是紫外吸收的结构基础，但双螺旋结构有序堆积的碱基又“束缚”了这种作用。变性 DNA 的双链解开，碱基中电子的相互作用更有利于紫外吸收，故而产生增色效应。一般以 260nm 下的紫外吸收光密度作为观测此效应的指标，变性后该指标的观测值通常较变性前有明显增加，但不同来源 DNA 的变化不一，如大肠杆菌 DNA 经热变性后，其 260nm 的光密度值可增加 40%以上，其他不同来源的 DNA 溶液的增值范围多在 20%～30%。

以加热为变性条件时，增色效应与温度有十分密切的关系，这主要是变性温度取决于 DNA 自身的性质。热变性使 DNA 分子双链解开所需温度称为熔解温度(melting temperature，简写 T_m)。T_m 定义中包含了使被测 DNA 的 50%发生变性的意义，即增色效应达到一半的温度作为 T_m。

不同来源 DNA 间的 T_m 存在差别，DNA 的 T_m 值大小与下列因素有关：

(1)DNA 的均一性　均一性越高的样品，溶解过程越是发生在一个很小的温度范围内。

(2)G－C 的含量越高，T_m 值越高，成正比关系　这是因为 G－B 对比 A－T 对更为稳定的缘故。所以测定 T_m 值可推算出 G－C 对的含量。

(3)介质中的离子强度　一般说离子强度较低的介质中，DNA 的溶解温度较低，溶解温度的范围也较宽。而在较高的离子强度的介质中，情况则相反。所以 DNA 制品应存在较高浓度的缓冲溶液中。常在 1mol/L NaCl 中保存。

RNA 分子中有局部的双螺旋区，所以 RNA 也可发生变性，但 T_m 值较低，变性曲线也不那么陡。

(二)复性

变性 DNA 在适当条件下，又可使两条彼此分开的链重新缔合成为双螺旋结构，这过程称复性，DNA 复性后，许多物化性质又得到恢复。生物活性也可以得到部分恢复。复性过程基本上符合二级反应动力学。反应的进行与许多因素有关。将变性的 DNA 骤然冷却时，DNA 不可能复性，所以用同位素标记的双链 DNA 片段作为杂交的探针时，在沸腾的水浴中加热数分钟后，要骤然在水浴中冷却至低温，以防止复性。变性 DNA 在缓慢冷却时，可以复性。DNA 的片段越大，复性越慢。DNA 的浓度越大，复性越快。在一定条件下，复性反应的速度可以用 c_0t 来衡量。c_0 为变性 DNA 的原始浓度，以核苷酸的摩尔浓度表示，t 为时间，以秒表示。实验证明，两种浓度相同但来源不同的 DNA，复性时间的长短与基因组的大小有关。具有很多重复序列的 DNA，复性也快。

四、核酸的杂交

将不同来源的 DNA 放在试管里，经热变性后，慢慢冷却，让其复性。若这些异源 DNA 之间在某些区域有相同的序列，则复性时，会形成杂交 DNA 分子。核酸的杂交在分子生物学和分子遗传学的研究中应用极广，许多重大的分子遗传学问题都是用分子杂交来解决的。

核酸杂交可以在液相或固相上进行。目前实验室中应用最广的是用硝酸纤维素膜作支持物进行的杂交。英国的分子生物学家 E. M. Southern 所发明的 Southern 印迹法就是将凝胶上的 DNA 片段转移到硝酸纤维素膜上后，再进行杂交的。

以 DNA－DNA 杂交为例，介绍 Southern 印迹法：将 DNA 样品经限制性内切酶降解后，用琼脂糖凝胶电泳进行分离。将胶泡在碱中使 DNA 进行变性，然后将变性 DNA 转移到硝酸纤维素膜上，在 80℃烤 4～6h，使 DNA 牢固地吸附在纤维素膜上。然后与放射性同位素标记的变性后的 DNA 探针进行杂交。杂交需在较高的盐浓度及适当的温度下进行数小时或十余小时，然后通过洗涤，除去未杂交上的标记物。将纤维素膜烘干后进行放射自显影。

将变性后的 DNA 转移到纤维素膜上再进行杂交，这方法称 Northern 印迹法。

用类似的方法，根据抗体与抗原可以结合的原理，也可以分析蛋白质。这方法称为Western 印迹法。

五、酸解、碱解及酶解

核酸嘌呤碱的 N9 和嘧啶碱的 N1 与戊糖的 C1 形成 *N*-糖苷键。有两种戊糖(核糖和脱氧核糖)，所以可以形成 4 种糖苷，即嘌呤核苷、嘌呤脱氧核苷、嘧啶核苷、嘧啶脱氧核苷。磷酸基与两种糖分别形成核糖磷酸酯和脱氧核糖磷酸酯。所有这些糖苷键都能被酸、碱和酶水解。

(一)酸水解

糖苷键和磷酸酯键都能被酸水解，但糖苷键比磷酸酯键更易水解。嘌呤碱的糖苷键比嘧啶碱的糖苷键对酸更不稳定。对酸最不稳定的是嘌呤与脱氧核糖之间的糖苷键。因此 DNA 在 pH 1.6 于 37℃对水透析即可完全除去嘌呤碱，而成为无嘌呤酸；如在 pH 2.8 于 100℃加热 1h，也可完全除去嘌呤碱。

为了水解嘧啶糖苷键，常需要较高的温度。用甲酸(98%～100%)密封加热至175℃ 2h，无论 RNA 或 DNA 都可以完全水解，产生嘌呤和嘧啶碱，缺点是尿嘧啶的回收率显著提高。改用三氟乙酸在 155℃加热 60min(水解 DNA)或 80min(对 RNA)，嘧啶碱的回收率明显提高。

(二)碱水解

RNA 的磷酸酯键易被碱水解，产生核苷酸。DNA 的磷酸酯键则不易被碱水解。这是因为 RNA 的核糖上有 2′—OH 基，在碱作用下形成磷酸三酯。磷酸三酯极不稳定，随即水解，产生核苷 2′,3′-环磷酸酯。该环磷酸酯继续水解产生 2-核苷酸和 3-核苷酸。DNA 的脱氧核糖无 2′—OH 基，不能形成碱水解的中间产物，故对碱有一定抗性。RNA 被水解的过程如下：

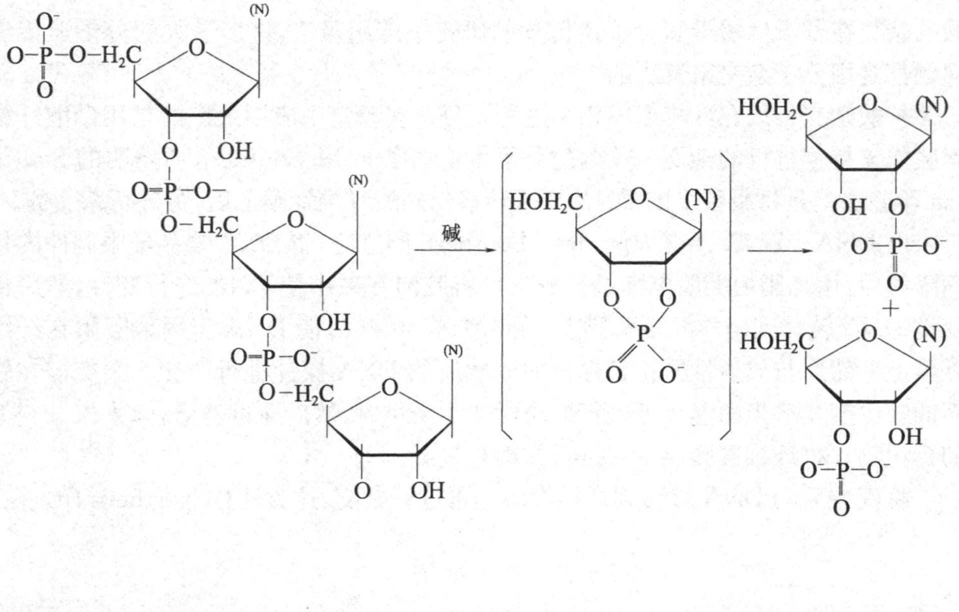

用于水解 RNA 的碱有 NaOH、KOH 等，以 KOH 较好，水解后可用 $HClO_4$ 中和。由于 $KClO_4$ 溶解度较小，溶液中大部分 K^+ 即被除去。碱浓度一般为 0.3～1mol/L，在室温至 37℃下水解 18～24h 就可完毕。如采用较高温度，则时间应缩短。在上述条件下水解 RNA 的产物为 2′-单核苷酸和 3′-单核苷酸，但也可能有少量核苷、2′,5′-核苷二磷酸和 3′,5′-核苷二磷酸。DNA 一般对碱稳定，如在 1mol/L NaOH 中加热至 100℃，时间 44h，可以得到小分子的寡聚脱氧核苷酸。

(三)酶水解

水解核酸的酶种类很多。非特异性水解磷酸二酯键的酶为磷酸二酯酶，专一性水解核酸的磷酸二酯酶称为核酸酶。

1. 酶的分类

(1)按底物专一性分类。作用于核糖核酸的称为核糖核酸酶；作用于脱氧核糖核酸的称为脱氧核糖核酸酶。

(2)按对底物作用的方式可分为核酸内切酶与核酸外切酶。内切酶的作用点在多核苷酸链的内部，而外切酶的作用点从核苷酸链的末端开始，逐个地将核苷酸切下，从而对核酸进行降解。也有少数酶既可内切，也能外切，如小球菌核酸酶。

(3)按磷酸二酯键断裂的方式可将核酸酶分成两类。一种是在 3′—OH 与磷酸基之间断裂，其产物为 5′—磷酸核苷酸或寡核苷酸。另一种是在 5′—OH 与磷酸基之间断裂，其产物为 3′-磷酸核苷酸或寡核苷酸。

(4)其他分类标准还有：对底物二级结构的专一性，作用于双链核酸的称为双链酶，作用于单链的是单链酶。

2. 核糖核酸酶类

(1)牛胰核糖核酸酶　该酶存在于牛胰中，所以叫牛胰核糖核酸酶，简称 RNase Ⅰ，于 1940 年时就制成结晶。它只作用于 RNA，不作用于 DNA。相对分子质量为 13700，最适 pH 为 7.0～8.2，十分耐热。RNase Ⅰ是极高专一性的内切酶，其作用点为嘧啶核苷- 3′-磷酸与其他核苷酸之间的连接键，产物为 3′-嘧啶核苷酸；或以 3′-嘧啶核苷酸结尾的寡核苷酸。

水解的机理与碱对 RNA 的降解十分相似。中间产物也是环形 2′,3′-核苷酸，最后产物为 3′-核苷酸。

(2)核糖核酸酶 T1　这是从米曲霉中分离到的一种内切酶，相对分子质量较小，耐热，耐酸。具有比 RNase Ⅰ更高的专一性。它的作用点是 3′-鸟苷酸与其相邻核苷酸的 5′—OH 之间的连键，产物为以 3′-鸟苷酸为末端的寡核苷酸，或 3′-鸟苷酸。

(3)核糖核酸酶 T2　这个酶来源同 RNase T1，主要作用点为 Asp 残基，可以将 tRNA 完全降解成 3′-腺苷酸结尾的寡核苷酸。

3. 脱氧核糖核酸酶类

(1)牛胰脱氧核糖核酸酶　此酶切断双链 DNA 或单链 DNA 成为以 5′-磷酸

为末端的寡聚核苷酸，平均长度为 4 个核苷酸。需要镁离子参与，最适 pH 7～8，用 0.01mol/L 柠檬酸盐可完全抑制被镁离子激活的活性。柠檬酸盐的作用在于螯合了镁离子而使酶失去活性，对锰离子无抑制作用。

(2)牛脾脱氧核糖核酸酶　此酶降解 DNA 称为 3′-磷酸末端的寡居核苷酸，平均长度为 6 个核苷酸。最适 pH 4～5，需 0.3moL/L 钠离子激活，镁离子可以抑制此酶，所以 DNase Ⅱ的性质与 DNase Ⅰ的性质几乎是完全不同的。

(3)链球菌脱氧核糖核酸酶　内切酶，作用于 DNA，产物为 5′-磷酸为末端的碎片，其长度不一，最适 pH7。

(4)限制性内切酶　在细菌中发现有这类酶，主要是降解外源的 DNA。具有很严格的碱基序列专一性。第一个发现的限制性内切酶是在大肠杆菌中发现的，相对分子质量在 300×10^3 以上，需要 ATP、Mg^{2+}、*S*-腺苷-L-甲硫氨酸，作用于双链 DNA，产物为带 5′-磷酸基末端的碎片。它在识别序列下游随机切割 DNA，这一缺陷限制了它的应用价值。另一类限制性内切酶，如 EcoR I，它的相对分子质量较小(5800)，不需要 ATP，只需要镁离子，专一性很强，能识别 DNA 链上 6 对碱基组成的序列，交错切割，形成的产物具有黏性末端。5′-磷酸基用碱性磷酸酯酶切除后，可以用多核苷酸磷酸激酶再接上带放射性同位素的磷酸残基。所有这些特性，从 DNA 的体外重组来说都是极有用的。目前已发现的限制性内切酶已有数千种，在基因工程中广为应用的也有几百种。限制性内切酶已成为基因工程中最重要的工具酶。

限制性内切酶的命名较为特殊。以 EcoR I 为例，第一个字母 E 为大肠杆菌 *E. coli* 属名的第一个字母，第 2、3 两个字母 co 为它的种名的头两个字母，第 4 个字母 R 表示所用大肠杆菌的菌株。最后一个罗马字表示该细菌中已分离出的这一类酶的编号。

限制性内切酶往往与一种甲基化酶同时成对地存在，它们具有相同的底物专一性，具有识别相同碱基序列的能力。甲基化酶的甲基供体即为 *S*-腺苷甲硫氨酸，甲基受体为 DNA 上的腺嘌呤与胞嘧啶。当内切酶作用点上的某一些碱基被甲基化修饰后，限制酶就不能再降解这种 DNA 了。所以甲基化酶使细菌自身的 DNA 带上标志，限制性内切酶专用于降解外来入侵的异种 DNA。

4. *N*-糖苷酶

各种非特异的糖苷酶，或对碱基特异的 *N*-糖苷酶可水解糖苷键。

知识窗

染色体

染色体是细胞核中载有遗传信息(基因)的物质，在显微镜下呈丝状或棒状，由核酸和蛋白质组成，在细胞发生有丝分裂时期容易被碱性染料着色，因此而得名。在无性繁殖物种中，生物体内所有细胞的染色体数目都一样。而在有性繁殖物种中，生物体的体细胞染色体成对分布，称为二倍体。性细胞如精子、卵子等是单倍体，染色体数目只是体细胞的一半。

在有不同性别的生物体内，有两个基本类型的染色体：性染色体和常染色体。前者控制性联遗传特征，后者控制着除性联遗传特征以外的全部遗传特征。人体共有22对常染色体和一对性染色体。男女的性染色体不同，男性由一个X性染色体和一个Y性染色体组成，而女性则有两个X性染色体。第22对染色体是常染色体中最后一对，形体较小，但它与免疫系统、先天性心脏病、精神分裂、智力迟钝和白血病以及多种癌症相关。

研究结果表明，每一个染色体含有一个脱氧核糖核酸(DNA)分子，每个DNA分子含有很多个基因，一个基因是DNA分子的一部分。现代遗传学认为，基因是DNA分子上具有遗传效应的特定核苷酸序列的总称，是具有遗传效应的DNA分子片段。基因位于染色体上，并在染色体上呈线性排列。基因不仅可以通过复制把遗传信息传递给下一代，还可以使遗传信息得到表达，也就是使遗传信息以一定的方式反映到蛋白质的分子结构上，从而使后代表现出与亲代相似的性状。一个基因要有正常的生理机能，它的几个正常组成部分一定要位于相继邻接的位置上，也就是说核苷酸要排成一定的次序，才能决定一种蛋白质的分子结构。假使几个正常组成部分分处于两个染色体上，理论上就是核苷酸的种类和排列改变了，这样就失去正常的生理机能。所以，基因不仅是一个遗传物质在上下代之间传递的基本单位，也是一个功能上的独立单位。

染色体的DNA分子中含有四种核苷酸，核苷酸排列顺序的不同决定了遗传信息的差异。人的生、老、病、死归根结底都与基因和染色体相关。人体基因组图谱好比是一张能说明构成每一个人体细胞脱氧核糖核酸(DNA)的30亿个碱基对精确排列的“地图”。这些碱基对以一种特殊方式排列形成人体的10万个基因，基因又成为制造蛋白和化合物的蓝图，蛋白和化合物则负责指导人体细胞和器官的形成和运作。科学家们认为，通过对每一个基因的测定，人们将能够找到新的方法来治疗和预防许多疾病，如癌症和心脏病等。从理论上讲，如果掌握了所有基因上核苷酸分布的详细情况，关于人类生长、发育、衰老、遗传病变的秘密都将随之揭开，科学家将拥有新的“武器”来征服癌症、艾滋病、肝炎、肺结核和阿尔茨海默氏症等。

人类只有一个基因组，大约有5万～10万个基因。有30亿个碱基对的序列，为了破译人体DNA分子的全部核苷酸序列，建立完整的遗传信息数据库，由多国政府支持的人体基因组计划在1989年启动，先后有美、英、日、德、法及中国等6个国家参与，并于2003年4月宣布完成人类基因组序列绘制。此后，有塞莱拉遗传信息公司等多家公司和实验室先后宣布独立或联合破译人体基因组。破译人类基因组序列这一生命科学成就将促进生物学的不同领域如神经生物学、细胞生物学、发育生物学等的发展；医学也将从中获得极大益处，5000 多种遗传性疾病以及恶性肿瘤、心血管疾病和其他严重危害人类的疾病，都有可能得到预测、预防、早期诊断和治疗。

本章小结

- 核酸
  - 化学组成、结构和种类
  - 物理性质
    - 溶解度：微溶于水，能溶于2-甲氧乙醇
    - 分子大小、形状和黏度
    - 凝胶电泳：正确地测定DNA片段的分子大小
    - 紫外吸收：紫外波段 240～290 nm，最大吸收值在260 nm附近
  - 化学性质
    - 沉降特性：可纯化核酸或将不同构象的核酸进行分离，也可以测定核酸的沉降常数与相对分子质量
    - 两性解离和核酸的杂交：核酸的碱基、核苷和核苷酸均能发生
    - 变性及复性：过酸、过碱、纯水以及加入变性剂等都能造成核酸变性
    - 酸解、碱解及酶解

练 习 题

1. 名词解释

磷酸二酯键，反密码子，核酸的变性与复性。

2. 填空题

(1)DNA 双螺旋结构模型是______于______年提出的。

(2)核酸的基本结构单位是______。

(3)脱氧核糖核酸在糖环______位置不带羟基。

(4)两类核酸在细胞中的分布不同，DNA 主要位于______中，RNA 主要位于______中。

(5)核酸分子中的糖苷键均为______型糖苷键。糖环与碱基之间的连键为

________键。核苷与核苷之间通过________键连接成多聚体。

(6)核酸的特征元素为_______________。

(7)________ RNA 分子指导蛋白质合成,________ RNA 分子用作蛋白质合成中活化氨基酸的载体。

(8)DNA 变性后,紫外吸收值________,黏度________、浮力密度________,生物活性将________。

(9)因为核酸分子具有________ ________,所以在________ nm 处有吸收峰,可用紫外分光光度计测定。

(10)变性 DNA 的复性与许多因素有关,包括________,________,________,________,________,等。

(11)维持 DNA 双螺旋结构稳定的因素是______、______、______________。

(12)mRNA 的二级结构呈________形,三级结构呈________形,其 3′末端有一共同碱基序列________,其功能是________。

3. 是非题

(1)DNA 是生物遗传物质,RNA 则不是。( )

(2)脱氧核糖核苷中的糖环 3′位没有羟基。( )

(3)原核生物和真核生物的染色体均为 DNA 与组蛋白的复合体。( )

(4)核酸的紫外吸收与溶液的 pH 无关。( )

(5)生物体的不同组织中的 DNA,其碱基组成也不同。( )

(6)核酸中的修饰成分(也称稀有成分)大部分是在 tRNA 中发现的。( )

(7)DNA 的 T_m 值和 AT 含量有关,AT 含量高则 T_m 高。( )

(8)真核生物 mRNA 的 5′端有一个 pdyA 的结构。( )

(9)DNA 的 T_m 值随(A+T)/(G+C)比值的增加而减少。( )

(10)B-DNA 代表细胞内 DNA 的基本构象,在某些情况下,还会呈现 A 型、Z 型和三股螺旋的局部构象。( )

(11)DNA 复性(退火)一般在低于其 T_m 值约 20℃的温度下进行的。( )

(12)用碱水解核酸时,可以得到 2′和 3′-核苷酸的混合物。( )

(13)生物体内,天然存在的 DNA 分子多为负超螺旋。( )

4. 简答题

将核酸完全水解后可得到哪些组分? DNA 和 RNA 的水解产物有何不同?

第十九章　绿色化学

知识目标

(1)了解绿色化学产生的背景。
(2)掌握绿色化学的概念和内涵。
(3)掌握绿色化学研究的内容。
(4)了解绿色化学的应用前景。

能力目标

(1)加强废物利用意识,能够学会废物利用。
(2)学会设计简单的化学生产线,使其符合绿色化学要求。

"绿色化学"由美国化学会(ACS)提出,又称"环境无害化学"、"环境友好化学"、"清洁化学",绿色化学是近十年才产生和发展起来的,是一个"新化学婴儿"。其核心是利用化学原理从源头上减少和消除工业生产对环境的污染;将反应物的原子全部转化为期望的最终产物。

第一节　绿色化学产生的背景

化学在保证和提高人类生活质量、保护自然环境以及增强化学工业的竞争力方面起着关键作用。化学科学的研究成果和化学知识的应用,创造了无数的新产品进入每一个普通家庭的生活,使我们衣食住行各个方面都受益匪浅。但是化学在为人类创造财富的同时,给人类也带来了危难。随着化学品的大量生产和广泛应用,给人类原本和谐的生态环境带来了黑臭的污水、讨厌的烟尘、难以处置的废物和各种各样的毒物……威胁着人们的健康,伤害着我们的地球。目前全世界每年产生的有害废物达 3 亿～4 亿 t,威胁着人类的生存和发展。严峻的现实使得各国必须寻找一条不破坏环境、不危害人类生存的可持续发展的道路。化学工业能否生产出对环境无害的化学品?甚至开发出不产生废物的工艺?绿色化学的口号最早产生于化学工业非常发达的美国。1990 年,美国国会通过《污染预防法案》,明确提出了"污染预防"这一概念,要求杜绝污染源,指出最好的防止有毒化学物质危害的办法就是从一开始就不生产有毒物质和形成废弃物。这个法案推动了化学界为预防污染、保护环境做进一步的努力。1991 年,"绿色化学"由美国化学会(ACS)提出并成为美国环保署(EPA)的中心口号,并立即得到了全世界的积极响应。1995 年 3 月 16 日，时任美国总统克林顿宣布设立“绿色化学挑战奖计划”，并于同年 10 月 30 日设立“总统绿色化学挑战奖”，推动和表彰社会各界进行化学污染预防和工业生态学研究，从根本上减少乃至杜绝化学污染源。

第二节　绿色化学的概念和内涵

绿色化学即是用化学的技术和方法去减少或消灭那些对人类健康、社区安全、生态环境有害的原料、催化剂、溶剂和试剂、产物、副产物。绿色化学的理想在于不再使用有毒、有害的物质，不再产生有毒废物，不需要再处理废物。它是一门从源头上阻止污染的化学。

绿色化学的应用原则，概括起来，它们主要有以下 12 项：(1)防止环境污染；(2)提高原子经济性；(3)尽量减少化学合成中的有毒原料和有毒产物；(4)设计安全的化学品；(5)使用安全的溶剂和助剂；(6)提高能源经济性；(7)原料的再利用；(8)减少官能团的引入；(9)新型催化剂的开发；(10)产物的易降解性；(11)以降低环境污染为宗旨的现场实际分析；(12)防止生产事故的安全生产工艺。这些原则主要体现了对环境的友好和安全、能源的节约、生产的安全性等。

一个化学反应主要受四个方面的影响：(1)原料或起始物的性质；(2)试剂或合成路线的特点；(3)反应条件；(4)产物或目标分子的性质。这四个因素相互紧密联系，而且在一定条件下息息相关。因此，这四个方面也就是绿色化学所研究的具体内涵。

目前绿色化学的研究重点是(1)设计或重新设计对人类健康和环境更安全的化合物，这是绿色化学的关键部分；(2)探求新的、更安全的、对环境更友好的化学合成路线和生产工艺；(3)改善化学反应条件、降低对人类健康和环境的危害，减少废弃物的生产和排放。绿色化学着重于“更安全”这个概念，不仅针对人类的健康，还包括整个生命周期中对生态环境、动物、水生生物和植物的影响；而且除了直接影响之外，还要考虑间接影响，如转化产物或代谢物的毒性等。

第三节　绿色化学的研究内容

1. 开发“原子经济”反应

美国的 Trost 教授在 1991 年首次提出反应的原子经济性的概念，并因此获得了 1998 年美国“总统绿色化学挑战奖”中的学术奖。他认为化学合成应考虑原料分子中的原子进入最终所希望产品中的数量。原子经济性的目标是在设计化学合成时使原料分子中的原子更多或全部地转化成最终希望的产品中的原子。具体地说，假如 C 是人们所要合成的化合物，若以 A 和 B 为起始原料，既有 C 生成又有 D 生成，且许多情况下 D 是对环境有害的，即使生成的副产物 D 是无害的，那么 D 这一部分的原子也是被浪费的，而且形成废物对环境造成了负荷。现在若使用 E 和 F 作为起始原料，整个反应结束后只生成 C，E 和 F 中的原子得到了 100%的利用，没有任何的副产物生成，这就是原子经济性反应。用反应式表示如下：

$$A + B \rightarrow C + D \tag{1}$$

$$E + F \rightarrow C \tag{2}$$

$$原子经济性或原子利用率(\%)=\frac{获得的目标产品的质量}{反应中所使用的全部反应物的质量}\times 100\%$$

化工生产中常用的产率或收率则用下式表示：

$$产率或收率(\%)=\frac{获得的目标产品的质量}{理论上应获得的目标产品质量}\times 100\%$$

可以看出：原子经济性与产率或收率是两个不同的概念，例如一个化学反应，尽管反应的产率或收率很高，但如果反应中有副产物[如上述第(1)个反应中的 D]产生，则原子利用率就不可能为 100%，要实现起始原料 100% 转化成目标产品，应选择反应(2)(原子经济反应)作为合成反应，只有这样，才能达到不产生副产物或废物，实现“零排放”的要求。

另外，如果一个产品的合成无法一步完成的话，那么就尽量减少反应步骤，因为如果每一步的原子利用率均不到 100%，那就意味着步骤越多，其最终的总原子利用率就越低。例如 1997 年“美国总统绿色化学挑战奖”授予了 BHC 公司，该公司开发了一种合成布洛芬的新工艺。布洛芬是一种广泛使用的非类固醇类的镇静、止痛药物，传统生产工艺包括 6 步化学计量反应，原子的有效利用率低于 40%。新工艺采用三步催化反应，原子的有效利用率近 80%（如果考虑副产物乙酸的回收则可达 99%）。

可见，原子经济性反应有利于资源利用和环境保护。现在已有不少化工产品的生产符合这一标准，如钯催化蒽醌法、乙烯或丙烯的聚合、丁二烯与 HCN 合成己二腈等。近年来，开发新的原子经济反应已成为绿色化学研究的热点之一。国内外均在开发钛硅分子筛上催化氧化丙烯制环氧丙烷的原子经济新方法。此外，针对钛硅分子筛催化反应体系，国内外正在努力开发降低钛硅分子筛合成成本的技术以及开发与反应匹配的工艺和反应器。

2. 采用无毒、无害的原料

为使制得的中间体具有进一步转化所需的官能团和反应性，在现有化工生产中仍使用剧毒的光气和氢氰酸等作为原料。尽管这些化学品是剧毒物质，但因它们的化学性质极为活泼，使得采用这类原料路线的生产技术往往工艺简单、条件温和、制备方法成熟、制得的产品价格相对较低，所以至今仍然广泛使用，且消耗量巨大。

光气，又称碳酰氯，是一种重要的有机合成中间体。光气为剧毒气体，在第一次世界大战期间曾被用作化学武器，吸入微量也能使人、畜、禽致死。1984 年 12 月 3 日凌晨，位于印度博帕尔市的美国联合碳化物公司印度子公司的农药厂内 45t

光气贮罐因爆裂而泄漏，7 天后博帕尔市政府公布，有 32 万人中毒，其中 2500 人死亡，6 万人严重中毒，5 万人在医院抢救。事故还造成严重的环境污染，而且在受害的人中不少人经常产生幻觉，产生自杀念头。孕妇生育后，死婴和畸形婴儿发生率直线上升，而且受害者仍以平均每天 1 人的速度不断死亡，迄今总死亡人数已逾 4000 人。而目前仍在广泛使用的另一种原料氢氰酸的毒性是人所共知的。因此，为了人类健康和社区安全，需要用无毒无害的原料代替它们来生产所需的化工产品。在代替剧毒的光气做原料生产有机化工原料方面，工业上已开发成功一种由胺类和二氧化碳生产异氰酸酯的新技术。在特殊的反应体系中采用一氧化碳直接羰化有机胺生产异氰酸酯的工业化技术也已开发成功。研究人员报道了用二氧化碳代替光气生产碳酸二甲酯的新方法；还开发了在固态熔融的状态下，采用双酚 A 和碳酸二甲酯聚合生产聚碳酸酯的新技术，它取代了常规的光气合成路线，并同时实现了两个绿色化学目标：一是不使用有毒有害的原料，二是由于反应在熔融状态下进行，不使用作为溶剂的可疑的致癌物——甲基氯化物。

关于代替剧毒氢氰酸原料，美国 Monsanto 公司从无毒无害的二乙醇胺原料出发，经过催化脱氢，开发了安全生产氨基二乙酸钠的工艺，改变了过去的以氨、甲醛和氢氰酸为原料的二步合成路线，并因此获得了 1996 年“美国总统绿色化学挑战奖”中的变更合成路线奖。

3.采用无毒、无害的催化剂

催化剂在化工生产中具有极其重要的作用。催化剂能够非常显著地提高反应速度，而且催化剂还具有选择性，虽然催化剂不能改变化学平衡和平衡时的转化率，但在工业生产中，为了提高生产效率，常常没有真正的平衡存在，因此在一定的时间内，使用催化剂可大幅度地提高原料的利用率。可以说，在化工生产中，80%以上的反应只有在催化剂作用下才能获得具有经济价值的反应速度和选择性。

由于催化剂本身也是各种化学物质，因此它们的使用也就有可能对人体及环境构成危害，特别是酸、碱、金属卤化物、金属羰基化合物、有机金属配合物等均相催化剂，其本身具有强烈的毒性、腐蚀性，甚至有致癌作用。它们的使用会引起严重的设备腐蚀问题且对操作人员的安全构成危害。而且这些催化剂与产物难于分离，处理产物产生的大量废物以及废旧催化剂的排放会对环境造成严重的污染。

历史上由于催化剂的毒性引起的污染曾给人类带来沉痛的教训，典型的实例就是由汞污染引起的水俣病。20 世纪中叶，主要的化学原料是煤，当时大量采用由煤经电石法制备的乙炔为原料，在硫酸汞（$HgSO_4$）催化剂作用下制取乙醛。废硫酸汞催化剂掺在污水中排放到大海里，在环境作用下转化成更具毒性的二次污染物——甲基汞，经鱼食后被浓缩，人又不断食用这种鱼，就在体内积累了汞，最终导致脑细胞遭破坏，产生水俣病。20 世纪 60～70 年代，世界各地多处出现水俣病，造成人员死亡。虽然汞中毒的问题早已通过采用乙烯氧化合成乙醛的新的技术路线而得到了解决，但因催化剂的使用而引起的腐蚀、污染问题依然大量存在，其中问题最为严重的是目前仍大量使用的硫酸、氢氟酸和三氯化铝等无机酸类。

目前烃类的烷基化反应一般使用氢氟酸、硫酸、三氯化铝等酸催化剂。这些催化剂共同的缺点是，对设备的腐蚀严重、对人身有危害、产生废渣、污染环境。

为了保护环境，多年来国外正从分子筛、杂多酸、超强酸等新催化材料中大力开发固体酸烷基化催化剂，其中采用新型分子筛催化剂的乙苯液相烃化技术引人注目。这种催化剂选择性很高，乙苯质量收率超过 99.6%，而且催化剂寿命长。在固体酸烷基化的研究中，还应进一步提高催化剂的选择性，以降低产品中的杂质含量；提高催化剂的稳定性，以延长运转周期；降低原料中的苯烯比，以提高经济效益。

4. 采用无毒、无害的溶剂

大量的与化学品制造相关的污染问题不仅来源于原料和产品，而且源自在其制造过程中使用的物质，最常见的是在反应介质、分离和配方中所用的溶剂。当前广泛使用的溶剂是挥发性有机化合物(volatile organic compounds，VOC)，其在使用过程中有的会引起地面臭氧的形成，有的会引起水源污染，因此，需要限制这类溶剂的使用。采用无毒无害的溶剂代替挥发性有机化合物作溶剂已成为绿色化学的重要研究方向。

在无毒无害溶剂的研究中，最活跃的研究项目是开发超临界流体（super－critical fluid，SCF)，特别是超临界二氧化碳作溶剂。超临界二氧化碳是指温度和压力均在其临界点(31℃、7.38MPa)以上的二氧化碳流体。它通常具有液体的密度，因而有常规液态溶剂的溶解度；在相同条件下，它又具有气体的黏度，因而又具有很高的传质速度，而且具有很大的可压缩性，流体的密度、溶剂溶解度和黏度等性能均可由压力和温度的变化来调节。超临界二氧化碳的最大优点是无毒、不可燃、价廉等。

除采用超临界溶剂外，还有研究水或近临界水作为溶剂以及有机溶剂/水相界面反应。水虽然是地球上最丰富和最廉价的溶剂，但采用水作溶剂虽然能避免有机溶剂，但由于其对大多数有机物溶解度有限，所以在大部分场合都不能代替挥发性有机溶剂，而且以水为溶剂时还要注意废水是否会造成污染，因而限制了水的应用。在有机溶剂/水相界面反应中，一般采用毒性较小的溶剂(甲苯)代替原有毒性较大的溶剂，如二甲基甲酰胺、二甲基亚砜、醋酸等。采用无溶剂的固相反应也是避免使用挥发性溶剂的一个研究动向，如用微波来促进固－固相有机反应。近年来，在涂料行业使用辐射固化技术得到了快速发展，该项技术可以在涂料、油墨、油漆等的配方和使用过程中避免使用有机溶剂。

巴斯夫公司因开发成功一种棉花染色用染料而获得 2000 年英国绿色化学奖

之工业奖，这种染料可减少染色需要的水、盐和能源消耗。这种商品名称为 Procion XL 的染料以一氯三嗪活性基团为基础，附着在精心设计的发色团上。这种染料的优点是减少原料、水、盐、助剂和能源消耗，减少占地面积和人力，减少污水排放量以及螯合剂、重金属和有毒染料中间体的量，对环境有好处。另一个获奖单位是普雷斯顿工业共聚物公司，该公司研制成功一种能够减少车用涂料工业溶剂用量的添加剂，这种商品名称为 Incozol LV 的添加剂是一种稀释剂，配制的涂料可使用较少的挥发性有机溶剂，仅为采用传统方法溶剂用量的一半，而且还可降低加工成本。

5. 利用可再生的资源合成化学品

众所周知，目前世界所需能源和有机化工原料绝大部分来源于石油、煤和天然气。但从长远看，它们都不是人类所能长久依赖的理想能源，原因来自两方面：一是它们再生周期非常漫长而且储量有限，总有用完的一日；二是目前地球所面临的环境危机直接或间接地都与此类矿物燃料的加工和使用有关。从绿色化学的高度来考虑，人类可以长久依赖的未来资源和能源必须是储量丰富，最好是可再生的，而且它在使用过程中不会引起环境污染。基于这一原则，人们普遍认为以植物为主的生物质资源将是人类未来的理想选择。

生物质（Biomass）可理解为由光合作用产生的所有生物有机体的总称，包括植物、农作物、林产物、林产废弃物、海产物（各种海草）和城市废弃物（报纸、天然纤维）等。生物质资源恰可弥补煤、石油和天然气等矿物资源的上述两项不足。一方面它的使用不会带来环境污染：来源于 CO_2（光合作用），燃烧后产生 CO_2，不会增加大气中 CO_2 的含量；另一方面它储量丰富且可用之不竭，据估计，作为植物生物质的最主要成分——木质素和纤维素，每年以约 1640 亿 t 的速度不断再生，如以能量换算，相当于目前石油年产量的 15～20 倍。

生物质的利用有两个方向：一是将生物质制成石油、天然气、酒精、氢气等作为燃料。二是将它制成基础化工原料如 1,3-丙二醇、己二酸、乳酸等，转化的方法有物理法、化学法和生物转化法。物理和化学方法因能耗高、产率低、过程污染严重等，单独使用缺乏实用性，往往作为生物转化法的辅助手段。酶在生物转化法中起着至关重要的作用，酶是一种催化剂，酶的催化因具有高效、专一、反应条件温和、可供选择的种类多等优点而备受青睐。

6. 环境友好产品

既然现代人类离不开化学品而生存，又不愿在使用化学品的同时造成对自身的危害，那么人类的选择就只有使用那些对人和环境无毒害的化学产品，即绿色化学产品。

绿色化学品应该具有两个特征：产品本身必须不会引起环境污染或健康问题，包括不会对野生生物、有益昆虫或植物造成损害；当产品被使用后，应该能再循环或易于在环境中降解成无害物质。

1996 年"美国总统绿色化学挑战奖"设计更安全化学品奖授予了 Rohm&Haas 公司，由于其开发成功一种环境友好的海洋生物防垢剂。小企业奖授予了 Donlar 公司，因其开发了两个高效工艺以生产热聚天冬氨酸，它是一种代替丙烯酸的可生物降解产品。

在环境友好机动车燃料方面，随着环境保护要求的日益严格。1990 年美国清洁空气法（修正案）规定，逐步推广使用新配方汽油，减小由汽车尾气中的一氧化碳以及烃类引发的臭氧和光化学烟雾等对空气的污染。新配方汽油要求限制汽油的蒸气压、苯含量，还将逐步限制芳烃和烯烃含量。还要求在汽油中加入含氧化合物，比如甲基叔丁基醚、甲基叔戊基醚。这种新配方汽油的质量要求已推动了汽油的有关炼油技术的发展。

柴油是另一类重要的石油炼制产品。对环境友好柴油，美国要求硫含量不大于 0.05%，芳烃含量不大于 20%，同时十六烷值不低于 40；瑞典对一些柴油要求更严。为达到上述目的，一是要有性能优异的深度加氢脱硫催化剂；二是要开发低压的深度脱硫和芳烃饱和工艺。

此外，保护大气臭氧层的氟氯烃代用品已在开始使用，防止"白色污染"的生物降解塑料也在使用。

第四节　绿色化学的应用前景展望与产业革命

据统计，我国目前总能源利用率约 30%，矿产资源利用率为 40%～50%，社会最终产品仅占投入量的 20%～30%，单位国民生产总值能耗是发达国家的 3～4 倍，主要工业产品能源、原材料消耗比国外先进水平高 30%～90%。我国人均水资源占有量不到世界平均占有量的 1/4，每年缺水 500 亿 m^3，但工业单位产品用水量却高出发达国家的 5～10 倍。如此巨大的资源、能源消耗，不仅造成了极大的浪费，加大了产品成本，同时也成为环境污染的主要来源。另外，一系列检测表明，我国城市儿童已有一半左右的血铅含量超过了国际公认的铅中毒标准。血铅含量升高将会导致智力降低和注意力下降，我们的子孙后代已受到平均智力降低的严重威胁。而绿色化学具有广阔的发展前景，虽然对绿色化学未来的发展难以准确地预测，但我们有理由相信，随着社会科技、经济的全面进步，随着人们对生存环境质量要求的逐步提高，绿色化学必将蓬勃发展，成为 21 世纪化学界研究的重要课题。这不但将从理论上、实际上给化学工业及化学界带来一场全新的革命，而且必将给包括造纸、制革、纺织、煤炭等众多行业带来一场深刻的变革。我们有理由相信，绿色化学是有效的，也是有益的，绿色化学是对人类健康和我们生存环境所做的正义事业，21 世纪绿色化学的进步将会证明我们有能力为我们生存的地球负责。

知识窗

绿色溶剂——离子液体

绿色溶剂一般是指溶剂化学性质不稳定，可以为土壤生物或其他物质降解，半衰期短，很容易衰变成低毒、无毒的物质，也称环境友好型溶剂。

传统的化学反应和分离过程由于使用大量易挥发的有机溶剂，对环境造成严重污染。所以一提到化学，人们马上想到化学反应过程可能会产生有毒物质或某些污染物。现在人们可以免去这种担心，化学家正在研究一种新的溶剂——离子液体，从源头上解决化学反应过程可能出现的上述问题。早在 19 世纪，科学家就在研究离子液体，但当时没有引起人们的广泛兴趣。20 世纪 70 年代初，美国空军学院的科学家威尔克斯开始倾心研究离子液体，以尝试为导弹和空间探测器开发更好的电池，发现了一种可用作电池的液态电解质。到了 20 世纪 90 年代末，兴起了离子液体的理论和应用研究的热潮。

与典型的有机溶剂不一样，在离子液体里没有电中性的分子，100％是阴离子和阳离子，在－200～－100℃均呈液体状态，具有良好的热稳定性和导电性，在很大程度上允许动力学控制。对大多数无机物、有机物和高分子材料来说，离子液体是一种优良的溶剂，表现出酸性及超强酸性质，使得它不仅可以作为溶剂使用，而且还可以作为某些反应的催化剂使用，这些具有催化活性的溶剂避免了额外的可能有毒的催化剂或可能产生大量废弃物的缺点；离子液体一般不会成为蒸气，所以在化学实验过程中不会产生对大气造成污染的有害气体；价格相对便宜，多数离子液体对水具有稳定性，容易在水相中制备得到；离子液体还具有优良的可设计性，可以通过分子设计获得特殊功能的离子液体。总之，离子液体的无味、无恶臭、无污染、不易燃、易与产物分离、易回收、可反复多次循环使用、使用方便等优点，是传统挥发性溶剂的理想替代品，它有效地避免了传统有机溶剂的使用所造成严重的环境、健康、安全以及设备腐蚀等问题，为名副其实的、环境友好的绿色溶剂。适合于当前所倡导的清洁技术和可持续发展的要求，已经越来越被人们广泛认可和接受。离子液体已经在诸如聚合反应、选择性烷基化和胺化反应、酰基化反应、酯化反应、化学键的重排反应、室温和常压下的催化加氢反应、烯烃的环氧化反应、电化学合成、支链脂肪酸的制备等方面得到应用，并显示出反应速率快、转化率高、反应的选择性高、催化体系可循环重复使用等优点。此外，离子液体在溶剂萃取、物质的分离和纯化、废旧高分子化合物的回收、燃料电池和太阳能电池、工业废气中二氧化碳的提取、地质样品的溶解、核燃料和核废料的分离与处理等方面也显示出潜在的应用前景。

从理论上讲离子液体可能有 1 万亿种，化学家和生产企业可以从中选择适合自己工作需要的离子液体。目前，对离子液体的合成与应用研究主要集中在如何提高离子液体的稳定性，降低离子液体的生产成本，解决离子液体中高沸点有机物的分离以及开发既能用作催化反应溶剂，又能用作催化剂的离子液体新体系等领域。随着人们对离子液体认识的不断深入，相信离子液体绿色溶剂的大规模工业应用指日可待，并给人类带来一个面貌全新的绿色化学高科技产业。

本章小结

- 绿色化学
  - 绿色化学产生的背景
  - 绿色化学的概念和内涵
  - 绿色化学的研究内容
    - 开发“原子经济”反应
    - 采用无毒、无害的原料
    - 采用无毒、无害的催化剂
    - 采用无毒、无害的溶剂
    - 利用可再生的资源合成化学品
    - 环境友好产品
  - 绿色化学的应用前景展望与产业革命

练习题

1. 绿色化学的概念和内涵是什么。
2. 绿色化学的应用原则有哪些？
3. 绿色化学的研究内容有哪些？
4. 简述一下绿色化学的应用前景。

第三部分 实验实训

实验一 有机化学实验的一般知识

一、有机化学实验室规则

为使有机实验有条不紊、安全地进行，必须遵循以下规则：

(1)熟悉实验室的安全规则，学会正确使用水、电、煤、通风厨、灭火器等，了解实验事故的一般处理方法。做好实验的预习工作，了解所用药品的危害性及安全操作方法，按操作规程，小心使用有关实验仪器和设备，若有问题应立即停止使用。

(2)实验前，认真清点、检查玻璃仪器；实验中，安全合理地使用玻璃仪器；实验后，洗净并妥善保管玻璃仪器，尤其应学会玻璃仪器的洗涤方法。

(3)实验时，要保持实验室和桌面的清洁，认真操作，遵守实验纪律，严格按照实验中所规定的实验步骤、试剂规格及其用量来进行。若要改变，需经教师同意方可进行。

(4)使用实验药品前，应仔细阅读药品标签，按需取用，避免浪费；取完药品后要迅速盖上瓶塞，避免搞错瓶塞，污染药品。不要任意更换实验室常用仪器(如天平、干燥器、折光仪等)和常用药品的摆放位置。

(5)整个实验操作过程中要集中思想，避免大声喧哗，不要在实验室吃东西。

(6)实验中和实验后，各类固体废物和液体废物应分别放入指定的废物收集器中。

(7)离开实验室前，应检查水电是否安全关闭。

二、药品使用规则

(1)不论是做性质实验还是合成实验，都必须严格按所规定的药品用量进行实验，不得随意改动，以免影响实验效果。

(2)在量取药品时应注意：①用滴管(或移液管)吸取液体药品时，滴管一定要干净，以免污染药品。②固体药品应用洁净、干燥的药匙取用，用后应将药匙擦拭干净。③量取药品时如过量，其过量部分可供其他人使用，不可随意丢弃，更不可倒入原试剂瓶中，以免污染药品。④药品用过后应立即盖好瓶盖，放回原处。⑤公用药品应在指定地点使用，不可挪为己用。

(3)在实验过程中，未经老师允许不得私自擅取药品重做实验。

(4)使用有毒、强腐蚀性等药品时，必须严格按有关规定操作。

三、有机化学实验的一般安全知识

有机化学实验很大程度上由玻璃仪器、实验试剂和电器设备等组成，如果操作不当，会对人体、环境造成伤害，实验试剂往往具有易燃、易爆、易挥发、易腐蚀、毒性高等特点，玻璃仪器与电器设备使用不当亦可发生意外事故。因此，有机化学实验室是一个潜在的、高危险性的场所。

1. 防火

实验操作要规范，实验装置要正确，对易燃、易爆、易挥发的实验药品要远离明火，不可随意丢弃，实验后应专门回收。若一旦发生火灾，应先切断电源、煤气、移去易燃易爆试剂，再采取其他适当方法灭火，如，灭火器，石棉网或黄沙覆盖，或用水冲等。

2. 防爆

仪器装置要正确，常压蒸馏及回流时，整个系统不能密闭；减压蒸馏时，应事先检查玻璃仪器是否能承受系统的压力；若在加热后发现未放沸石，应停止加热，冷却后再补加；冷凝水要保持畅通。有些有机物遇氧化剂会发生猛烈的爆炸或燃烧，操作或存放应格外小心。

3. 防中毒

绝大多数有机实验试剂都有不同程度的毒性，对有刺激性或者产生有毒气体的实验，应尽量安排在通风橱，或有排风系统的环境中进行，或采用气体吸收装置。有毒或有较强腐蚀性的药品应严格按照有关操作规程进行，不能用手直接拿或接触这类化学药品，不得入口，或接触伤口，亦不可随便倒入下水道。实验中若发现有头晕、头痛等中毒症状，应立即转移到空气新鲜的地方休息，严重者应送医院。

4. 防化学灼伤

强酸、强碱和溴等化学药品接触皮肤均可引起灼伤，使用时应格外小心。一旦发生这类情况应立即用大量水冲洗，再用如下方法处理：

酸灼伤：眼睛灼伤用 1% $NaHCO_3$ 溶液清洗；皮肤灼伤用 5% $NaHCO_3$ 溶液清洗。

碱灼伤：眼睛灼伤用 1%硼酸溶液清洗；皮肤灼伤用 1%～2%醋酸溶液清洗。

溴灼伤：立即用酒精洗涤，再涂上甘油，或敷上烫伤油膏。

灼伤较严重者经急救后速去医院治疗。

5. 防割伤和烫伤

在玻璃仪器的使用和玻璃工的操作中，常因操作或使用不当而发生割伤和烫伤现象。若发生此类现象，可用如下方法处理：

割伤：先要取出玻璃片，用蒸馏水或双氧水清洗伤口，涂上红药水，再用纱布包扎；若伤口严重，应在伤口上方用纱布扎紧，急送医院。

烫伤：轻者涂烫伤膏，重者涂烫伤膏后立即送医院。

四、有机化学实验废物的处置

在有机化学实验中和实验结束后往往会产生各种固体、液体等废物，为提倡环境保护，遵守国家的环保法规，减少对环境危害，可采用如下处理方法：

(1)所有实验废物应按固体、液体，有害、无害等分类收集于不同的容器中，对一些难处理的有害废物可送环保部门专门处理。

(2)少量的酸(如盐酸、硫酸、硝酸等)或碱(如氢氧化钠、氢氧化钾等)在倒入下水道之前必须被中和，并用水稀释。

(3)有机溶剂必须倒入带有标签的废物回收容器中，并存放在通风处。

(4)对无害的固体废物，如，滤纸、碎玻璃、软木塞、氧化铝、硅胶、硫酸镁、氯化钙等可直接倒入普通的废物箱中，不应与其他有害固体废物相混；对有害固体废物应放入带有标签的广口瓶中。

(5)对能与水发生剧烈反应的化学品，处置之前要用适当的方法在通风橱内进行分解。

(6)对可能致癌的物质，处理起来应格外小心，避免与手接触。

五、常用的玻璃仪器和实验装置

①常用的标准磨口仪器

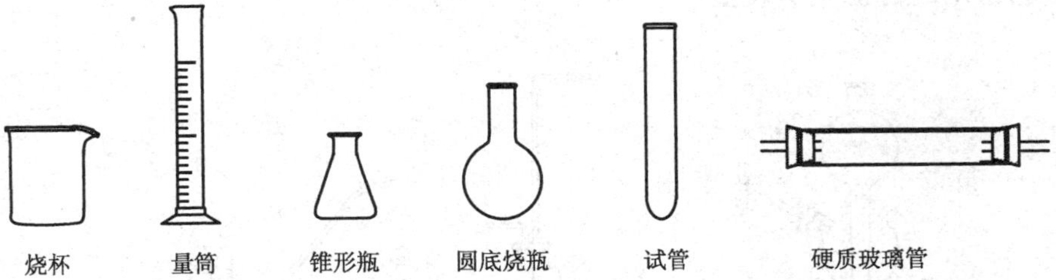

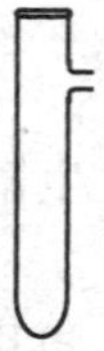
支管试管

球形分液漏斗

梨形分液漏斗

U形管

蒸馏烧瓶

容量瓶

表面皿

牛角管

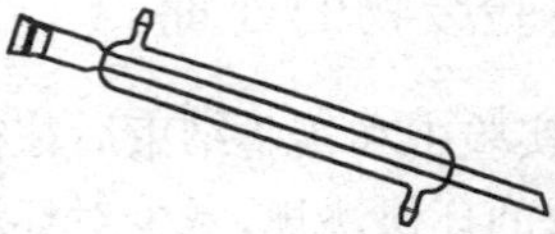
冷凝管

泥三角

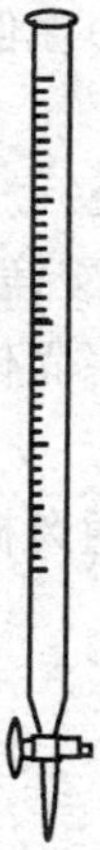
酸式滴定管

碱式滴定管

长颈漏斗

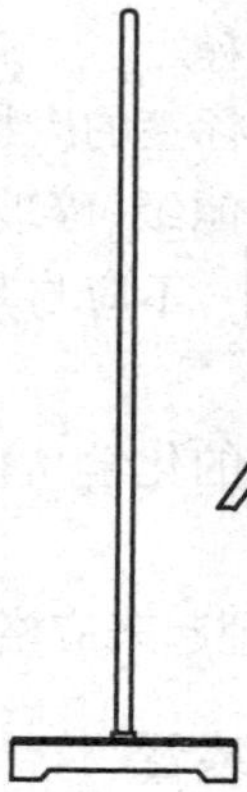
铁架台

坩埚

三角漏斗

三角架

铁夹

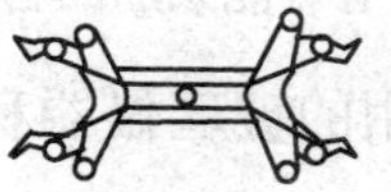
滴定管夹

②常用的有机化学装置

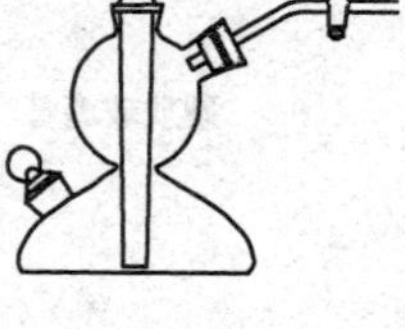
启普发生器

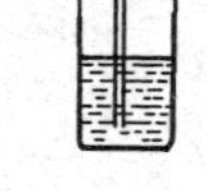
洗气瓶

排水集气法收集气体

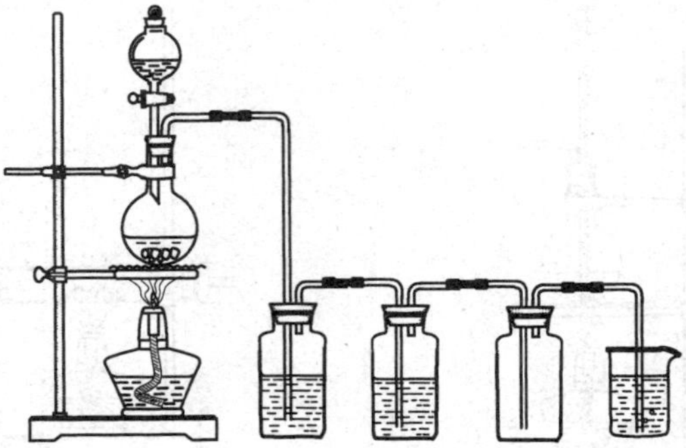

制氯气成套装置

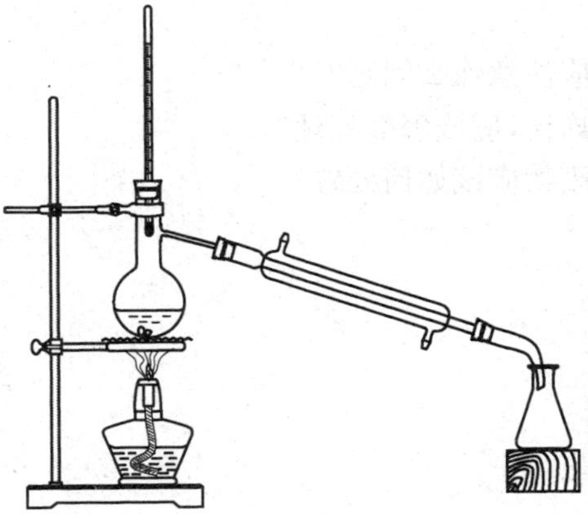

蒸馏成套装置

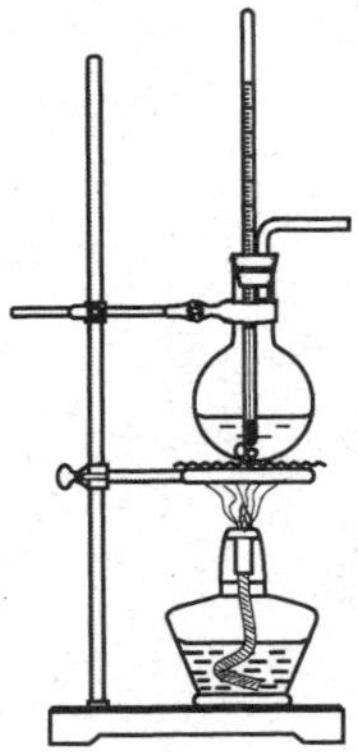

固液加热造气装置

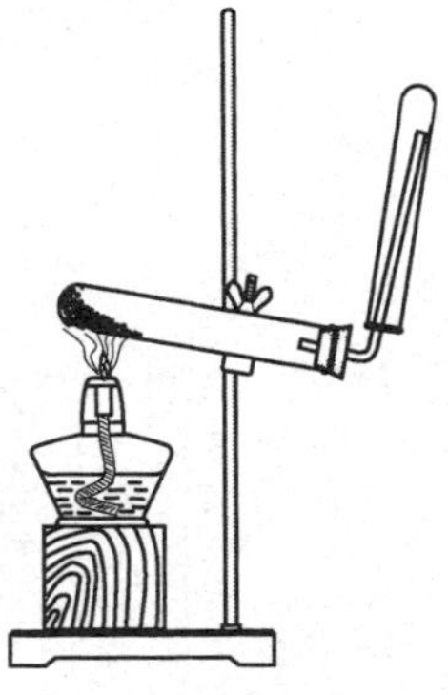

固固加热造气装置

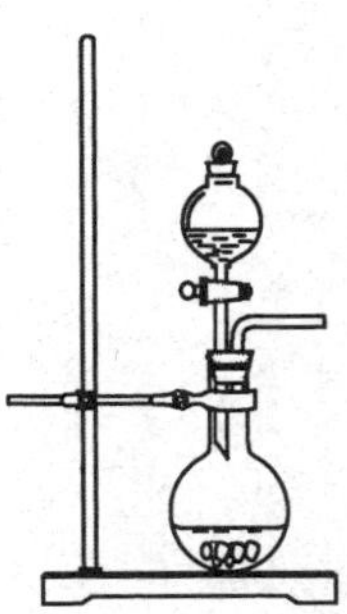

固液不加热造气装置

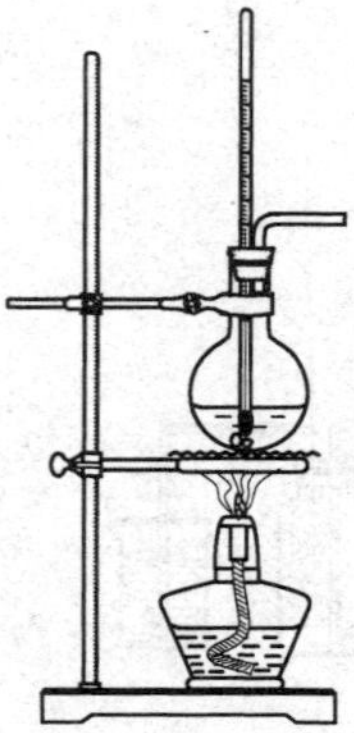

制乙烯装置

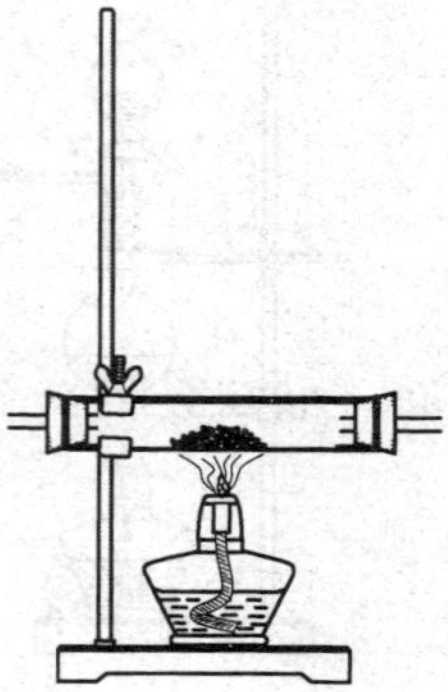

硬质玻璃管加热

六、思考题

1. 在量取药品时应注意什么问题?
2. 如果遇到化学灼伤,应该怎么处理?
3. 有机化学实验废物应该如何处置?

实验二　有机化学实验基本操作技术

一、实验目的

熟悉有机化学实验室规则和玻璃器皿的领用要求，熟悉常见玻璃器皿及其用途，掌握常用玻璃器皿的洗涤、干燥及保存方法。

二、实验原理

1. 常用玻璃器皿的洗涤

有机化学实验室经常使用的玻璃仪器和瓷器，必须要保证清洁，才能使实验得到准确的结果，所以学会清洗玻璃仪器，是进行化学实验重要的环节。洗涤仪器的方法很多，应根据实验的要求、污物的性质和沾污的程度来选择。一般来说附着在仪器上的污物有尘土和其他不溶性物质、可溶性物质、有机物质和油污。针对这些情况可以分别用下列方法洗涤：

(1)刷洗或水洗　用试管刷刷洗可以使附着在仪器上的尘土和其他不溶性物质脱落下来，用水洗则可除去可溶性物质。

(2)用去污粉或肥皂洗　可以洗去油污和有机物质。若仍洗不干净，可用热的碱溶液洗。

(3)用浓盐酸洗　可以洗去附着在器壁上的氧化剂如二氧化锰等污物。

(4)用氢氧化钠-高锰酸钾洗液洗　可以洗去油污和有机物，洗后在器壁上留下的二氧化锰沉淀可再用盐酸洗。

(5)用洗液清洗　在进行精确的定量实验时，即使少量杂质亦会影响实验的准确性，因而要求用洗液来洗涤仪器，洗液是等体积的浓硫酸和饱和重铬酸钾溶液的混合物，具有很强的氧化性、酸性和去污能力。使用洗液时必须注意如下几个方面：使用洗液前最好用水或去污粉把仪器洗一遍，应该尽量把仪器的水去掉，以免把洗液冲稀，洗液用后倒回原瓶，可以重复使用，装洗液的瓶塞盖紧，以防止洗液吸水而被冲淡；不要用洗液去洗涤具有还原性的污物(如某些有机物)；洗液具有很强的腐蚀性，会灼伤皮肤和破坏衣物，使用时要小心，如洗液溅到皮肤或衣物上，应立即用水冲洗。

用上述方法洗涤后，还要用自来水冲洗，但自来水中含有钙、镁、氯等离子，如果实验中不允许这些杂质存在，应该再用少量的蒸馏水冲洗两次，以便把杂质洗去。洗净的仪器壁上不应附着不溶物、油污，这样的仪器可被水完全湿润。把仪器倒转过来，水即顺器壁流下，器壁上只留下一层既薄又均匀的水膜，不挂水珠，这表示仪器已经洗干净。已洗净的仪器不能再用布或纸抹,因为布和纸的纤维会留在器壁上弄脏仪器。

2. 玻璃器皿的干燥

洗净的玻璃器皿可用下述方法干燥:

(1)烘干　洗净的仪器,可以放在恒温箱内烘干。放置仪器时应注意使仪器的口朝下,不能倒置的仪器则应单放,还应在恒温箱的最下层放一瓷盆,接住从仪器滴下的水珠,以免损坏电炉丝。

(2)烤干　烧杯或蒸发皿可置于石棉网上用火烤干。烘烤干燥试管时,可将试管略微倾斜,管口向下,不断转动试管,赶掉水汽,最后管口朝上,以便把水汽赶尽。

(3)不加热的情况下的干燥　洗净的仪器可以倒置于干净的实验柜内或放在仪器架上晾干;用压缩空气(或吹风机)把仪器吹干;用有机溶剂干燥:有些有机溶剂可以和水互相溶解,如在仪器内加入少量酒精,转动仪器,使酒精与器壁的水混合,然后倾出混合液,残留在仪器壁的酒精挥发后而使仪器干燥。

注意:带有刻度的计量仪器,不能用加热的方法进行干燥,以免影响其精密度。

三、仪器、试剂和材料

玻璃仪器(见下表),烘箱,酒精灯,电吹风机;$K_2Cr_2O_7$,H_2SO_4(浓)等;去污粉,肥皂,试管刷,试管架等。

领取仪器清单

名称	规格	数量	名称	规格	数量
烧杯	400mL	1只	试管夹	—	1个
烧杯	250mL	1只	试管刷	—	1把
烧杯	100mL	2只	试管架	—	1个
烧杯	50mL	1只	酸式滴定管	50mL	1支
试管	15mm×150mm	10支	碱式滴定管	50mL	1支
离心试管	10mL	10支	表面皿	6~8cm	2块
漏斗	6cm	1支	蒸发皿	60mL	1只
石棉网	—	1块	量筒	10mL	1只
广口瓶	30mL	2只	锥形瓶	250mL	2只
酒精灯	—	1只			

四、实验内容

(1)按照教师发给的实验仪器清单,领取玻璃仪器一套,领取仪器时应仔细清点,如发现不符合规格、数量不对以及有破损仪器时应在洗涤前及时调换。

(2)配制 $K_2Cr_2O_7-H_2SO_4$ 洗涤液。

称取重铬酸钾(粗)10g 置于 400mL 烧杯内,加入 20mL 水,加热使之溶解。等冷却后,一边不断搅拌一边徐徐注入 175mL 浓硫酸即成。配好的洗液应为深褐色,储于细口瓶中备用。经多次使用后洗涤效率降低时,可加入适量的 $KMnO_4$ 粉末即可再生。用时防止它被水稀释。

(3)在教师指导下,对已领取的玻璃仪器分类,选择合适的方法进行清洗。

(4)将清洗干净的玻璃仪器依不同要求,采用不同方法(自然晾干、烘干、烤干、吹干等)进行干燥。

(5)将清洗、干燥过的玻璃仪器按指定位置(仪器橱、架等)存放好。

五、思考题

(1)为保证化学实验结果的准确性,实验中要用的玻璃器皿都必须洗净到器壁能被水完全润湿,不挂水珠,你对这种观点有何评论?

(2)铬酸洗液是怎样配制的?配制过程中应注意什么?新配制的铬酸洗液是什么颜色?如果用铬酸洗液清洗还原性污物,铬酸洗液的颜色会发生什么变化?

(3)举例说明不同的玻璃器皿、不同的污物要用不同的洗涤剂、不同的清洗方法进行清洗。

实验三　甲烷制备与烷烃的性质

一、实验目的

学习甲烷的实验室制法和验证烷烃的性质。

二、实验原理

主反应：

$$CH_3COONa+NaOH \xrightarrow{\triangle} CH_4\uparrow+Na_2CO_3$$

副反应：

$$CH_3COONa+NaOH \xrightarrow{\triangle} CH_4\uparrow+C_2H_6\uparrow+H_2\uparrow$$

三、实验用品

(1)仪器　硬质大试管、玻璃导管、试管、玻璃水槽、具支试管、玻璃漏斗、酒精灯、集气瓶、磨砂玻璃片、铁架台。

(2)药品　无水 NaAc、碱石灰(干燥的)、NaOH (s)、1% Br_2/CCl_4、0.1% $KMnO_4$、10 % H_2SO_4、石油醚。

四、实验步骤

1. 甲烷的制备(醋酸钠和碱石灰法)

实验装置如下图所示。

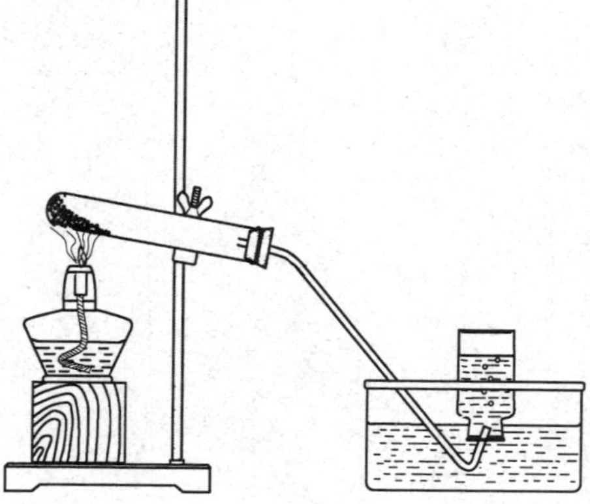

甲烷制备装置图

(1)按实验装置图连接好装置，检查气密性。

(2)将 5g 无水醋酸钠、3g 碱石灰、2g 粒状氢氧化钠放在研钵中快速研细混合均匀后，立即置于硬质大试管中，检查装置不漏气后，用酒精灯小火徐徐均匀地加热整支试管，再用较大的火焰强热靠近试管口的反应物，使该处的反应物反应后，逐渐将火焰往试管底部移动。估计空气排尽后，用排水集气法收集甲烷，并做下列性质实验。

2. 甲烷和烷烃的性质实验

(1)溴/四氯化碳试验：1%溴/四氯化碳 0.5mL 在光照和避光下通甲烷，观察现象。

(2)高锰酸钾试验：0.1% $KMnO_4$ 1mL+10% H_2SO_4 2mL 振荡，通入 CH_4 观察现象。

(3)爆炸试验：用排水集气法收集甲烷，迅速把试管口靠近火焰，观察现象。

(4)可燃性试验(采用安全点火法)，观察甲烷燃烧情况。

(5)取石油醚按照(1)和(2)进行试验，观察现象。

五、思考题

(1)烷烃与高锰酸钾溶液，溴有无反应？在光照下能否与溴起反应？

(2)进行酸性高锰酸钾溶液实验的目的是什么？

(3)体会到安全点火法有什么好处？

(4)煤矿井下的瓦斯爆炸是什么引起的？

实验四　烯烃的性质

一、实验目的

学习乙烯的制备方法，验证烯烃的性质。

二、实验原理

用乙醇酸性脱水制备乙烯，并将其与卤素、高锰酸钾反应，点燃，推测其性质。

三、实验用品

(1)仪器　电热套、气流烘干器、蒸馏烧瓶、酒精灯、具支试管。

(2)药品　乙醇、P_2O_5、NaOH、1% Br_2/CCl_4、0.1% $KMnO_4$、硫酸-磷酸混合酸之比(体积比)为5∶1～6∶1。

四、实验步骤

在制备前，要准备好性质实验的各种试剂。

1.乙烯的制备

(1)在125mL蒸馏烧瓶中，加入4mL乙醇，12mL硫酸-磷酸混合酸边加边摇。

(2)放入约1gP_2O_5及少量碎瓷片。

(3)塞上温度计，连接好装置。

(4)强热反应物，使温度迅速上升至160～170℃，调节火焰，保持此范围温度和乙烯气流均匀产生，做性质试验。

2.乙烯性质试验

(1)与卤素反应　①0.5mL 1% Br_2/CCl_4；②通入乙烯振荡，观察现象。

(2)氧化　①0.5mL 0.1% $KMnO_4$ + 0.5mL 10% H_2SO_4；②通入乙烯振荡，观察现象。

(3)可燃性(采用安全点火法)。

五、思考题

(1)制备乙烯的实验要注意哪些问题？如果不迅速升高温度结果如何？

(2)本实验制备乙烯时有哪些杂质生成？它们分别在装置中的哪一部分被除去？

实验五　乙炔的性质和制备

一、实验目的

(1)学习乙炔的实验室制法。

(2)加深对乙炔性质的认识。

二、实验用品

(1)仪器　圆底烧瓶、分液漏斗、玻璃导管、胶皮管、铁架台、铁夹、水槽、集气瓶、橡皮塞、试管。

(2)药品　饱和食盐水、溴水、高锰酸钾、硝酸银、氨水、氯化亚铜。

(3)材料　电石、碎瓷片、火柴。

三、实验步骤

1. 乙炔的制取

(1)按照实验装置图所示，把仪器安装好并检查装置的气密性。

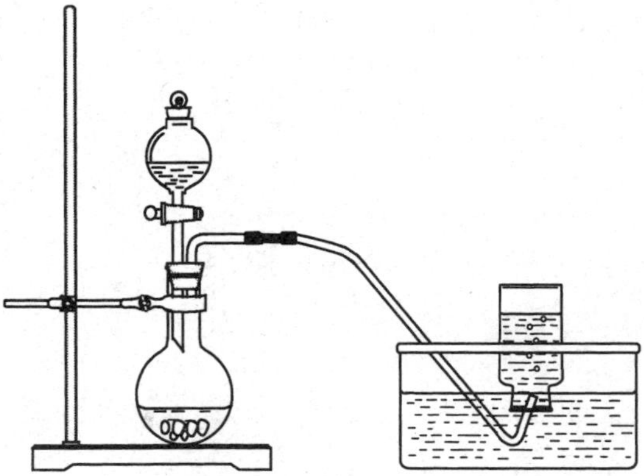

制取乙炔的实验装置图

(2)向圆底烧瓶中，加入几块电石，在分液漏斗中加入饱和的食盐水，打开旋钮慢慢向烧瓶中滴入饱和食盐水，即可看到导气管有气体放出，先排除空气再收集气体。

2. 乙炔的性质

取 4 支试管，向其中分别加入酸性的高锰酸钾溶液、溴水、硝酸银的氨溶液、氯化亚铜的氨溶液。

附:硝酸银的氨溶液的配制:取 0.5mL 10%硝酸银溶液于试管里,滴加氨水。开始出现黑色沉淀。再继续滴加氨水边滴边摇动试管,滴到沉淀刚好溶解为止,得澄清的硝酸银氨水溶液。

氯化亚铜的氨溶液的配制:取 1g 氯化亚铜放入一大试管中,往试管里加 1~2mL 浓氨水和 10mL 水,用力摇动试管后静置一会,再倾出溶液并投入 1 块铜片(或一根铜丝),贮存备用。

(1)将乙炔气体通入酸性高锰酸钾溶液中,观察现象。

(2)将乙炔气体通入溴水中,观察现象。

(3)将乙炔气体通入硝酸银的氨溶液中,观察现象。

(4)将乙炔气体通入氯化亚铜的氨溶液中,观察现象。

(5)点燃:观察现象。

四、思考题

(1)为什么不直接向电石中加水,而是加饱和的食盐水?

(2)为什么不用启普发生器?

实验六　芳香烃的化学性质

一、实验目的

掌握芳烃的化学性质，重点掌握取代反应的条件。

了解游离基的存在及化学检验方法。

掌握芳烃的鉴别方法。

二、实验用品

苯、甲苯、二甲苯、环己烯、$KMnO_4$、10% H_2SO_4、20% Br_2/CCl_4、10% NaOH、氨水、萘、浓 HNO_3、甲醛、CCl_4、$AlCl_3$。

三、实验步骤

1. 高锰酸钾溶液氧化

在 3 支试管中分别加入苯、甲苯、环己烯各 0.5mL，再分别加入 0.5mL10% H_2SO_4 溶液和 1 滴 0.5% $KMnO_4$ 溶液，在 60～70℃水浴中加热 15min，观察现象。

2. 芳烃的取代反应

(1)溴代

①光对溴代反应的影响：在 3 支小试管中分别加入等体积的苯、甲苯、二甲苯，液柱高度 3～4cm，把每只试管套上约 1.5 cm 高的黑纸筒。在每只试管中均加入 3～4 滴 Br_2/CCl_4 溶液，振荡摇匀后，把试管放在离灯源 2～3cm 处，使每只试管上光照强度基本相等，观察试管褪色情况。

②催化剂对溴代反应的影响：在试管中加入 3mL 苯，0.5mL 20% Br_2/CCl_4，再加入少量 Fe 粉。三个烧杯中分别加入 10% NaOH、无离子水、氨水各 10mL。水浴加热整个试管，使之微沸，然后分别用上述 3 个小烧杯的液体吸收，观察现象。反应毕，将反应液倒入盛有 10mL 水的小烧杯中，观察现象。

(2)磺化　取 4 支试管，分别加入苯、甲苯、二甲苯各 1.5mL 及萘 0.5g，分别加入浓硫酸 2mL，在水浴中加热到 75℃，振荡，观察比较各样品反应活性差异。把反应物分成两份，一份倒入 10mL 水小烧杯中，另一份倒入 10mL 饱和 NaCl 中，观察现象。

(3)硝化

①一硝基化合物的制取：在干燥的大试管中加 3mL 浓 HNO_3，在冷却下逐滴

加入 4mL 浓 H_2SO_4，冷却振荡，然后将混酸分成两份，分别在冷却下滴加 1mL 苯、甲苯，充分振荡，在 60℃以下水浴中放置数分钟，再分别倾入 10mL 冷水中，搅拌，静置，观察现象。

②二硝基化合物的制取：在干燥的大试管中加入 2mL 浓 HNO_3，在冷却下逐滴加入 4mL 浓 H_2SO_4，冷却，逐滴加 1.5mL 苯，在沸水中加热 10min，冷却后，倒入 40mL 冷水烧杯中，观察现象。

3. 芳烃的显色反应

(1)甲醛-硫酸试验　将 30mg 固体试样(液体试样则用 1～2 滴)溶于 1mL 非芳烃溶剂，取此溶液 1～2 滴加到点滴板上，再加 1 滴甲醛-硫酸试剂，观察现象。

(2)无水 $AlCl_3$ - $CHCl_3$ 试验　取 1 支干燥的试管，加入 0.1～0.2g 无水 $AlCl_3$，试管口放少许棉花，加热使 $AlCl_3$ 升华并结晶在棉花上。取升华的 $AlCl_3$ 粉末少许置于点滴板孔内，滴加 2～3 滴样品(用氯仿溶解)，观察特征颜色的产生。

实验七　卤代烃的性质与鉴定

一、实验目的

掌握卤代烃的化学性质和鉴别方法。

二、实验原理

取代反应和消除反应是卤代烃的主要化学性质。

在取代反应中，卤代烃化学活性取决于卤原子的种类和烃基的结构。卤素原子相同时，卤素活泼性顺序为：叔卤代烃＞仲卤代烃＞伯卤代烃。在烷基结构相同时，不同卤代烃其活泼性次序为：RI＞RBr＞RCl＞RF。含有不饱和键的卤代烃活性顺序为：烯丙基型和苄基型＞隔离型＞乙烯基型和芳基型。乙烯基型和芳基型的卤原子都很稳定，即使加热也不与硝酸银的醇溶液作用；烯丙基型和苄基型卤代烃非常活泼，室温下与硝酸银的醇溶液作用；隔离型卤代烃需要加热才与硝酸银的醇溶液作用。

卤代烃可发生消除反应，即卤代烷与碱的醇溶液共热，分子中脱去小分子卤化氢。

三、实验用品

1－溴丁烷、1－氯丁烷、1－碘丁烷、溴化苄、溴苯、硝酸银、乙醇、5%氢氧化钠。

四、实验步骤

1. 与硝酸银的乙醇溶液反应

(1)不同烃基结构的反应　取三支干燥试管并编号，在管1中加入10滴1－溴丁烷，管2中加入10滴溴化苄，管3中加入10滴溴苯，然后各加入4滴2%硝酸银的乙醇溶液，摇动试管观察有无沉淀析出。如10min后仍无沉淀析出，可在水浴上加热煮沸后再观察。写出反应物的活泼性次序。

(2)不同卤原子的反应　取三支干燥试管并编号，各加入4滴2%硝酸银的乙醇溶液，然后分别加入10滴1－氯丁烷、1－溴丁烷及1－碘丁烷。按上述方法观察沉淀生成的速度，写出不同反应物的活泼性次序。

2. 卤代烃的水解

(1)不同烃基结构的反应　取三支试管，分别加入10～15滴1－氯丁烷、2－氯丁烷及2－氯－2－甲基丙烷，然后在各管中加入1～2mL 5%氢氧化钠，充分振荡后静置。小心取水层数滴，加入同体积稀硝酸酸化，用2%硝酸银检查有无沉淀。

若无沉淀，可在水浴上小心加热，再检查。比较三种氯代烃的活泼性次序。

(2)不同卤原子的反应　取三支试管分别加入10～15滴1-氯丁烷、1-溴丁烷及1-碘丁烷，然后各加入1～2mL 5%氢氧化钠，振荡，静置。小心取水层数滴，按上述方法用稀硝酸酸化后，再用2%硝酸银检查，记录不同反应物的活泼性次序。

(3)β-消除反应实验　在一试管中加入1g氢氧化钾固体和乙醇4～5mL，微微加热，当KOH全部溶解后，再加入溴乙烷1mL振摇混匀，塞上带有导管的塞子，导管另一端插入盛有溴水或酸性高锰酸钾溶液的试管中。试管中有气泡产生，溶液褪色，说明有乙烯生成。

五、注意事项

(1)在18～20℃时，硝酸银在无水乙醇中的溶解度为2.1g，由于卤代烃能溶于乙醇而不溶于水，所以用作溶剂能使反应处于均相，有利于反应顺利进行。

(2)本实验通过检查氯离子是否存在来判断卤代烃是否水解，实验中忌用含氯离子的自来水。

实验八　溴苯的制备

一、实验目的

(1)掌握芳香卤代烃制备的原理和方法。

(2)掌握电动搅拌器和气体吸收操作。

二、实验原理

芳香族卤代物是指卤素直接和苯环相连接的化合物,它的制法和卤代烷不同,一般是用卤素(氯或溴)在铁粉或三卤化铁催化下与芳香族化合物作用,通过芳香烃的亲电取代反应将卤原子直接引入芳环。

由于三卤化铁和卤素作用生成卤素正离子和四卤化铁复合负离子要一定的时间,因此在卤代反应开始前有一个诱导期。在制溴苯时,开始时反应不明显,过一段时间后反应进行很剧烈。为了避免反应过于剧烈和减少副产物二溴代苯的生成,必须将溴慢慢地滴加到过量的苯中。三卤化铁很容易水解失效,所以反应时所用的试剂和仪器都应该是无水和干燥的。

主反应:

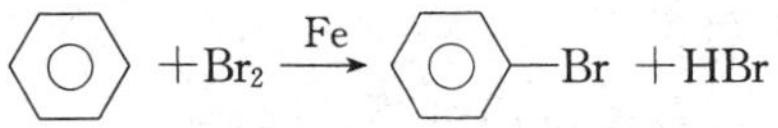

主要副反应:

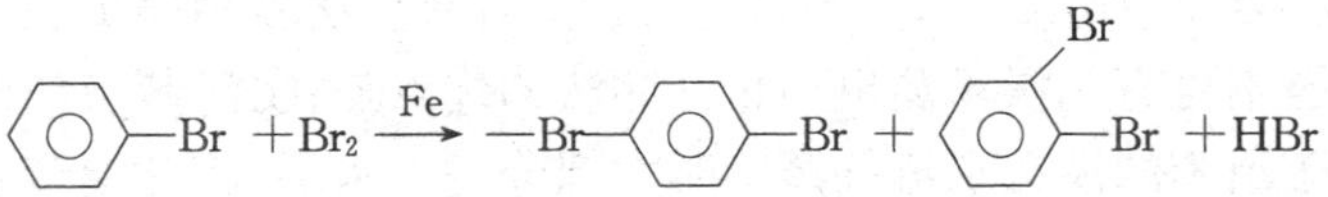

三、实验用品

(1)仪器　250mL 三口烧瓶、电动搅拌器、恒压滴液漏斗、球形冷凝管、布氏漏斗、空气冷凝管、气体吸收装置一套、分液漏斗。

(2)试剂　溴 31.2g(10mL,0.2mol)、铁屑 0.5g、10%氢氧化钠溶液、无水氯化钙、苯(无水)19.4g(22mL,0.25mol)。

四、实验步骤

在 250mL 三口烧瓶上,分别装置电动搅拌器、冷凝管和恒压滴液漏斗,在冷凝管顶端连接溴化氢气体吸收装置。于三口烧瓶内加入 22mL 无水苯(19.4g,

0.25mol)和 0.5g 铁屑，滴液漏斗中加入 10mL 溴(31.2g，约 0.2mol)。

在三口烧瓶中先滴入 1mL 溴。片刻后，反应即开始(必要时可用水浴温热)，可观察到有溴化氢气体逸出。然后开动搅拌器，在搅拌下慢慢滴入其余的溴，使溶液保持微沸(约 45min 加完)。加完溴后，再用水浴(60～70℃)加热 15min，直到无溴化氢气体逸出为止。向反应瓶内加入 30mL 水，振摇后，抽滤除去少量铁屑。粗产物依次用 20mL 水、10mL 10%氢氧化钠溶液、20mL 水洗涤。经无水氯化钙干燥后，用水浴先蒸去苯，然后在石棉网上小火加热，当温度上升至 135℃时，换成空气冷凝管收集 140～170℃的馏分。将此馏分再蒸一次，收集 150～160℃的馏分。

纯溴苯的沸点为 156℃，折光率 n_D^{20} 1.5597。

五、注意事项

(1)三口烧瓶必须干燥，否则反应开始很慢，甚至不起反应。实验开始前应检查仪器装置是否严密，恒压滴液漏斗必须涂好凡士林。

(2)量取溴时要特别小心。溴是具有强烈腐蚀性和刺激性的物质，因此在量取时必须在通风橱中进行，并带上防护手套。如不慎触及皮肤时，应立即用水冲洗，再用甘油涂抹后涂上油膏。

量取溴的一个简便方法是：先将溴加到放在铁圈上的恒压滴液漏斗中，然后再根据需要的量滴到量筒中。

(3)溴加入速度过快则反应剧烈，二溴苯产量增加，同时由于较多的溴和苯随溴化氢逸出而降低溴苯产量。

(4)可间歇停止搅拌，以观察反应液是否微沸。

(5)本实验也可用水蒸气蒸馏法纯化。反应混合物改用水蒸气蒸馏，收集最初蒸出的油状物(含苯、溴苯及水)，直到冷凝管中有对二溴苯结晶出现为止。再换另一个接收器，至不再有二溴苯蒸出为止。此法的优点是：①溴苯与二溴苯的分离比较彻底；②溶于溴苯的溴在水蒸气蒸馏时大部分进入水层，因此溴苯层就不必再用稀碱液洗涤。其缺点是：操作时间较长。

(6)水洗涤主要是除去三溴化铁、溴化氢及部分溴，如未洗涤完全，则用氢氧化钠溶液洗涤时，会产生胶状的氢氧化铁沉淀，难以清晰分层。

(7)蒸馏残液中含有邻二溴苯与对二溴苯。将残液趁热倒在表面皿上，凝固后用滤纸吸去邻二溴苯。固体用乙醇重结晶：即将固体置于 25mL 锥形瓶中，在热水浴加热下滴入乙醇，直至固体全部溶解后，再多加乙醇 0.5～1mL，稍冷后，加少许活性炭，在水浴上微热半分钟，然后用置有折叠滤纸的小漏斗过滤。滤液冷却后即析出白色片状结晶，用玻璃钉漏斗和吸滤管抽气过滤，产物干燥后测熔点。纯对二溴苯的熔点：87.33℃。

六、思考题

在本实验中，如何尽量减少二溴化物的生成？在本实验中如果生成 5g 二溴化物，那么溴苯的最高产量是多少？

实验九　1-溴丁烷的制备

一、实验目的

(1)学习由醇制备卤代烃的原理和方法。

(2)掌握气体装置、液体混合物洗涤、干燥、蒸馏提纯、折射率测定等操作。

二、实验原理

主要反应：

$$NaBr + H_2SO_4 \longrightarrow HBr + NaHSO_4$$

$$CH_3CH_2CH_2CH_2OH + HBr \longrightarrow CH_3CH_2CH_2CH_2Br + H_2O$$

副反应：

$$CH_3CH_2CH_2CH_2OH \xrightarrow[\triangle]{H_2SO_4} CH_3CH_2CH_2CH_2OCH_2CH_2CH_2CH_3 + H_2O$$

$$CH_3CH_2CH_2CH_2OH \xrightarrow[\triangle]{H_2SO_4} CH_3CH_2CH{=}CH_2 + H_2O$$

三、实验用品

(1)仪器　100mL 圆底烧瓶、回流冷凝管、直形冷凝管、锥形瓶、电动搅拌器、电热套。

(2)药品　正丁醇 12.3mL(10g，0.135mol)，溴化钠(无水)15.5g(约 0.16mol)、浓硫酸(相对密度 1.84g/mL)20mL(约 0.36mol)、无水氯化钙 2～3g。

四、实验步骤

在 100mL 圆底烧瓶中，加入 15.5g 无水溴化钠，12.3mL 正丁醇和磁力搅拌子，装上回流冷凝管，在锥形瓶中放入 15mL 水，一边摇荡，一边缓慢加入 20mL 浓 H_2SO_4，并用冷水浴冷却，将稀释后的硫酸分四次加入烧瓶，开动磁力搅拌器，使反应物混合均匀。在冷凝管上口接一个吸收溴化氢气体的装置(用 5%碱吸收)，用小火加热至沸，保持回流 30min 后，停止反应。待烧瓶冷却后，拆下回流冷凝管，改为蒸馏装置，蒸馏出粗产物。粗产物用 15mL 水洗涤，然后用 15mL 浓 H_2SO_4 洗涤除醇、醚，然后依次用 15mL 水、15mL 10% $NaHCO_3$、15mL 水洗涤。分出的

1-溴丁烷，用2～3g氯化钙干燥。安装蒸馏装置，蒸馏1-溴丁烷，收集99～103℃馏分。产品用折光仪检验纯度。

五、注意事项

（1）溴化钠先研碎再称量。

（2）加热回流应用小火，否则易炭化。

（3）蒸出粗产物后，应趁热倒出残馏液，否则结块很难倒出。倒出时有大量HBr气体放出，应在通风橱内进行。磁力搅拌子回收。

六、思考题

（1）粗产物的洗涤分离，产物属于哪一层？

（2）蒸馏液中除1-溴丁烷外还可能有什么杂质？如何精制1-溴丁烷？

实验十　醇、酚的性质与鉴定

一、实验目的

(1)进一步认识醇、酚的一般性质。

(2)比较醇和酚之间化学性质的差异，掌握不同类型醇的鉴定，掌握酚的鉴定。

二、实验用品

(1)仪器　试管(ϕ15mm×150mm)，烧杯(300mL)、酒精灯、电炉。

(2)药品　无水乙醇、金属钠、酚酞溶液、正丁醇、仲丁醇、叔丁醇、正辛醇、甘油、乙二醇、甲醇、苯酚、2%苯酚水溶液、卢卡斯试剂、浓盐酸、6mol/L H_2SO_4 溶液、10% NaOH 溶液、5% $K_2Cr_2O_7$ 溶液、5% $NaHCO_3$ 溶液、1% $FeCl_3$ 溶液、5% $CuSO_4$ 溶液、饱和溴水、蓝色石蕊试纸。

三、实验步骤

(一) 醇的性质

1. 比较醇的同系物在水中的溶解度

四支试管中各加 10 滴水，再分别加入甲醇、乙醇、丁醇、辛醇各 10 滴，振荡观察溶解情况，如已经溶解则再加 10 滴有机样品。观察现象，说明原因。

2. 乙醇与金属钠作用

取 1mL 无水乙醇于干燥试管中，小心投入一小粒金属钠(绿豆大小)，观察现象。待金属钠全部消失后，在水浴上加热，蒸去未反应的乙醇，观察有无固体析出。将所得固体加 1mL 水使其溶解，然后滴入 1～2 滴酚酞溶液，观察现象，说明原因。

3. 醇与卢卡斯试剂作用

在三支干燥试管中，分别加入 5 滴正丁醇、仲丁醇、叔丁醇，再各加入 1mL 卢卡斯试剂(最好保持在 26～27℃)，振摇，管口塞上塞子，静置片刻。观察是否有浑浊及分层现象，记下各种醇出现浑浊的时间。比较结果，说明原因。

4. 醇的氧化

取三支试管，各加入 5% $K_2Cr_2O_7$ 溶液 1mL 和 6mol/L H_2SO_4 液 1mL。在第一只试管中加 10 滴正丁醇，第二只试管中加 10 滴仲丁醇，第三只试管中加 10 滴叔丁醇，振摇试管。观察溶液颜色是否改变及反应快慢。

5. 多元醇与氢氧化铜作用

取三支试管，各加入 10 滴 5% $CuSO_4$ 溶液和 10% NaOH 溶液 1mL，此时立即生成氢氧化铜沉淀。在振摇中分别加入10滴甘油、乙二醇、无水乙醇，观察溶液颜色变化，说明原因。

(二) 酚的性质

1. 酚的酸性

(1)将2%苯酚水溶液、甲醇分别滴在蓝色石蕊试纸上，观察是否变色，说明原因。

(2)取两支试管，各加少许苯酚晶体和10滴水，振摇后得浑浊液。在一支试管中滴加10% NaOH溶液1～2滴，观察有何变化，为什么？然后再滴加6mol/L H_2SO_4溶液，观察有何变化，为什么？在另一支试管中滴入5% $NaHCO_3$溶液1～2滴，振摇后仍浑浊，为什么？

2. 苯酚的硝化

在干燥的试管中加入0.5g苯酚，滴入1mL浓硫酸，沸水浴加热并振荡，冷却后加水3mL，小心地逐滴加入2mL浓HNO_3振荡，置沸水浴加热至溶液呈黄色，取出试管，冷却。观察现象，说明原因。

3. 与溴水反应

在试管中加入2%苯酚水溶液lmL，滴加饱和溴水。观察现象，说明原因。

4. 与三氯化铁水溶液作用

取苯酚饱和水溶液2滴于试管中，并滴加1% $FeCl_3$溶液1～2滴，振摇，观察颜色变化，说明原因。

四、注意事项

(1)进行本次实验时，有些实验一定需要干燥试管。实验时，请妥善安排好干燥试管的使用。

(2)蒸去剩余的乙醇时，需注意蒸出的乙醇要远离明火。

(3)苯酚对皮肤有较强的腐蚀性，使用时应注意不与皮肤接触。万一碰到皮肤，应立即用酒精棉擦洗。

(4)卢卡斯试剂与醇作用时，若室温较低，则反应较慢，可在水浴上加热。

五、思考题

(1)醇和钠反应为何要用干燥试管和无水乙醇？

(2)如何证明苯酚具有弱酸性？

(3)苯酚为何能溶于氢氧化钠而不溶于碳酸氢钠溶液？

实验十一　三苯甲醇的制备

一、实验目的

(1)掌握无水操作技术。

(2)熟悉用格氏反应制备三苯甲醇的原理及操作方法。

(3)了解格氏试剂的制备、应用及进行格氏反应的条件。

二、实验原理

本实验以羰基化合物羧酸酯和格氏试剂反应来制备叔醇。

格氏试剂是一种极为有用的试剂,它可以进行许多反应,在有机合成上极有价值。格氏试剂的制法是:

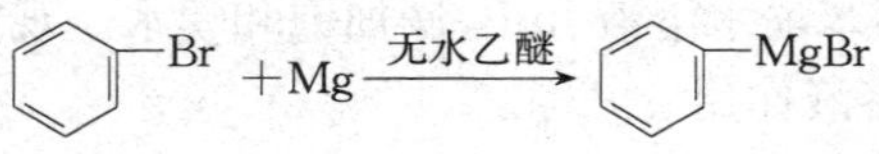

格氏试剂与羧酸酯的反应如下:

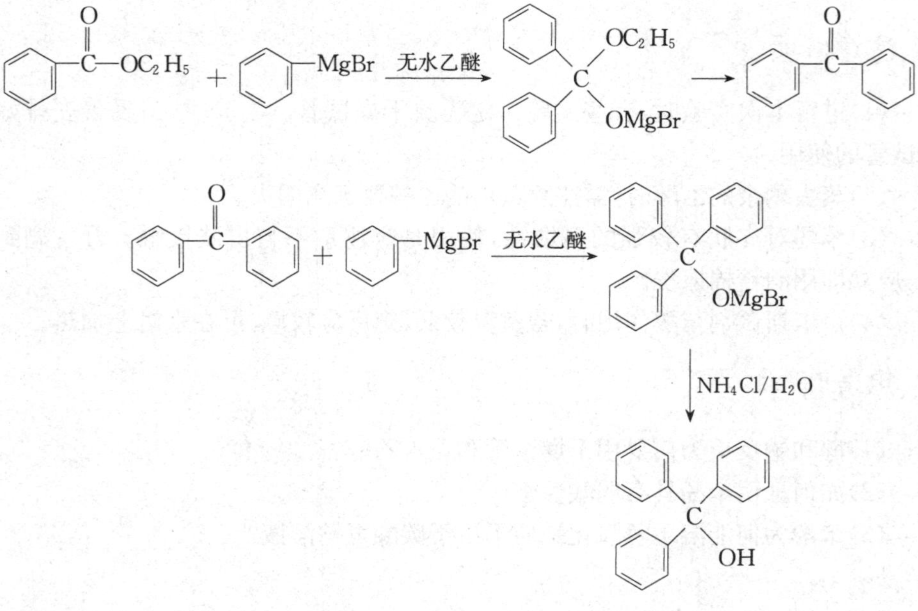

三、实验用品

(1)仪器　250mL 三颈烧瓶、球形冷凝管、恒压滴液漏斗、锥形瓶等。

(2)试剂　1.5g(0.062mol)镁屑、10g(6.7mL,0.064mol)溴苯(新蒸)、4g(3.8mL,0.026mol)苯甲酸乙酯、35mL 无水乙醚、饱和氯化铵溶液、25mL 石油醚(90～120℃),乙醇。

四、实验步骤

1.苯基溴化镁的制备

在 250mL 三颈烧瓶上,分别装上回流冷凝管和恒压滴液漏斗,在冷凝管及滴液漏斗的上口安装上氯化钙干燥管。瓶内放置 1.5 g 镁屑或除去氧化膜的镁条及一小粒碘,在滴液漏斗中加入 10 g 溴苯和 25 mL 无水乙醚,混匀。

先将约 1/3 的混合液滴入三颈烧瓶中,数分钟后即见镁屑表面有气泡产生,溶液轻微浑浊,碘的颜色开始消失。若不发生反应,可用水浴或手掌温热。反应开始后,开动磁力搅拌,缓缓滴入剩余的溴苯醚溶液,滴加速度保持反应液呈微沸状态。加毕,用温水浴加热继续回流 0.5h,使镁屑作用完全。

2.三苯甲醇的制备

用冷水浴冷却反应瓶,在搅拌下由恒压滴液漏斗慢慢滴入 3.8mL 苯甲酸乙酯和 10mL 无水乙醚的混合液,控制滴加速度保持反应平稳地进行。滴加完毕后,将反应混合物以温水浴加热回流 0.5 h,这时可观察到反应物明显地分为两层。改用冰水浴冷却反应瓶,在搅拌下自滴液漏斗慢慢滴入 40mL 饱和氯化铵溶液,分解加成产物,滴加完后继续搅拌数分钟。

将反应装置改为低沸蒸馏装置,在水浴上蒸去乙醚,剩余物加入 30mL 石油醚,搅拌,抽滤,收集产品。粗产物用 80%的乙醇重结晶,干燥后称重,计算产率。

纯三苯甲醇的熔点为 162.4℃。

五、注意事项

(1)格氏试剂的制备必须在无水条件下进行,所用仪器和试剂均需干燥,因为微量水分的存在会抑制反应的引发,而且会分解形成的格氏试剂而影响产率。

(2)所用的低沸点溶剂乙醚,由于具有高的蒸气压而排除了反应容器中的大部分空气,避免了格氏试剂与 O_2 及 CO_2 发生作用。

(3)格氏反应是一放热反应,故卤代烃的滴加速度不宜过快,必要时可用冷水冷却,反应开始后其滴加速度以使反应混合物保持微沸为宜。若反应过于激烈,会增加副产物联苯的生成。

(4)加一小粒碘可促使非均相反应在镁的表面发生,诱导反应开始。

(5)粗产物中含有三苯甲醇和副产物联苯,联苯易溶于石油醚而被除去。

(6)必要时可用热水浴(45～50℃)温热烧瓶,诱导反应发生。

六、思考题

如果苯甲酸乙酯和乙醚中含有乙醇,对反应有何影响?

实验十二　正丁醚的制备

一、实验目的

(1)掌握醇分子间脱水制备醚的反应原理和实验方法。

(2)学习使用分水器的实验操作。

二、实验原理

脂肪族低级单纯醚通常由两分子醇在酸性脱水剂存在时共热来制备。在制备沸点较高的醚时,可利用分水器将生成的水不断从反应物中除去。但是醇类在较高温度下还能被浓硫酸脱水生成烯烃,为了减少这个副反应的发生,在操作时必须控制好反应温度。用浓硫酸作脱水剂时,由于它有氧化性,往往生成少量氧化产物和二氧化硫,有时为了避免氧化反应的发生采用芳香族磺酸作脱水剂。

主反应:

$$2CH_3CH_2CH_2CH_2OH \xrightarrow[135℃]{浓\ H_2SO_4} C_4H_9—O—C_4H_9 + H_2O$$

主要副反应:

$$CH_3CH_2CH_2CH_2OH \xrightarrow{浓\ H_2SO_4} C_2H_5CH{=}CH_2 + H_2O$$

三、实验用品

(1)仪器　100mL 三口瓶、球形冷凝管、分水器、温度计、分液漏斗、25mL 蒸馏瓶、电热套。

(2)试剂　正丁醇、浓硫酸、无水氯化钙、5%氢氧化钠、饱和氯化钙。

四、实验步骤

(1)在 100mL 三口烧瓶中,加入 7.3mL 正丁醇、1.1mL 浓硫酸和几粒沸石,混匀,一口装上温度计,温度计插入液面以下,另一口装上分水器,分水器的上端接一回流冷凝管。先在分水器内放置$(V-1)$mL 水(注:V 为分水器的容积),另一口用塞子塞紧。反应装置如下图所示。

(2)将三口瓶放在电热套小火加热至微沸,进行分水。反应中产生的水经冷凝后收集在分水器的下层，上层有机相积至分水器支管时，即可返回烧瓶。

(3)大约经 1.5h 后，三口瓶中反应液温度可达 134～136℃。当分水器全部被水充满时停止反应。若继续加热，则反应液变黑并有较多副产物烯生成。

(4)将反应液冷却到室温后倒入盛有 12mL 水的分液漏斗中，充分振摇，静置后弃去下层液体。

(5)上层粗产物依次用 6mL 水、4mL 5%氢氧化钠溶液、4mL 水和 4mL 饱和氯化钙溶液洗涤。产品用 1g 无水氯化钙干燥。

(6)干燥后的产物滤入蒸馏瓶中蒸馏，收集 140～144℃馏分计算产率。

纯正丁醚为无色液体，沸点为 142℃，d_4^{20} 为 0.769，n_D^{20} 为 1.3992。

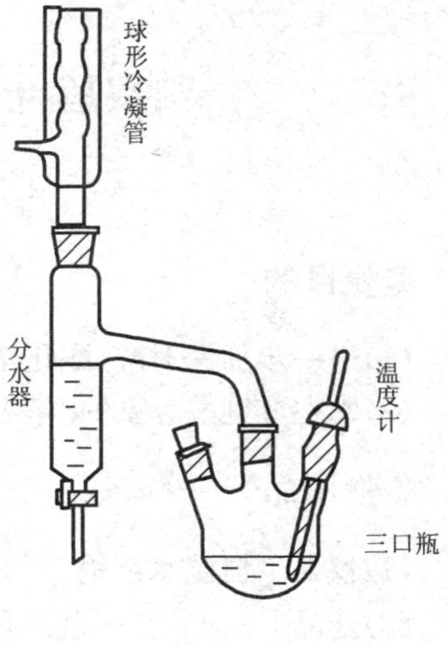

反应装置图

五、注意事项

(1)实验根据理论计算失水体积为 0.8mL，故分水器放满水后先放掉约 1mL 水。

(2)制备正丁醚的较适宜温度是 130～140℃，但开始回流时，这个温度很难达到，因为正丁醚可与水形成共沸物(沸点 94.1℃含水 33.4%)；另外，正丁醚与水及正丁醇形成三元共沸物(沸点 90.6℃，含水 29.9%，正丁醇 34.6%)，正丁醇也可与水形成共沸物(沸点 93℃，含水 44.5%)，故应在 100～115℃反应半小时之后可达到 130℃以上。

(3)在碱洗过程中，不要太剧烈地摇动分液漏斗，否则生成乳浊液，分离困难。

(4)正丁醇溶在饱和氯化钙溶液中，而正丁醚微溶。

六、思考题

(1)反应物冷却后为什么要倒入 12mL 水中？各步的洗涤目的何在？

(2)计算理论上分出的水量，如果你分出的水超过理论数值，试探讨其原因。

实验十三　醛和酮的性质

一、实验目的

(1)进一步加深对醛、酮化学性质的认识。

(2)掌握鉴别醛、酮的化学方法。

二、实验用品

(1)仪器　恒温水浴锅。

(2)药品　2,4-二硝基苯肼、甲醛、乙醛、丙酮、苯甲醛、乙醇、$NaHSO_3$、二苯酮、3-戊酮、氨基脲盐酸盐、NaAc、庚醛、3-己酮、苯乙酮、I_2、KI、异丙醇、1-丁醇、席夫试剂、Na_2SO_3、浓盐酸、$AgNO_3$、氨水、环己酮、柠檬酸钠、碳酸钠、硫酸铜、CrO_3、浓 H_2SO_4、丁醛、叔丁醇。

三、实验步骤

1. 醛、酮的亲核加成反应

(1)2,4-二硝基苯肼试验　取5支试管,各加入1mL 2,4-二硝基苯肼,分别滴加1～2滴试样,摇匀静置,观察结晶颜色。

试样:甲醛、乙醛、丙酮、苯甲醛、二苯酮。

(2)与饱和 $NaHSO_3$ 溶液加成　取4支试管,分别加入2mL新配制的饱和 $NaHSO_3$,分别滴加1mL试样,振荡置于冰水中冷却数分钟,观察沉淀析出的相对速度。

试样:苯甲醛、乙醛、丙酮、3-戊酮。

(3)缩氨脲的制备　将0.5g氨基脲盐酸盐、1.5g碳酸钠溶于5mL蒸馏水中,然后分装入4支试管中,各加入3滴试样和1mL乙醇摇匀。将4支试管置于70℃水浴中加热15min,然后各加入2mL水,移去灯焰,在水浴中再放置10min,待冷却后试管置于冰水中,用玻璃棒摩擦试管至结晶完全。

试样:庚醛、3-己酮、苯乙酮、丙酮。

2. 醛、酮 α-H 活泼性:碘仿试验

取5支试管,分别加入1mL蒸馏水和3～4滴试样,再分别加入1mL10% NaOH溶液,滴加 $KI-I_2$ 至溶液呈黄色,继续振荡至浅黄色消失,析出浅黄色沉淀,若无沉淀,则放在50～60℃水浴中微热几分钟(可补加 $KI-I_2$ 溶液),观察结果。

试样:乙醛、丙酮、乙醇、异丙醇、1-丁醇。

3.醛、酮的区别

(1)席夫实验　在5支试管中分别加入1mL品红试剂(席夫试剂),然后分别滴加2滴试样,振荡摇匀,放置数分钟,然后分别向溶液中逐滴加入浓硫酸,边滴边摇,观察现象。

试样:甲醛、乙醛、丙酮、苯乙酮、3-戊酮。

(2)托伦实验　在5支洁净的试管中分别加入1mL托伦试剂,再分别加入2滴试样,摇匀,静置,若无变化,50～60℃水浴温热几分钟,观察现象。

试样:甲醛、乙醛、苯甲醛、丙酮、环已酮。

(3)铬酸试验　6支试管中分别加入1滴试样,分别加入1mL丙酮,振荡再加入铬酸试剂数滴,边加边摇,观察现象。

试样:丁醛、叔丁醇、异丙醇、环已酮、苯甲醛、乙醇。

四、思考题

(1)醛和酮与氨基脲的加成实验中,为什么要加入乙酸钠?

(2)托伦试剂为什么要在临用时才配制?托伦实验完毕后,应该加入硝酸少许,立刻煮沸洗去银镜,为什么?

(3)如何用简单的化学方法鉴定环已烷、环已烯、环已醇、苯甲醛、丙酮?

实验十四　羧酸的性质

一、实验目的

(1)验证羧酸的主要化学性质。

(2)掌握羧酸的鉴定方法。

二、实验原理

羧酸是分子中含有羧基官能团的有机物。其典型的化学性质是具有酸性，可与氢氧化钠和碳酸氢钠作用生成水溶性的羧酸盐。所以羧酸既能溶于氢氧化钠溶液，也能溶于碳酸氢钠溶液，以此作为鉴定羧酸的重要依据。某些酚类，特别是芳环上有强吸电子基的酚类具有与羧酸类似的酸性，可通过与三氯化铁的显色反应来加以区别。

甲酸分子中的羧基与一个氢原子相连，草酸分子中是两个羧基直接相连，由于结构特殊，它们都具有较强的还原性。甲酸可被托伦试剂氧化，发生银镜反应；草酸能被高锰酸钾定量氧化，常用作高锰酸钾的定量分析。

三、实验用品

(1)仪器　试管(ϕ15mm×150mm，ϕ25mm×200mm)、温度计(150℃)、烧杯(300mL)、电炉、酒精灯。

(2)药品　甲酸、冰醋酸、草酸、苯甲酸、无水乙醇、10% NaOH 溶液、0.01% $KMnO_4$ 溶液、浓硫酸、浓盐酸、饱和碳酸钠溶液、6mol/L H_2SO_4 溶液、1mol/L H_2SO_4 溶液、刚果红试纸、pH 试纸。

四、实验步骤

1.酸性试验

(1)在 pH 试纸上滴一滴甲酸、乙酸、草酸液，观察 pH 试纸的变化情况，并确定 pH。

(2)在一个小试管中加入 1mL 乙酸，取一锌粒放置其中，观察现象。

(3)在一个试管中加入 1mL Na_2CO_3溶液，再加入 1mL 乙酸，振荡观察现象。

2.甲酸、草酸的还原性

取三支试管，各加 1mL 稀 $KMnO_4$ 溶液，然后分别加入甲酸、乙酸各 5 滴，草酸晶体少许，在 60～70℃水浴中加热，观察各试管中颜色的变化，说明原因。

3. 成盐反应

在试管中加入 0.2g 苯甲酸晶体，再加入 1mL 水，振摇，观察溶解情况，然后加入 10% NaOH 溶液数滴，振摇并观察现象。再滴加浓 HCl 数滴，振摇并观察发生的变化。

4. 成酯反应

在干燥的小试管中加入 1mL 无水乙醇和 1mL 冰乙酸，然后滴加 3 滴浓 H_2SO_4。摇匀后放在 70～80℃水浴中加热 10min 后，取出试管。冷却后，小心加入 2mL 饱和 Na_2CO_3 溶液，观察现象并嗅其液体气味。

五、注意事项

冰乙酸具有强烈刺激性，使用时注意不与皮肤或衣物相接触。

六、思考题

甲酸、草酸具有还原性，乙酸是否具有还原性？

实验十五　己二酸的制备

一、实验目的

(1)了解用高锰酸钾氧化环己醇制备己二酸的原理和方法。

(2)掌握机械搅拌的基本操作技能。

二、实验原理

己二酸是合成尼龙树脂的主要原料之一，工业上是通过环己醇的硝酸氧化来制备。实验室中可由环己醇的高锰酸钾氧化来制取。

三、实验用品

(1)仪器　三颈烧瓶(250mL)、电动搅拌器、抽滤装置、水浴装置、温度计。

(2)药品　环己醇、高锰酸钾、碳酸钠、10%的碳酸钠溶液、浓硫酸、pH 试纸。

四、实验步骤

在装有搅拌器和温度计的 250mL 三颈烧瓶中，加入约 5g 环己醇和 7.5g 碳酸钠溶于 50mL 蒸馏水的溶液。开动搅拌器，迅速搅拌下分批加入 22.5g 研细的高锰酸钾，控制加入速度，使反应温度在 30℃以下。加完后继续搅拌，直至反应温度不再上升为止。将反应液置于 50℃水浴中加热，并不断搅拌 30min，反应过程中有大量二氧化锰沉淀产生。抽滤，滤渣用 20mL 10%的碳酸钠溶液洗涤。合并滤液和洗涤液，在搅拌下慢慢滴加浓硫酸，直到溶液呈强酸性。抽滤收集沉淀，用少量冰水洗涤，烘干，称重，计算产率，测定熔点。

五、思考题

为什么必须严格控制氧化反应的温度?

实验十六　乙酸乙酯的制备

一、实验目的

(1)熟练掌握蒸馏、洗涤、干燥、分液漏斗的使用等基本操作。

(2)通过乙酸乙酯的制备学习并掌握羧酸的酯化反应原理和方法。

二、实验用品

(1)仪器　150mL 三颈烧瓶、250mL 直形冷凝管、125mL 分液漏斗、100℃温度计、200℃温度计、接液管、500W 电炉、150 刺形分馏柱、60mL 蒸馏烧瓶、60mL 滴液漏斗、50mL 锥形烧瓶、砂浴盘。

(2)药品　乙醇(30mL,0.488mol/L)、冰醋酸(20mL,21g,0.348mol/L)、浓盐酸、饱和食盐水、无水硫酸镁、2mol/L 碳酸钠溶液、4.5mol/L 氯化钙溶液。

三、实验原理

羧酸和醇在少量浓硫酸催化下发生酯化反应而生成酯。

$$CH_3COOH + CH_3CH_2OH \xrightarrow{\text{酯化}} CH_3COOCH_2CH_3 + H_2O$$

生成的酯可以水解成为羧酸和醇,所以酯化反应是可逆反应,硫酸能催化它较快达到平衡。当反应达到平衡时,只有 2/3 的酸和醇能转变为酯。为了提高酯的产率,可采用下列措施:①增加酸或醇的用量。②加浓硫酸把生成物之一的水吸收除去。③在反应时不断移去生成的酯。在本实验中,乙醇比乙酸便宜,所以乙醇是过量的。生成的乙酸乙酯随即被蒸馏而出,以破坏平衡。

四、实验步骤

实验装置如下图所示。

在 150mL 三颈烧瓶中,放入乙醇 10mL,在振摇下分次加入 10mL 浓硫酸,混合均匀,加入 2～3 粒沸石。瓶口两侧装置温度计和滴液漏斗,它们的末端均应浸入液体中。烧瓶口装置刺形分馏柱,它的上端用软木塞封闭,它的支管与冷凝管连接,最后是接收瓶。装置完毕,在砂浴中小心加热,反应温度为 110℃时,已有液体蒸出。在此温度下,将 20mL 冰醋酸与 20mL 乙醇的混合物由滴液漏斗慢慢滴入反应瓶中(约 70min 滴完)。反应温度保持在 110～120℃。滴完后继续保温 120℃,10min。把收集到的馏液放在分液漏斗中,以 10mL 饱和食盐水洗涤,分离

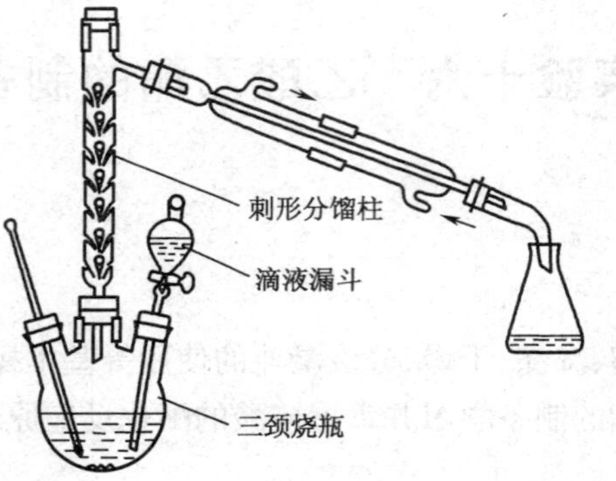

乙酸乙酯的制备装置图

下面的水层后，上层液体再用 20mL、2mol/L 碳酸钠溶液洗涤，一直洗到上层液体 pH 7～8 为止。然后再用 10mL 水洗一次，用 10mL、4.5mol /L 氯化钠洗两次。静置，弃去下面水层，上面酯层自分液漏斗上口倒入干燥的 50mL 锥形烧瓶中，加适量无水硫酸镁(或无水硫酸钠)干燥，加塞，放置，直至液体澄清，得到乙酸乙酯粗品。通过漏斗把乙酸乙酯粗品滤入 60mL 蒸馏烧瓶中，加沸石，在水浴上加热蒸馏，用已知质量的 50mL 锥形烧瓶收集 73～78℃的馏液，称重、密塞、贴上标签，计算产率，上交。

五、实验说明

(1)理论产量按冰醋酸计算。乙酸乙酯的相对分子质量为 88.10，冰醋酸用量为 0.348mol，理论产量为 0.348×88.10＝33.66(g)

产率(或称收率、收得率)＝(实际产率/理论产率)×100%

(2)反应温度必须严格控制在 110～120℃，温度低反应不完全，温度过高会增多副产物(如乙醚)而降低酯的产量。

(3)温度计的水银球部分应距离烧瓶底约 1cm，使能正确指示温度。滴液漏斗的末端应插入反应物液面以下约 1cm(如漏斗的末端不够长，可用橡皮管接上一段玻璃)。若在液面之上，滴入的乙醇受热蒸发，不能参与反应，影响产量；若插入太深，因压力关系有可能使反应物难以滴入。

(4)要控制从滴液漏斗滴入反应物的速度，使与馏液蒸出的速度大体保持同步。如滴加太快会使醋酸和乙醇来不及作用而被蒸出，或使反应物温度迅速下降，两者都将影响产量。

(5)乙酸乙酯粗品须经一系列的洗涤，其目的如下：①乙酸乙酯粗品中尚含少量乙醇、乙醚、醋酸和水，用饱和食盐水可洗去部分乙醇和醋酸等水溶性杂质，同时可以减少乙酸乙酯在水中的溶解损失。②碳酸钠溶液可洗去残留在酯中的酸性物质如醋酸。③用水洗去酯中留存的碳酸钠，否则，后面用氯化钙溶液洗去酯中的乙醇时，将产生碳酸钙沉淀而造成分离的困难。④用 4.5mol/L 的氯化钙洗去混在酯中的乙醇。

六、思考题

(1)酯化反应有什么特点？本实验采取哪些措施使反应尽量向正反应方向完成？

(2)本实验有哪些副反应？生成哪些副产物？乙酸乙酯粗品可能有哪些杂质？如何除去？

(3)在酯化反应中用作催化剂的硫酸，一般只需醇质量的 3%，本实验为什么多用了大约一倍？

(4)如果采用醋酸过量是否可以？为什么？

实验十七　阿司匹林的制备

一、实验目的

(1)理解酰化反应及阿司匹林的制备方法。

(2)掌握减压过滤、重结晶等基本操作。

二、实验原理

阿司匹林(学名乙酰水杨酸)为白色针状或片状晶体,能溶解于温水之中,口服后在肠内开始分解为水杨酸,有退热止痛作用。

通常由水杨酸和醋酐在浓硫酸[①]催化下酰化制取乙酰水杨酸。

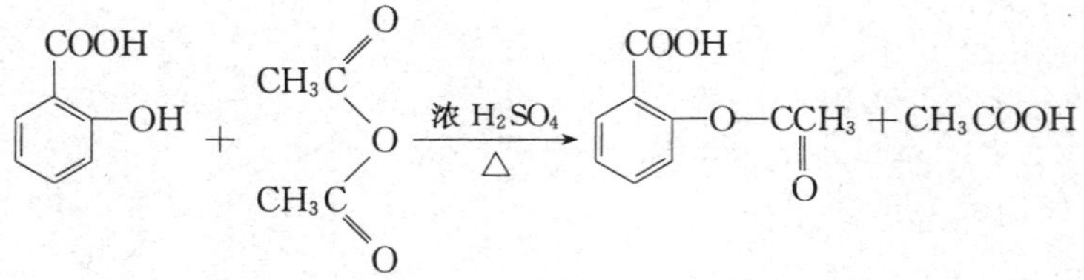

水杨酸具有酚羟基,能与三氯化铁试剂呈现颜色反应,此性质可作为阿司匹林的纯度检验。

三、实验用品

(1)器材　锥形瓶(100mL,干燥)、量筒(10mL、100mL,干燥)、100℃温度计、短颈漏斗、减压过滤装置、大烧杯、铁架台、铁圈、电炉、试管。

(2)药品　浓硫酸、95%乙醇、固体水杨酸、醋酐、三氯化铁溶液。

四、实验步骤

1. 乙酰水杨酸的制备

在 125mL 锥形瓶里加入 2.0g 水杨酸和 4.0mL 醋酐,摇匀。向混合物中加入 3 滴浓硫酸搅匀。反应开始时会放热。若烧瓶不变热,再向混合物中加 1 滴浓硫酸。当感觉到热效应时,将反应混合物放到 70℃的水浴中加热 5～10min,使其反应完全。冷却锥形瓶并加入 50mL 水。搅拌混合物至有固体生成并很好地分散在整个液体中,抽滤,并用少量冷水冲洗,抽干得粗乙酰水杨酸。

2. 粗品的重结晶

将粗制乙酰水杨酸放入 150 mL 烧杯中，在搅拌下加入 25mL 饱和碳酸钠溶液，继续搅拌，至无气泡产生为止，抽滤。用 10mL 水洗布氏漏斗，洗液与滤液合并，倾入装有 4 mL 浓盐酸与 10 mL 水的烧杯中，搅拌均匀，即有阿司匹林析出。放在冰水中冷却，使晶体完全析出，抽滤。再用少量冷水洗涤 2 次，抽去水分，在表面皿上晾干。然后，置于烘箱中 80℃以下干燥。称重，计算产率。

在一支试管中放入少许乙酰水杨酸，加水溶解，滴入 1 滴三氯化铁溶液。结果如何？

用水杨酸重做此实验，结果如何？

五、思考题

(1)进行酰化反应时所用的水杨酸和玻璃器材都必须是干燥的，为什么？

(2)本实验能否用稀硫酸作催化剂？为什么？

(3)乙酰水杨酸重结晶时，应当注意什么？为什么？

(4)若产品中含有未反应的水杨酸，应如何鉴定？试设计一合适的检测方法。

注释：

阿司匹林化学名称为乙酰水杨酸，是白色晶体，熔点 135℃，微溶于水(37℃时，1g/100gH_2O)。早在 18 世纪时，人们就已从柳树中提取了水杨酸，并发现它具有解热、镇痛和消炎作用，但其刺激口腔及胃肠道黏膜。水杨酸可与乙酸酐反应生成乙酰水杨酸，即阿司匹林，它具有与水杨酸同样的药效。近年来，科学家还新发现了阿司匹林具有预防心脑血管疾病的作用，因而得到高度重视。

本实验以浓硫酸为催化剂，使水杨酸与乙酸酐在 70℃左右发生酰化反应，制取阿司匹林。阿司匹林可与碳酸氢钠反应生成水溶性的钠盐，而作为杂质的副产物则不能与碱作用，可在用碳酸氢钠溶液进行纯化时将其分离除去。

(1)水杨酸形成分子内氢键，阻碍酚羟基酰化作用。

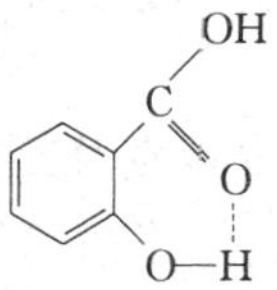

水杨酸与酸酐直接作用须加热至 150～160℃才能生成乙酰水杨酸，如果加入浓硫酸(或磷酸)，氢键被破坏，酰化作用可在较低温度下进行，同时副产物大大减少。

(2)水杨酸应当是完全干燥的，可在烘箱中 105℃下干燥 1h 。

(3)醋酸酐应重新蒸馏，收集 139～140℃馏分。

(4)重结晶时不宜长时间加热，因为在此条件下乙酰水杨酸容易水解。

(5)加入乙醇的量应恰好使沉淀溶解。若乙醇过量则很难析出结晶。

实验十八　胺的性质与鉴定

一、实验目的

(1)掌握脂肪族胺和芳香族胺的化学反应。

(2)用简单的化学方法区别第一、第二和第三胺。

二、实验用品

(1)仪器　冰箱、水浴锅。

(2)药品　苯胺、浓盐酸、亚硝酸钠、β-萘酚、NaOH、N-甲基苯胺、二乙胺、N,N-二甲苯胺、三乙胺、苯磺酰氯、KI-淀粉试纸。

三、实验步骤

1. 与亚硝酸反应

(1)伯胺的反应　取脂肪族伯胺 0.5mL 放入试管中，加盐酸使成酸性，滴加 5%亚硝酸钠，观察有无气泡放出？液体是否澄清？

取 0.5mL 苯胺加 2mL 浓盐酸和 3mL 水，冰水浴冷却到 0℃，再取 0.5g 亚硝酸钠溶于 2.5mL 水中，用冰浴冷却慢慢加入苯胺盐酸盐于试管中，边加边搅拌，至 KI-淀粉试纸呈蓝色为止，此为重氮盐溶液。

取 1mL 重氮盐加热观察，闻气味。

取 1mL 重氮盐加数滴 β-萘酚观察现象。

(2)仲胺反应　取 1mL N-甲基苯胺及 1mL 二乙胺，各加入 1mL 浓盐酸及 2.5mL 水，冰水浴冷却至 0℃，再取 2 支试管，分别加入 0.75g 亚硝酸钠和 2.5mL 水溶解，把 2 支试管中的亚硝酸钠分别慢慢加入上述盛有仲胺盐酸盐的溶液中，并振荡，观察现象。

(3)叔胺的反应　取 N,N-二甲苯胺及三乙胺重复(2)的实验，结果如何？

2. Hinsberg 实验

在 3 支试管中，分别放入 0.1mL 胺样品，5mL 10% NaOH 及 3 滴苯磺酰氯，塞住试管口，剧烈振荡，除去塞子，振摇下在水浴上温热 1min，冷却溶液，用试纸检验是否呈碱性，观察有无固体或油状物析出？

试样：苯胺、N-甲基苯胺、N,N-二甲苯胺。

实验十九　苯胺的制备

一、实验目的

(1)掌握硝基苯还原成苯胺的实验原理和方法。

(2)巩固水蒸气蒸馏和简单蒸馏的基本操作。

二、实验原理

苯胺的制取不可能用任何直接的方法将氨基($-NH_2$)导入苯环上，而是经过间接的方法来制取，芳香硝基化合物还原是制备芳胺的主要方法。实验室常用的方法是在酸性溶液中用金属进行化学还原。常用锡-盐酸来还原简单的硝基化合物。

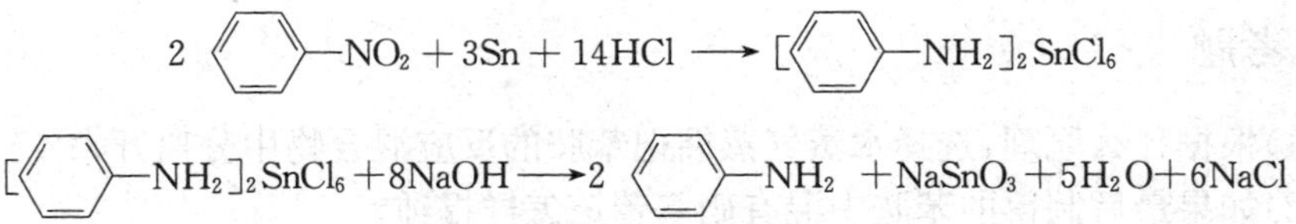

苯胺有毒操作时避免与皮肤接触，或吸入蒸气。

三、实验用品

硝基苯、锡粒、浓盐酸、乙醚、精盐、氢氧化钠、pH 试纸。

四、实验步骤

在一个 100mL 圆底烧瓶中，放置 9g 锡粒，4mL 硝基苯，装上回流装置，量取 20mL 浓盐酸，分数次从冷凝管口加入烧瓶并不断摇动反应混合物。若反应太激烈，瓶内混合物沸腾时，将圆底烧瓶浸入冷水中片刻，使反应缓慢。当所有的盐酸加完后，将烧瓶置于沸腾的热水浴中加热 30min，使还原趋于完全，然后使反应物冷却至室温，在摇动下慢慢加入 50% NaOH 溶液使反应物呈碱性。然后将反应瓶改为水蒸气蒸馏装置，进行水蒸气蒸馏直到蒸出澄清液为止，将馏出液放入分液漏斗中，分出粗苯胺。水层加入氯化钠 3～5g 使其饱和后，用 20mL 乙醚分两次萃取，合并粗苯胺和乙醚萃取液，用粒状氢氧化钠干燥。将干燥后的混合液小心地倾入干燥的 50mL 蒸馏烧瓶中，在热水浴上蒸去乙醚，然后改用空气冷凝管，在石棉网上加热，收集 180～185℃的馏分，产量 2.3～2.5g(产率 63%～69%)。纯苯胺的沸点为184.1℃，n_D^{20} 为1.5863。

五、注意事项

(1)本实验是一个放热反应，当每次加入硝基苯时均有一阵猛烈的反应发生，故要审慎加入，及时振摇与搅拌。

(2)硝基苯为黄色油状物，如果回流液中黄色油状物消失，而转变成乳白色油珠，表示反应已完全。

(3)反应完后，圆底烧瓶上粘附的黑褐色物质，用1∶1盐酸水溶液温热除去。

(4)在20℃时每100g H_2O 中可溶解3.4g苯胺，根据盐析原理，加氯化钠使溶液饱和，则析出苯胺。

(5)本实验用粒状NaOH干燥而不用 $CaCl_2$，原因是 $CaCl_2$ 能与苯胺形成分子化合物。

(6)反应物内的硝基苯与盐酸互不相溶，而这两种液体与固体铁粉接触机会很少，因此充分振摇反应物，是使还原作用顺利进行的操作关键。

(7)反应物变黑时，即表明反应基本完成，欲检验，可吸入反应液滴入盐酸中摇振，若完全溶解表示反应已完成。

六、思考题

(1)根据什么原理，选择水蒸气蒸馏把苯胺的反应混合物中分离开来？

(2)如果最后制得的苯胺中混有硝基苯该怎样提纯？

实验二十　对甲基苯磺酸的制备

一、实验目的

(1)掌握对甲基苯磺酸的制备方法。

(2)了解液体有机物的简单萃取原理并熟练地掌握分液漏斗的使用方法。

(3)掌握蒸馏、重结晶和抽滤等基本操作。

二、实验原理

1. 甲苯的取代反应

主反应：

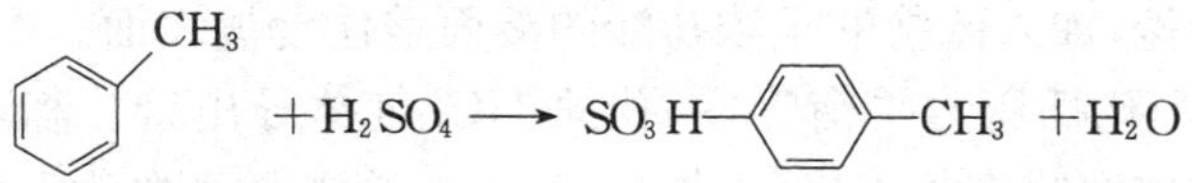

副反应：

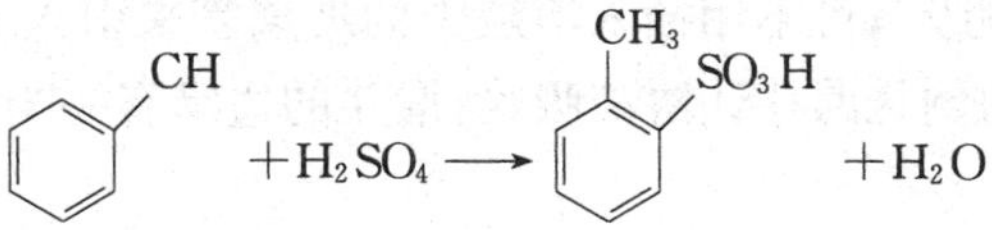

2. 对甲基苯磺酸的重结晶

重结晶是纯化固体常用的方法之一，是利用被纯化的物质与杂质在同一溶剂中溶解性能的显著差异而将其分离的操作。

三、实验用品

(1)仪器　锥形瓶、分液漏斗、蒸馏烧瓶、热水浴、冷凝管、石棉网、酒精灯、抽滤装置、铁架台、烧杯、电炉、电动搅拌器、表面皿、温度计。

(2)药品　甲苯、浓硫酸、氯化钠、活性炭。

四、实验步骤

1. 安装回流分水装置

在 50mL 圆底烧瓶内放入 25mL(0.24mol/L)甲苯，一边摇动烧瓶，一边缓慢地加入 5.5mL(0.10mol/L) H_2SO_4，投入几根上端封闭的毛细管，毛细管的长度应能使其斜靠在烧瓶颈内壁。在石棉网上用小火加热回流 2h 或至分水器中积存 2mL 水为止。

2. 制粗产物

静置。冷却反应物。将反应物倒入 60mL 锥形瓶内，加入 1.5mL 水，此时有晶体析出。用玻璃棒慢慢搅动，反应物逐渐变成固体。用布氏漏斗抽滤，用玻璃瓶塞挤压以除去甲苯和邻甲苯磺酸，得粗产物约 15g。

3. 重结晶

若欲获得较纯的对甲基苯磺酸，可进行重结晶。在 50mL 烧杯（或大试管）里，将 12g 粗产物溶于约 6mL 水里。往此溶液里通入 HCl 气体，直到有晶体析出。在通 HCl 气体时，要采取措施，防止“倒吸”。

4. 晶体后处理

析出的晶体用布氏漏斗快速抽滤。晶体用少量浓盐酸洗涤。用玻璃瓶塞挤压去水分，取出后保存在干燥器里。

五、注意事项

（1）此操作必须在通风橱内进行。产生 HCl 气体最常用的方法是：在广口圆底烧瓶里放入精盐，加入浓盐酸至浓盐酸的液面盖住食盐表面。配一个三孔塞，一孔插滴液漏斗，一孔插压力平衡管，一孔插 HCl 气体导出管。滴液漏斗上口与玻璃平衡管通过橡皮塞紧密相连接（不能漏气）。在滴液漏斗中放入浓 H_2SO_4。滴加浓 H_2SO_4，就产生 HCl 气体。

（2）为了防止“倒吸”，可不用插入溶液中的玻璃管来引入 HCl 气体，而是使气体通过一略微倾斜的倒悬漏斗让溶液吸收，漏斗的边缘有一半浸入溶液中，另一半在液面之上。

（3）重结晶可除去溶解度较大的苯二磺酸钠。

实验二十一　碳水化合物的性质与鉴定

一、实验目的

(1)验证和巩固碳水化合物的主要化学性质。

(2)熟悉碳水化合物的某些鉴定方法。

二、实验用品

(1)仪器　恒温水浴锅。

(2)药品　10%α-萘酚、95%乙醇、5%葡萄糖、果糖、麦芽糖、蔗糖、淀粉液、滤纸浆、间苯二酚、本尼迪特试剂、托伦试剂、苯肼试剂、浓盐酸、10% NaOH、I_2-KI、酒精、乙醚(1∶3)、浓硫酸。

三、实验步骤

1. Molish 试验

在试管中加入 1mL 5%葡萄糖,滴入 2 滴 10% α-萘酚和 95%乙醇溶液,将试管倾斜 45°,沿管壁慢慢加入 1mL 浓硫酸,观察现象。若无颜色,可在水浴中加热,再观察结果。

试样:5%葡萄糖、果糖、麦芽糖、蔗糖、淀粉液、滤纸浆。

2. 间苯二酚试验

在 4 支试管中各加入间苯二酚 2mL,再分别加入 1mL 5%葡萄糖、果糖、麦芽糖、蔗糖溶液,混匀,沸水浴中加热 1～2min,观察颜色有何变化。加热 20min 后,再观察,并解释。

3. 本尼迪特试剂、托伦试剂检出还原糖

(1)与本尼迪特试剂反应　取 6 支试管分别加入 1mL 本尼迪特试剂,微热至沸,分别加入 5%葡萄糖、果糖、麦芽糖、蔗糖、淀粉液、滤纸浆溶液各 0.5mL,在沸水中加热 2～3min,放冷观察现象。

(2)与托伦试剂反应　取 6 支洁净的试管分别加入 1.5mL 托伦试剂,分别加入 0.5mL 5%葡萄糖、果糖、麦芽糖、蔗糖、淀粉液、滤纸浆溶液,在 60～80℃热水浴中加热,观察并比较结果并解释。

4. 糖脎的生成

取 5 支试管分别加入 2mL 苯肼试剂,分别加入 5%葡萄糖、果糖、乳糖、麦芽糖、蔗糖液,沸水浴中加热,观察晶体形成及所需时间。

5.糖类物质的水解

(1)蔗糖的水解　取1支试管加入8mL 5%蔗糖并滴加2滴浓盐酸,煮沸3~5min,冷却后,用10% NaOH中和,用此水解液作本尼迪特试验。

(2)淀粉水解和碘试验

①胶淀粉溶液的配制。

②碘试验:向1mL胶淀粉中加入9mL水,充分混合,向此稀溶液中加入2滴碘-碘化钾溶液,将其溶液稀释,至蓝色液很浅,加热,结果如何?放冷后,蓝色是否再现,试解释之。

③淀粉用酸水解:在100mL小烧杯中,加30mL胶淀粉液,加入4~5滴浓盐酸,水浴加热,每隔5min从小烧杯中取少量液体做碘试验,直至不发生碘反应为止,先用10% NaOH中和,再用托伦试剂试验,观察,并解释之。

④淀粉用酶水解:在一洁净的100mL三角烧瓶中,加入30mL胶淀粉,加入1~2mL唾液充分混合,在38~40℃水浴加热10min,将其水溶液用本尼迪特试剂检验,有何现象?并解释。

6.纤维素的性质试验

取一支大试管,加入4mL硝酸,在振荡下小心加入8mL浓H_2SO_4,冷却,把一小团棉花用玻璃棒浸入混酸中,浸在60~70℃热水浴中加热,充分硝化,5min后,挑出棉花,放在烧杯中充分洗涤数次,用水浴干燥,即得火药棉。

(1)用坩埚钳夹取一块放在火焰上,是否立刻燃烧,另用一小块棉花点燃之,比较燃烧有何不同?

(2)把另一块火药棉放在干燥表面皿上,加1~2mL酒精-乙醚液(1∶3)制成火胶棉,放到火焰上燃烧,比较燃烧速度。

注:

(1)Molish反应可能是糖类物质先与浓硫酸反应生成糠醛衍生物,后者再与α-萘酚反应生成紫色络合物。

(2)酮糖与间苯二酚溶液生成鲜红色沉淀。它溶于酒精呈鲜红色。但加热过久葡萄糖、麦芽糖、蔗糖也成正性反应。因为麦芽糖或蔗糖在酸性介质中水解,分别生成葡萄糖或葡萄糖和果糖。

实验二十二　油脂的化学性质

一、实验目的

(1)进一步理解油脂氧化酸败的机理。

(2)掌握油脂氧化酸败定性检验及酸值的测定方法。

二、实验原理

1. 油脂氧化酸败的定性检验

油脂氧化过程中生成的过氧化物具有较强的氧化性，能将 KI 中 I^- 氧化为 I_2，I_2 能使淀粉变蓝。通过过氧化物的检出与否，判定油脂是否已被氧化。

2. 油脂酸值的测定

油脂氧化的最终产物为羧酸。酸价指中和 1g 油脂中的游离脂肪酸所需氢氧化钾的毫克数。用 KOH 或 NaOH 滴定以确定羧酸含量。

三、实验用品

(1)仪器　电子天平、滴定管、250mL 锥形瓶、试剂瓶、容量瓶、移液管、称量瓶等；

(2)药品　油脂、0.1mol/L 氢氧化钾标准溶液、中性乙醚-乙醇混合溶剂、1%酚酞乙醇溶液、氯仿、冰醋酸、1%的淀粉溶液、饱和 KI 溶液。

四、实验步骤

1. 过氧化物的检验

称取油脂 1～2g，溶于 20mL 氯仿-冰醋酸(40∶60)混合溶液中，振摇使其溶解。加入饱和 KI 溶液 1mL，3～5min 后，加入 1mL 1%的淀粉溶液。观察溶液的颜色变化情况。

2. 油脂酸值的测定

(1)中性乙醚-乙醇混合溶剂的制备　将乙醚和乙醇按 2∶1 混合，用 0.1mol/L KOH 溶液滴定至中性。

(2)油脂酸值的测定　称取油脂试样 3～5g 注入锥形瓶中，加入中性乙醚-乙醇混合溶剂 50mL，摇动使试样溶解。再加 3 滴酚酞指示剂，用 0.1mol/L KOH 溶液滴定至出现微红色，且 15s 不消失，记下消耗的 KOH 溶液的体积(mL)。

(3)结果计算

$$酸值(mgKOH/g 油)=\frac{V\times c\times 56.11}{m}$$

式中 V——滴定消耗的氢氧化钾溶液体积，mL

c——氢氧化钾溶液摩尔浓度，mol/L

56.11——氢氧化钾的摩尔质量，g/mol

m——试样质量，g

测两组数据求其平均值，作为测定结果。

注：测定深色油脂的酸值，可减少试样用量，或适当增加混合溶剂的用量，以碱性蓝 6B 或百里酚酞为指示剂（20g 碱性蓝 6B 或百里酚酞溶解于 1L95%乙醇溶液中）。

实验二十三　氨基酸的化学性质

一、实验目的

熟悉氨基酸的主要化学性质。

二、实验原理

氨基酸为白色晶体化合物，易溶于水而难溶于非极性有机溶剂，熔点高（一般在200℃以上）。氨基酸分子中既含有碱性的氨基，又含有酸性的羧基，因此能形成内盐（偶极离子或两性离子）。

自然界中发现的氨基酸已有很多种，其中绝大部分是脂肪族 α-氨基酸，而且绝大部分是L-型的。它们当中有20多种是蛋白质的基本组成单位。本实验是以甘氨酸（氨基乙酸）为代表了解 α-氨基酸的一些性质。

三、实验用品

甘氨酸、浓盐酸、碳酸铜、10％亚硝酸、0.01mol/L 茚三酮。

四、实验步骤

(1)与酸作用生成盐　取一支试管，放入0.5g甘氨酸，加入将沸腾的浓盐酸数滴使其溶解，冷却混合物，即有盐析出。

(2)与碳酸铜作用　取0.5g甘氨酸放入小烧杯中，加入5mL水，加热溶解，振荡，并加入碳酸铜（$CuCO_3$），直至不发生气泡为止，即有甘氨酸铜生成，煮沸混合物，将溶液倾倒入试管中，甘氨酸铜蓝色晶体析出。

(3)与亚硝酸的反应　取10％亚硝酸溶液1mL，放入试管里，加入几粒甘氨酸晶体，观察有无气泡产生。

(4)茚三酮试验　取0.5g甘氨酸放入小烧杯中，加入5mL水，加热溶解，取1mL置于试管中，加入0.01mol/L茚三酮5滴，置沸水中加热5～10min，观察其颜色变化。

部分练习题参考答案

绪　　论

1. A D　　2. D　　3. 羧酸，酚，羧酸，酯　　4. C　　5. 略　　6. 略

第一章　烷　　烃

1. (1)D　(2)D　(3)C　(4)C　(5)D　(6)A　(7)D　(8)C
2. 略
3. 共 9 种，结构式略
4. ③>②>⑤>①>④
5. CH_4 50mL，C_2H_6 50mL
6. 该烷烃结构式为 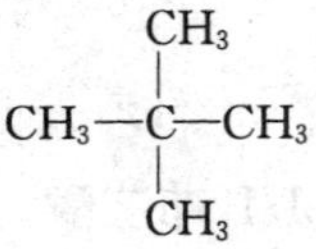

第二章　烯烃和二烯烃

1. (1)3-甲基-1-己烯　(2) 3,3-二甲基己烷
   (3) (*Z*)-3-甲基-4-异丙基-3-庚烯　(4)2-甲基-2-己烯
   (5)3-乙基-1-戊烯　(6)4-甲基-2-乙基-1-己烯
2. (1) 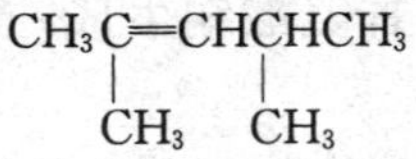　(2)错误，2-丁烯　$CH_3CH=CHCH_3$
   (3) 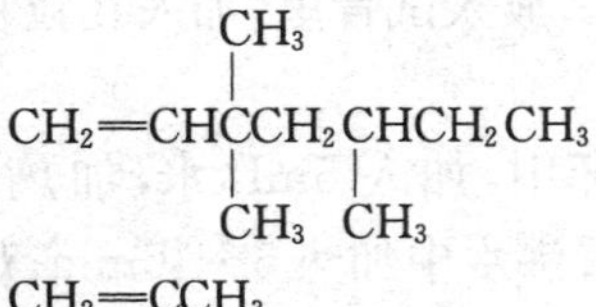　(4) 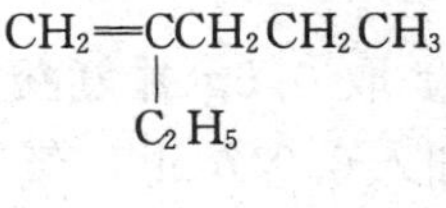
   (5) 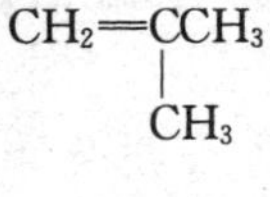
   (6)错误，2,3-二甲基-1-戊烯 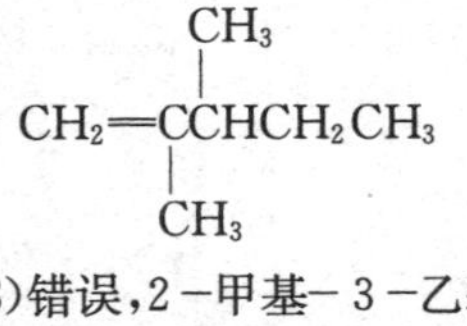
   (7) 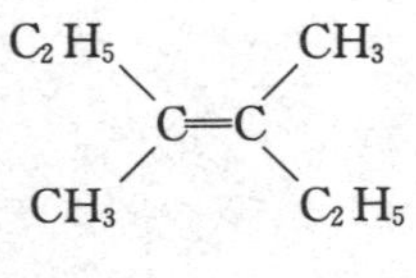　(8)错误，2-甲基-3-乙基-2-己烯 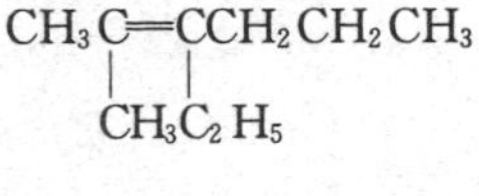

3.(2)(4)有顺反异构体

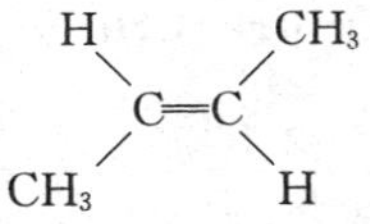

(*E*)-2-丁烯

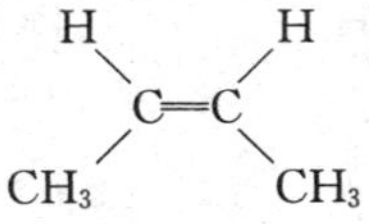

(*Z*)-2-丁烯

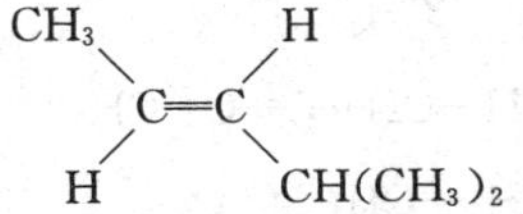

(*E*)-4-甲基-2-戊烯

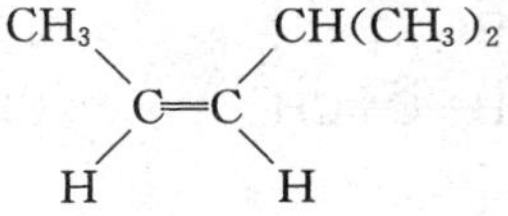

(*Z*)-4-甲基-2-戊烯

4.(1) 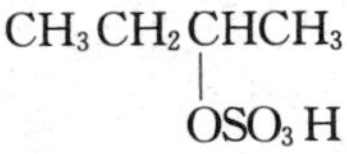 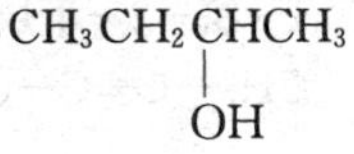

(2) 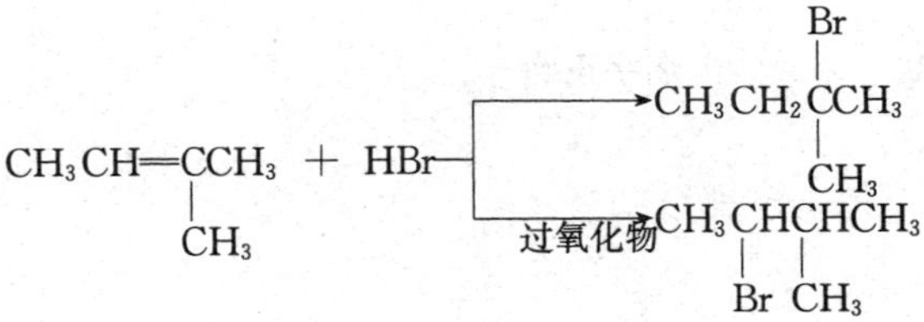

(3) 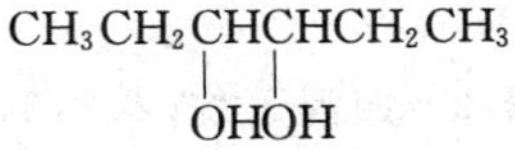

5.(1) 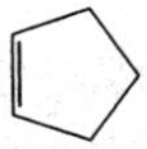

(2) $CH_3CH=CH(CH_2)_2CH=CH(CH_2)_2CH=CHCH_3$

(3) 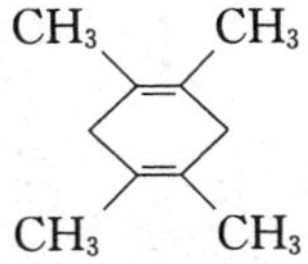

6. 溴水　　高锰酸钾

7.(1)分别取适量液体加入高锰酸钾溶液或溴水，能褪色的就是1-己烯，另一种为正己烷。(2)去除正己烷中少量的1-己烯可以用催化加氢的方法。

8. 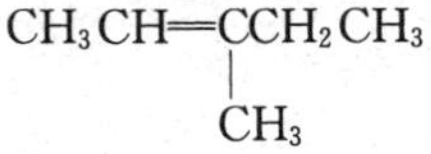　　$CH_3CH_2CH=CHCH_2CH_3$

第三章　炔　　烃

1.

(1)4,4-二甲基-2-戊炔　　(2)3,3-二甲基-1-戊炔

(3) 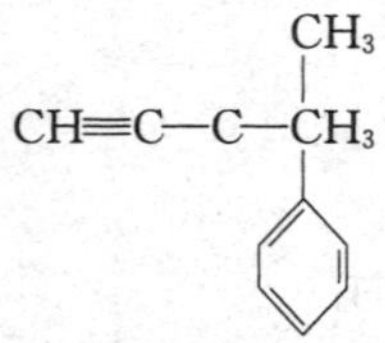　　(4) $CH_3-C\equiv C-CH(CH_3)-CH_3$

2.(1)2-甲基-3-丁炔

$CH_3-CH(CH_3)-C\equiv CH$

名字错误,应是:3-甲基-1-丁炔

(2)3-甲基-2-乙基-4-己炔

$CH_3-CH(CH_2-CH_3)-CH(CH_3)-C\equiv C-CH_3$

名字错误,应是:4,5-二甲基-2-庚炔

(3)3-戊炔

$CH_3-CH_2-C\equiv C-CH_3$

名字错误,应是:2-丁炔

(4)1-氯-2-丁炔

$CH_2(Cl)-C\equiv C-CH_3$

名字正确

3. B

4. A

5. A

6. B

7. B

8. $CH\equiv C-CH_2-CH_3$ 或($CH\equiv CCH_2CH_3$);1,1,2,2-四溴丁烷;2,2,3,3-四溴丁烷;乙炔。

9. (1)将1-丁炔和2-丁炔气体通入硝酸银的氨溶液中,生成白色沉淀的是1-丁炔。

或将1-丁炔和2-丁炔气体通入氯化亚铜的氨溶液中,生成红棕色沉淀的是1-丁炔。

(2)通入硝酸银的氨溶液或氯化亚铜的氨溶液中有白色或红棕色沉淀生成的是1-丁炔,通入酸性高锰酸钾紫色溶液或溴水中褪色的是1-丁烯,剩下的是丁烷。

10. (1)1,1,2-三氯乙烷

$$CaC_2+2H_2O\longrightarrow CH\equiv CH+Ca(OH)_2$$

$$CH\equiv CH+HCl\longrightarrow CH_2=CHCl$$

$$CH_2=CHCl+Cl_2\longrightarrow Cl_2CH-CH_2Cl$$

(2)1-氯-1-溴乙烷

$$CaC_2+2H_2O\longrightarrow CH\equiv CH+Ca(OH)_2$$

$$CH\equiv CH+HCl\longrightarrow CH_2=CHCl$$

$$CH_2=CHCl+HBr\longrightarrow CH_3-CHClBr$$

11. $$CH\equiv CH\xrightarrow[\text{液氨}]{NaNH_2}CH\equiv CNa\xrightarrow[\text{液氨}]{CH_3CH_2Br}CH_3-CH_2-C\equiv CH$$

12. (1)结构为:$CH_3-C\equiv C-CH_3$

(2)结构为:$CH_3-C\equiv C-CH_2-CH_2-C\equiv C-CH_3$

13. A为4-甲基-1-戊炔

$CH\equiv C-CH_2-CH(CH_3)-CH_3$

B为4-甲基-2-戊炔

$CH_3-C\equiv C-CH(CH_3)-CH_3$

第四章 脂 环 烃

1. (1)乙基环戊烷

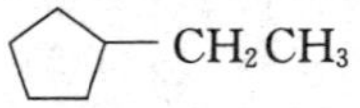

(2)1,2-二甲基环丙烷

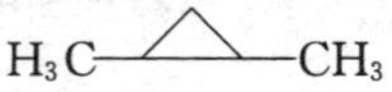

(3)环丙基环戊烷

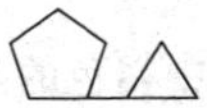

(4)1-甲基-2-乙基环丁烷

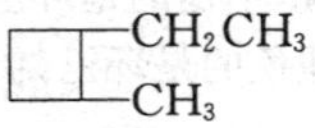

(5)

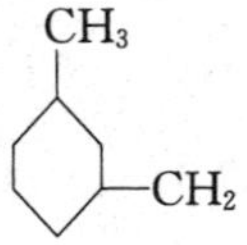

1,3-二甲基环己烷

(6)

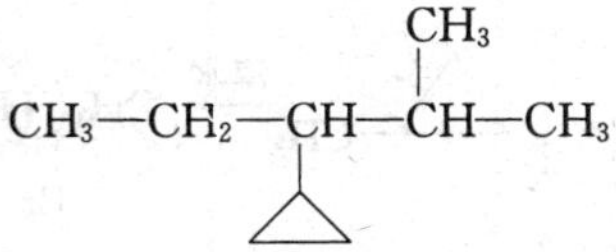

2-甲基-3-环丙基戊烷

2. C_6H_{12}的同分异构体有：

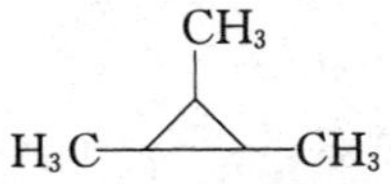

1,2,3-三甲基环丙烷

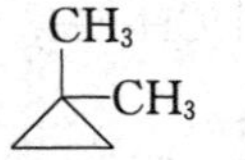

1,1,2-三甲基环丙烷

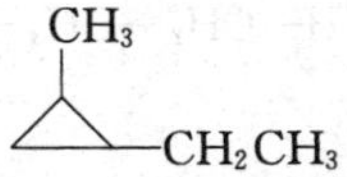

1-甲基-2-乙基环丙烷

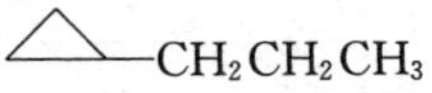

丙基环丙烷

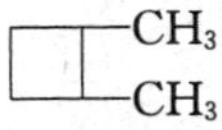

1,2-二甲基环丁烷

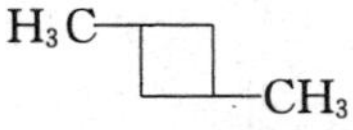

1,3-二甲基环丁烷

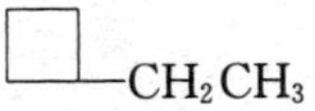

乙基环丁烷

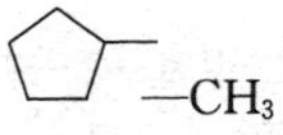

甲基环戊烷

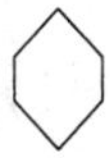

环己烷

$CH_2{=}CH-CH_2-CH_2-CH_2-CH_3$　　1-己烯

$CH_3-CH{=}CH-CH_2-CH_2-CH_3$　　2-己烯

$CH_3-CH_2-CH{=}CH-CH_2-CH_3$　　3-己烯

$CH_2{=}CH-CH_2-CH-CH_3$（CH 上连 CH_3）　　4-甲基-1-戊烯

$CH_2{=}CH-CH-CH_2-CH_3$（CH 上连 CH_3）　　3-甲基-1-戊烯

$CH_2{=}C-CH_2-CH_2-CH_3$（C 上连 CH_3）　　2-甲基-1-戊烯

$CH_3-C{=}C-CH_2-CH_3$（第一个 C 上连 CH_3）　　2-甲基-2-戊烯

$CH_3-CH{=}C-CH_2-CH_3$（C 上连 CH_3）　　3-甲基-2-戊烯

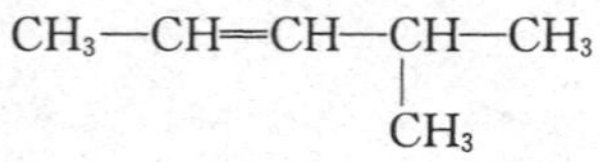
4－甲基－2－戊烯

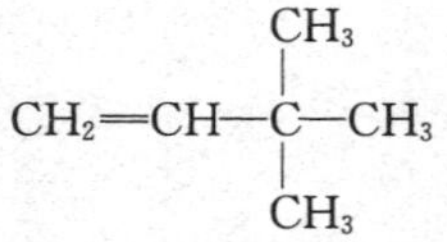
3,3－二甲基－1－丁烯

3.(1)加入酸性高锰酸钾紫色溶液中，褪色的是丙烯，不褪的是环丙烷。

(2)加入溴水中，褪色的是乙基环丙烷，不褪的是环己烷。

(3)加入酸性高锰酸钾紫色溶液中，褪色的是环己烯，剩下两种加入溴水中褪色的是丙基环丙烷，不褪色的是环己烷。

4. A是甲基环丙烷

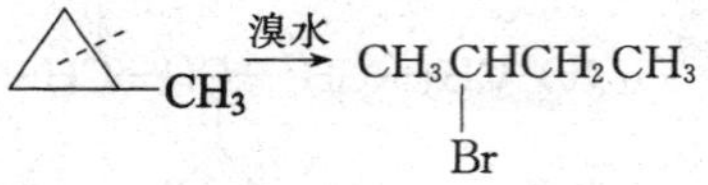

B是2－溴丁烷

C是1－丁烯或2－丁烯

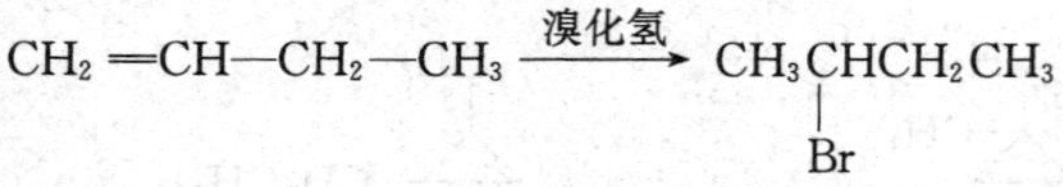

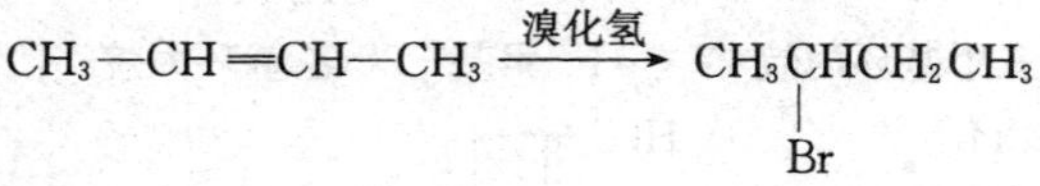

第五章 芳 香 烃

1.(1)1－乙基－4－叔丁基苯　　(2)3，3－二甲基－2－苯基戊烷

(3)1－苯基－1－丁烯　　(4)1－甲基萘

(5)邻甲基苯乙炔　　(6)9－甲基蒽

2.(1) 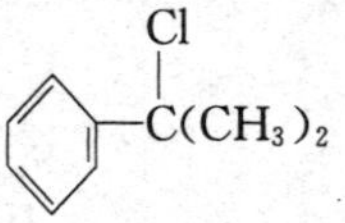

(2) 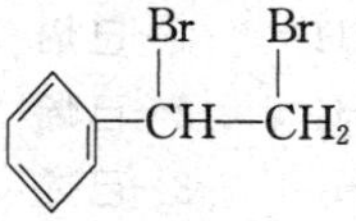

(3) 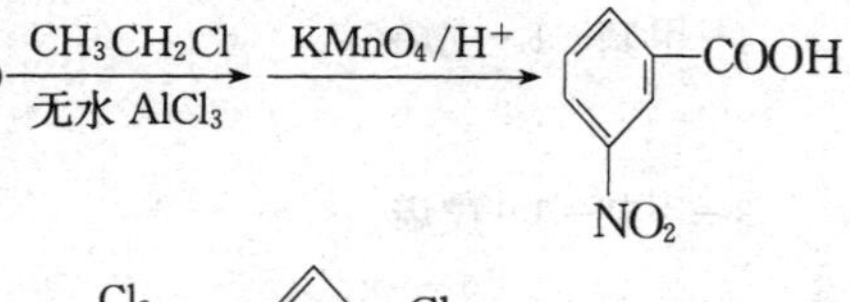

(4) 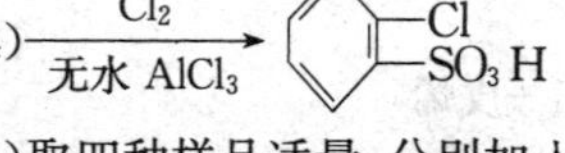

3.(1)取四种样品适量，分别加入溴的四氯化碳溶液，溴的颜色褪去的是苯乙烯和苯乙炔。另取苯乙烯和苯乙炔样品适量，加入$[Cu(NH_3)_2]Cl$或$[Ag(NH_3)_2]NO_3$溶液，有沉淀产生的是苯乙炔，另一种为苯乙烯。分别取苯和甲苯样品适量，加入$KMnO_4/H^+$，$KMnO_4$颜色褪去的为甲苯，另一种为苯。

(2)取三种样品适量分别加入溴的四氯化碳溶液，溴的颜色褪去的是 。另取苯和甲苯样品适量，加入 $KMnO_4/H^+$，$KMnO_4$ 颜色褪去的为甲苯，另一种为苯。

4.(1)
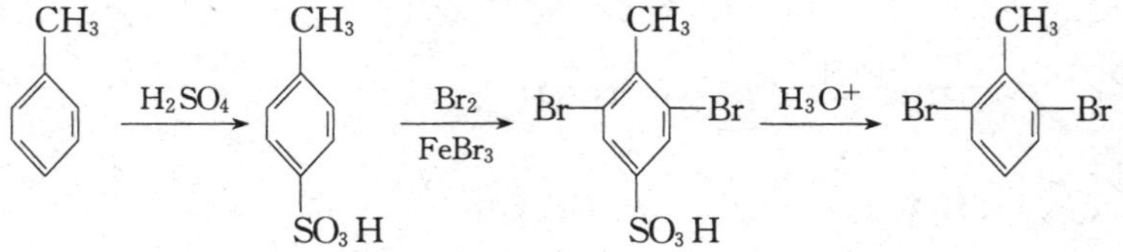

(2)
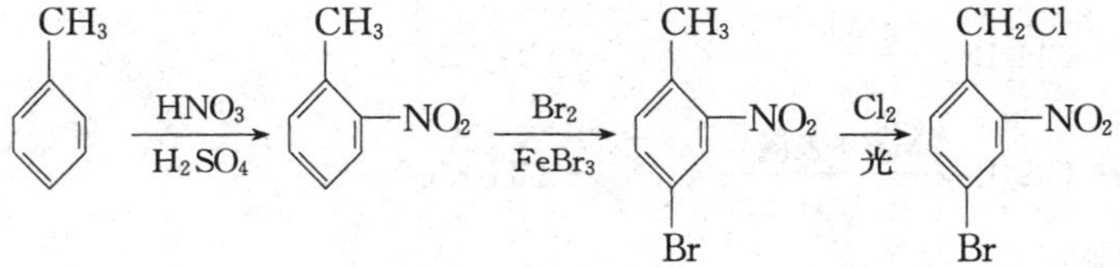

(3)
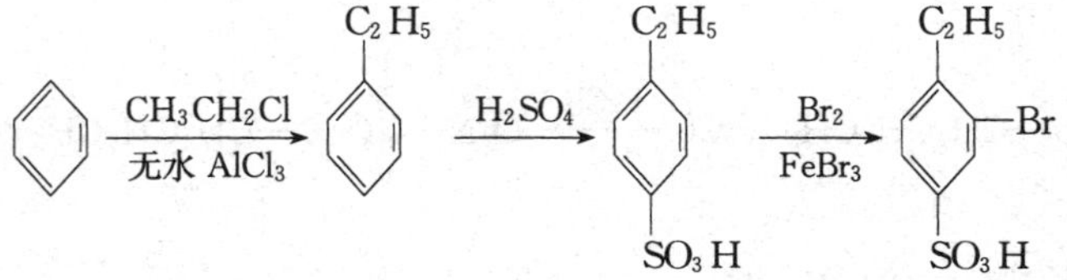

(4)
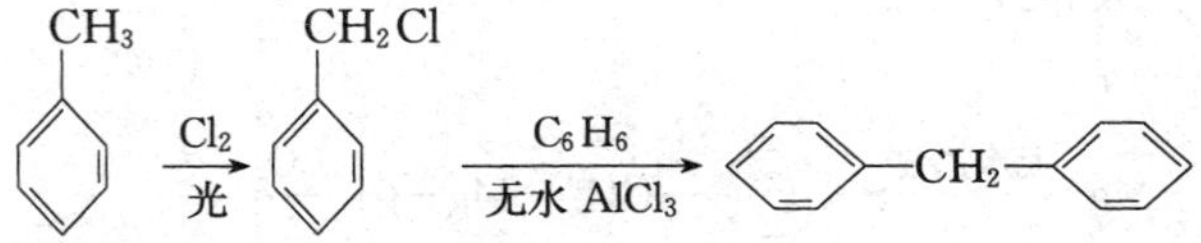

5.有三种可能性：

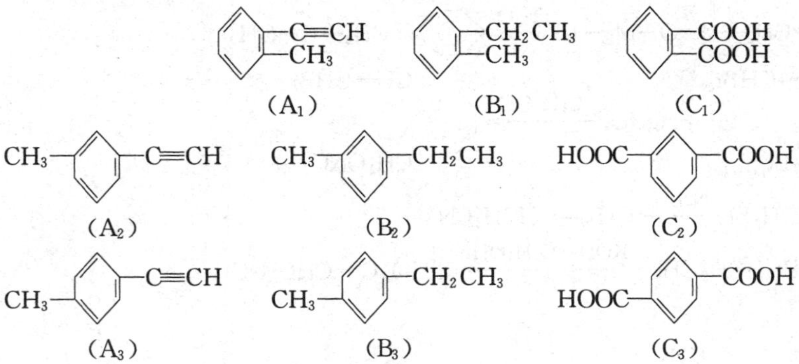

反应方程式以第一种可能性为例：

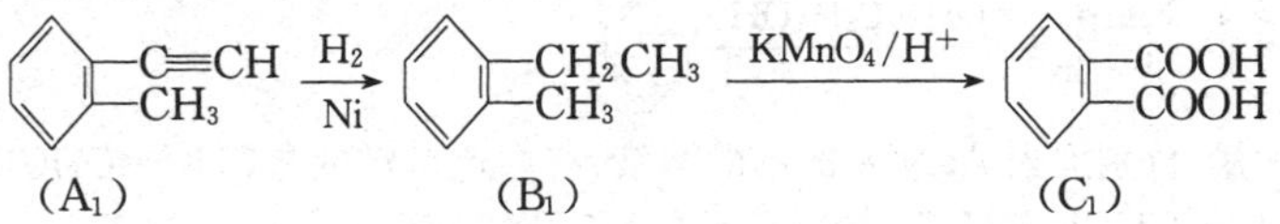

第六章　卤代烃

1.(1)2－乙基－1－溴己烷　　(2)2－苯基－3－氯戊烷

(3)反－3－甲基－2－溴－2－戊烯　　(4)1,1,2,2－四氟－1,2－二氯乙烷

2.(1)
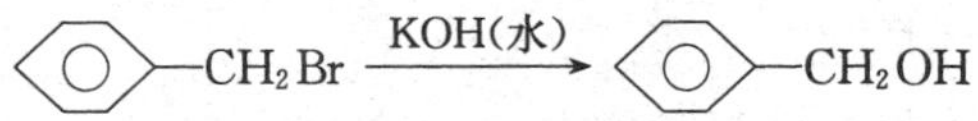

(2) 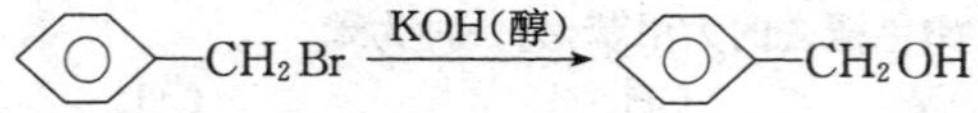

(3) 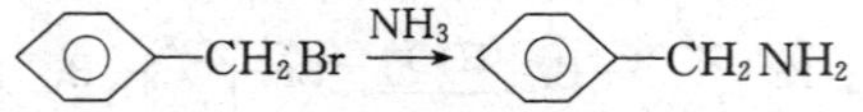

(4) 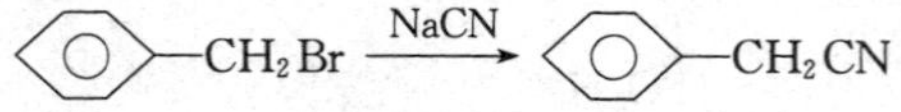

(5) 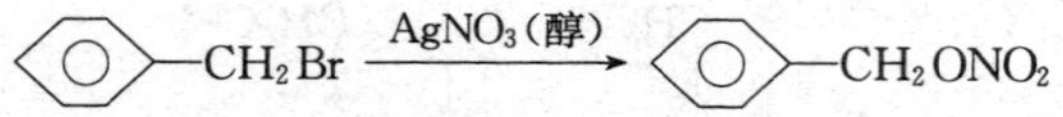

(6) 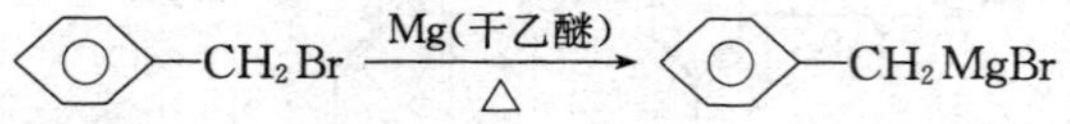

3. 完成下列反应

(1) 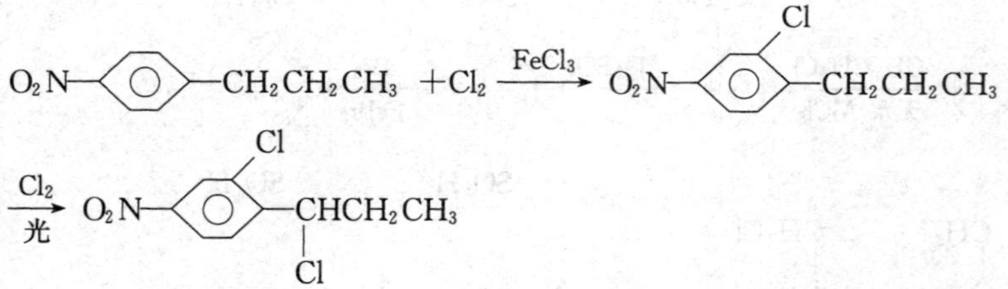

(2) 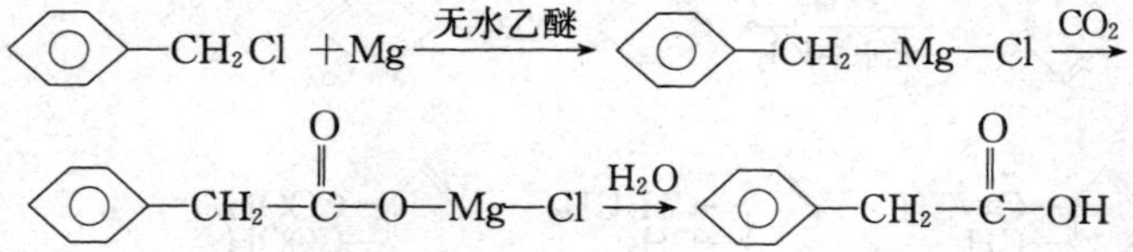

(3) 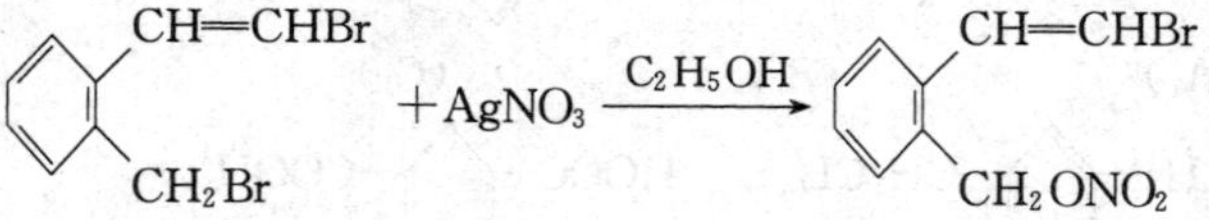

(4) $CH_2=CHCH_2Br \xrightarrow{NaCN} CH_2=CHCH_2CN$

(5) $(CH_3)_2CH\underset{\underset{Br}{|}}{C}HCH_2CH_3 \xrightarrow{KOH-C_2H_5OH} (CH_3)_2C=CHCH_2CH_3$

(6) 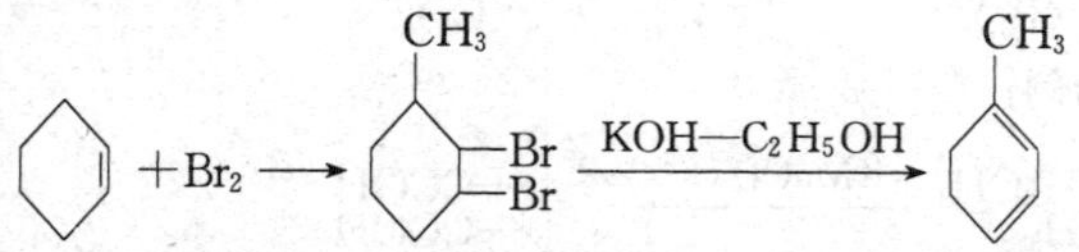

4. (1)取三种样品适量，分别加入 $AgNO_3$ 的乙醇溶液，有白色沉淀的是 $CH_2=CHCH_2Cl$，加热有白色沉淀的是 $CH_2=CHCH_2CH_2Cl$，加热也不产生沉淀的是 $CH_3CH=CHCl$。

(2)取三种样品适量，分别加入 $AgNO_3$ 的乙醇溶液，有白色沉淀的是 1－氯戊烷，有浅黄色沉淀产生的是 2－溴戊烷，有黄色沉淀产生的是 2－碘戊烷。

(3)取三种样品适量，分别加入 $AgNO_3$ 的乙醇溶液，

有白色沉淀的是 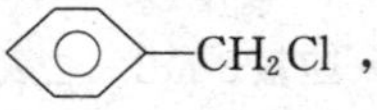，加热有白色沉淀的是 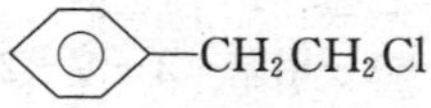

加热也不产生沉淀的是 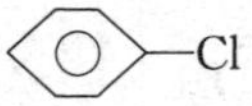

5. 属于 S_N1 历程的是(2)、(4)、(5)；属于 S_N2 历程的是(1)、(3)、(6)、(7)。

6. (1) $CH_3CH_2CH_2CH_2Br \xrightarrow{KOH-C_2H_5OH} CH_3CH_2CH{=}CH_2 \xrightarrow{HBr} CH_3CH_2CH(Br)CH_3$

$CH_3CH_2CH(Br)CH_3 \xrightarrow{KOH-C_2H_5OH} CH_3CH{=}CHCH_3$

$CH_3CH_2CH(Br)CH_3 \xrightarrow{KOH-H_2O} CH_3CH_2CH(OH)CH_3$

(2) 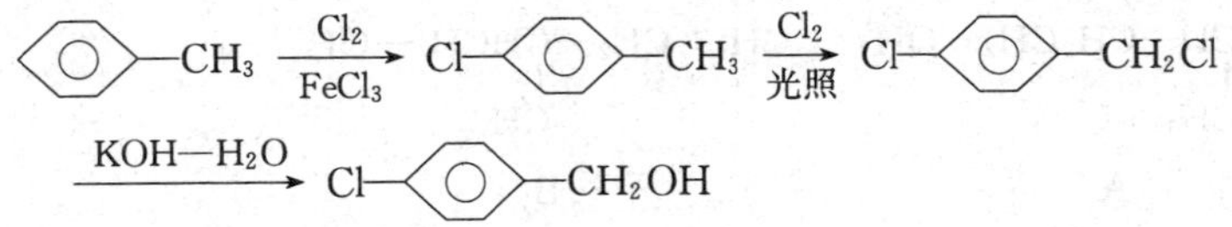

(3) 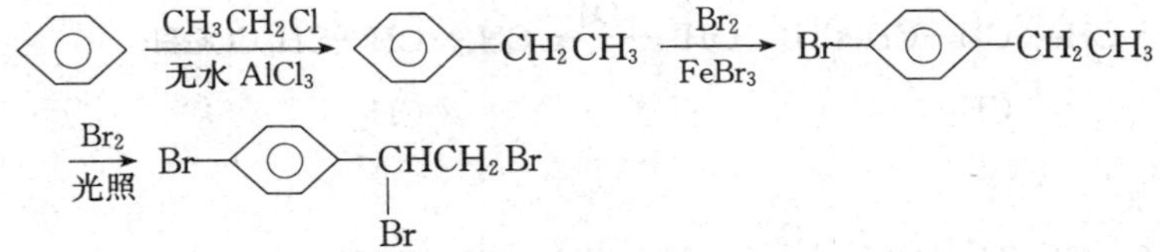

7. A: $CH_3CH_2CH_2CH_2Br$　　B: $CH_3CH_2CH{=}CH_2$

C: CH_3CH_2COOH　　D: $CH_3CH_2CH(Br)CH_3$

第七章　醇、酚和醚

1. (1)6 -甲基- 2 -庚醇　　(2)3 -甲基- 1 -戊烯- 3 -醇

(3)3 -乙氧基苯酚　　(4)对羟基苯磺酸

(5)甲丙醚　　(6)苯丙醚

2. (1)酸性由强到弱的顺序：2，4 -二硝基苯酚＞对硝基苯酚＞对溴苯酚＞苯酚＞对甲苯酚＞对甲氧基苯酚

(2)酸性由强到弱的顺序：苯磺酸＞苯甲酸＞苯酚＞苄醇

3. 用适当的方法将下列混合物中的少量杂质除去：

(1)加钠后，水洗除去生成的己醇钠。

(2)用浓的 $CaCl_2$ 溶液洗涤，分离除去乙醇。

(3)用 NaOH 溶液洗涤除去苯酚。

4. (1)用 NaOH 溶液洗涤，苯酚成酚钠溶于水层，然后用分液漏斗分离，有机相为邻氯甲苯，水相加酸酸化得到邻甲苯酚。

(2)用 NaOH 溶液洗涤，苯酚成酚钠溶于水层，然后用分液漏斗分离，有机相为环己醇，水相加稀酸，如 H_2SO_4 酸化，即析出苯酚。

(3)加 NaOH 溶液，对甲苯酚成钠盐溶于水层，分离后加稀酸，如 H_2SO_4 酸化，即析出对甲苯酚。

5.(1)取三种样品适量，分别加溴水溶液，有白色沉淀的是苯酚。另取另外的两种样品适量，加入酸性高锰酸钾溶液，高锰酸钾颜色褪去的为甲苯，剩余的是环已烷。

(2)取三种样品适量，分别加溴水溶液，有白色沉淀的是苯酚。另取另外的两种样品适量，加入钠，有气体产生的是1-已醇，剩余的是已烷。

(3)取四种样品适量，分别加硝酸银醇溶液，有浅黄色沉淀的是苄溴。另取另外的三种样品适量，加入 $FeCl_3$，溶液变蓝色的为间甲苯酚。另取另外两种样品适量，加入钠，有气体产生的为苯甲醇，剩余的是甲苯。

(4)取三种样品适量，分别加卢卡斯试剂，溶液最先变浑浊的是2-甲基-2-丙醇，放置一会儿变浑浊的是2-丁醇，反应最慢、加热才能产生浑浊的是2-甲基-1-丙醇。

6.

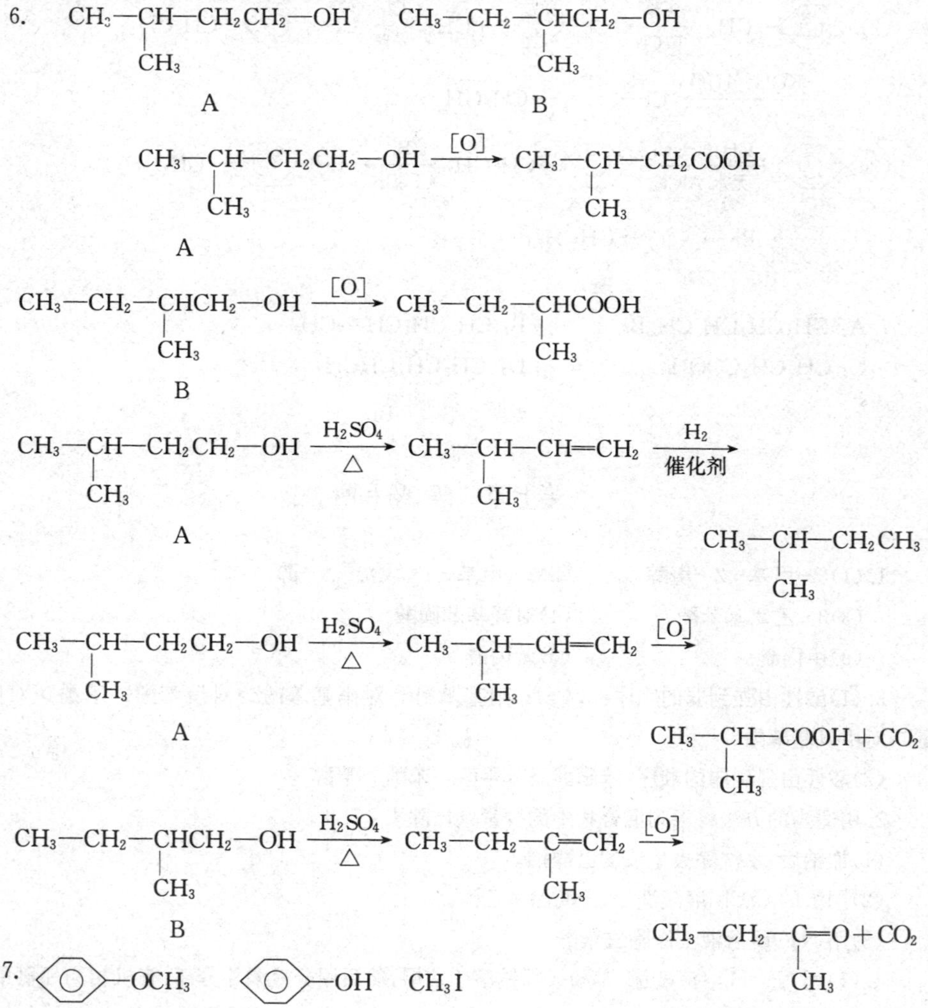

7.

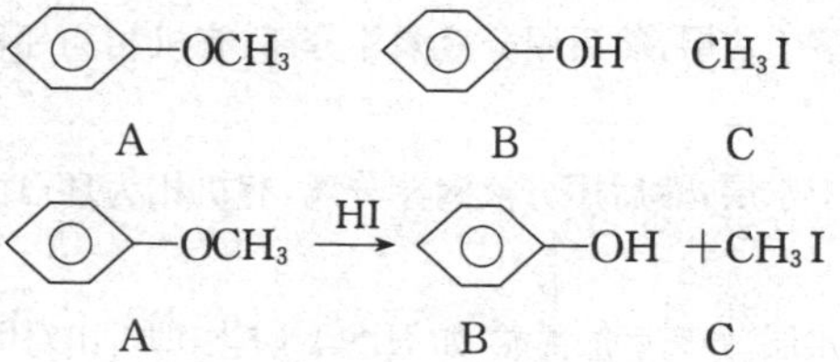

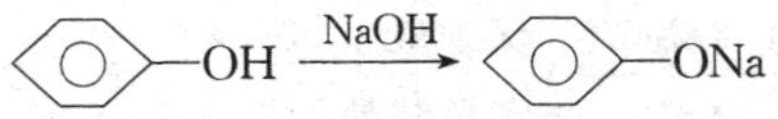

B

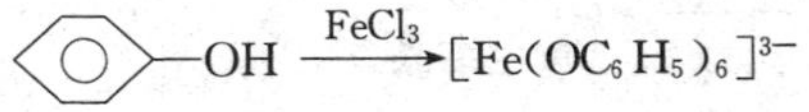

蓝色

B

$$CH_3I \xrightarrow{AgNO_3} AgI\downarrow + CH_3ONO_2$$

C

第八章 醛、酮和醌

1.(1)3-甲基丁醛　(2)1-苯基-2-丁酮　(3)2-甲氧基苯甲醛

(4)5-甲基-2-环戊烯酮　(5)4-羰基戊醛

(6)

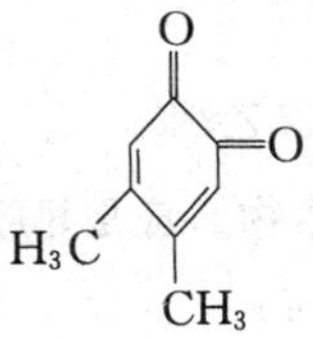

(7) $CH_3-\overset{\overset{O}{\|}}{C}-CH_2\underset{\underset{C_2H_5}{|}}{CH}-\overset{\overset{O}{\|}}{C}-CH_2CH_3$

2.

(1) $C_2H_5-\overset{\overset{O}{\|}}{C}-CH_3 + I_2 + NaOH \longrightarrow CHI_3\downarrow + C_2H_5-\overset{\overset{O}{\|}}{C}-ONa + NaI + H_2O$

(2) $CH_3\underset{\underset{CH_3}{|}}{C}HCH_2CH_2CHO + C_2H_5OH \xrightarrow{干燥\ HCl} CH_3\underset{\underset{CH_3}{|}}{C}HCH_2CH_2\overset{\overset{OH}{|}}{\underset{\underset{OC_2H_5}{|}}{C}}-OC_2H_5$

(3) $C_2H_5MgCl + CH_3CH_2CHO \xrightarrow{无水乙醚} CH_3CH_2\overset{\overset{OMgCl}{|}}{\underset{\underset{CH_2CH_3}{|}}{C}}-H \xrightarrow[H_2O]{H^+} CH_3CH_2\overset{\overset{OH}{|}}{\underset{\underset{CH_2CH_3}{|}}{C}}-H$

(4)

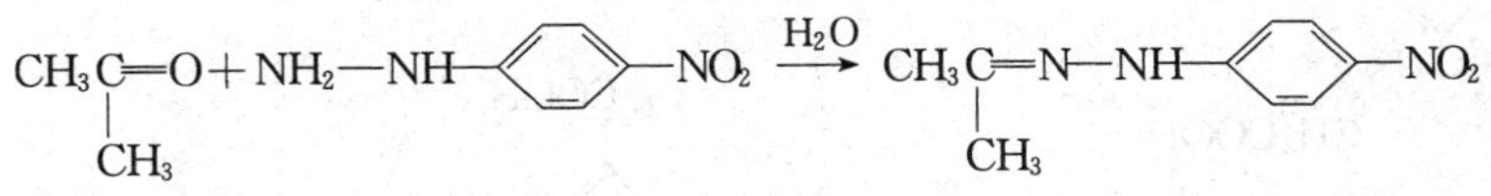

(5) $CH_3CHO + Cu^{2+} + NaOH \xrightarrow{\triangle} Cu_2O\downarrow + CH_3COONa + H_2O$

(6) $CH_3CHO + HCN \longrightarrow CH_3\underset{\underset{OH}{|}}{C}H-CN$

3.(1)

化合物	I_2+NaOH	2,4-二硝基苯肼
2-戊酮	黄色结晶	黄色结晶
2-戊醇	黄色结晶	无现象
3-戊醇	无现象	

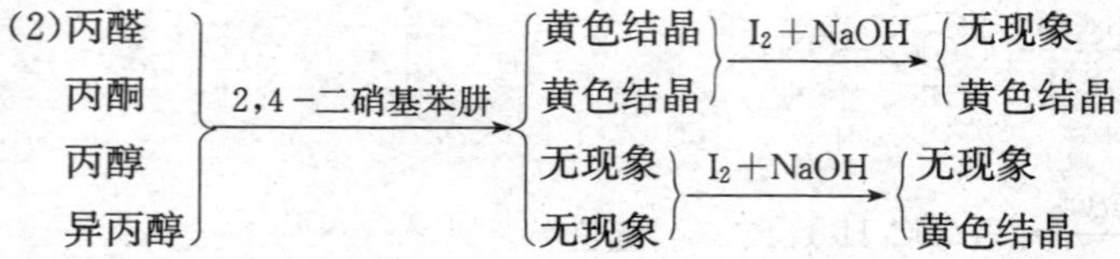

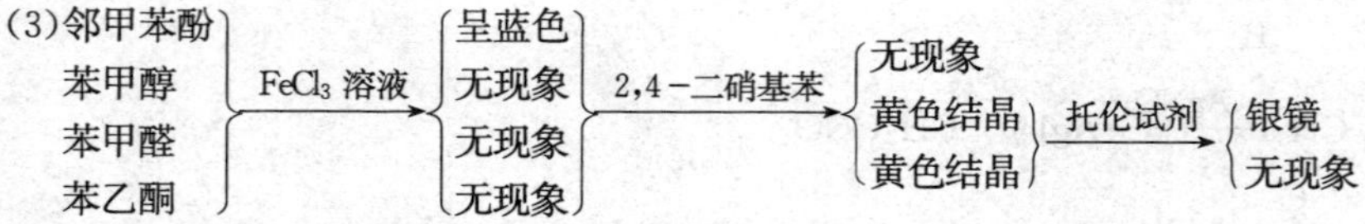

4. 化合物 A 是羟基苯乙酮，苯环上 2 个官能团可能有 3 种相对不同的位置：

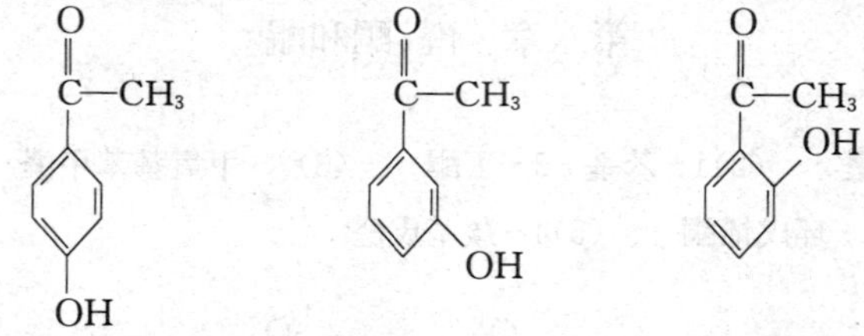

对羟基苯乙酮　　间羟基苯乙酮　　邻羟基苯乙酮

其中邻羟基苯乙酮由于能形成分子内氢键，因此蒸气压最低，化合物 A 应是邻羟基苯乙酮。

第九章　羧　酸

1. (1)$CH_3CH(CH_3)CH(CH_3)CH_2COOH$　(2)$(CH_3)_2C{=}CHCOOH$

(3) 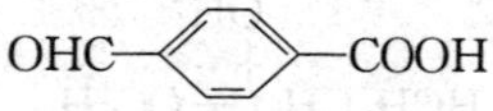　(4) 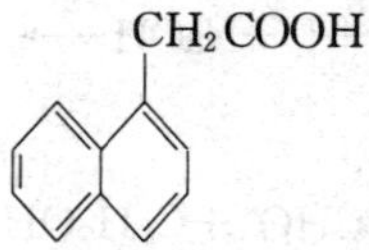

(5) 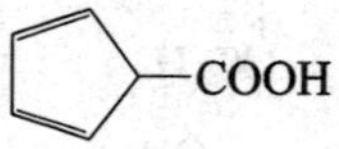　(6) 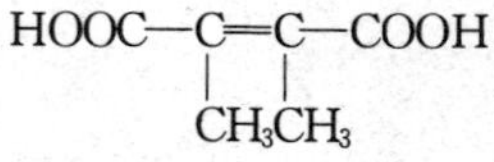

(7) 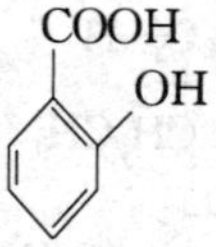　(8) 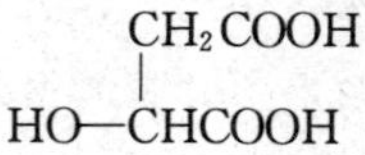

(9) 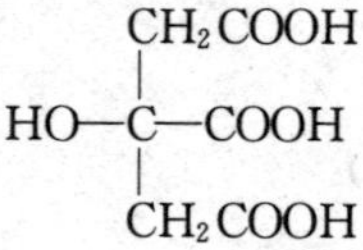　(10) 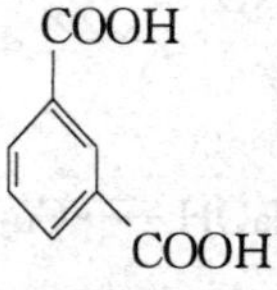

2. (1)$CH_3CH_2CH_2COOH \xrightarrow[NaOH,CaO]{\triangle} CH_3CH_2CH_3$

(2) 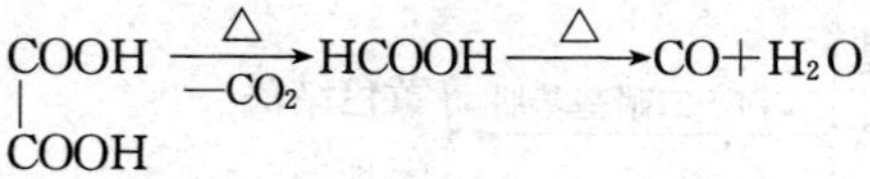

(3) 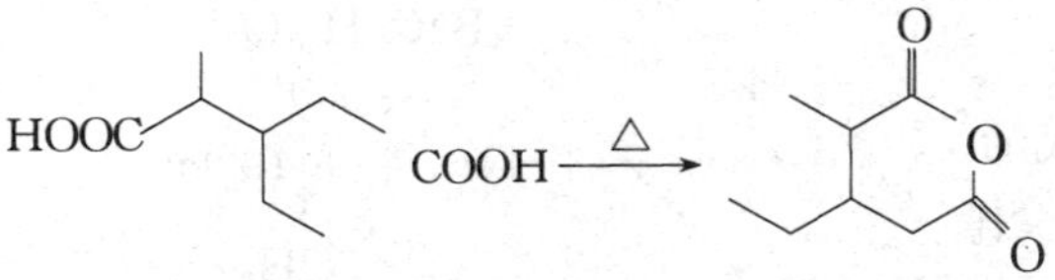

(4) $HO-C(CH_2COOH)_2-COOH \xrightarrow{\triangle} HOOCCH{=}C(COOH)-CH_2COOH + H_2O$

（即 $\begin{matrix} CH_2COOH \\ | \\ HO-C-COOH \\ | \\ CH_2COOH \end{matrix} \xrightarrow{\triangle} \begin{matrix} CHCOOH \\ \| \\ C-COOH \\ | \\ CH_2COOH \end{matrix} + H_2O$）

(5) $CH_3-\overset{H_3C}{\overset{|}{CH}}-\overset{O}{\overset{\|}{C}}-CH_2COOH \xrightarrow{\triangle} CH_3-\overset{H_3C}{\overset{|}{CH}}-\overset{O}{\overset{\|}{C}}-CH_3 + CO_2\uparrow$

(6) $CH_3COCOOH \xrightarrow[\triangle]{稀 H_2SO_4} CH_3CHO + CO_2\uparrow$

3. (1) $HCOOH$ / CH_3COOH $\xrightarrow{托伦试剂}$ $Ag\downarrow$ / ×

(2) $CH_2{=}CHCOOH$ / C_2H_5COOH $\xrightarrow{Br_2/CCl_4}$ $\underset{Br}{\underset{|}{CH_2}}-\underset{Br}{\underset{|}{CH}}COOH$ 褪 色 / 不褪色

(3) 乙醇 / 乙醛 / 乙酸 $\xrightarrow{I_2/NaOH}$ $CHI_3\downarrow$ / $CHI_3\downarrow$ / × ；$CHI_3\downarrow$（乙醇）$\xrightarrow{Na}$ H_2，$CHI_3\downarrow$（乙醛）$\xrightarrow{Na}$ ×

(4) A 草 酸 / B 环己醇 / C 环己烯 / D 己 酸 $\xrightarrow{Br_2/CCl_4}$ × A / × B / 褪色 D / ×

A、B、D $\xrightarrow[\text{加热后，产生气体通入石灰水}]{\triangle}$ 浑浊 $CaCO_3\downarrow$（A）/ ×（B）/ ×（D）

B / D $\xrightarrow{NaHCO_3}$ × / 溶解

(5) 苄 醇 / 苯甲酸 / 水杨酸 $\xrightarrow{FeCl_3}$ × / × / 显色 ；苄醇、苯甲酸 $\xrightarrow{NaHCO_3}$ × / 溶解

4. $\underset{C_6H_{12}O_2}{CH_3CH_2COOCH_2CH_2CH_3}$　$\underset{A}{CH_3CH_2COOH}$　$\underset{B}{CH_3CH_2CH_2OH}$

5. $CH_3CH_2\underset{OH}{\underset{|}{\overset{CH_3}{\overset{|}{C}}}}-CH_2COOH \xrightarrow{-H_2O} CH_3CH_2\overset{CH_3}{\overset{|}{C}}{=}CH-COOH$

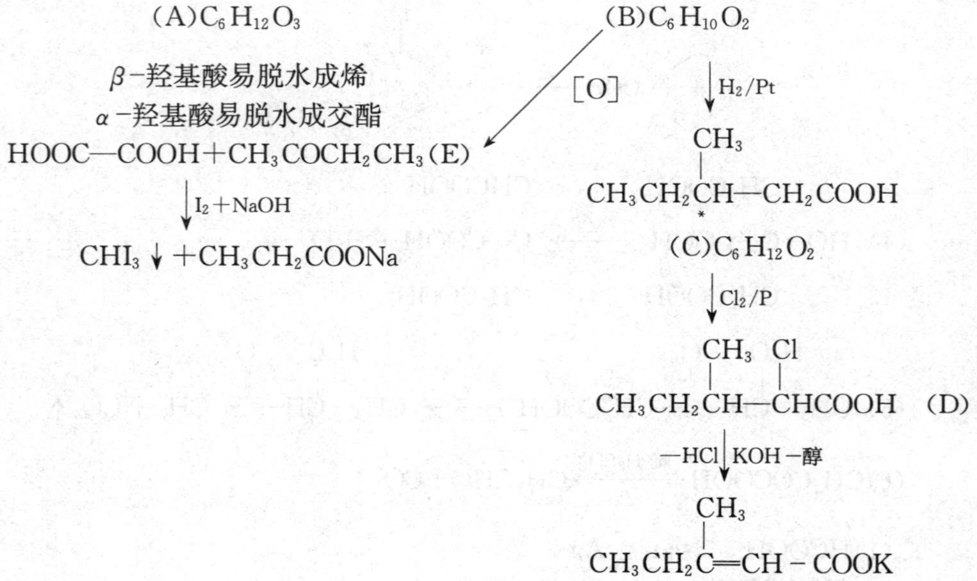

第十章 取代羧酸

一、略

二、1. B　2. C　3. A

三、三氯化铁，高锰酸钾

四、略

五、酸性由强至弱顺序：草酸＞乙酸＞苯酚＞乙醇

六、

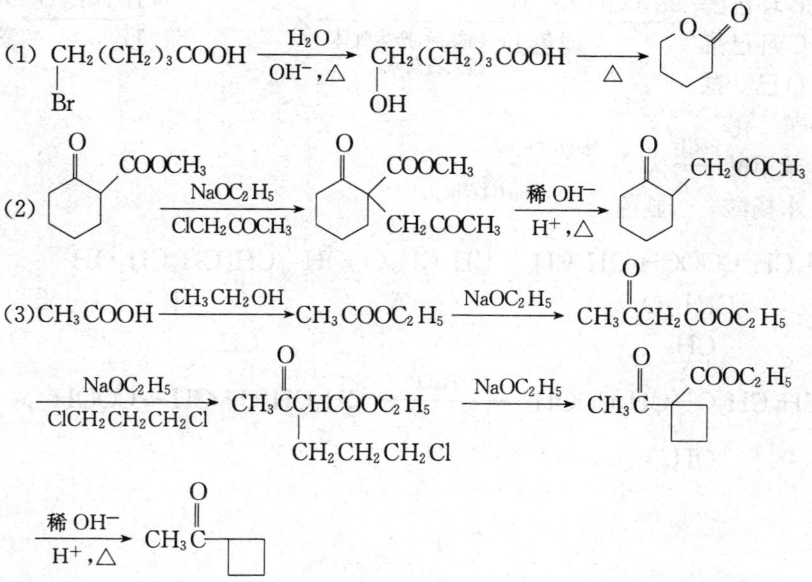

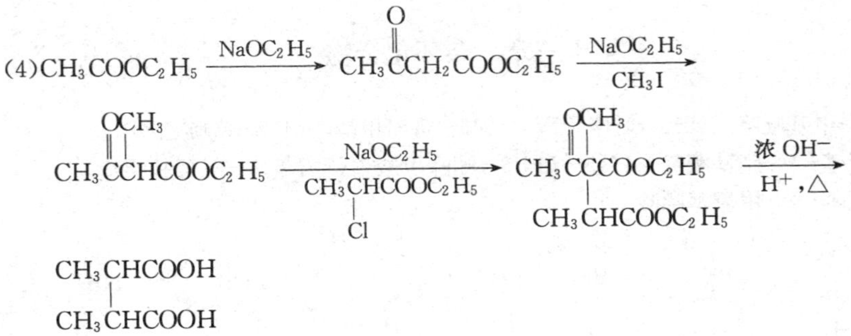

七、该化合物的结构为：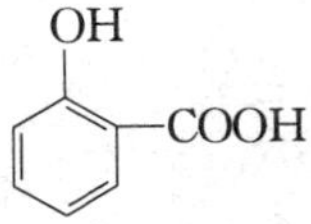

第十一章　含氮有机化合物

一、1. 属于伯胺　　2. 属于叔醇　　3. 属于仲胺　　4. 属于伯醇

二、碱性顺序为：1. 二甲胺>甲胺>苯胺>二苯胺

　　　　　　　2. 对甲基苯胺>苯胺>对硝基苯胺

三、(1) 甲乙胺　　(2) *N*－甲基苯胺

(3) 氯化三甲基乙基铵　　(4) *N*－甲基－*N*－乙基苯甲酰胺

(5) *N*,*N*－二甲基苯甲酰亚胺　　(6) *O*,*O*－二乙基苯基膦酸酯

四、(1) 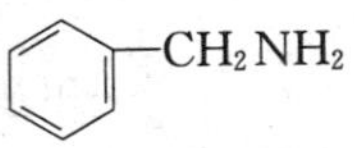

(2) 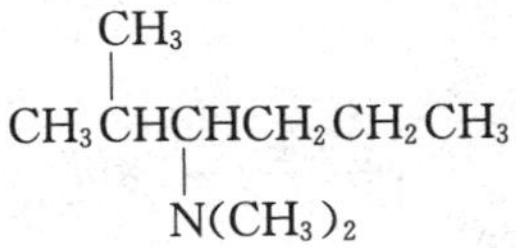

(3) 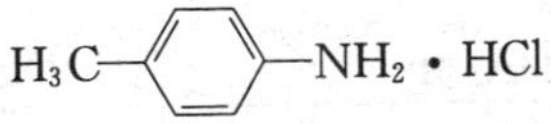

(4) $[(CH_3)_2N(C_2H_5)_2]^+OH^-$

第十二章　含硫和含磷有机化合物

一、CH_3SCH_3　　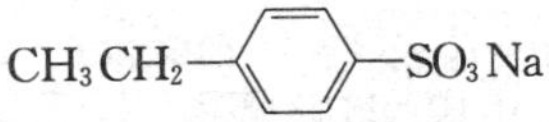

二、$CH_3CH_2CH_2CH_2SH$　　$CH_2CH(SH)CH_2CH_3$　　$(CH_3)_2CHCH_2SH$

丁硫醇　　2－丁硫醇(仲丁硫醇)　　2－甲基丙硫醇

$(CH_3)_3CSH$　　$CH_3SCH_2CH_2CH_3$　　$C_2H_5SC_2H_5$　　$CH_3SCH(CH_3)_2$

2－甲基－2－丙硫醇　　甲基丙基硫醚　　二乙硫醚　　甲基异丙基硫醚

三、D>B>C>A

四、有机磷农药的中毒机制，一般认为是抑制了胆碱酯酶的活性，造成组织中的乙酰胆碱积累。乙酰胆碱是胆碱能神经末梢的化学递质，乙酰胆碱积聚后，先是引起胆碱能受体过度兴奋，而后转为抑制，从而出现一系列的症状和体征，严重时将导致死亡。

第十三章 杂环化合物

1. (1)3－甲基吡咯 (2)3－吡咯甲醇 (3)3－噻吩甲醇 (4)3－吡啶乙酮 (5)4－甲基－2－硝基嘧啶 (6)5－溴－3－吲哚甲酸 (7)2,6,8－三羟基嘌呤 (8)7－氨基－2－甲氧基嘌呤

2. (1)  (2) 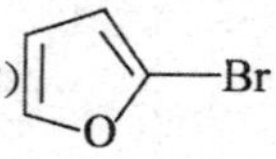 (3) 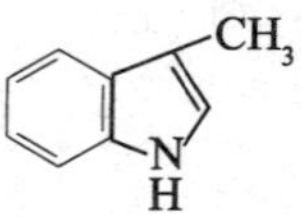 (4) 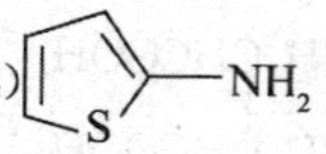

(5) 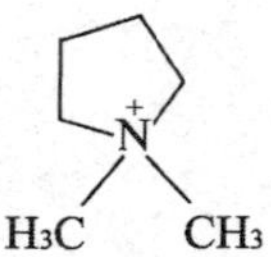 (6) 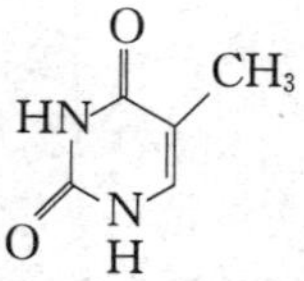 (7) 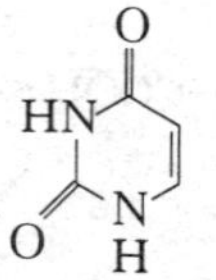 (8) 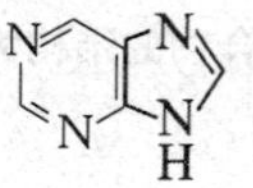

3. (1) 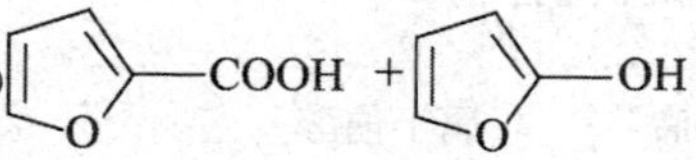 (2) 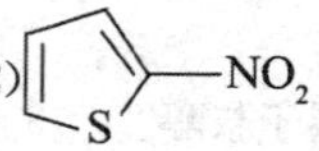 (3) 

(4) 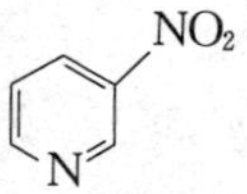 (5) 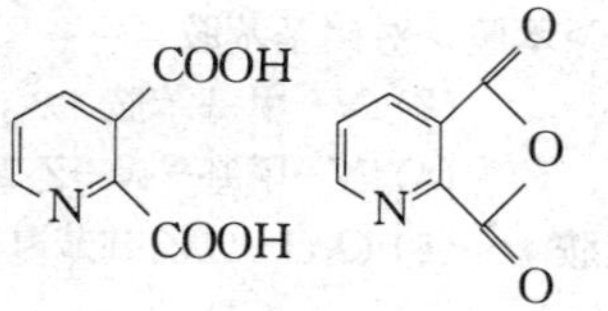 (6) 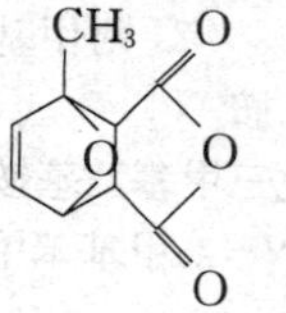

4.

(1)

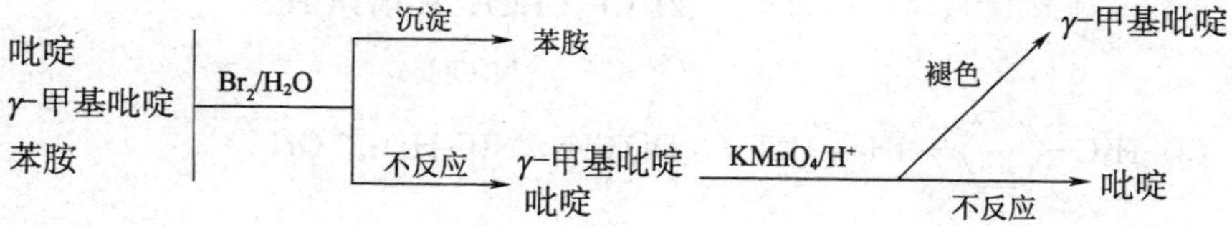

(2)

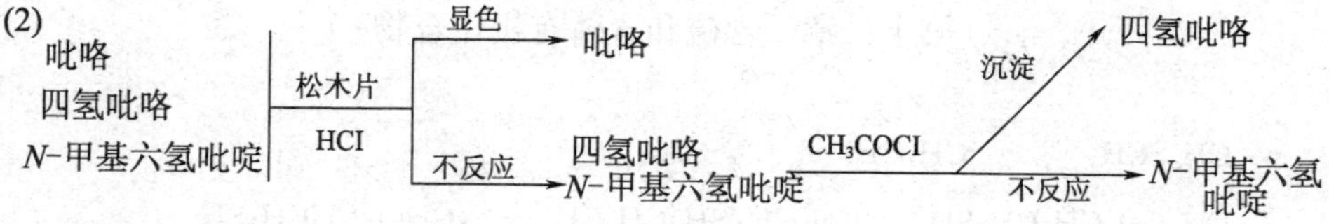

5. 略

第十四章 旋 光 异 构

1. (1)3*R*－2，3－二甲基－3－戊醇 (2)2*R*－2－氨基丙酸
(3)2*R*，3*S*－2，3－二羟基丙醛

2. (1)有两个不相同的手性碳原子，有 4 个旋光异构体($2^2=4$)。
(2)有一个手性碳原子，有 2 个旋光异构体($2^1=2$)。
(3)有三个不相同的手性碳原子，有 8 个旋光异构体($2^3=8$)。
(4)有四个不相同的手性碳原子，有 16 个旋光异构体($2^4=16$)。
(5)有两个完全相同的手性碳原子，有 3 个旋光异构体，其中一个左旋体，一个右旋体和

一个内消旋体。

3.(1)、(2)、(4)有旋光性，因为无对称因素；(3)、(5)无旋光性，因为有对称面。

4. A、C、E 为 S 构型，B、D 为 R 构型。B 为费歇尔投影式，C、D 为纽曼投影式，E 为一般投影式(或称锯架式)。B、D 是 A 的对映体，C、E 与 A 的构型相同。

5.(1)为同一构型，(2)为对映体，(3)为同一构型，且为内消旋体，(4)为非对映体。

6.

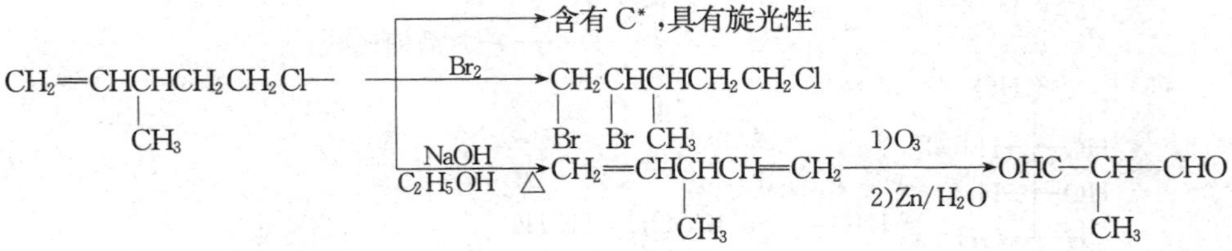

(A)　　(B)

第十五章　碳水化合物

1. D-(+)-甘露糖在溶液中存在开链式与氧环式(α-型和β-型)的平衡体系，与下列物质反应时有的可用开链式表示，有的必须用环氧式表示，在用环氧式表示时，为简单起见，仅写α-型。

(1)

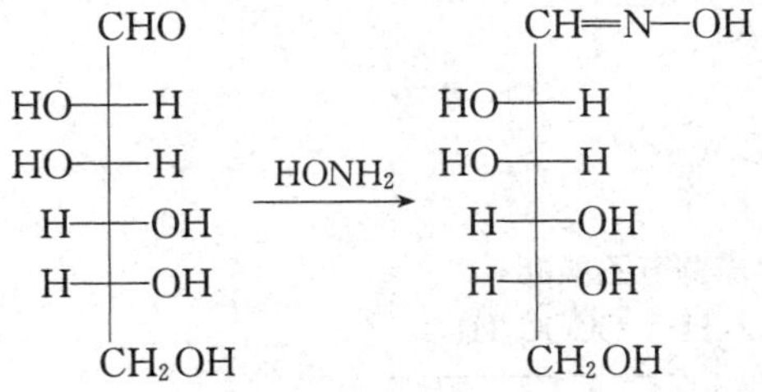

D-(+)-甘露糖肟

(2)

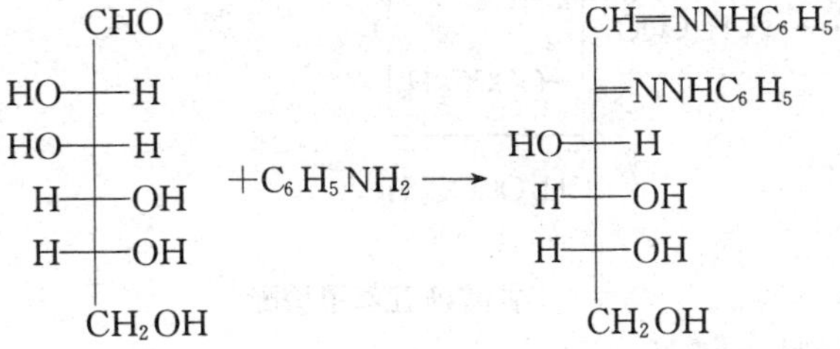

D-(+)-甘露糖脎

(3)

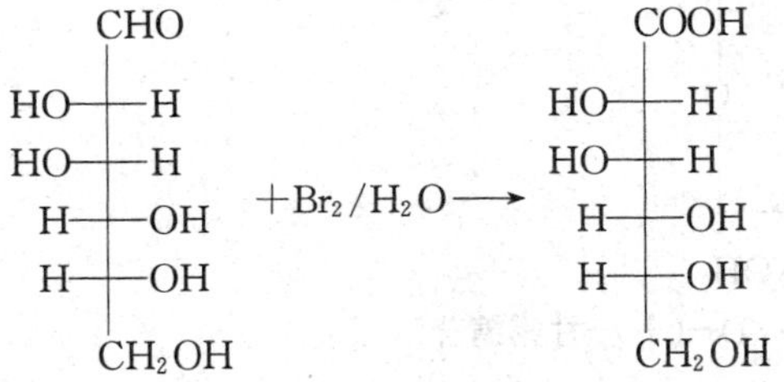

D-(+)-甘露糖酸

(4)

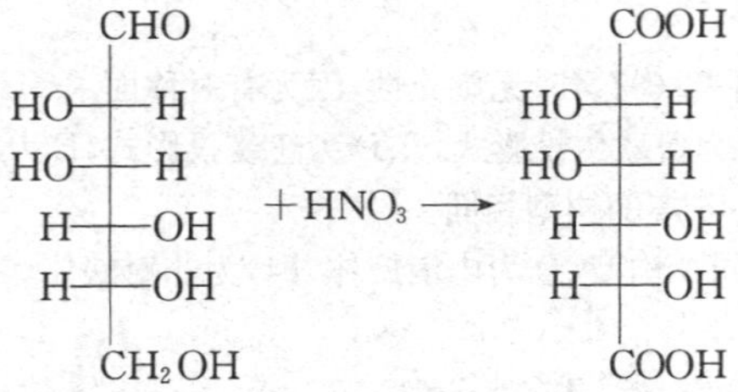

D－(＋)－甘露糖二酸

(5)

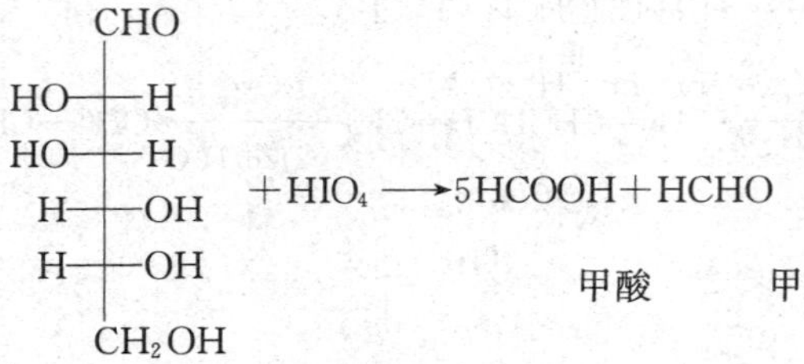

甲酸　　甲醛

(6)

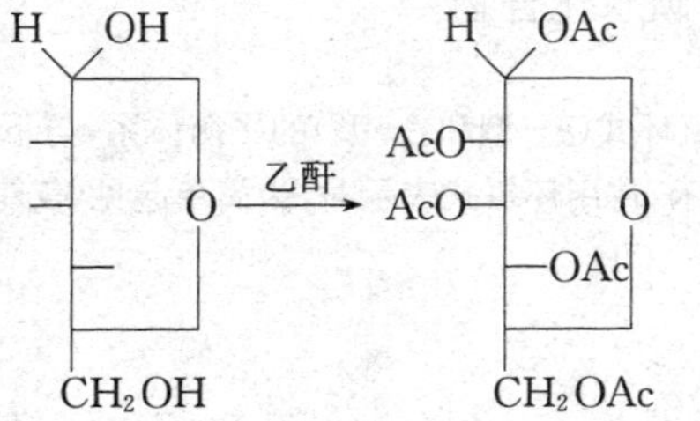

甘露糖五乙酸酯

(7)

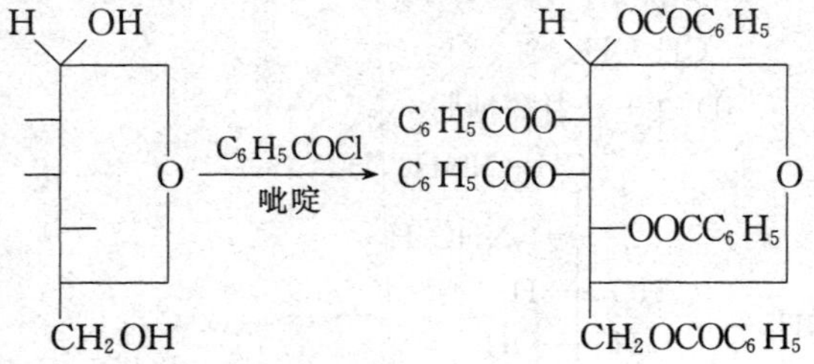

甘露糖五苯甲酸酯

(8)

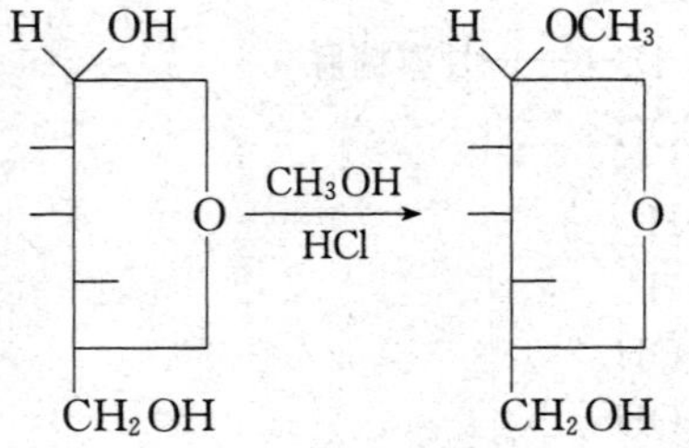

甲基－α－D－(＋)－甘露糖苷

(9)

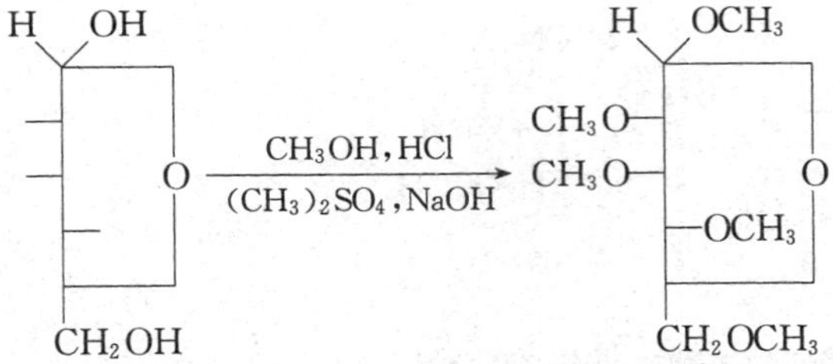

甲基-2,3,4,6-四甲氧基-α-D-(+)-甘露糖苷

(10)

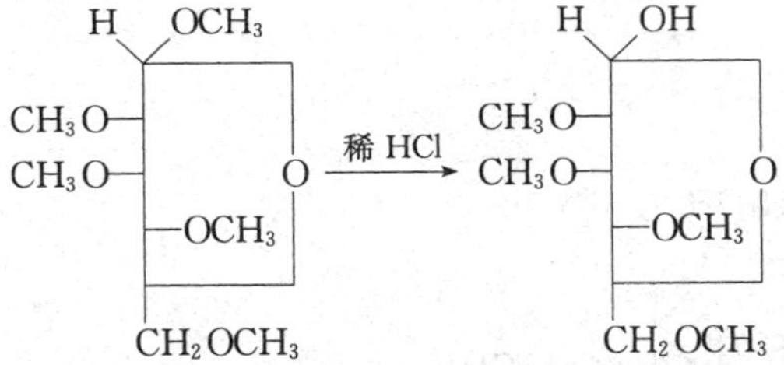

2,3,4,6-四甲氧基-α-D-(+)-甘露糖苷

2.

(1)

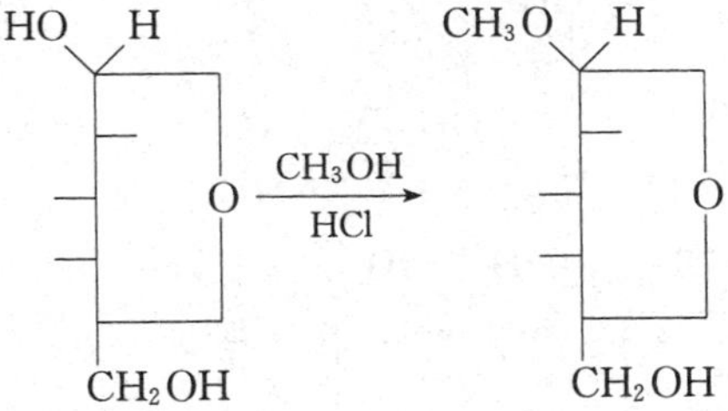

(2)

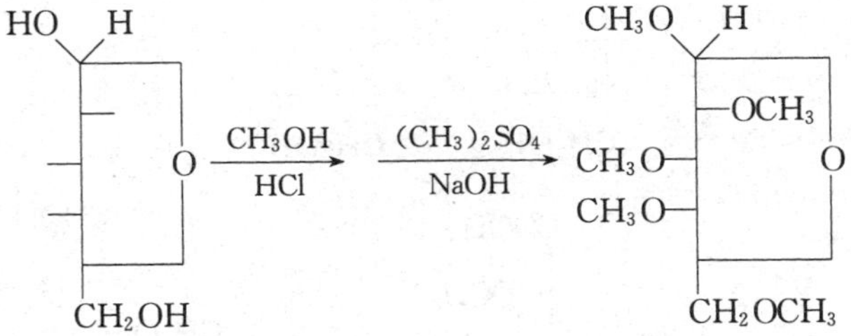

(3)

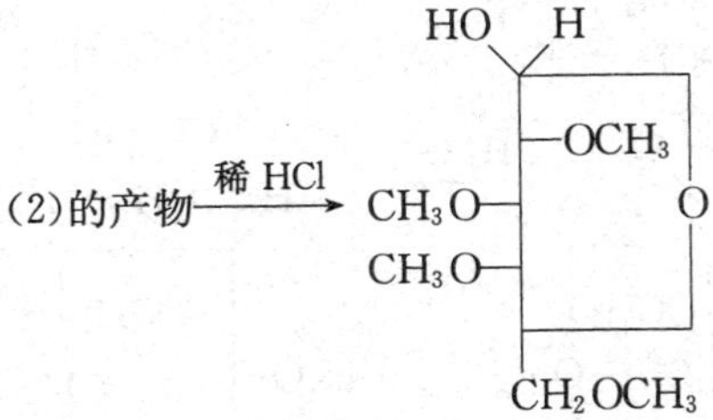

(4)

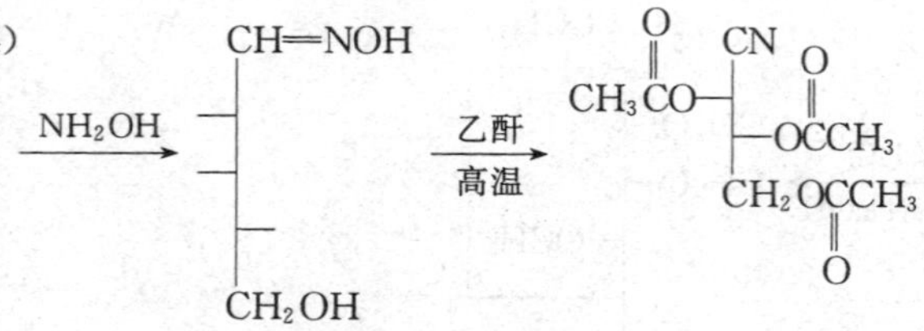

3.(1)蜜二糖是还原性双糖,说明它有游离的半缩醛羟基。

(2)蜜二糖是(+)-乳糖的异构物,能被麦芽糖酶水解,说明它是由半乳糖和葡萄糖以 $\alpha-1$,6 糖苷键结合的双糖。

(3)推断

结构式

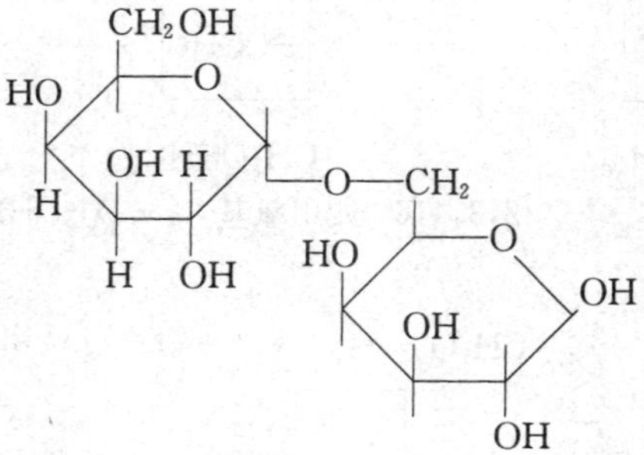

以 A 表示反应式如下:

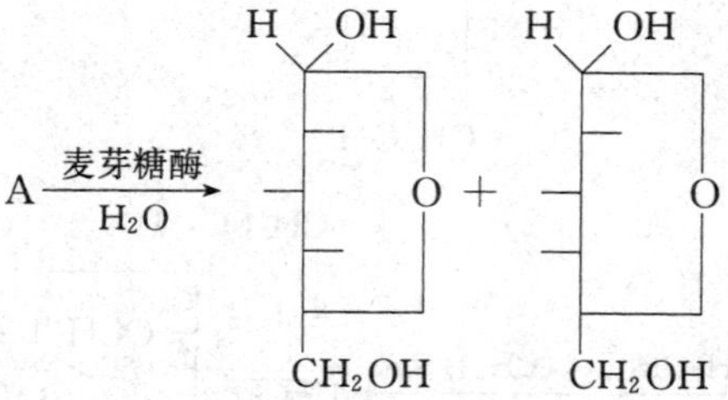

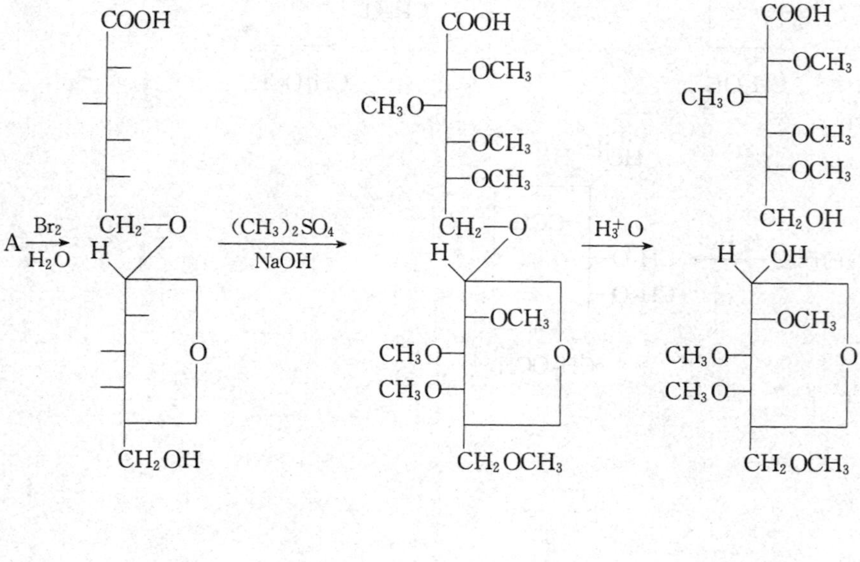

4.(1)糖水杨苷用苦杏仁酶水解得 D－葡萄糖和水杨醇，说明葡萄糖以 β－苷键与水杨醇结合。

(2)水杨苷用$(CH_3)_2SO_4$ 和 NaOH 处理得五甲基水杨苷，说明糖水杨苷有五个羟基，产物酸化水解得 2,3,4,6－四甲基－D－葡萄糖和邻甲氧基甲酚(邻羟基苄甲醚)，说明葡萄糖以吡喃式存在并以苷羟基与水杨醇的酚羟基结合。

此糖水杨苷的结构如下：

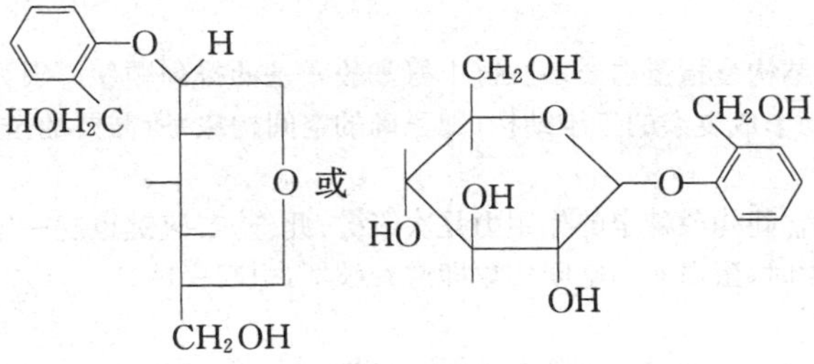

第十六章　脂类化合物

1.(1)脂肪酸，甘油，酯，

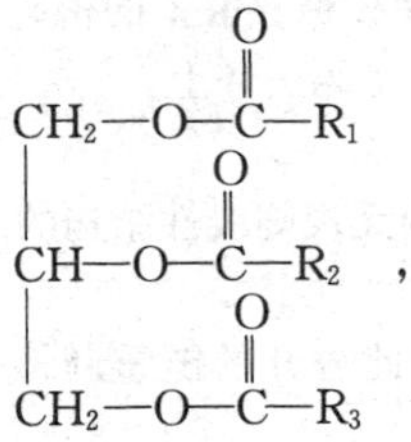

，R_1、R_2、R_3 相同，R_1、R_2、R_3 不全相同，混甘油酯

(2)一分子甘油，两分子脂肪酸，一分子磷酸，一分子胆碱

(3)亚油酸，亚麻酸

(4)碘值，酸值，过氧化值，皂化值

(5)皂化值，酸值或酸价，碘值。

2.(1)×　(2)×　(3)×　(4)×　(5)√　(6)√　(7)×
(8)√　(9)×　(10)√

3.(1)B　(2)C　(3)A　(4)B　(5)C　(6)D　(7)D　(8)B
(9)C　(10)A

4.(略)

5.222.2t,262.3t。

第十七章　氨基酸、多肽和蛋白质

1.(1)

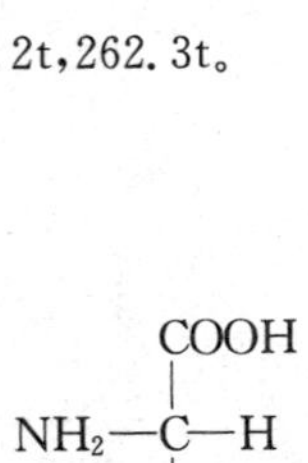

(2)两性离子，正离子，负离子

(3)紫色，蛋白质

(4)羧基，氢离子

(5)α-螺旋，β-折叠

(6)氢

2.(1)D　(2)D　(3)B　(4)D　(5)B　(6)C　(7)C
(8)C　(9)B

3.(1)a.亮氨酸:酸性　b.赖氨酸:碱性　c.丙氨酸:酸性　d.天冬氨酸:酸性

(2)见内容。

(3)蛋白质一级结构是指蛋白质多肽链中氨基酸残基的排列顺序。因为蛋白质分子肽链的排列顺序包含了自动形成复杂的三维结构(即正确的空间构象)所需要的全部信息，所以一级结构决定其高级结构。

(4)维持蛋白质空间构象稳定的作用力是次级键，此外，二硫键也起一定的作用。当某些因素破坏了这些作用力时，蛋白质的空间构象即遭到破坏，引起变性。

第十八章　核　　酸

1.(1)磷酸二酯键 脱氧核糖与磷酸之间连接的键为磷酸二酯键。

(2)反密码子 转移核糖核酸分子中与信使核糖核酸上的密码子专一互相配对的核苷酸三联体，位于转移核糖核酸分子链非螺旋区域的反密码子环上。

(3)核酸的变性与复性

指DNA分子由稳定的双螺旋结构松解为无规则线性结构的现象。确切地就是维持双螺旋稳定性的氢键和疏水键的断裂。

变形DNA在适当条件下，又可使两条彼此分开的链重新缔合成为双螺旋结构，这过程称复性

2.(1)Watson Crick，1953　(2)核苷酸　(3)2′C　(4)细胞核，细胞质

(5)β，N－C，磷酸二酯　(6)磷　(7) m，t

(8)增加，下降，升高，丧失　(9)嘌呤　嘧啶　260

(10)升高温度，过酸，过碱，纯水，加入变性剂

(11)碱基堆积力　氢键　离子键

(12)三叶草，倒L，CCA，携带活化氨基酸

3.(1)×　(2)×　(3)×　(4)×　(5)×　(6)√　(7)√
(8)×　(9)√　(10)√　(11)√　(12)√　(13)√

4.碱基、戊糖和磷酸。区别在于碱基和戊糖的不同，DNA含脱氧核糖和T而RNA含有核糖和U。

第十九章

略

参考文献

1. 汪小兰.有机化学.北京:高等教育出版社,2005

2. 刘凤楼.有机化学.北京:中国农业出版社,2000

3. 周乐.有机化学实验.西安:世界图书出版公司,2000

4. 肖汉伦.化学.北京:中国农业出版社,2002

5. 张龙,张凤.有机化学.北京:中国农业大学出版社,2007

6. 曾昭琼.有机化学.北京:高等教育出版社,2005

7. 闵恩泽等.绿色化学与化工.北京:化学工业出版社,2000

8. 傅军.绿色化学的进展.化学通报,1999(1):10～15

9. 梁文平.1999 年美国总统绿色化学挑战奖研究工作介绍.化学进展,2000,12(1):119～121

10. 肖文德.21 世纪的科学:绿色化学.化学世界,2000(增刊):18～19

11. 梁文平,唐晋.当代化学的一个重要前沿——绿色化学.化学进展,2000,12(2):228～230

12. 谢如刚.仿酶催化与绿色化学.化学研究与应用,1999,11(4):344～349

13. 郝小明.化学工业可持续发展之路——绿色化学.当代石油石化,2001,9(7):1～4

14. 张来新.化学工业中的新课题——绿色化学.贵州化工,2000,25(增刊):19～21

15. 香山科学会议办公室.可持续发展对科学的挑战——绿色化学.科学对社会的影响,1998(1):50～54

16. 薛慰灵.绿色化学——对环境更友善的化学.化学教育,1997(9):1～5

17. 朱清时.绿色化学.化学进展,2000,12(4):410～414

18. 夏金兰等.绿色化学和矿物资源高效利用.矿冶工程,2001,21(2):1～3